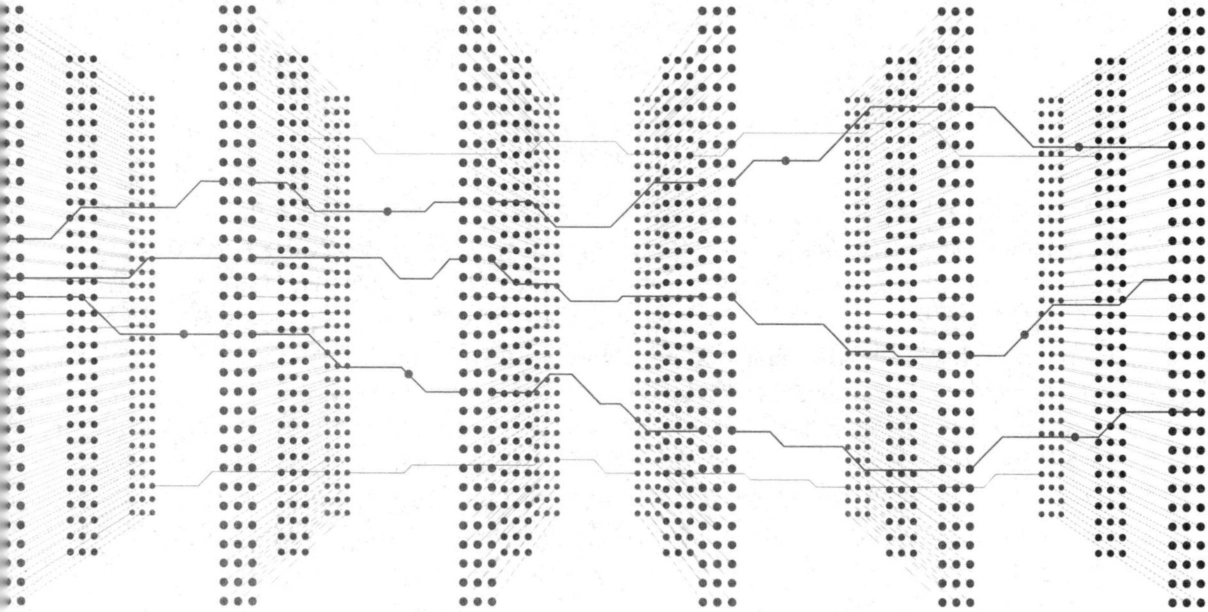

深度学习

模型与算法基础

许庆阳　宋　勇　张承进　编著

清華大学出版社
北　京

内 容 简 介

随着我国逐步由信息化社会向智能化社会发展，人工智能技术作为智能社会的重要组成部分，备受关注。从智能语音助手到自动驾驶汽车，从智能医疗到智能家居，人工智能技术正在改变着我们的生活方式。深度学习方法作为实现人工智能的重要手段，无论在图像理解、语音识别、自然语言处理等领域都展现出了超越传统算法的实力。因此，人工智能、机器人工程、智能科学与技术等新工科专业将其列为必修课程，以便学生们能够掌握到这一前沿技术的核心知识和技能。而自动化、计算机科学与技术等传统专业也将其列为专业选修课程，以便学生们能够扩展自己的知识领域和提升自身的竞争力。

本书是一本全面介绍深度学习常见理论模型与算法的教材，涵盖了深度学习的发展历程、基础理论、核心算法、应用领域以及相关工具。通过对常见的深度学习模型进行剖析，阐述神经网络前向计算中的数据转换原理，并细致地推导和分析了神经网络参数学习方法，从而使学生能够充分地理解神经网络的工作原理以及网络架构设计思路，以便学生在以后的科研和工作过程中，能够进行自主架构的设计，提升我国的自主创新能力。

图书在版编目（CIP）数据

深度学习模型与算法基础/许庆阳，宋勇，张承进编著. —北京：清华大学出版社，2023.12（2024.8重印）
ISBN 978-7-302-65107-9

Ⅰ. ①深…　Ⅱ. ①许… ②宋… ③张…　Ⅲ. ①机器学习—算法　Ⅳ. ①TP181

中国国家版本馆 CIP 数据核字(2024)第 002406 号

责任编辑：刘　杨
封面设计：傅瑞学
责任校对：欧　洋
责任印制：曹婉颖

出版发行：清华大学出版社
网　　址：https://www.tup.com.cn，https://www.wqxuetang.com
地　　址：北京清华大学学研大厦 A 座　　**邮　　编**：100084
社 总 机：010-83470000　　**邮　　购**：010-62786544
投稿与读者服务：010-62776969，c-service@tup.tsinghua.edu.cn
质量反馈：010-62772015，zhiliang@tup.tsinghua.edu.cn
印 装 者：三河市铭诚印务有限公司
经　　销：全国新华书店
开　　本：185mm×260mm　　**印　　张**：17.25　　**字　　数**：415 千字
版　　次：2023 年 12 月第 1 版　　**印　　次**：2024 年 8 月第 2 次印刷
定　　价：55.00 元

产品编号：100038-01

前言

近年来，人工智能发展迅速，不断地改变人类的生产和生活方式，极大地推动了社会经济的发展，已成为驱动新一轮科技革命和产业变革的重要力量。人工智能的发展得益于多方面因素：一方面算力的不断增长，为人工智能的发展提供了有力的硬件支撑；另一方面大数据时代海量数据的积累，为人工智能的发展奠定了数据基础；更重要的是人工智能算法的进步和优化，为人工智能的发展提供了原动力。近年来，推动人工智能发展的关键技术之一就是深度学习。深度学习是机器学习领域一个新的研究方向，其本质是利用人工神经网络架构，对数据进行特征学习与决策的算法。深度学习是一种复杂的机器学习算法，具有特征提取、表征及预测能力。传统机器学习方法将特征提取与分类决策作为两个问题进行处理，特征提取依赖人工设计的特征，提取特征后选用浅层模型进行分类预测；深度学习方法不需要人工设计特征，而是依赖算法自动学习提取特征的方法，同时对特征进行分类，特征提取与分类预测融为一体，采用端到端的训练模式。深度学习模仿了人类大脑的运行方式，从经验数据中学习获取知识。深度学习在视觉信息分析、机器翻译、人机对话、语音识别与合成、机器人以及其他相关领域都取得了众多丰硕的成果。

本书共 12 章。第 1 章从人工神经网络的起源说起，阐述了随着时代的变迁，人工神经网络由传统浅层算法演变为当前深度学习方法跌宕起伏的发展历程。在第 2 章中，对人工神经网络基础进行了阐述，包括感知器、BP 网络以及反向传播算法，这是人工神经网络理论发展的根基。第 3 章对一种自监督架构——自编码器进行了阐述，自编码器也是深度学习初次被提出时所采用的网络训练机制。第 4 章到第 7 章分别对卷积网络基础、卷积网络架构的发展以及卷积网络在目标检测算法中的应用进行了阐述，卷积网络是深度学习早期发展最为迅速的一个分支，在视觉信息的处理中发挥了重要作用。第 8 章、第 9 章对序列信息处理模型循环神经网络、长短时神经网络进行了阐述，详尽分析了循环网络的正向计算以及误差反向传播原理，为学生利用相关模型进行语言建模奠定基础。第 10 章对基于注意力方式的架构 Transformer 模型进行了介绍，分析了模型的详细工作原理，以及基于 Transformer 构造的 GPT、BERT 等大型语言模型的工作原理。第 11 章对生成式模型进行了介绍，分析了对抗网络、变分自编码器、扩散模型等的工作原理。最后，第 12 章对深度学习框架进行了简要的介绍。

本书在取材和编排上，由浅入深、循序渐进地讲解典型的深度学习模型的正向计算过程、误差反向传播原理等内容，便于读者学习和教学使用。

本书由许庆阳、宋勇、张承进编著，张承进编写第 1、2 章，许庆阳编写第 4、5、6、7、8、9、10 章，宋勇编写第 3、11、12 章。感谢刘晓潇、丁凯旋、于洋、刘志超、李国光、滕俊等研究生参与本书的文字处理工作。

本书可以作为高等学校自动化、计算机、人工智能、机器人工程、智能科学与技术等专业的深度学习理论的教学用书，也可作为相关技术人员的参考用书。

本书在编写过程中参考和引用了许多文献，在此对文献作者表示真诚的感谢。由于编者水平有限，书中难免存在错误和不妥之处，敬请广大读者批评指正。

许庆阳

2023 年 4 月

目录

第1章

绪　论

第 1 章课件

1.1　人工神经网络发展史

1.1.1　人工神经网络的提出

人工智能(artificial intelligence，AI)，如同“长生不老”和“星际漫游”一样，是人类最美好的梦想之一。虽然计算机技术已经取得了长足的进步，但是到目前为止，还没有一台计算机能够产生类人智能。1950 年，计算机和人工智能的鼻祖——图灵，提出著名的“图灵机”和“图灵测试”。图灵试验的设想，即隔墙对话，如果人类无法辨别谈话对象是人还是计算机，可判定对方具有人工智能特性。这在当时无疑给计算机，尤其是人工智能，预设了一个很高的期望值。随后人工智能的进展，远远没有达到图灵试验的标准，最终造成了人们认为人工智能及相关领域是“伪科学”。

近年来，由于深度学习及人工智能领域发展迅速，使人们对人工智能产生了新的遐想。深度学习是人工神经网络的延伸与发展，而人工神经网络是对生物神经网络基本功能的模拟。人工神经网络起源于人类对人脑和智能的探索，是生物神经元网络互相连接结构的简化数学模型，又被称为连接主义，是人工智能的一个重要分支。

人工神经元数学描述模型是人工神经网络的基础。1943 年，Warren McCulloch 和 Walter Pitts 两位科学家(如图 1-1)发表题为 *A Logical Calculus of the Ideas Immanent in Nervous Activity* 的论文，首次提出人工神经元的数学描述——McCulloch-Pitts 神经元模型(简称 M-P 神经元模型)，如图 1-2 所示。该模型借鉴了已知的生物神经细胞原理，通过数学方法对其信息处理过程进行描述，是人类历史上第一次对大脑工作原理描述的尝试，也是第一个神经元数学模型。M-P 神经元模型可以看作连接主义的起源、人工神经网络与深度学习的基石。

M-P 神经元模型模拟生物神经元的时空信息整合特性，对神经元的输入信号进行加权求和，并与阈值进行比较，然后经过激活函数的运算，最后产生神经元激活输出。两位科学家从数学上证明了由人工神经元构成的人工神经网络可以计算任何算术和逻辑函数，但由于当时没有找到有效的训练算法，权值需要根据问题进行事先设定，缺乏实用性。

人工神经元权值调整思想何时被提出？1949 年，神经学家 Donald Olding Hebb(如图 1-3)在 *The Organization of Behavior* 一书中对生物神经元之间连接强度的变化进行了

图 1-1 Warren McCulloch 和 Walter Pitts

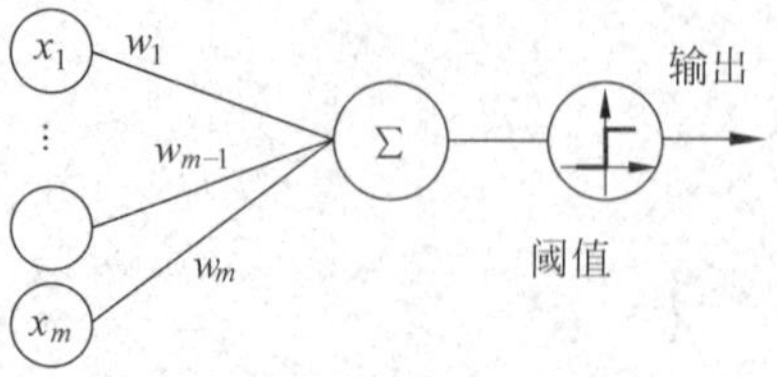

图 1-2 M-P 神经元模型

分析，首次提出一种神经元权值调整方法，称为 Hebb 学习规则，从而将神经网络和机器学习联系起来，并且这一思想与生物神经元的条件反射一致。Hebb 规则为人工神经网络的训练奠定了基础。

人工神经网络的开创者 Frank Rosenblatt，如图 1-4 所示，他也是一名计算机学家和心理学家，早在 1951 年他还是一名研究生的时候，其在暑期作业中便开发出了一个神经网络系统 SNARC。1957 年，就职于康奈尔大学航空实验室的 Frank Rosenblatt，发明了感知器人工神经网络。该网络被视为一种最简单形式的前馈神经网络模型，是一种二元线性分类器，其激活函数采用了符号函数 sign(x)。感知器是人工神经网络的第一个实际应用，标志着神经网络进入了新的发展阶段。Frank Rosenblatt 通过软件实现感知器后，开始构建硬件版本的感知器 Mark I。他将 400 个光电设备作为神经元，将可调电位器作为突触权重，并且在学习期间权重的变化由电动机调整电位器实现，构造了硬件感知器，并用于图像识别。由于当时的技术限制，基于物理实现的感知器是比较罕见的。这种用于图像识别的系统受到了各方的关注，并因此从美国海军获得了大量资金。

图 1-3 Donald Olding Hebb

图 1-4 Frank Rosenblatt

这次成功的应用也引起了学者对神经网络的广泛兴趣。1960 年，斯坦福大学教授 Bernard Widrow 和他的研究生 Ted Hoff 开发了 Adaline 网络和最小均方滤波器，Adaline 网络将感知器的阶跃函数替换为线性函数，如图 1-5 所示。

1.1.2 人工神经网络的陨落

人工智能的另一个分支——符号主义，在此阶段的发展基本趋于停滞。Dartmouth John McCarthy 和 Marvin Minsky 在 1956 年达特茅斯学院举行的会议中提出了人工智能的概念，用来反对早期控制论里的联结主义。会议指出机器根据输入和输出进行自适应调整

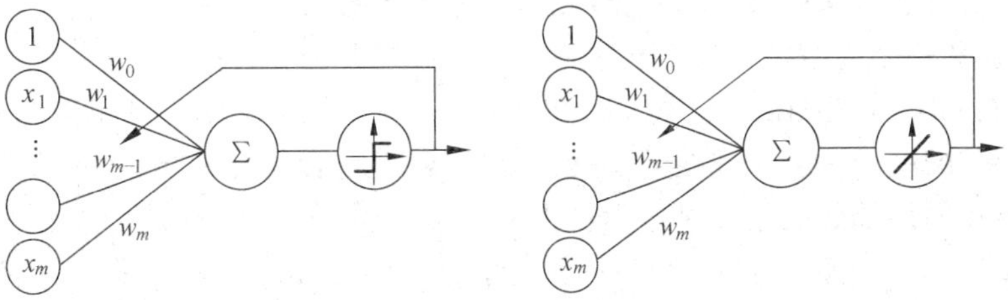

图 1-5 Perceptron(感知器)与 Adaline 对比

是不够的,"符号主义"的目标是用人工定义的规则编制程序算法,并融入计算机系统中,提高操纵系统的智能性。20 世纪 50 年代至 70 年代初,早期 AI 的核心都是推理模型,所以 AI 诞生之初对联结主义的一些观点是排斥的。这个研究领域主要被麻省理工学院的 Minsky Papert、卡内基梅隆大学的 Simon Newell 和斯坦福大学的 McCarthy 等研究人员所主导。1969 年,Marvin Minsky 和 Seymour Papert(图 1-6)撰写了 *Perceptrons: an Introduction to Computational Geometry* 一书,从数学的角度证明了单层感知器网络具有有限的功能,甚至在面对简单的"异或"逻辑问题时也显得无能为力。

虽然多层感知器能够解决异或问题,但当时并没有找到有效的训练算法。这一书的出版,无疑给神经网络的研究浇了一盆冷水。1971 年,Frank Rosenblatt 英年早逝之后,神经网络被抛弃,相关项目的资金资助被停止,神经网络的研究陷入了很长一段时间的低迷期。

图 1-6 Marvin Minsky 与 Seymour Papert

20 世纪 70 年代早期,人工智能的研究进入了它的第一个冬天,联结主义和符号主义的研究都处于停滞状态。两个流派都承诺过多,而结果却遥遥无期。联结主义一边,Frank Rosenblatt 的感知机被过早公之于众,在《激动人心的智能机器》新闻中报道"电子计算机雏形出现,海军希望它能走、说、看、写,制造自己,甚至拥有自我意识"。符号主义一边,以 Herbert Simon 和 Marvin Minsky 为首的研究者们,提出翻译俄语的翻译器、渗透进敌人战线的机器人、坦克和飞机驾驶员的语音指挥系统等宏图壮志,宏图面对的现实是"智能系统"还只是机房里的游戏,不切实际的宣言很快被否定掉。尽管这其中的部分功能在目前技术下,已能够很好地实现,但在当时技术条件下是无法实现的。1966 年,美国研究委员会削减了机器翻译的预算,随后撤回了对人工智能的财务和学术支持,包括 Minsky 和 Papert 在麻省理工学院的 Micromonde 项目、斯坦福大学的 Shakey 机器人、美国国防部高级研究计划局的 SUR 语音识别计划等。1973 年,英格兰在重要的莱特希尔(Lighthill)报告中,劝说人们停止对 AI 的公共资助。至此,人工智能研究陷入低谷。

1.1.3 人工神经网络的兴起

Frank Rosenblatt 已发现多层感知器能够解决复杂的非线性问题,但他并没有找到有效的多层感知机训练算法。直到 1974 年,哈佛大学的 Paul Werbos 博士,在其博士论文中提出了影响深远的 BP (back propagation)神经网络学习算法。1982 年,David Parker 重新发现了 BP 神经网络学习算法,但都没有引起人们的重视,并未唤起人们对人工神经网络研究的兴趣。同年,John Hopfield(图 1-7)提出了连续型和离散型的 Hopfield 神经网络模型,并采用全互联型神经网络模型，实现对复杂的旅行商问题进行求解，向人们展示了神经网络的求解能力，促使神经网络的研究再次进入了蓬勃发展的时期。

1983 年，Geoffrey E. Hinton(图 1-8)和 Terrence J. Sejnowski 设计了玻尔兹曼机，首次提出了“隐单元”的概念。在全连接的反馈神经网络中，包含了可见层和一个隐层，这就是玻尔兹曼机。神经网络层数的增加可以提供更大的灵活性，但参数的训练算法一直是制约多层神经网络发展的一个重要瓶颈。而一个沉睡近十年的伟大算法即将被唤醒。1986 年，David E. Rumelhart、Geoffrey E. Hinton 和 Ronald J. Williams 发表文章 *Learning representations by back-propagating errors*，重新报道了 BP 神经网络学习算法，引起了人们对 BP 算法的重视。BP 算法引入的可微非线性神经元(如 Sigmoid 激活函数神经元)，克服了早期神经元的弱点，为多层神经网络的学习训练与实现提供了一种切实可行的方法。但基于 Sigmoid 激活函数的 BP 网络是一种全局逼近网络，网络收敛速度非常慢。1988 年，继 BP 算法之后，David Broomhead 和 David Lowe 将径向基函数引入到神经网络的设计中，构造了径向基神经网络，由于径向基神经网络是一种局部逼近网络，其收敛速度更快。因此，径向基神经网络是神经网络真正走向实用化的一个重要标志。1989 年，George Cybenko 证明了“万能逼近定理”，证明多层前馈网络可以近似任意函数。对于具有单隐层、传递函数为 Sigmoid()的连续型前馈神经网络，只要隐层神经元的个数足够多，网络可以以任意精度逼近任意复杂的连续映射。这样，BP 神经网络凭借其对复杂连续函数的刻画能力，打开了被 Marvin Minsky 和 Seymour Papert 早已关闭的人工神经网络研究的大门。

图 1-7　John Hopfield

图 1-8　Geoffrey E. Hinton

由于浅层神经网络容易产生过拟合以及参数训练速度慢等原因，人工神经网络的发展进入平淡期。统计学习理论是一种专门研究小样本情况下机器学习规律的理论，自二十世纪六七十年代已有相关研究，到九十年代中期，随着其理论的不断发展和成熟，也由于神经网络等学习方法缺乏实质性进展，统计学习理论开始受到越来越广泛的重视。同时，在这一理论基础上发展了一种新的通用学习方法——支持向量机，支持向量机表现出很多优于已有方法的性能。值得一提的是，1997 年 Sepp Hochreiter 和 Jürgen Schmidhuber 提出长短期记忆模型，为序列信息的建模奠定了基础。

1.1.4　深度学习的提出

随着科技的发展，计算机处理速度、存储能力得到了大幅度提高，同时大数据的广泛应用，为深度学习(deep learning)的提出铺平了道路。2006 年，Geoffrey E. Hinton 和他的学生 R. R. Salakhutdinov 在科学杂志上发表题为 *Reducing the Dimensionality of Data with*

Neural Networks 的文章，展示了深度神经网络的魅力，掀起了神经网络在学术界和工业界的研究热潮。文章阐述了两个重要观点：一是多隐层的神经网络可以学习到刻画数据本质属性的特征，对数据可视化和分类等任务具有很大帮助；二是可以借助无监督的“逐层预训练”策略，克服深层神经网络在训练上存在的问题。这篇文章是一个分水岭，拉开了深度学习的大幕，标志着深度学习的诞生。因此，2006 年以前的神经网络研究常被称为浅层学习，典型的浅层学习模型包括：单层感知器、BP 网络、传统隐马尔可夫模型、条件随机场、最大熵模型、集成学习、支持向量机、核回归及仅含单隐层的多层感知器等，而 2006 年后的神经网络研究被称为深度学习。同年，Hinton 又提出了深度信念网络。深度信念网络是基于受限玻尔兹曼机构建的深度网络。玻尔兹曼机由 Geoffrey E. Hinton 和 Terrence J. Sejnowski 在 1985 年提出的，1986 年 Paul Smolensky 命名了受限玻尔兹曼机，但直到 Hinton 及其合作者在 2006 年发明快速学习算法后，受限玻尔兹曼机才变得知名。自动编码器早在 1986 年被提出，2006 年之后，Hinton 等人利用自动编码器实现了深度自编码器、稀疏自编码器等，以及利用自编码器构造了深度神经网络。

卷积神经网络作为一种典型的深度学习网络结构，已经成为当前图像处理领域研究的主要工具。早在 1989 年，Yan Lecun 等人提出卷积技术，对 AT&T 贝尔实验室的邮政编码进行识别，使用美国邮政服务数据库训练多层网络，以识别包裹上的邮政编码。这种方法成功应用于银行业（支票金额识别）和邮政行业中。但由于当时的计算机运算能力以及数据量的限制，该网络没有得到有效发展。1998 年，Yann LeCun 提出了用于字符识别的卷积神经网络 LeNet-5，并在小规模手写数字识别中取得了较好的结果。因此，Yann LeCun 也被称为卷积网络之父。2012 年，Alex Krizhevsky 等使用 AlexNet 卷积神经网络，在 ImageNet 图像分类竞赛任务中以大幅优势取得了冠军，卷积神经网络在图像分类中取得了巨大成功。随后 Alex Krizhevsky、Ilya Sutskever 和 Geoffrey E. Hinton 发表了 *ImageNet Classification with Deep Convolutional Neural Networks* 的文章，为卷积神经网络在图像处理领域的应用奠定了基础。

2018 年被称为深度学习三巨头的 Yoshua Bengio、Yann LeCun 和 Geoffrey E. Hinton 由于其在概念和工程上取得的巨大突破，使得深度神经网络成为计算的关键元素，而获得图灵奖。而后，长短期记忆网络（LSTM）之父 Jürgen Schmidhuber 极力肯定和推广长短期记忆网络在人工神经网络和深度学习领域的巨大作用。2021 年，长短期记忆网络提出者和奠基者 Sepp Hochreiter 获得了 IEEE CIS 神经网络先驱奖，以表彰他对长短期记忆网络的发展做出的卓越贡献。Geoffrey E. Hinton 于 1998 年、Yann LeCun 于 2014 年、Yoshua Bengio 于 2019 年分别都已获得 IEEE 神经网络先驱奖，如图 1-9 所示。

图 1-9　深度学习核心人物（LeCun，Hinton，Bengio 和吴恩达）及 Sepp Hochreiter

1.2 人工神经网络学习机理

深度学习的研究已经渗透到生活的各个领域，已成为人工智能技术的重要发展分支。人工智能最终的目的是使机器具备与人相当的归纳能力、学习能力、分析能力和逻辑思考能力，虽然当前的技术离这一目标还很遥远，但是深度学习无疑提供了一种可能的途径，使得机器在单一领域的能力超越人类。

1.2.1 生物学机理

无论是浅层网络还是深度学习，都是受到生物系统启发而提出的。早在1958年，David Hubel 和 Torsten Wiesel 在约翰·霍普金斯大学就开始研究瞳孔区域与大脑皮层神经元的对应关系。研究人员在猫的后脑头骨上，开了一个3毫米的小孔，向孔内插入电极，测量神经元的活跃程度。当在猫的眼前展现各种形状、亮度的物体时，改变物体放置的位置和角度，使猫瞳孔感受不同类型与不同强弱的刺激。试验的目的是去证明一个猜测：位于后脑皮层的不同视觉神经元与瞳孔所受刺激之间存在某种对应关系。实验结果表明，一旦瞳孔受到某一种刺激，后脑皮层的某一部分神经元就会活跃。经历了反复的试验，David Hubel 和 Torsten Wiesel 发现了一种被称为“方向选择性细胞”的神经元细胞。当瞳孔发现眼前物体的边缘，并且边缘指向某个方向时，这种神经元细胞就会活跃。这个发现激发了人们对于神经系统的进一步思考。神经-中枢-大脑的工作过程，或许是一个不断迭代、不断抽象的过程。抽象是指从原始信号，到低级抽象，并逐渐向高级抽象迭代。人类的逻辑思维经常使用高度抽象的概念。例如，从原始信号摄入（瞳孔摄入像素），经过初步处理（大脑皮层某些细胞发现边缘和方向），然后抽象（大脑判定眼前的物体的形状等），然后进一步抽象（进一步判定该目标物体）。而这一系列处理过程便是特征提取与概念抽象的过程。1981年的诺贝尔生理学或医学奖，颁发给了 David Hubel、TorstenWiesel 以及 Roger Sperry，以奖励其在“视觉系统信息处理”研究中的贡献，即可视皮层是分级的。神经网络的结构设计也都遵循了这一猜想。

关于灵长类是如何识别其他动物，尤其是同类的脸，一直以来众说纷纭。2005年，美国加州大学洛杉矶分校的研究人员通过向被试者们展示许多照片，当饰演过影视剧老友记中“瑞秋”的著名女演员出现时，许多被试者大脑中都有一个相同的神经元被激活，被称为“安妮斯顿细胞”。受此实验启发，其他研究人员还找到了“茱莉娅·罗伯茨细胞”“科比细胞”等。因此，多年以来学界都怀疑，大脑中负责人脸识别的神经元是被“定制”的，也被称为“祖母细胞”。这些专属神经元会被一张特定或相似的人脸快速激活，差别较大的人脸就无法响应。2017年，加州理工学院的神经科学家 Doris Tsao 和 Le Chang 的一项研究推翻了这一假设。Doris Tsao 和 Le Chang 研究了两只猕猴的大脑，试图确定动物大脑中脸细胞的位置。研究人员从50个维度对人脸进行表征，将不同的人脸或其他物体的图像展示给这两只猕猴。同时，研究人员将电极植入两只猕猴的大脑，猕猴在观看围绕50个维度有所差异的人类脸部照片时，研究人员记录了猕猴大脑中205个脸部识别神经元对这50个维度的不同反应。研究人员对得到的上百万种反馈信息进行解码，得到了每种反馈的具体含义。每个神经元都会对一些面部参数的特定组合产生响应，这些各有分工的神经元从不同的角度分析人脸，形成的信息组合到一起，就拼凑出一张完整的人脸，这一发现推翻了人脸由特定细胞识别的假说。猕猴对脸部的识别是由大脑中 2 个面部补丁区的 200 多个不同神经元共同编码完成面部重建的，其中一个区域有 106 个细胞，另一个区域有 99 个细胞。这一研究成果进一步证实了神经-中枢-大脑的工作过程是一个不断迭代、不断抽象的过程，以及确定了特征学习在神经元活动及脑部认知中的重要性。

1.2.2 浅层学习

浅层学习是机器学习的第一次浪潮。20 世纪 80 年代末期，用于人工神经网络的反向传播算法的发明，重振了神经网络领域的研究。BP 算法使得人工神经网络模型能够从训练样本中学习统计规律，从而对未知事件进行预测。基于人工神经网络的机器学习方法与人工规则系统相比，在很多方面具有优越性。这时的人工神经网络，虽被称作多层感知器，但实际只是含有一层隐节点的浅层模型。20 世纪 90 年代，各种各样的浅层机器学习模型相继被提出，例如支撑向量机、Boosting 方法等。这些模型的结构基本上可以看作带有一层隐节点的网络结构，或是没有隐节点的浅层模型。这些模型无论是在理论分析还是应用中都获得了巨大的成功。相比之下，由于人工神经网络缺乏理论分析，训练方法过度依赖经验和技巧，收敛速度慢等问题，这个时期的浅层人工神经网络相对沉寂。

BP 算法作为传统多层人工神经网络的训练算法，实际上对具有两层以上隐含层的神经网络，已无法有效地训练。深度神经网络（涉及多个非线性处理单元层）是一种非凸目标函数，其训练过程中普遍存在局部极小的问题，使得训练更加困难。神经网络训练困难主要源于 BP 算法的固有缺陷：

（1）梯度值被压缩：在误差向输入层的传播过程中，误差校正信号越来越小；

（2）收敛到局部最小值：随机值初始化会导致该情况的发生，尤其是远离最优区域时；

（3）网络的训练只能使用有标签数据：现实中大部分的数据是没标签的，而大脑可以从无标签数据中学习。

1.2.3 深度学习

深度学习是机器学习的第二次浪潮。2006 年，深度学习概念被提出。深度学习是机器学习研究的一种新尝试，是人工神经网络的延伸，其目的在于建立可模拟人脑进行数据分析、学习的神经网络模型，例如图像分析、声音和文本处理等。深度学习的实质是通过构建具有多隐层的机器学习模型，利用海量的训练数据，训练网络的特征提取能力，最终提升模型分类或预测的准确性。因此，“深度学习”是一种手段，而“特征学习”才是目的。深度学习模仿人脑的机制来解释数据，通过组合低层特征形成更加抽象的高层属性或特征，以发现数据的分布式特征表示。深度学习的概念源于人工神经网络的研究，含多隐层的多层感知器就是一种深度网络结构。Hinton 提出的基于无监督的网络预训练方法，有效地克服了多层神经网络训练困难的问题。深度神经网络的训练被分为两步：一是通过无监督算法每次训练一层网络，实现网络的预训练；二是对已建立的深度网络模型进行有监督的微调。深度学习训练过程具体步骤如下：

（1）使用自下而上非监督训练（从底层网络训练开始，逐层向高层训练）：采用无标定数据（有标定数据也可），以及无监督训练算法分层训练各层参数，这是与传统神经网络区别最大的部分，这一过程可以看作网络特征学习的过程。首先，使用无标定数据训练网络的第1层参数，网络的训练可以看作是最小化具有单隐层神经网络输出重构误差的过程，由于模型容量的限制以及稀疏性约束，使得得到的模型能够学习到数据本身的结构，从而获得比输入更具有表示能力的特征信息；然后，利用第1隐层的输出作为第2隐层的输入，进行网络第2层的预训练；同理，在学习得到第 $n-1$ 层后，将第 $n-1$ 层的输出作为第 n 层的输入，预训练第 n 层，由此得到各层的预训练参数。

(2) 自顶向下的监督学习(利用带标签的数据进行误差反传，对网络进行微调)：基于第一步得到的各层参数进一步微调整个多层模型的参数，网络的训练是一个有监督训练过程。预训练过程类似神经网络参数的随机初始化过程，由于深度学习的第一步不是随机初始化，而是通过学习输入数据的特征而得到的，因此这个初值更接近全局最优解，从而使得网络能够更有效地训练。深度神经网络的训练很大程度上归功于预训练过程的特征学习。

深度学习有两个主要观点：一是深层网络具有强大的特征学习能力，多隐层人工神经网络优异的特征学习能力能够得到对数据有更本质的刻画的特征，从而有利于分类；二是深度神经网络的训练可以通过"逐层初始化"来进行预训练，从而实现网络的有效训练。深度学习与浅层学习的区别在于深度学习强调模型的深度，通常有5层甚至更多的隐层，同时深度学习明确突出了特征学习的重要性，通过逐层特征变换，将样本在原空间的特征表示到一个新的特征空间，从而使分类或预测更加容易。另外，深度学习利用大数据训练网络的特征提取能力，能够刻画数据丰富的内在信息。

随着2006年深度学习的提出，机器学习领域取得了突破性进展。图灵试验，不再是可望而不可即。深度学习技术不仅依赖于计算平台、云计算等对大数据的并行处理能力，而且依赖于更加有效的算法。借助于深度学习算法，人们解决了"抽象概念"描述这个亘古难题。2012年6月，由斯坦福大学著名的在机器学习方面的教授 Andrew Ng 与在大规模计算机系统方面的世界顶尖专家 Jeff Dean 共同主导了 Google Brain 项目，吸引了公众的广泛关注。项目利用16000个中央处理器(CPU)核心的并行计算平台训练一种深度神经网络机器学习模型，网络内部共有10亿个节点。虽然无法与人脑中150多亿个神经元相提并论(人脑神经元互相连接的突触数非常庞大，曾经有人估算过，如果将一个人大脑中所有神经细胞的轴突和树突依次连接起来，并拉成一根直线长度是地球与月亮间距离的两倍)，但对人工神经网络来说已是非常巨大。深度神经网络在图像识别、语音识别等领域获得了巨大的成功。2012年11月，微软在中国天津的一次活动中公开演示了一个全自动的同声传译系统，讲演者使用英文演讲，后台的计算机自动完成语音识别、英中机器翻译和中文语音合成，效果非常流畅。据报道，后台关键技术之一便是深度学习。谷歌基于人工智能技术开发了智能围棋系统——阿尔法狗(AlphaGo)，并测试了其围棋水平。2016年3月 AlphaGo 约战了韩国围棋高手李世石，并以4∶1的成绩取得了胜利；2017年5月，柯洁对战 AlphaGo 的升级版，最终以0∶3败下阵来。这标志着专用人工智能取得了突破性进展，它的竞赛性能在测试中已超越人类。而这只是开始。2018年，在多人对战游戏中，OpenAI 在5对5的 DOTA2 中战胜人类玩家，DeepMind AI 在多人射击游戏中战胜人类玩家，IBM 举办了人机辩论大赛；2019年，人工智能在星际争霸2的人机对战中以10∶1的成绩战胜人类玩家。2022年年底，美国人工智能研究实验室 OpenAI 推出一种人工智能技术驱动的智能聊天机器人 ChatGPT。该模型利用真实世界中大量的语料数据进行训练，使得 ChatGPT 上知天文、下知地理，还具有能根据聊天的上下文进行互动的能力，具有与真正人类几乎无异的聊天能力。ChatGPT 不只是一个聊天机器人，还能进行撰写邮件、视频脚本、文案、翻译、代码等任务。ChatGPT 的提出为通用人工智能的发展提供了新的路径。人工智能技术还在不断的快速发展，并有望取得令人瞩目的成绩。

1.2.4 特征学习

机器学习是一门专门研究利用计算机模拟或实现人类学习行为的方法，以获取新的知识或技能，并重新组织已有的知识结构使自身性能不断改善的学科。目前，通过机器学习去解决问题的思路如图 1-10 所示(以视觉感知为例)：

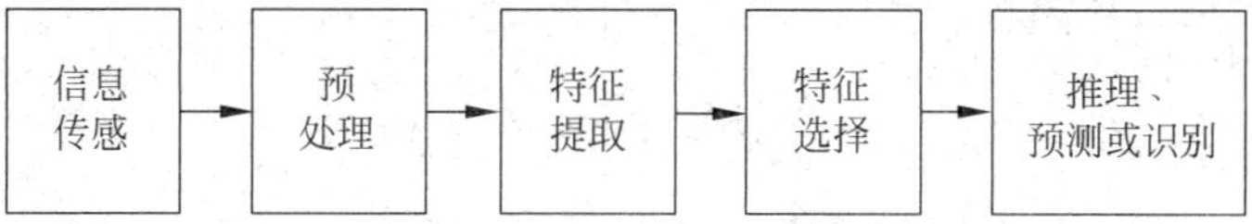

图 1-10 视觉信息处理过程

视觉感知通过视觉传感器获得图像数据，经过预处理、特征提取、特征选择，再到推理、预测或者识别。最后一个环节，也是机器学习的主要研究内容。而中间的三部分，概括起来就是特征表达。良好的特征表达，对算法最终的识别准确度至关重要，而且系统主要的计算和测试工作都在这一部分。例如图像识别、语音识别、自然语言理解、天气预测、基因表达、内容推荐等。在传统的机器学习算法中，特征提取工作一般采用人工设计的方式完成。目前已有很多特征提取方法，例如在视觉信息处理中，好的特征应具有大小、尺度和旋转等不变性与可区分性，如尺度不变特征变换(scale-invariant feature transform，SIFT)特征提取，是局部图像特征描述子研究领域一项里程碑式的工作，由于 SIFT 对尺度、旋转以及一定视角和光照变化等图像变化都具有不变性，并且 SIFT 具有很强的可区分性，能实现良好的特征提取，因此为最终问题的解决奠定了基础。传统机器学习特征提取方法与预测模型是相互独立的，而深度学习强调了特征学习的重要性，并将特征提取与预测模型融合到一起，实现特征提取与预测模型的同时训练，提升了机器学习模型解决问题的效果。

1. 特征表示的粒度

对一张图像来说，像素级的特征是没有价值的。例如图 1-11 中加菲猫的脸，从像素级别根本得不到任何有用的信息，即无法进行猫脸与非猫脸的区分。而如果是一个具有结构性或者说具有语义的特征信息，如是否具有胡须、耳朵的位置等信息，就容易将猫脸与非猫脸进行区分，学习算法才能发挥作用。

2. 初级(浅层)特征表示

1995 年前后，Bruno Olshausen 和 David Field 两位学者任职于康奈尔大学，他们试图同时利用生理学和计算机的手段，研究视觉问题，提出了一种稀疏编码算法。两位学者从收集到的黑白风景图像中提取 400 个 16 像素×16 像素的图像块 $S[k]$，随机提取图像块 T，调整图像块 $S[k]$的系数 $a[k]$，实现图像块 T 的表示。稀疏编码的生成是一个重复迭代的过程，每次迭代分两步：

(1) 选择一组 $S[k]$，然后调整 $a[k]$，使得 Sum_k($a[k]*S[k]$)接近 T；

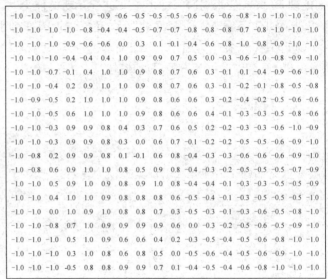

−1.0	−1.0	−1.0	−1.0	−1.0	−0.9	−0.6	−0.5	−0.5	−0.5	−0.6	−0.6	−0.6	−0.8	−1.0	−1.0	−1.0	−1.0
−1.0	−1.0	−1.0	−1.0	−0.8	−0.4	−0.4	−0.5	−0.7	−0.7	−0.8	−0.8	−0.8	−0.7	−0.8	−1.0	−1.0	−1.0
−1.0	−1.0	−1.0	−0.9	−0.6	−0.6	0.0	0.3	0.1	−0.1	−0.4	−0.6	−0.8	−1.0	−0.8	−0.9	−1.0	−1.0
−1.0	−1.0	−1.0	−0.4	−0.4	0.4	1.0	0.9	0.9	0.7	0.5	0.0	−0.3	−0.6	−1.0	−0.8	−0.9	−1.0
−1.0	−1.0	−0.7	−0.1	0.4	1.0	1.0	0.9	0.8	0.7	0.6	0.3	−0.1	0.1	−0.4	−0.9	−0.6	−1.0
−1.0	−1.0	−0.4	0.2	0.9	1.0	1.0	0.9	0.8	0.7	0.6	0.3	−0.1	−0.2	−0.1	−0.8	−0.5	−0.8
−1.0	−0.9	−0.5	0.2	1.0	1.0	1.0	0.9	0.8	0.6	0.6	0.3	−0.2	−0.4	−0.2	−0.5	−0.6	−0.6
−1.0	−1.0	−0.5	0.6	1.0	1.0	1.0	0.9	0.8	0.6	0.6	0.4	−0.1	−0.3	−0.3	−0.5	−0.8	−0.6
−1.0	−1.0	−0.3	0.9	0.9	0.8	0.4	0.3	0.7	0.6	0.5	0.2	−0.2	−0.3	−0.3	−0.6	−1.0	−0.9
−1.0	−1.0	−0.3	0.9	0.9	0.8	0.3	0.0	0.6	0.7	−0.1	−0.2	−0.2	−0.5	−0.5	−0.6	−0.9	−1.0
−1.0	−0.8	0.2	0.9	0.9	0.8	0.1	-0.1	0.6	0.8	−0.4	−0.3	−0.3	−0.6	−0.6	−0.6	−0.9	−1.0
−1.0	−0.8	0.6	0.9	1.0	1.0	0.8	0.5	0.9	0.8	−0.4	−0.3	−0.2	−0.5	−0.5	−0.5	−0.7	−0.9
−1.0	−1.0	0.5	0.9	1.0	0.9	0.8	0.9	1.0	0.8	−0.4	−0.4	−0.1	−0.3	−0.3	−0.5	−0.5	−0.9
−1.0	−1.0	0.4	1.0	1.0	0.9	0.8	0.8	0.8	0.6	−0.5	−0.4	−0.1	−0.3	−0.5	−0.5	−0.5	−1.0
−1.0	−1.0	0.0	1.0	0.9	1.0	0.8	0.8	0.7	0.3	−0.5	−0.3	−0.1	−0.3	−0.6	−0.5	−0.8	−1.0
−1.0	−1.0	−0.8	0.7	1.0	0.9	0.9	0.9	0.9	0.6	0.0	−0.3	−0.2	−0.5	−0.6	−0.5	−0.9	−1.0
−1.0	−1.0	−1.0	0.5	1.0	0.9	0.6	0.6	0.4	0.2	−0.3	−0.5	−0.4	−0.5	−0.6	−0.8	−1.0	−1.0
−1.0	−1.0	−1.0	0.3	1.0	0.8	0.6	0.8	0.5	0.0	−0.5	−0.6	−0.4	−0.5	−0.6	−0.9	−1.0	−1.0
−1.0	−1.0	−1.0	-0.5	0.8	0.8	0.9	0.9	0.7	0.1	−0.4	−0.5	−0.4	−0.6	−0.8	−1.0	−1.0	−1.0

图 1-11 图形的像素表示

(2) 固定 $a[k]$，在 400 个碎片中，选择其他更合适的碎片 $S'[k]$，替代原有的 $S[k]$，使得 Sum_k($a[k] * S'[k]$)接近 T。

经过几次迭代后，最佳的 $S[k]$组合被遴选出来。令人惊奇的是，被选中的 $S[k]$基本上都是照片中不同物体的边缘线，这些线段形状相似，区别在于方向。Bruno Olshausen 和 David Field 的算法结果，与 David Hubel 和 Torsten Wiesel 的生理发现不谋而合。也就是说，复杂图形往往由一些基本结构组成。

3. 结构性特征表示

小块图形可以由基本边缘构成，更结构化、更复杂的具有概念性的图形如何表示呢？这就需要更高层次的特征表示。这是一个层次递进的过程，高层表达由底层表达的组合而成。底层提取的是图像的边缘，中间层是这些基的组合，并获得高一层的基。直观上说，就是找到有效的特征再将其进行组合，得到更高一层的特征，递归向上进行特征组合学习。因此，在利用不同灰度样本做训练时，所得边缘是相似的，但利用边缘组合为目标的局部，再利用部分局部的目标组合完成的目标都是不同的。

第2章

神经网络基础

第 2 章课件

2.1 概述

神经网络是一种典型的机器学习算法，神经网络是由多个神经元进行互连构成的网络模型，多层感知机的神经网络结构如图 2-1 所示。

图 2-1 中每个圆圈都表示一个神经元，线条表示神经元之间的连接。最左侧的层称为输入层，负责接收输入数据；最右侧的层称为输出层，负责产生神经网络的输出信息；输入层和输出层之间的层称为隐含层，隐含层较多的神经网络称为深度神经网络。深度学习就是使用深层架构的机器学习方法。深层网络和浅层网络相比其优势在于深层网络具有更强的特征表达能力。事实上，一个仅有一个隐含层的神经网络就能拟合任何一个函数，但需要隐层神经元的数量足够多，而深层网络使用较少的神经元就能拟合同样的函数。因此，利用神经网络拟合一个函数，要么使用一个浅而宽的网络，要么使用一个深而窄的网络，而后者往往更节约资源。深层网络也有其劣势，网络的训练非常困难，需要大量的数据及技巧才能训练好一个深层网络。

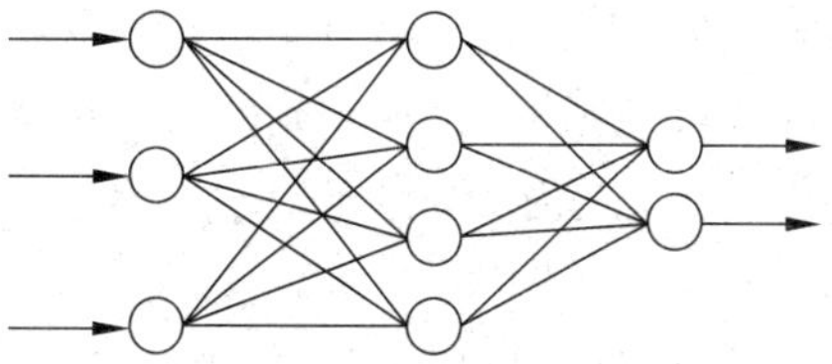

图 2-1　神经网络示意图

神经网络模型中的参数是通过学习获得的。为了训练一个神经网络模型，需要提供大量的训练样本，每个训练样本既包含输入特征 X，也包括对应的输出 Y（也称为标签）。利用带标签的训练样本去训练模型，使得模型在获得每个问题的输入特征 X 的同时，也获得对应问题的答案输出 Y。当利用足够多的样本训练模型后，模型就能够总结出其中的一般规律；然后，利用训练好的模型预测新的输入所对应的输出。这种机器学习方法被称为监督学习。

另外一类神经网络训练方法被称为无监督训练方法，这种方法的训练样本中只包含输入特征 X，但没有标签 Y，如无监督聚类方法。模型可以总结出输入特征 X 的一些规律，但是无法获得其对应的答案 Y。很多时候，既包含输入特征 X 又包含输出标签 Y 的训练样本是很少的，大部分样本都只有输入特征 X。比如在语音到文本的识别任务中，X 是语音，Y 为这段语音对应的文本，语音录音很容易获取，然而将语音分段切分并标签对应的文字则是非常费时、费力的事情。这种情况下，为了弥补带标签样本的不足，可以利用无监督学习方法进行聚类，使得模型总结出音节的规律，然后再用少量的带标签的训练样本，标注模型中音节对应的文字，这样模型就可以将相似的音节对应到相应文字上，完成模型的训练。

无论是有监督训练方式还是无监督训练方式，都需要利用网络的权值修正规则，实现网络参数的训练。

2.2 感知器

2.2.1 感知器学习规则

1. Hebb 学习规则

虽然 M-P 神经元模型早在 1943 年就被提出，但由于没有寻找到有效的训练算法，网络无法进行学习。1949 年，神经学家 Donald Olding Hebb 在 *The Organization of Behavior* 中对神经元之间连接强度的变化进行了分析，首次提出一种神经元连接权值调整方法，称为 Hebb 学习规则，将神经网络和机器学习联系起来。Hebb 学习规则是受到巴甫洛夫的条件反射实验的启发，假定机体的行为可以由神经元的行为来解释，即如果两个神经元在同一时刻被激发，则它们之间的联系应该被强化，这就是 Hebb 提出的生物神经元的学习机制。在这种学习规则下，对神经元的重复刺激，可使得神经元之间的突触强度增加，从而建立起功能化神经元。如，神经元的输出表达为

$$y=f(x)=\begin{cases}1 & x\geqslant 0\\ 0 & x<0\end{cases} \tag{2-1}$$

Hebb 学习规则权值调整量的数学表达方式为

$$\Delta w_{ij}=\eta y_j y_i \tag{2-2}$$

其中，y_j 与 y_i 分别为互相连接的两个神经元对应的输出，η 称为学习率。

因此，权值的调整可表示为

$$w_{\text{new}ij}=w_{\text{old}ij}+\Delta w_{ij} \tag{2-3}$$

从上式可以看出，权值调整量与神经元输出乘积成正比，因此出现频率较高的输入模式对权值影响较大，通过预设权值饱和值，可防止权值饱和。Hebb 学习规则隶属于无监督学习算法的范畴，其主要思想是根据两个神经元的激发状态调整其连接权值，以此实现对简单神经活动的模拟。

2. 感知器学习规则

1957 年，美国学者 Frank Rosenblatt 首次提出感知器，感知器的学习规则也由此诞生。感知器学习规则是由 Hebb 学习规则衍生而来，将神经元期望输出与实际输出的误差 $\boldsymbol{e}$ 作为学习信号，调整网络权值，如式(2-4)所示：

$$\begin{cases}\Delta \boldsymbol{w}_j=\eta \boldsymbol{e}_j \boldsymbol{x}\\ \boldsymbol{e}_j=\boldsymbol{t}_j-\boldsymbol{y}_j\end{cases} \tag{2-4}$$

其中，$\boldsymbol{x}$ 表示神经元输入信息，$\boldsymbol{t}_j$ 为期望输出，$\boldsymbol{y}_j=f(\boldsymbol{w}_j^{\mathrm{T}}\boldsymbol{x})$ 为感知器输出，其表达式为

$$f(\boldsymbol{w}_j^{\mathrm{T}}\boldsymbol{x})=\operatorname{sgn}(\boldsymbol{w}_j^{\mathrm{T}}\boldsymbol{x})=\begin{cases}1 & \boldsymbol{w}_j^{\mathrm{T}}\boldsymbol{x}\geqslant 0\\ -1 & \boldsymbol{w}_j^{\mathrm{T}}\boldsymbol{x}<0\end{cases} \tag{2-5}$$

因此，权值调整公式可表达为

$$\Delta\boldsymbol{w}_j=\eta[\boldsymbol{t}_j-\operatorname{sgn}(\boldsymbol{w}_j^{\mathrm{T}}\boldsymbol{x})]\boldsymbol{x} \tag{2-6}$$

当实际输出与期望相反时，权值调整公式可简化为 $\Delta\boldsymbol{w}_j=\pm 2\eta\boldsymbol{x}$。

感知器学习规则适用于二进制神经元，初值可任取。感知器学习规则是一种有监督学习规则。

3. LMS 学习规则

1962 年 BernardWidrow 和 Marcian Hoff 提出 Widrow-Hoff 学习规则，使神经元实际输出与期望输出之间的均方差达到最小，所以又称为最小均方规则(LMS)，学习规则如下定义：

$$\boldsymbol{e}_j=\boldsymbol{t}_j-\boldsymbol{w}_j^{\mathrm{T}}\boldsymbol{x} \tag{2-7}$$

权向量调整量为

$$\Delta\boldsymbol{w}_j=\eta\boldsymbol{e}_j\boldsymbol{x} \tag{2-8}$$

LMS 学习规则实际相当于引入 $f(x)=x$ 激活函数的感知器学习规则。

2.2.2 感知器原理

感知器结构与 M-P 神经元模型类似，由输入权值、激活函数与输出部分组成，图 2-2 为一个感知器单元结构图。感知器模型实质是具有学习算法的神经元模型。通过误差训练算法，感知器能够自动地修改网络权值，成功地解决了网络训练的问题。感知器接收多个输入$(x_1,x_2,\cdots,x_i,\cdots,x_n\mid x_i\in\mathbf{R})$，每个输入具有一个对应的权值信息 $w_i\in\mathbf{R}$；此外还有一个偏置项 $b\in\mathbf{R}$，如图 2-2 中的 w_0；最后经过激活函数产生神经元输出信息，$y=f(\boldsymbol{w}^{\mathrm{T}}\boldsymbol{x}+b)$。

根据感知器训练规则 $\Delta\boldsymbol{w}_j=\eta\boldsymbol{e}_j\boldsymbol{x}$，同理可得偏置项 b 的修正规则，从而可得训练算法如下所示：

$$\begin{cases}\Delta\boldsymbol{w}_j=\eta\boldsymbol{e}_j\boldsymbol{x}\\ \Delta\boldsymbol{b}=\eta\boldsymbol{e}_j\end{cases} \tag{2-9}$$

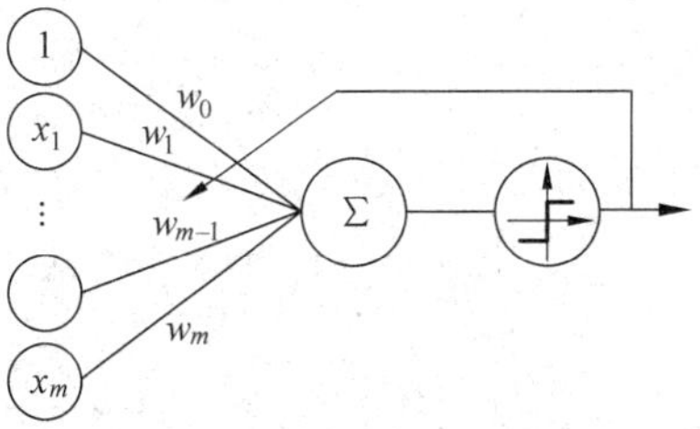

图 2-2 感知器单元

感知器激活函数可有多种选择，如选择阶跃函数 f 作为激活函数，如式(2-10)所示：

$$f(x)=\begin{cases}1 & x>0\\ 0 & x\leqslant 0\end{cases} \tag{2-10}$$

采用阶跃函数作为激活函数时，网络输出为 0 或者 1，因此感知器模型实质为一个线性二分类模型，如图 2-3 所示。对于二输入单神经元感知器，类别界限可表示为

$$w_1x_1+w_2x_2+\theta=0 \tag{2-11}$$

若将 w_1、w_2 和 θ 视为确定参数，上式实质是输入向量空间(x_1,x_2)中的一条直线。分别令 $x_1=0$、$x_2=0$ 可求出该直线在 x_1 和 x_2 轴的截距为 $x_1=-\dfrac{\theta}{w_1}$、$x_2=-\dfrac{\theta}{w_2}$。由于实际中无法取到平面中所有的样本点，因此可以找到无数条类别界限。

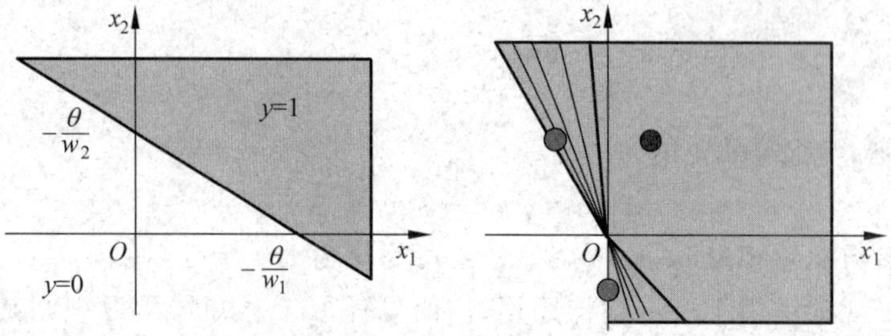

图 2-3 分类平面示意图

设样本数据如表 2-1 所示，网络采用随机初始化的方式对 $\boldsymbol{w}$ 进行赋值，假设 $\boldsymbol{w}$ 设置为如下随机数 $\boldsymbol{w}=[1.0 \quad -0.8]$，此时类别界限可写为 $x_1-0.8x_2=0$，如图 2-4 所示。

表 2-1 样本数据

	$\boldsymbol{x}_1$	$\boldsymbol{x}_2$	$\boldsymbol{y}$
$\boldsymbol{u}_1$	1	2	1
$\boldsymbol{u}_2$	−1	2	0
$\boldsymbol{u}_3$	0	−1	0

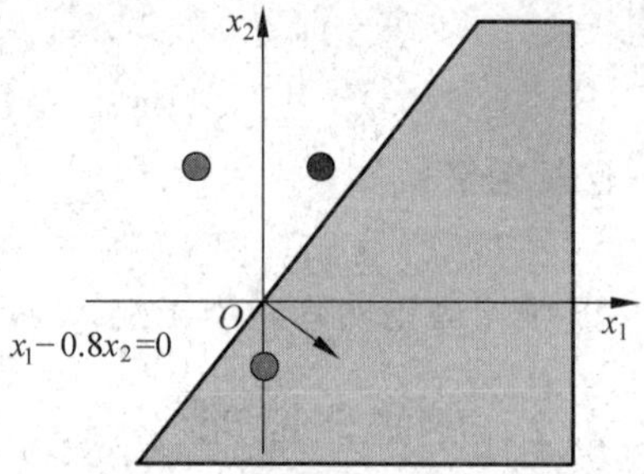

图 2-4 随机初始化分类平面

根据 $y=f(\boldsymbol{w}^{\mathrm{T}}\boldsymbol{x}+b)$，存在划分错误的类别，因此利用感知器学习规则对权值进行调整：

$$\boldsymbol{w}_{\mathrm{new}i}=\boldsymbol{w}_{\mathrm{old}i}+\boldsymbol{e}_i\boldsymbol{x}=\boldsymbol{w}_{\mathrm{old}}+(t_i-y_i)\boldsymbol{x} \tag{2-12}$$

新权值为

$$\boldsymbol{w}_{\mathrm{new}}^{\mathrm{T}}=\boldsymbol{w}_{\mathrm{old}}^{\mathrm{T}}+\boldsymbol{u}_1=\begin{bmatrix}1.0\\-0.8\end{bmatrix}+\begin{bmatrix}1\\2\end{bmatrix}=\begin{bmatrix}2.0\\1.2\end{bmatrix}$$

$$\boldsymbol{w}_{\mathrm{new}}^{\mathrm{T}}=\boldsymbol{w}_{\mathrm{old}}^{\mathrm{T}}-\boldsymbol{u}_2=\begin{bmatrix}2.0\\1.2\end{bmatrix}-\begin{bmatrix}-1\\2\end{bmatrix}=\begin{bmatrix}3.0\\-0.8\end{bmatrix}$$

$$\boldsymbol{w}_{\mathrm{new}}^{\mathrm{T}}=\boldsymbol{w}_{\mathrm{old}}^{\mathrm{T}}-\boldsymbol{u}_3=\begin{bmatrix}3.0\\-0.8\end{bmatrix}-\begin{bmatrix}0\\-1\end{bmatrix}=\begin{bmatrix}3.0\\0.2\end{bmatrix}$$

分类面调整过程如图 2-5 所示：

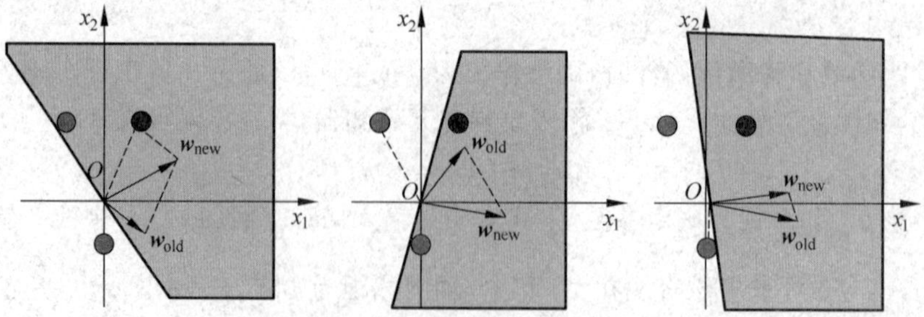

图 2-5 分类面调整示意图

对于三输入单神经元感知器，其类别界限可表示为

$$w_1x_1+w_2x_2+w_3x_3+\theta=0 \tag{2-13}$$

若将 w_1、w_2、w_3 和 θ 视为确定参数，上式在三维空间(x_1,x_2,x_3)中定义了一个平面，该平面将输入模式分为两类，如图 2-6 所示。

若令 $x_1=x_2=0$，可求出该平面在 x_3 轴上的截距：$x_3=-\dfrac{\theta}{w_3}$

同理：$x_2=-\dfrac{\theta}{w_2}$、$x_1=-\dfrac{\theta}{w_1}$。

引申到 $n>3$ 时的多维空间的线性可分集合，一定可找到一个超平面，将输入模式分为两类，其分类界面为

$$w_1x_1+w_2x_2+\cdots+w_ix_i+\cdots+w_nx_n+\theta=0$$

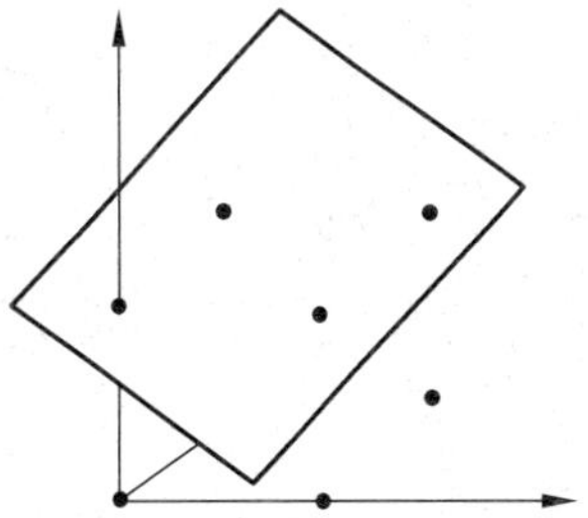

图 2-6　三维空间上的两类模式分类

例 2-1：设计一个感知器实现 and 和 or 运算。and 和 or 函数是一个二元函数，真值表如表 2-2、表 2-3 所示。

表 2-2　and 运算真值表

x_1	x_2	y
0	0	0
0	1	0
1	0	0
1	1	1

表 2-3　or 运算真值表

x_1	x_2	y
0	0	0
0	1	1
1	0	1
1	1	1

对于 and 运算，为了计算方便，用 0 表示 false，用 1 表示 true。令 $w_1=0.5$，$w_2=0.5$，$b=-0.8$，而激活函数 f 为阶跃函数，这时感知器就相当于 and 函数。输入真值表第一行，即 $x_1=0$，$x_2=0$，那么根据式(2-10)、式(2-11)，计算输出：

$$y=f(\boldsymbol{w}_x^{\mathrm{T}}+b)=f(w_1x_1+w_2x_2+b)=f(0.5\times0+0.5\times0-0.8)=f(-0.8)=0$$

当 x_1，x_2 都为 0 时，y 为 0，这就是真值表的第一行。同理可验证真值表的其他行。

利用感知器实现 or 运算，将偏置项 b 的值设置为-0.3。对真值表的第二行进行验证，将 $x_1=0$，$x_2=1$，代入式(2-10)、式(2-11)：

$$y=f(\boldsymbol{w}_x^{\mathrm{T}}+b)=f(w_1x_1+w_2x_2+b)=f(0.5\times0+0.5\times1-0.3)=f(0.2)=1$$

当 $x_1=0$，$x_2=1$ 时，$y=1$，即 or 真值表的第二行。

事实上，感知器不仅能实现简单的布尔运算，它可以拟合任何的线性函数，任何线性分类或线性回归问题都可以用感知器来解决。布尔运算可以看作是二分类问题，即给定一个输入，输出 0(属于类别 0)或 1(属于类别 1)。如图 2-7 所示，and 运算是一个线性分类问题，即可以用一条直线将类别 0(false，⊗表示)和类别 1(true，○表示)分开。然而，感知器却不能实现异或运算，如图 2-8 所示，异或运算不是一个线性分类问题，无法用一条直线将类别 0 和类别 1 分开，这也是导致早期神经网络研究陷入低谷的原因。

感知器的权重项和偏置项可通过感知器训练算法进行训练。将权重项和偏置项初始化，然后，利用式(2-14)的训练规则训练 $\boldsymbol{w}$ 和 $\boldsymbol{b}$，直到训练完成。

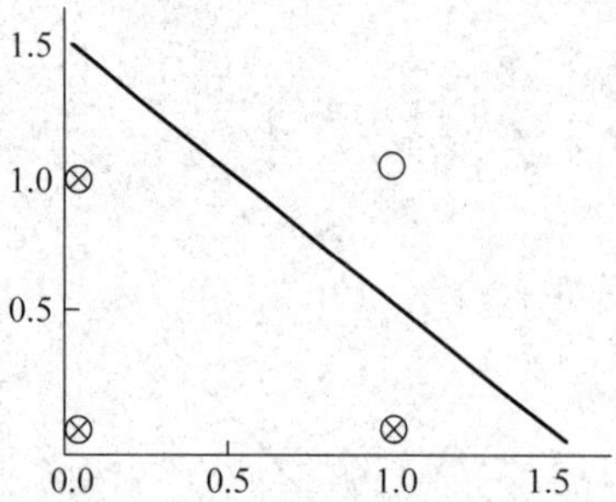

图 2-7 and 运算线性分类问题

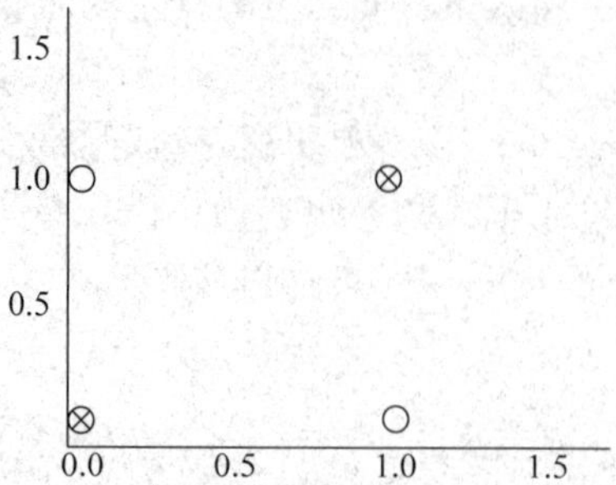

图 2-8 异或运算分类问题

$$\begin{cases} \boldsymbol{w} \leftarrow \boldsymbol{w} + \Delta \boldsymbol{w} \\ \boldsymbol{b} \leftarrow \boldsymbol{b} + \Delta \boldsymbol{b} \\ \Delta \boldsymbol{w} = \eta(\boldsymbol{t} - \boldsymbol{y})\boldsymbol{x} \\ \Delta \boldsymbol{b} = \eta(\boldsymbol{t} - \boldsymbol{y}) \end{cases} \tag{2-14}$$

其中，$\boldsymbol{w}$ 为输入权重矩阵，$\boldsymbol{x}$ 为对应的输入向量，$\boldsymbol{y}$ 为感知器的输出向量，$\boldsymbol{b}$ 为偏置向量，可以将 $\boldsymbol{b}$ 视为值永远为 1 的输入 $\boldsymbol{x}_b$ 所对应的权重，$\boldsymbol{t}$ 是训练样本的标签向量，η 是一个表示学习速率的常数，其作用是控制每一步调整权重的幅度。每次从训练数据中取出一个样本的输入向量 $\boldsymbol{x}$，计算输出 $\boldsymbol{y}$，再根据训练规则进行权重调整。每计算一次输出就调整一次权重，经过多轮迭代后(即全部的训练数据被反复处理多轮)，就可以训练出感知器的权重，使之逼近目标函数。

2.3 线性单元

当训练数据集线性不可分时，感知器无法收敛，意味着感知器无法完成训练。为了解决这个问题，可使用一个可导的线性函数来替代感知器的阶跃激活函数，这种感知器被称为线性单元。线性单元在面对线性不可分的数据集时，会收敛到一个最佳的近似解上。为简单起见，设线性单元的激活函数为 $f(x)=x$，线性单元如图 2-9 所示。替换激活函数 f 之后，线性单元将返回一个实数值而不是 0/1 的分类。因此线性单元是用来解决回归问题而不是分类问题。线性单元模型可以根据输入 x 预测输出 y。

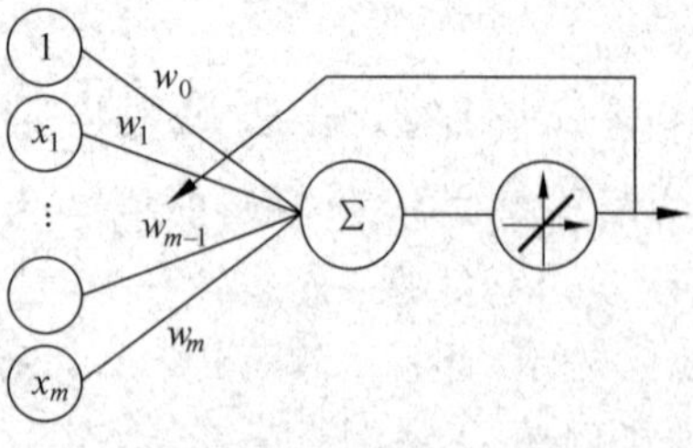

图 2-9 线性单元

在实际中常采用线性模型对问题进行建模，如预测一名教师的工资，假设 x 为该教师的教龄，y 为月薪，可以根据教龄初步估计收入。如

$$y = f(x) = w \times x + b$$

函数 $f(x)$是构造模型，假设参数 $w=1000$，参数 $b=500$，则 5 年教龄教师月薪为

$$y = f(x) = 1000 \times 5 + 500 = 5500$$

但是这个模型过于简单，考虑的因素太少。如果考虑更多的因素，比如从事的岗位、学校、职称等，预测就会更准确。教龄、岗位、重点大学、职称这些输入信息可被称为特征。对于一个有 5 年教龄、教学岗、重点大学、职称为讲师的

教师,可以用这样的一个特征向量(5,教学岗,重点大学,讲师)来表示教师,因此对于模型 $f(x)$ 其输入 $\boldsymbol{X}$ 变成了一个具备四个特征的向量,每个特征对应一个参数 w_1,w_2,w_3,w_4。这样,工资的预测模型就变成

$$y=f(\boldsymbol{x})=w_1x_1+w_2x_2+w_3x_3+w_4x_4+b$$

其中,x_1 对应教龄,x_2 对应岗位,x_3 对应大学类型,x_4 对应职称。

为了便于计算,可以令 w_0 等于 b,同时令 w_0 对应的特征为 x_0。由于 x_0 并不存在,可令其值恒为1,即 $b=w_0x_0$,其中 $x_0=1$。这样上面的式子就可以写成

$$\begin{aligned}y=f(\boldsymbol{x})&=w_1x_1+w_2x_2+w_3x_3+w_4x_4+b\\&=w_0x_0+w_1x_1+w_2x_2+w_3x_3+w_4x_4\end{aligned}$$

因此,将上式进行推广,并写成向量的形式:

$$y=f(\boldsymbol{x})=\boldsymbol{w}^{\mathrm{T}}\boldsymbol{x} \tag{2-15}$$

上述模型就是线性单元模型,其训练规则与感知器训练规则相同。

2.4 δ学习规则

由于感知器算法具有无法解决异或等非线性分类问题的局限性,导致神经网络研究陷入低谷。尽管 Frank Rosenblatt 已经提出多层感知器网络具有解决异或问题的能力,但并没有找到合适的训练算法。继 Hebb 学习规则、感知器学习规则提出后,1986 年认知心理学家 McClelland 和 Rumelhart 提出了神经元的有监督 δ 学习规则,用于解决在输入输出已知的情况下神经元权值的学习问题。δ 学习规则也被称为连续感知器学习规则,与离散感知器权值调整规则类似,利用误差信息进行权值调整,只是 δ 学习规则定义误差信号为 δ:

$$\delta=e_jf'(net_j)=[t_j-f(\boldsymbol{w}_j^{\mathrm{T}}\boldsymbol{x})]f'(\boldsymbol{w}_j^{\mathrm{T}}\boldsymbol{x}) \tag{2-16}$$

上式 δ 为学习信号,其中 $e_j=t_j-y_j$ 表示第 j 个神经元的输出误差,net_j 为神经元 j 输入累加和,式中 f' 为激活函数 f 的导数,因此要求激活函数可导。实际上 δ 学习规则是 LMS 学习规则的一种推广,如果激活函数为 $f(x)=x$,则 $f'(x)=1$,此时 δ 学习规则就是 LMS 学习规则。LMS 不需要对激活函数进行求导,学习速度较快。

因此,δ 学习规则网络权值调整公式可表达为

$$\Delta\boldsymbol{w}_j=\eta\delta\boldsymbol{x} \tag{2-17}$$

δ 学习规则实际是通过最小化输出与期望值的平方误差,得到的权值调整规则。神经元输出与期望值最小平方误差为

$$J=\frac{1}{2}(t_j-y_j)^2=\frac{1}{2}[t_j-f(\boldsymbol{w}_j^{\mathrm{T}}\boldsymbol{x})]^2 \tag{2-18}$$

其中,损失函数 J 是权值向量 $\boldsymbol{w}_j^{\mathrm{T}}$ 的函数,为了最小化 J,求取 J 对权值的负梯度 ∇J,网络权值的调整就是对权值进行优化的过程,最终获得能量最小时的权值。根据梯度下降算法,网络权值调整量可表示为如下式:

$$\Delta\boldsymbol{w}_j=-\eta\,\nabla J \tag{2-19}$$

对于输入样本向量 $\boldsymbol{x}$,其标签为 $\boldsymbol{t}$。根据神经网络模型计算得到输出向量 $\boldsymbol{y}$,$\boldsymbol{y}$ 表示模型计算出来的预测值。网络模型的训练目标是网络的输出 $\boldsymbol{y}$ 与标签向量 $\boldsymbol{t}$ 越接近越好。数学上有很多方法来表示 $\boldsymbol{y}$ 和 $\boldsymbol{t}$ 的接近程度。如利用 $\boldsymbol{y}$ 和 $\boldsymbol{t}$ 的差值的平方的 1/2 来表示它们

的接近程度：$e^i=\frac{1}{2}(t^i-y^i)^2$，$e$ 称为单个样本 i 的误差，如 e^1 表示第一个样本的误差、e^2 表示第二个样本的误差，以此类推。训练数据中会有很多样本，比如 n 个，利用训练数据中所有样本输出的误差和表示模型的误差 J，如式(2-20)所示：

$$J=e^1+e^2+\cdots+e^n=\sum_{i=1}^{n}e^i=\frac{1}{2}\sum_{i=1}^{n}(t^i-y^i)^2 \tag{2-20}$$

其中，$y^i=f(w^{\mathrm{T}}x^i)$为模型对第 i 个样本的预测值，x^i 表示第 i 个训练样本的特征输入，t^i 表示第 i 个样本对应的标签，也可以用元组(t^i,y^i)表示第 i 个训练样本对。

对于一个神经网络模型来说，模型在训练数据集的预测误差越小越好，也就是式(2-20)的值越小越好。对于特定的训练数据集来说，(t^i,y^i)的值都是已知的，所以式(2-20)其实是参数 w 的函数，如式(2-21)所示：

$$J(w)=\frac{1}{2}\sum_{i=1}^{n}(t^i-y^i)^2=\frac{1}{2}\sum_{i=1}^{n}(t^i-w^{\mathrm{T}}x^i)^2 \tag{2-21}$$

由此可见，模型的训练实际上就是求取合适的 w，使得式(2-21)取得最小值。在数学上属于优化问题，而 $J(w)$就是优化的目标函数。

函数 $y=f(x)$的极值点是它的导数 $f'(x)=0$ 的点。因此，可以通过解方程 $f'(x)=0$，求得函数的极值点(x_0,y_0)。但对于计算机来说，需要通过算法搜索函数的极值点，如图 2-10 所示。

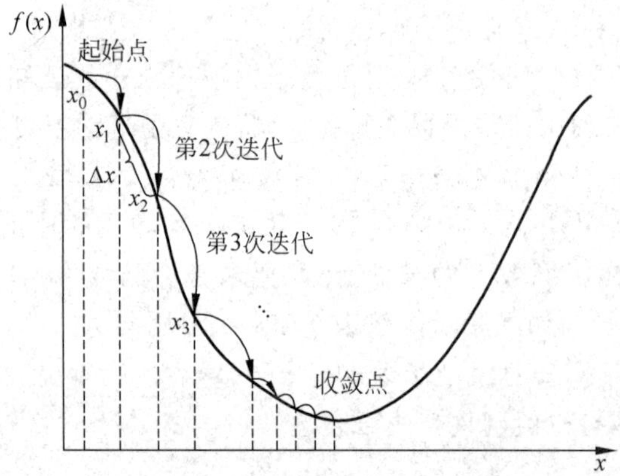

图 2-10　梯度下降过程

搜索算法首先随机选取初始点，如上图的 x_0 点；接下来，每次迭代修改 x 的值为 x_1，x_2，x_3，…，经过数次迭代后最终达到函数的最小值点。对于多元函数，x 的修改值每次都是向函数 $y=f(x)$的梯度的相反方向进行调整。梯度是一个向量，它指向函数值上升最快的方向。显然，梯度的反方向就是函数值下降最快的方向。每次沿着梯度的反方向去修改 x 的值，就能达到函数的最小值附近。之所以是最小值附近而不是最小值，是因为每次移动的步长不会恰到好处，最后一次迭代有可能越过了最小值点。步长的选择很重要。如果选择小了，就需要迭代多轮才能逼近最小值附近；如果选择大了，可能就会越过最小值，收敛不到一个好的解。根据上述讨论，写出梯度下降算法的公式：

$$w_{\mathrm{new}}=w_{\mathrm{old}}-\eta\,\nabla f(x) \tag{2-22}$$

其中，∇是梯度算子，$\nabla f(\boldsymbol{x})$ 表示 $f(\boldsymbol{x})$ 的梯度。η 是步长，也称作学习速率。由于目标函数定义为 $J=\frac{1}{2}\sum_{i=1}^{n}(\boldsymbol{t}^i-\boldsymbol{y}^i)^2$，因此梯度下降算法可以写成

$$\boldsymbol{w}_{\text{new}}=\boldsymbol{w}_{\text{old}}-\eta\,\nabla J(\boldsymbol{W}) \tag{2-23}$$

如果要求目标函数的最大值，那么就应该采用梯度上升算法，参数的修改规则为 $\boldsymbol{w}_{\text{new}}=\boldsymbol{w}_{\text{old}}+\eta\,\nabla J(\boldsymbol{w})$，求取 $\nabla J(\boldsymbol{w})$，然后代入式(2-23)，就能得到网络参数的修改规则。

函数的梯度是指它相对于各个变量的偏导数，并根据求导规律——和的导数等于导数的和，可先将求和符号里面函数部分的导数求出，然后再求和，以样本 i，m 个输出神经元为例：

$$\nabla J^i(\boldsymbol{w})=\frac{\partial J(\boldsymbol{w})}{\partial \boldsymbol{w}}=\frac{\partial}{\partial \boldsymbol{w}}\frac{1}{2}\sum_{j=1}^{m}(\boldsymbol{t}_j^i-\boldsymbol{y}_j^i)^2=\frac{1}{2}\sum_{j=1}^{m}\frac{\partial}{\partial \boldsymbol{w}}(\boldsymbol{t}_j^i-\boldsymbol{y}_j^i)^2 \tag{2-24}$$

由于 $J(\boldsymbol{w})$ 为复合函数，而 $\boldsymbol{y}=\boldsymbol{w}^{\mathrm{T}}\boldsymbol{x}^i$，可根据链式法则来求导，

$$\frac{\partial J(\boldsymbol{w})}{\partial \boldsymbol{w}}=\frac{\partial J(\boldsymbol{w})}{\partial \boldsymbol{y}}\frac{\partial \boldsymbol{y}}{\partial \boldsymbol{w}} \tag{2-25}$$

分别计算上式等号右边的两个偏导数 $\frac{\partial J(\boldsymbol{w})}{\partial \boldsymbol{y}}$ 与 $\frac{\partial \boldsymbol{y}}{\partial \boldsymbol{w}}$，首先求 $\frac{\partial J(\boldsymbol{w})}{\partial \boldsymbol{y}}$ 得

$$\frac{\partial J(\boldsymbol{w})}{\partial \boldsymbol{y}}=\frac{1}{2}\sum_{j=1}^{m}\frac{\partial}{\partial \boldsymbol{y}}(\boldsymbol{t}_j^{i^2}-2\boldsymbol{t}_j^i\boldsymbol{y}_j^i+\boldsymbol{y}_j^{i^2})=\sum_{j=1}^{m}(-\boldsymbol{t}_j^i+\boldsymbol{y}_j^i) \tag{2-26}$$

同理，根据 $\boldsymbol{y}=\boldsymbol{w}^{\mathrm{T}}\boldsymbol{x}^i$，得

$$\frac{\partial \boldsymbol{y}}{\partial \boldsymbol{w}}=\frac{\partial}{\partial \boldsymbol{w}}\boldsymbol{w}^{\mathrm{T}}\boldsymbol{x}^i=\boldsymbol{x}^i \tag{2-27}$$

因此，对于样本 i，将上述两式合并可得

$$\frac{\partial J(\boldsymbol{w})}{\partial \boldsymbol{w}}=\sum_{j=1}^{m}(-\boldsymbol{t}_j^i+\boldsymbol{y}_j^i)\boldsymbol{x}^i \tag{2-28}$$

最后，根据样本 i 计算结果，可得全部样本对应的偏导数：

$$\nabla J(\boldsymbol{w})=\frac{1}{n}\sum_{i=1}^{n}\sum_{j=1}^{m}(-\boldsymbol{t}_j^i+\boldsymbol{y}_j^i)\boldsymbol{x}^i \tag{2-29}$$

因此，根据梯度下降公式 $\boldsymbol{w}_{\text{new}}=\boldsymbol{w}_{\text{old}}-\eta\,\nabla J(\boldsymbol{w})$，网络参数的修改规则可表示为

$$\boldsymbol{w}_{\text{new}}=\boldsymbol{w}_{\text{old}}+\eta\frac{1}{n}\sum_{i=1}^{n}(\boldsymbol{t}^i-\boldsymbol{y}^i)^{\mathrm{T}}\boldsymbol{x}^i \tag{2-30}$$

如果根据式(2-30)来训练模型，每次更新 $\boldsymbol{w}$ 要遍历训练数据中所有的样本，这种算法称为批梯度下降(batch gradient descent，BGD)。如果样本量非常大，比如数百万到数亿数量的样本，将导致训练过慢。因此，更实用的算法是随机梯度下降(stochastic gradient descent，SGD)算法。在 SGD 算法中，每次更新 $\boldsymbol{w}$ 的迭代只随机选择计算一个样本 i，如下所示：

$$\boldsymbol{w}_{\text{new}}=\boldsymbol{w}_{\text{old}}+\eta(\boldsymbol{t}^i-\boldsymbol{y}^i)^{\mathrm{T}}\boldsymbol{x}^i \tag{2-31}$$

对于一个具有数百万样本的训练数据，SGD 算法完成一次遍历就会对 $\boldsymbol{w}$ 更新数百万次，效率大大提升。图 2-11 展示了 SGD 和 BGD 优化过程的区别。椭圆中心是函数的最小值点。粗线是 BGD 的逼近曲线，而另一条线是 SGD 的逼近曲线。可以看到 BGD 是一直向着最低点前进的，而 SGD 明显躁动了许多，但总体上仍然是向最低点逼近。SGD 不仅效率

高，而且随机性有时候具有一定的优势。若目标函数是一个凸函数，沿着梯度反方向就能找到全局唯一的最小值；然而对于非凸函数来说，存在许多局部最小值。随机性有助于逃离某些局部最小值，从而获得一个更好的模型。然而，由于样本的噪声和随机性，SGD 每次更新 w 并不一定按照减少 J 的方向，存在一定随机性，但大量的更新总体上是沿着减少 J 的方向前进的，最后也能收敛到最小值附近。小批量梯度下降(mini-batch gradient descent，MBGD)是综合了批量梯度与随机梯度算法的一种梯度下降方法，通过设置批数量，从而获得类似批梯度下降算法的稳定梯度，也可以获得类似随机梯度下降方法的训练效率。

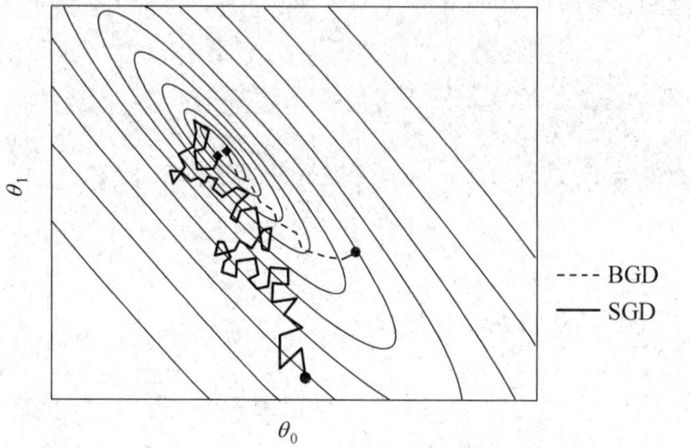

图 2-11 SGD 与 BGD 搜索过程

2.5 BP 神经网络结构

2.5.1 BP 神经网络原理

1. BP 神经网络连接方式

单个感知器或线性单元能力有限，将单个感知器或线性单元按照一定的规则相互连接在一起，形成多层前向神经网络，从而提升神经网络的表达能力。反向传播(back propagation，BP)神经网络是将具有非线性激活的神经元按照一定规则连接起来的多层感知机神经元系统。图 2-12 是一个 3 层 BP 神经网络的示意图，也称为全连接神经网络(full connected，FC)，BP 神经网络具有以下特点：

(1) 神经元按照层来布局：最左边是输入层，负责接收输入数据；最右边是输出层，产生神经网络输出数据；输入层和输出层之间的层称为隐含层。

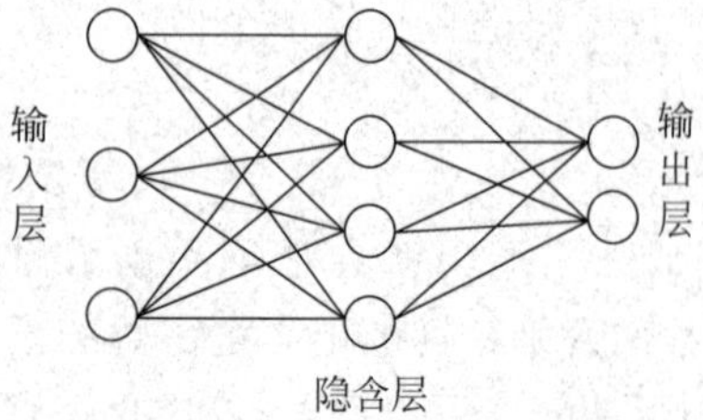

图 2-12 单隐层 BP 神经网络

(2) 同一层的神经元之间无连接。

(3) 第 N 层的每个神经元和第 $N-1$ 层的所有神经元相连(这就是全连接的含义)，第 $N-1$ 层神经元的输出就是第 N 层神经元的输入。

(4) 每个连接都有一个权值。

上面这些规则定义了 BP 神经网络的基本结构。事实上还存在很多其他结构的神经网络，比如卷积神经网络(CNN)、循环神经网络(RNN),它们都具有不同的连接规则。神经网络实际上就是一个输入向量 $\boldsymbol{x}$ 与输出向量 $\boldsymbol{y}$ 的映射函数,学习样本 $\boldsymbol{x}$ 背后所隐藏的规律,即

$$\boldsymbol{y}=f_{\text{network}}(\boldsymbol{x}) \tag{2-32}$$

神经网络就是根据输入计算网络输出的过程。首先将输入向量 $\boldsymbol{x}$ 的每个元素 $\boldsymbol{x}_i$ 的值赋给神经网络输入层对应的神经元;然后依次向前计算每一层神经元的输出值,直到最后输出层的所有神经元的输出值计算完毕;最后,将输出层每个神经元的值合并在一起就得到了输出向量 $\boldsymbol{y}$。

2. 非线性激活函数

激活函数是人工神经网络重要的组成部分。激活函数可以增加网络的非线性能力,从而使得网络能够拟合更多的非线性过程。如果不采用激活函数(等效于采用 $f(x)=x$ 的激活函数),神经网络的每一层输入都是上层网络神经元输出的线性函数,因此无论神经网络有多少层,神经元输出都是输入的线性组合,与只有一个隐含层的神经网络结构类似。正因为上述原因,引入非线性函数作为激活函数,这样神经网络的能力就可以得到质的提升,神经元输出不再是输入的线性组合,可以逼近任意函数。激活函数通常有以下一些性质:

(1) 非线性:当激活函数为非线性函数时,一个两层的神经网络就可以逼近任意函数。但是,如果激活函数是恒等激活函数(即 $f(x)=x$),就不满足这个性质。如果多层感知机使用的是恒等激活函数,那么整个网络跟单层神经网络是等价的。

(2) 可微性:当采用基于梯度的优化方法进行参数修正时,这个性质是必须的,要求激活函数可微。

(3) 单调性:当激活函数具有单调性时,单层网络能够保证其等价函数为凸函数。

(4) $f(x)\approx x$:当激活函数满足这个性质时,如果参数初始化为很小的随机值,神经网络的训练具有较高的效率;如果不满足这个性质,就需要使用技巧去设置初始值。

(5) 输出值的范围:当激活函数输出值为有限值时,基于梯度的优化方法会更加稳定,因为特征的表示受有限权值的影响更显著;当激活函数的输出无限制时,模型的训练会更加高效,不过这种情况一般需要更小的学习率。

感知器的激活函数采用的是阶跃函数,而通常多层感知机中的神经元激活函数选用的是 Sigmoid 函数或 tanh 函数。Sigmoid 函数是一个非线性函数,值域是(0,1),定义如下:

$$\text{Sigmoid}(x)=\frac{1}{1+\mathrm{e}^{-x}} \tag{2-33}$$

如图 2-13 所示:

假设神经元的输入是向量 $\boldsymbol{x}$,权重向量是 $\boldsymbol{w}$(偏置项是 w_0),激活函数是 Sigmoid 函数,则其输出 y 为

$$y=\text{Sigmoid}(\boldsymbol{w}^{\mathrm{T}}\boldsymbol{x}) \tag{2-34}$$

Sigmoid 函数的导数为

$$y'=y(1-y) \tag{2-35}$$

由于 Sigmoid 函数的导数可以用函数自身来表示,因此计算出 Sigmoid 函数的值,即可计算其导数

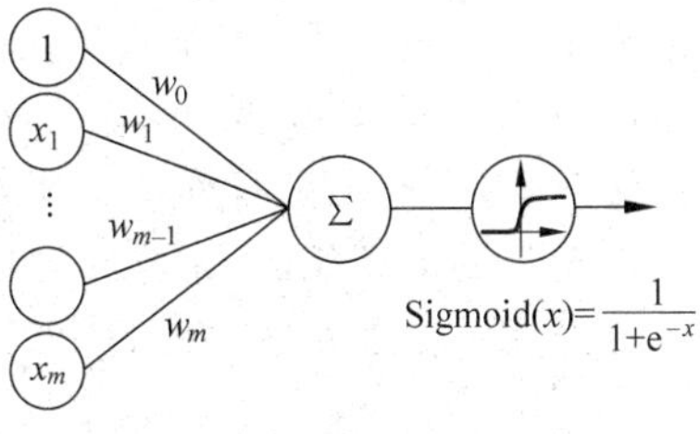

图 2-13 非线性神经元

值，这样可以有效地减少计算量。Sigmoid 激活函数及导函数曲线如图 2-14 所示。

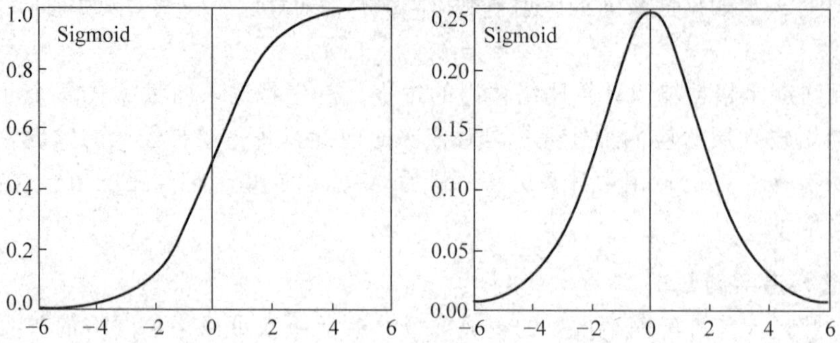

图 2-14　Sigmoid 激活函数及导函数曲线图

从数学角度来看，非线性的 Sigmoid 函数对中央区的信号增益较大，对两侧区的信号增益小，在信号的特征空间映射上，有很好的效果。从神经科学角度来看，中央区类似神经元的兴奋态，两侧区类似神经元的抑制态，因而在神经网络训练时，可以将重点特征训练至中央区，将非重点特征训练至两侧区。无论是哪种解释，Sigmoid 激活函数都比早期的线性激活函数（$f(x)=x$）、阶跃激活函数（$-1/1$、$0/1$）高明了不少。Sigmoid 激活函数能够将输入的连续实值“压缩”至 0 和 1 之间：特别是较大的负数，其输出为 0；如果是较大的正数，其输出为 1。

3. BP 神经网络前向计算示例

3 层 BP 神经网络如图 2-15 所示，对神经网络的每个单元进行编号。输入层包含 3 个节神经元，将其依次编号为 1、2、3；隐含层有 4 个神经元，依次编号为 4、5、6、7；最后输出层有两个神经元，编号为 8、9。全连接网络每个神经元都和上一层的所有神经元相连接。比如，隐含层的神经元 4 与输入层的 3 个神经元 1、2、3 之间都有连接，其连接权重分别为 w_{41}, w_{42}, w_{43}。

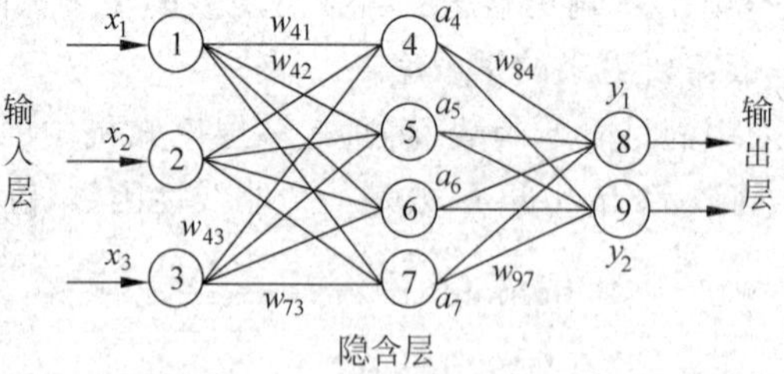

图 2-15　神经网络权值连接图

为了计算神经元 4 的输出值，必须先得到其所有上游神经元（也就是神经元 1、2、3）的输出值。神经元 1、2、3 是输入层的神经元，它们的输出值就是输入向量 $\boldsymbol{x}$ 本身。按照图 2-15 画出的对应关系，可以看到神经元 1、2、3 的输出值分别为 x_1, x_2, x_3。输入层神经元个数与输入向量的维度相同，而输入向量的某个元素对应到哪个输入节点可自由设定。一旦确定了神经元 1、2、3 的输出值，就可以根据式（2-33）计算神经元 4 的输出值 a_4：

$$a_4 = \text{Sigmoid}(\boldsymbol{w}^{\mathrm{T}}\boldsymbol{x}) = \text{Sigmoid}(w_{41}x_1 + w_{42}x_2 + w_{43}x_3 + w_{4b})$$

上式 w_{4b} 是神经元 4 的偏置项，图 2-15 中没有画出来。而 w_{41}, w_{42}, w_{43} 分别为神经

元 1、2、3 到神经元 4 的连接权重，在给权重 w_{ji} 编号时，可将目标神经元的编号 j 放在前面，将源神经元的编号 i 放在后面(反之亦可)。同样，可计算出神经元 5、6、7 的输出值。这样，就完成了隐含层的 4 个神经元的输出值的计算，接着计算输出层神经元 8 的输出值 y_1：

$$y_1=\text{Sigmoid}(\boldsymbol{w}^{\mathrm{T}}\boldsymbol{x})=\text{Sigmoid}(w_{84}a_4+w_{85}a_5+w_{86}a_6+w_{87}a_7+w_{8b})$$

同理，可计算出 y_2 的值。这样输出层所有神经元的输出值计算完毕，得到了在对应输入时，神经网络的输出向量，输出向量的维度和输出层神经元个数相同。

2.5.2　BP 神经元偏移量

输入信息通过神经元映射到一个新的空间中，对其进行加权和偏移处理后再进行激活，而不仅仅是对输入本身进行激活操作。采用 Sigmoid 激活函数的网络 $f(\boldsymbol{x},\boldsymbol{w},b)=\dfrac{1}{1+\mathrm{e}^{-(\boldsymbol{w}\boldsymbol{x}+b)}}$，$\boldsymbol{x}$ 为输入量、$\boldsymbol{w}$ 为权重、b 为偏移量(bias)。权重 $\boldsymbol{w}$ 使得 Sigmoid 函数可以调整其倾斜程度，图 2-16 是当权重 $\boldsymbol{w}$ 变化时，Sigmoid 函数图形的变化情况。

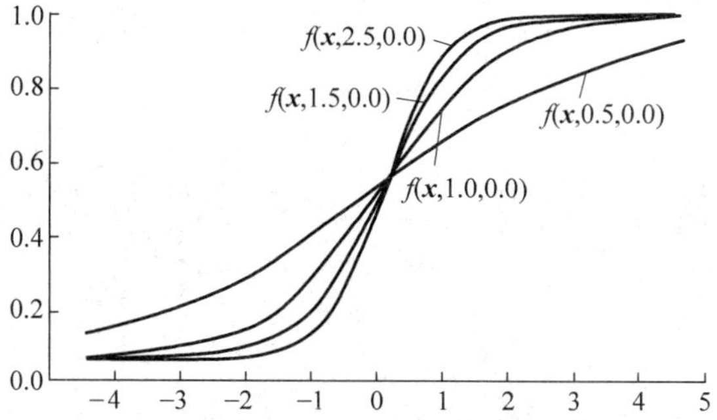

图 2-16　Sigmoid 具有不同的 $\boldsymbol{w}$ 权重

从图 2-16 中可以看出，在没有使用偏移量 b(即 $b=0$)时，无论权重如何变化，曲线都要经过(0,0.5)点。但实际情况下，我们可能需要在 $\boldsymbol{x}$ 接近 0 时，函数结果为其他值，因此可以通过偏置项实现。如图 2-17，改变偏移量 b，不会改变曲线大体形状，但是改变了数值结果。

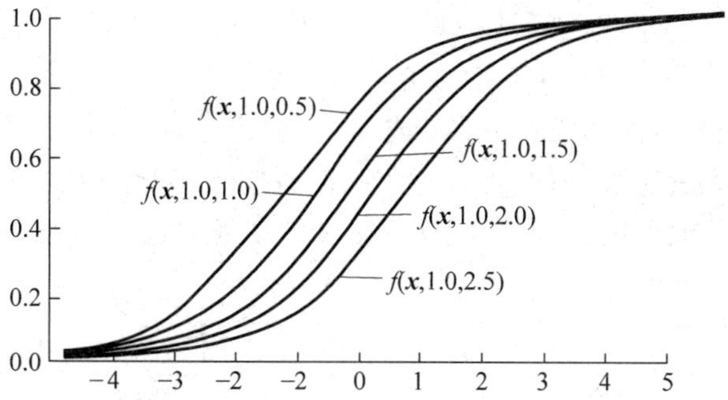

图 2-17　Sigmoid 具有不同的偏置

当权重 w 为 1，而偏移量 b 变化时，可以看出曲线向左或者向右移动，但又在左下和右上部位趋于一致。

当我们改变权重 $\boldsymbol{w}$ 和偏移量 b 时，可以为神经元构造多种输出的可能性，这仅仅是一个神经元，在神经网络中，千千万万个神经元结合就能产生复杂的输出模式。

2.5.3 BP 神经网络非线性表达能力

BP 神经网络(多层感知机)具有更强的模式分类能力,隐层的加入可解决单神经元感知器无法解决的异或问题。图 2-18 为具有单隐层的感知机网络用于解决异或问题(见表 2-4)。

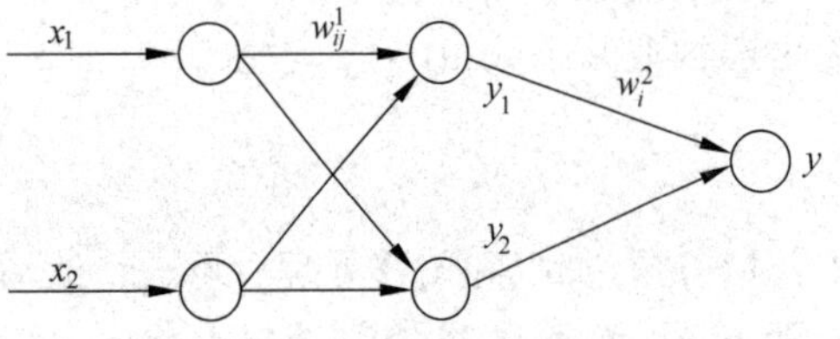

图 2-18 单隐层感知机网络

表 2-4 异或运算真值表

x_1	x_2	y
0	0	0
0	1	1
1	0	1
1	1	0

网络前向计算如下所示:

$$\begin{cases} y_1 = f(w_{11}^1 x_1 + w_{12}^1 x_2 - \theta_1^1) \\ y_2 = f(w_{21}^1 x_1 + w_{22}^1 x_2 - \theta_2^1) \\ y = f(w_1^2 y_1 + w_2^2 y_2 - \theta) \end{cases} \tag{2-36}$$

因此可得

$$y_1 = \begin{cases} 1, & w_{11}^1 x_1 + w_{12}^1 x_2 \geqslant \theta_1 \\ 0, & w_{11}^1 x_1 + w_{12}^1 x_2 < \theta_1 \end{cases}$$

$$y_2 = \begin{cases} 1, & w_{21}^1 x_1 + w_{22}^1 x_2 \geqslant \theta_2 \\ 0, & w_{21}^1 x_1 + w_{22}^1 x_2 < \theta_2 \end{cases}$$

$$y = \begin{cases} 1, & w_1^2 y_1 + w_2^2 y_2 \geqslant \theta \\ 0, & w_1^2 y_1 + w_2^2 y_2 < \theta \end{cases}$$

设定网络权值和阈值,可得隐层与输出层神经元的输出:

$$\begin{cases} y_1 = f(1 \cdot x_1 + 1 \cdot x_2 - 0.5) \\ y_2 = f[(-1) \cdot x_1 + (-1) \cdot x_2 - (-1.5)] \\ y = f(1 \cdot y_1 + 1 \cdot y_2 - 1.2) \end{cases}$$

在不具备隐含层的单层感知器中,y_1 或 y_2 的输出已可确定分类任务是否完成。带有隐含层的感知机网络,通过隐层神经元的加入,使得输入层神经元的输出值 y_1 与 y_2 能够继续进行组合,将二维问题映射到三维空间,便于实现异或运算的分类面构建,其分类面如图 2-19 所示。

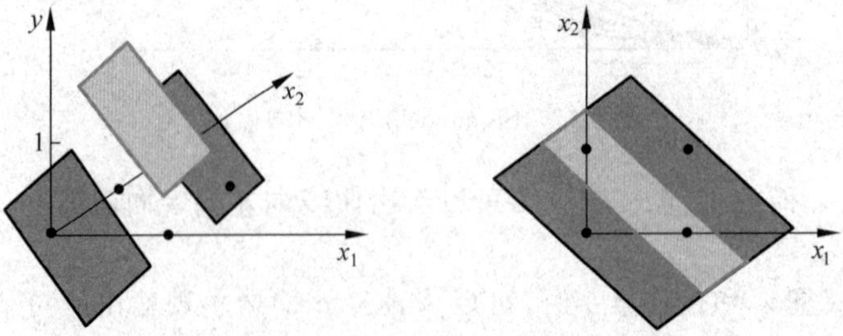

图 2-19 单隐层感知机网络分类器

2.6　反向传播算法

神经网络是一个由多神经元构成的网络连接模型，权值是模型的连接参数，也是模型需要学习的参数。BP 神经网络的权值训练算法被称为误差反向传播算法。

2.6.1　误差项推导

误差反向传播算法是一种有监督学习方法，误差反向传播算法实际是链式求导法则的应用。然而，这个方法却是在 Roseblatt 提出感知器算法将近 30 年之后才被发明和普及的。对此，Bengio 这样回应道："很多看似显而易见的想法只有在事后才变得显而易见。"接下来，利用链式求导法则来推导误差反向传播算法。

依据机器学习的思想，首先确定神经网络的目标函数，然后使用随机梯度下降算法求解目标函数取得最小值时的参数值。通常采用网络输出神经元的误差平方和作为目标函数：

$$J_d=\frac{1}{2}\sum_{i\in \text{outputs}}(t_i-y_i)^2=\frac{1}{2}\sum_{i\in \text{outputs}}(t_i-f(\boldsymbol{w}^{\mathrm{T}}\boldsymbol{x}))^2 \tag{2-37}$$

其中，J_d 表示是样本 d 的误差，$\boldsymbol{x}$ 为输出层的输入信息。

然后，利用随机梯度下降算法对目标函数进行优化，随机梯度下降算法需要求出误差 J_d 对于每个权重 w_{ji} 的偏导数(即梯度)：

$$\boldsymbol{w}=\boldsymbol{w}+\Delta\boldsymbol{w}=\boldsymbol{w}-\eta\frac{\partial J_d}{\boldsymbol{w}} \tag{2-38}$$

式中，$-\eta\frac{\partial J_d}{\boldsymbol{w}}$表示负梯度，"－"号表示梯度下降(梯度上升为"＋"号)。

根据 BP 神经网络原理可知，权重 w_{ji}(j 为当前层神经元编号，i 为前一层神经元编号)仅能通过影响节点 j 的输入值影响网络的其他部分，设 net_j 是节点 j 的加权输入(净输入)，即

$$net_j=\sum_i w_{ji}x_{ji} \tag{2-39}$$

则可得 $J_d=\frac{1}{2}\sum_{i\in \text{outputs}}(t_i-f(net_j))^2$，可知 J_d 是net_j 的函数，而net_j 又是 w_{ji} 的函数。根据链式求导法则，可以得到

$$\frac{\partial J_d}{\partial w_{ji}}=\frac{\partial J_d}{\partial net_j}\frac{\partial net_j}{\partial w_{ji}}=\frac{\partial J_d}{\partial net_j}\frac{\partial w_{ji}x_{ji}}{\partial w_{ji}}=\frac{\partial J_d}{\partial net_j}x_{ji} \tag{2-40}$$

式中，x_{ji} 是上层神经元i 传递给下层神经元j 的输入值，也就是上层神经元 i 的输出值。令 $\delta_j=\frac{\partial J_d}{\partial net_j}$为误差项，则

$$\frac{\partial J_d}{\partial w_{ji}}=\delta_j x_{ji} \tag{2-41}$$

对于 $\delta_j=\frac{\partial J_d}{\partial net_j}$的推导，需要区分输出层和隐含层两种情况进行讨论。

1) 输出层误差项推导

对于输出层，net_j 仅通过神经元 j 的输出值 y_j 来影响网络其他部分，即 J_d 是 y_j 的函数，而 y_j 是 net_j 的函数，其中 $y_j=\text{Sigmoid}(net_j)$。所以再次使用链式求导法则：

$$\frac{\partial J_d}{\partial net_j}=\frac{\partial J_d}{\partial y_j}\frac{\partial y_j}{\partial net_j} \tag{2-42}$$

考虑上式第一项：

$$\frac{\partial J_d}{\partial y_j}=\frac{\partial}{\partial y_j}\frac{1}{2}\sum_{i\in \text{outputs}}(t_i-y_i)^2=\frac{\partial}{\partial y_j}\frac{1}{2}(t_j-y_j)^2=-(t_j-y_j) \tag{2-43}$$

考虑上式第二项：

$$\begin{aligned}\frac{\partial y_j}{\partial net_j}&=\frac{\partial \text{Sigmoid}(net_j)}{\partial net_j}=\text{Sigmoid}'(net_j)\\&=\text{Sigmoid}(net_j)(1-\text{Sigmoid}(net_j))\\&=y_j(1-y_j)\end{aligned} \tag{2-44}$$

将式(2-43)和式(2-44)代入，得到

$$\delta_j=\frac{\partial J_d}{\partial net_j}=-(t_j-y_j)y_j(1-y_j) \tag{2-45}$$

因此，对于输出层神经元，将上述推导代入随机梯度下降公式，得到

$$w_{\text{new}ji}=w_{\text{old}ji}-\eta\frac{\partial J_d}{w_{ji}}=w_{ji}-\eta\delta_j a_{ji}=w_{ji}+\eta(t_j-y_j)y_j(1-y_j)a_{ji} \tag{2-46}$$

其中，a_{ji} 为隐含层神经元输出，即输出层神经元的输入。

同理，对于偏置项 $b_{\text{new}j}=b_{\text{old}j}-\eta\frac{\partial J_d}{b_j}=b_j-\eta\delta_j$。

2) 隐含层误差项推导

对于隐含层，由于隐含层神经元与网络输出间无直接函数关系，因此要推导出$\partial J_d/\partial net_j$，首先需要定义节点 j 的所有直接下游神经元的集合。如图 2-20 所示，对于隐含层神经元 4 来说，它的直接下游神经元是输出层神经元 8 和神经元 9。因此，根据 BP 神经网络结构，隐含层神经元输出作为输出层神经元的输入，可知 net_j 只与其下游神经元的输入累加和 net_k 有关联，其作为下游神经元的输入继而影响 J_d。net_k 是隐层神经元 j 的下游神经元 k 的输入，即输出层神经元 8 和神经元 9 的输入，则$net_k=\sum_j w_{kj}a_{kj}$，而 $a_j=f(net_j)$，则输出层神经元的net_k 是将上层隐层神经元的net_j 作为输入的函数，并且net_k 的数量与输出层神经元数量相同。

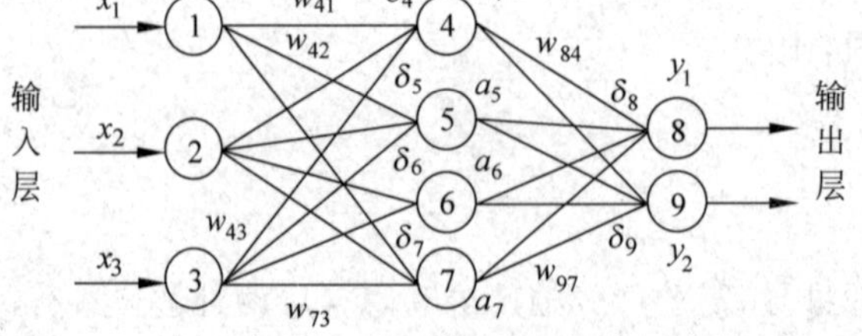

图 2-20　神经网络反向误差传播

因此，令输出层神经元误差项 $\delta_k = \partial J_d / \partial net_k$，设隐层神经元 j 的下游集合为 $Ds(j)$，应用链式求导法则推导如下：

$$\begin{aligned}\frac{\partial J_d}{\partial net_j} &= \sum_{k \in Ds(j)} \frac{\partial J_d}{\partial net_k} \frac{\partial net_k}{\partial net_j} \\ &= \sum_{k \in Ds(j)} \delta_k \frac{\partial net_k}{\partial net_j} = \sum_{k \in Ds(j)} \delta_k \frac{\partial net_k}{\partial a_j} \frac{\partial a_j}{\partial net_j}\end{aligned} \tag{2-47}$$

由于$net_k = \sum_i w_{ki} a_{ki}$ 为输出层神经元k 的加权输入，其中 a_{ki} 为隐含层神经元输出，当前隐含层神经元 j 的输出 $a_j = \text{Sigmoid}(net_j)$，因此上式可转化为

$$\begin{aligned}\frac{\partial J_d}{\partial net_j} &= \sum_{k \in Ds(j)} \delta_k \frac{\partial net_k}{\partial a_j} \frac{\partial a_j}{\partial net_j} = \sum_{k \in Ds(j)} \delta_k w_{kj} \frac{\partial a_j}{\partial net_j} \\ &= \sum_{k \in Ds(j)} \delta_k w_{kj} a_j (1 - a_j) \\ &= a_j (1 - a_j) \sum_{k \in Ds(j)} \delta_k w_{kj}\end{aligned} \tag{2-48}$$

由上式可知，当前神经元的局部误差等于与该神经元有关联的后一层神经元的局部误差的线性加权乘当前神经元的激活函数的导数，如图 2-21 所示。说明了当前神经元是通过输入变化影响后续神经元及网络输出的变化及其误差反向传播过程。

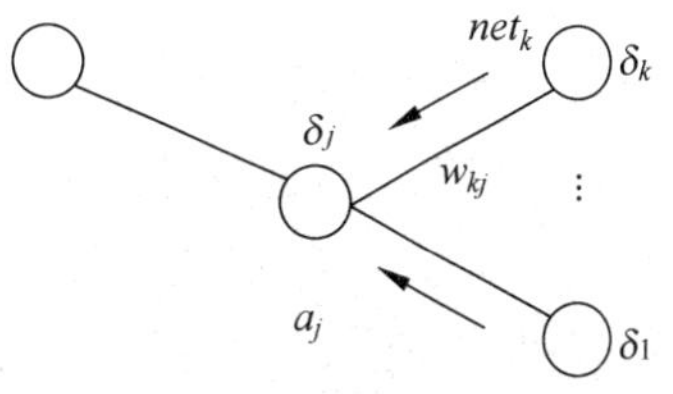

图 2-21 隐含层误差项传递示意图

因此，隐含层神经元误差项可表达为

$$\delta_j = a_j (1 - a_j) \sum_{k \in Ds(j)} \delta_k w_{kj} \tag{2-49}$$

隐含层神经元权值调整公式为

$$\Delta w_{ji} = \eta \delta_j x_i = \eta \left(\sum_{k=1}^{L} \delta_k w_{kj} \right) a_j (1 - a_j) x_i \tag{2-50}$$

其中，a_j 为隐含层神经元输出，x_i 为隐含层神经元输入。

同理，对于偏置项 $b_{\text{new}j} = b_{\text{old}j} - \eta \dfrac{\partial J_d}{b_j} = b_j - \eta \delta_j$。

至此，已经推导出了 BP 神经网络的误差反向传播算法。需要注意的是，推导出的训练规则是根据 Sigmoid 激活函数、平方和误差、全连接网络、随机梯度下降优化算法而得到的。如果激活函数不同、误差计算方式不同、网络连接结构不同、优化算法不同，则具体的训练规则也会不同。但是无论怎样，训练规则的推导方式都是一样的，应用链式求导法则进行推导即可。

2.6.2 误差反向传播算法流程

设神经元的激活函数 f 为函数 Sigmoid(不同激活函数的计算公式不同)。假设每个训练样本为$(\boldsymbol{x}, \boldsymbol{t})$，其中向量 $\boldsymbol{x}$ 是训练样本的特征，而 $\boldsymbol{t}$ 是样本的目标值。根据样本的特征 $\boldsymbol{x}$，计算出神经网络中每个隐含层神经元的输出 a_i，以及输出层每个神经元的输出 y_i。然后计算出每个神经元的误差项 δ_i。

(1) 对于输出层神经元 i，

$$\delta_i = -y_i(1-y_i)(t_i-y_i) \tag{2-51}$$

其中，δ_i 是神经元 i 的误差项，y_i 是神经元 i 的输出值，t_i 是样本对应于神经元 i 的目标值。根据图 2-20，对于输出层神经元 8 来说，它的输出值是 y_1，而样本的目标值是 t_1，代入上面的公式得到神经元 8 的误差项 δ_8 应该是：

$$\delta_8 = -y_1(1-y_1)(t_1-y_1)$$

(2) 对于隐含层神经元，

$$\delta_i = a_i(1-a_i)\sum_{k=\text{outputs}} w_{ki}\delta_k \tag{2-52}$$

其中，a_i 是神经元 i 的输出值，w_{ki} 是神经元 i 到它的下一层神经元 k 的连接的权重，δ_k 是神经元 i 的下一层神经元 k 的误差项，即隐含层神经元的误差项是后面输出层神经元误差项与对应权值乘积的和与激活函数的导数的乘积。例如，对于隐含层神经元 4 来说，计算方法如下：

$$\delta_4 = a_4(1-a_4)(w_{84}\delta_8 + w_{94}\delta_9)$$

最后，更新每个连接上的权值：

$$w_{\text{new}ji} \leftarrow w_{\text{old}ji} - \eta\delta_j x_{ji} \tag{2-53}$$

其中，w_{ji} 是神经元 i 到神经元 j 的权重，η 表示学习速率的常数，δ_j 是神经元 j 的误差项，x_{ji} 是神经元 i 传递给神经元 j 的输入。例如，权重 w_{84} 的更新方法如下：

$$w_{\text{new}84} \leftarrow w_{\text{old}84} - \eta\delta_8 a_4$$

类似的，权重 w_{41} 的更新方法如下：

$$w_{\text{new}41} \leftarrow w_{\text{old}41} - \eta\delta_4 x_1$$

偏置项的输入值恒为 1，则神经元 4 的偏置项 w_{4b} 应该按照下面的方法计算：

$$w_{\text{new}4b} = w_{\text{old}4b} - \eta\delta_{4b}$$

显然，计算一个神经元的误差项，需要先计算每个与其相连的下一层神经元的误差项。这就要求误差项的计算顺序必须是从输出层开始，然后反向依次计算每个隐含层的误差项，直到与输入层相连的第一个隐含层，这也是误差反向传播算法名字的由来。当所有神经元的误差项计算完毕后，就可以根据式(2-53)来更新所有的权重。

2.6.3 误差反向传播算法计算示例

下面通过示例展示误差反向传播算法的计算过程。图 2-22 所示为 3 层 BP 神经网络。其中，神经网络输入数据为 $x_1=0.05$、$x_2=0.10$；神经网络输出数据为目标值 $t_1=0.01$、$t_2=0.99$；神经网络初始权重为 $w_{31}=0.15$、$w_{32}=0.20$、$w_{41}=0.25$、$w_{42}=0.30$、$w_{53}=$

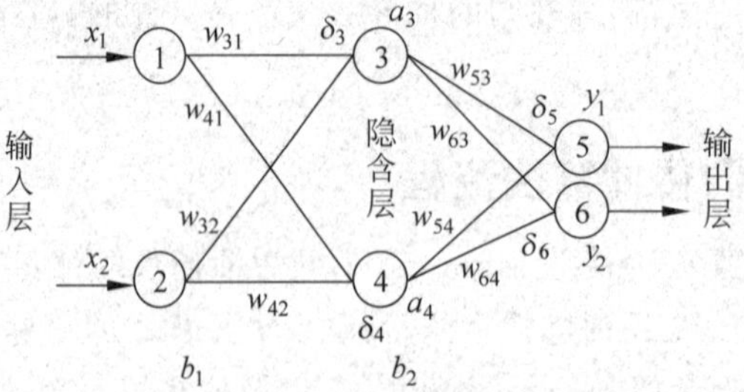

图 2-22　3 层 BP 神经网络

0.40、$w_{54}=0.45$、$w_{63}=0.50$、$w_{64}=0.55$、$b_1=0.35$、$b_2=0.60$、$\eta=0.50$。其前向计算与反向误差传播计算过程如下。

1. 前向传播计算

1）输入层→隐含层的前向计算

计算神经元3的输入加权和，根据公式 $net_3=w_{31}x_1+w_{32}x_2+b_1$：

$$net_3=0.15\times0.05+0.20\times0.10+0.35=0.3775$$

神经元3的输出 a_3（此处用到的激活函数选用Sigmoid函数）：

$$a_3=\frac{1}{1+e^{-net_3}}=\frac{1}{1+e^{-0.3775}}=0.593269992$$

同理，可计算出神经元4的输出 $a_4=0.596884378$。

2）隐含层→输出层的前向计算

计算输出层神经元5和神经元6的输出值，根据公式 $net_5=w_{53}a_3+w_{63}a_4+b_2$：

$$net_5=0.40\times0.593269992+0.45\times0.596884378+0.60=1.105905967$$

$$y_1=\frac{1}{1+e^{-net_5}}=\frac{1}{1+e^{-1.105905967}}=0.751365070$$

同理，$y_2=0.772928465$。经过BP神经网络的前向传播，计算得到网络的输出值为[0.751365070,0.772928465]，标签值为[0.01,0.99]，利用标签值与计算输出值的误差进行反向传播，更新权值。

2. 反向传播

1）计算网络的总误差

根据BP神经网络的均方误差计算公式 $E=\frac{1}{2}(t_1-y_1)^2$，分别计算神经元5和神经元6的输出误差：

$$E_5=\frac{1}{2}(t_1-y_1)^2=\frac{1}{2}\sum(0.01-0.751365070)^2=0.274811084$$

同理，$E_6=0.023560026$。输出神经元总误差为

$$E=E_5+E_6=0.274811084+0.023560026=0.298371110$$

2）隐含层→输出层的权值更新

以权重参数 w_{53} 为例，根据链式求导法则，利用网络整体误差对 w_{53} 求偏导：

$$\frac{\partial E}{\partial w_{53}}=\frac{\partial E}{\partial net_5}\frac{\partial net_5}{\partial w_{53}}=\delta_5\frac{\partial net_5}{\partial w_{53}}$$

$$\delta_5=\frac{\partial E}{\partial y_1}\frac{\partial y_1}{\partial net_5}$$

同理计算 $\delta_6=\frac{\partial E}{\partial y_2}\frac{\partial y_2}{\partial net_6}$

$$\frac{\partial E}{\partial y_1}=-(t_1-y_1)=-(0.01-0.751365070)=0.741365070$$

$$\frac{\partial y_1}{\partial net_5}=y_1(1-y_1)=0.751365070\times(1-0.751365070)=0.186815602$$

因此 $\delta_5=0.138498562$，同理 $\delta_6=0.0380982365$。

根据计算公式 $net_5 = w_{53}a_3 + w_{54}a_4 + b_2$，可得$\frac{\partial net_5}{\partial w_{53}} = a_3 = 0.593269992$。

最后，计算出整体误差 E 对 w_{53} 的偏导值$\frac{\partial E}{\partial w_{53}}$：

$$\begin{aligned}\frac{\partial E}{\partial w_{53}} &= \frac{\partial E}{\partial y_1}\frac{\partial y_1}{\partial net_5}\frac{\partial net_5}{\partial w_{53}} = 0.741365070 \times 0.186815602 \times 0.593269992 \\ &= 0.082167041\end{aligned}$$

因此，权值 w_{53} 的更新可表示为

$$w_{53} = w_{53} - \eta\frac{\partial E}{\partial w_{53}} = 0.40 - 0.50 \times 0.082167041 = 0.3589164797$$

同理，更新权值 w_{54}、w_{63}、w_{64}：$w_{54} = 0.408666186$、$w_{63} = 0.4886987297$、$w_{64} = 0.5386298789$。

3）隐含层→隐含层的权值更新

隐含层→输出层的权值更新时，利用链式求导法则及网络信息处理流程 $y_1 \to net_5 \to w_{53}$，计算总误差对 w_{53} 的偏导。但是在隐含层的权值更新时，网络信息传递为 $a_3 \to net_3 \to w_{31}$，而 a_3 接受 E_5 和 E_6 这两个输出层神经元传来的误差，因此

$$\begin{aligned}\frac{\partial E}{\partial w_{31}} &= \sum_{DS(j)} \delta_j w_{ji} a_3(1-a_3)x_1 \\ &= (0.138498562 \times 0.40 + (0.0380982365 \times 0.50)) \times 0.593269992 \times \\ &\quad (1 - 0.593269992) \times 0.05 \\ &= 0.074448543 \times 0.241300709 \times 0.05 \\ &= 0.0008982343\end{aligned}$$

$$w_{31} = w_{31} - \eta\frac{\partial E}{w_{31}} = 0.15 - 0.5 \times 0.0008982243 = 0.1495508879$$

同理，可更新 w_{32}、w_{41}、w_{42} 的权值：$w_{32} = 0.1991017757$、$w_{41} = 0.2497813407$、$w_{42} = 0.2989981068$。

2.7 梯度检查

如何保证自己推导的神经网络训练算法没有问题？事实上这是一个非常重要的问题。一方面，当计算结果不理想，是训练算法推导本身的问题还是代码实现出现了问题？查找问题的原因需要花费大量的时间和精力；另一方面，由于神经网络的复杂性，几乎无法预知神经网络的输入和输出。

梯度检查是一种可以判断训练算法梯度计算是否出现问题的方法。对于梯度下降算法：

$$w_{\text{new}ji} \leftarrow w_{\text{old}ji} - \eta\frac{\partial J_d}{\partial w_{ji}} \tag{2-54}$$

关键之处在于 J_d 对 w_{ji} 的偏导数$\frac{\partial J_d}{\partial w_{ji}}$计算一定要正确，根据导数的定义：

$$f'(\theta)=\lim_{\varepsilon\to 0}\frac{f(\theta+\varepsilon)-f(\theta-\varepsilon)}{2\varepsilon} \tag{2-55}$$

对于任意 θ 的导数值，都可以用等式右边来近似计算。J_d 是 w_{ji} 的函数，即 $J_d(w_{ji})$，根据导数定义，$\frac{\partial J_d(w_{ji})}{\partial w_{ji}}$为

$$\frac{\partial J_d(w_{ji})}{\partial w_{ji}}=\lim_{\varepsilon\to 0}\frac{J_d(w_{ji}+\varepsilon)-J_d(w_{ji}-\varepsilon)}{2\varepsilon} \tag{2-56}$$

设置一个很小的数 ε（比如 10^{-4}），上式可以写为

$$\frac{\partial J_d(w_{ji})}{\partial w_{ji}}\approx\frac{J_d(w_{ji}+\varepsilon)-J_d(w_{ji}-\varepsilon)}{2\varepsilon} \tag{2-57}$$

利用上式来计算梯度$\frac{\partial J_d(w_{ji})}{\partial w_{ji}}$的值，然后同神经网络代码中计算出的梯度值进行比较。如果两者的差别非常的小，那么就说明代码是正确的，否则说明代码可能有问题。

下面是检查参数 w_{ji} 的梯度是否正确的几个步骤：

(1) 首先，使用单个样本 d 对神经网络进行训练，这样就能获得每个权重的梯度；

(2) 将 w_{ji} 加上一个很小的值（10^{-4}），重新计算神经网络在这个样本 d 下的 J_{d+}；

(3) 将 w_{ji} 减上一个很小的值（10^{-4}），重新计算神经网络在这个样本 d 下的 J_{d-}；

(4) 计算出期望的梯度值，和(1)获得的梯度值进行比较，它们应该几乎相等（至少 4 位有效数字相同）。

当然，可以重复上面的过程对每个权重 w_{ji} 的梯度都进行检查。也可使用多个样本重复检查。

2.8　超参数的确定

神经网络的连接方式、网络层数、每层神经元数量等参数是预先设定的，而不是学习出来的，这些人为设置的参数被称为超参数（hyper-parameters），网络超参数是一种先验信息。关于网络层数的确定，实际上并没有理论方法的指导，主要依据经验来选择。网络层数越多越好，而层数越多训练难度越大。对于浅层全连接网络，隐含层一般不超过三层，可以先尝试仅有一个隐含层的神经网络输出能否满足需求。模型较小的网络，训练较快。每层中神经元数量的确定，首先需要确定输入层节点数，输入层神经元数量是确定的，并与输入信息有关，如 MNIST 数据集每个训练数据是 28×28 的图片，共 784 个像素，因此，输入层节点数是 784，每个像素对应一个输入节点；输出层节点数也是确定的，如 MNIST 是 10 分类，输出层为 10 个节点，每个节点对应一个分类，输出最大值的节点对应的分类为模型的预测结果；隐含层节点数量是不好确定的，几个经验公式如下：

$$\begin{cases} m=\sqrt{n+l}+\alpha \\ m=\log_2 n \\ m=\sqrt{nl} \end{cases} \tag{2-58}$$

其中，m 为隐含节点数，n 为输入层节点数，l 为输出层节点数，α 取 1～10 的常数。因此，可先根据上面的公式设置一个隐含层节点数。如果时间允许，可设置不同的节点数，分别训练

和评价网络的性能。

对于手写体识别任务，设置隐含层节点数为 300，对于 3 层 784×300×10 的全连接网络，共有 300×(784+1)+10×(300+1)=238510 个参数。神经网络之所以强大，是因为它提供了一种简单的方法去实现大量的参数学习。目前深度神经网络具有百亿参数、千亿样本的超大规模参数。但网络参数过多时，容易产生过拟合问题，网络效果反而不理想。

2.9 模型训练与评估

二次函数是早期神经网络模型序列最常用的损失函数。

$$C=\frac{1}{2n}\sum_{x}\|\boldsymbol{y}(\boldsymbol{x})-\boldsymbol{a}(\boldsymbol{x})\|^{2} \tag{2-59}$$

其中，C 表示代价，$\boldsymbol{x}$ 表示样本，$\boldsymbol{y}$ 表示标签值，$\boldsymbol{a}$ 表示网络最终输出值，n 表示样本的总数。为简单起见，以一个样本为例($n=1$)。目前训练神经网络最有效的算法是误差反向传播算法，通过反向传播误差，以减少代价为导向，调整参数。如果预测值与实际值的误差越大，则在反向传播训练的过程中，各种参数调整的幅度就要更大，从而使训练更快收敛。然而，神经网络训练的实际效果是，如果误差越大，参数调整的幅度可能更小，训练更缓慢。需要训练的参数包括神经元之间的连接权重 $\boldsymbol{w}$，以及每个神经元本身的偏置 b。采用梯度下降算法，沿着梯度方向调整参数大小。$\boldsymbol{w}$ 和 b 的梯度如下：

$$\begin{cases}\dfrac{\partial C}{\partial \boldsymbol{w}}=(\boldsymbol{a}-\boldsymbol{y})\sigma'(z)\boldsymbol{x}\\[2ex]\dfrac{\partial C}{\partial b}=(\boldsymbol{a}-\boldsymbol{y})\sigma'(z)\end{cases} \tag{2-60}$$

其中，z 表示神经元的输入，σ 表示激活函数。从以上公式可以看出，$\boldsymbol{w}$ 和 b 的梯度跟激活函数的梯度成正比，激活函数的梯度越大，$\boldsymbol{w}$ 和 b 的大小调整得越快，训练收敛得就越快。而早期神经网络常用的激活函数为 Sigmoid 函数，该函数的曲线如图 2-23 所示。

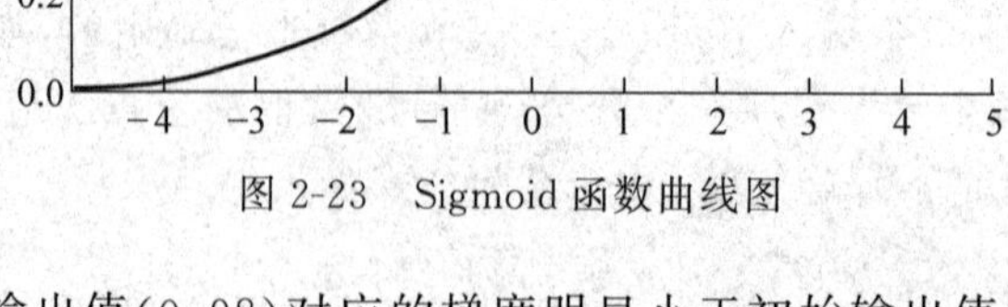

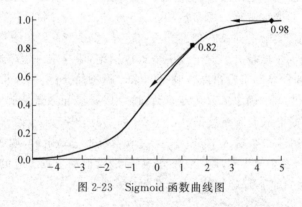

图 2-23 Sigmoid 函数曲线图

图 2-23 中，初始输出值(0.98)对应的梯度明显小于初始输出值(0.82)对应的梯度，因此输出值(0.98)对应的网络参数的梯度下降速率比输出值(0.82)的慢。这就是初始的代价(误差)越大，导致训练越慢的原因，与期望不符，即不能像人一样，错误越大，改正的幅度越大，从而学习得越快。

对于分类模型,模型训练效果的评估通常采用错误预测样本数与总样本数的比值,即识别错误率作为评估标准。MNIST 数据集包含 70000 个样本数据,其中 60000 个训练样本用来训练网络,10000 个测试样本用于网络测试。首先,将 MNIST 数据集处理为神经网络能够接受的形式。每个训练样本是一个 28×28 的图像,按照行优先的原则,将它转化为一个 784 维的向量。每个标签是 0～9 的值,将其转换为一个 10 维的 one-hot 向量：如果标签值为 n,向量的第 n 维可设置为 0.9,而其他维设置为 0.1。例如,向量[0.1,0.1,0.9,0.1,0.1,0.1,0.1,0.1,0.1,0.1]表示数字 2。每训练一定的次数(如 10 次),评估一次准确率,当准确率开始下降时(出现了过拟合)终止训练。

2.10 向量化编程

传统的编程方式网络训练速度较慢,随着计算机硬件的发展,向量化编程是一种更适合深度学习算法的编程方式。主要有两个原因：一个原因是我们并不需要真的去定义网络连接的对象,直接通过数学计算即可；另一个原因,底层算法库会针对向量运算做优化(甚至有专用的硬件,比如 GPU),程序效率会大幅提升。所以,在深度学习中经常将计算表达为向量的形式。下面,采用向量化编程的方法,重新实现全连接神经网络。首先,将所有的计算都表达为向量的形式。神经网络结构如图 2-20 所示。首先,将隐含层 4 个节点的计算依次列出：

$$\begin{cases} a_4 = \text{Sigmoid}(w_{41}x_1 + w_{42}x_2 + w_{43}x_3 + w_{4b}) \\ a_5 = \text{Sigmoid}(w_{51}x_1 + w_{52}x_2 + w_{53}x_3 + w_{5b}) \\ a_6 = \text{Sigmoid}(w_{61}x_1 + w_{62}x_2 + w_{63}x_3 + w_{6b}) \\ a_7 = \text{Sigmoid}(w_{71}x_1 + w_{72}x_2 + w_{73}x_3 + w_{7b}) \end{cases} \tag{2-61}$$

接着,定义网络的输入向量 $\boldsymbol{x}$ 和隐含层每个节点的权重向量 $\boldsymbol{w}_j$,令

$$\boldsymbol{x} = \begin{bmatrix} x_1 \\ x_2 \\ x_3 \\ 1 \end{bmatrix}; \quad \begin{cases} \boldsymbol{w}_4 = [w_{41}, w_{42}, w_{43}, w_{4b}] \\ \boldsymbol{w}_5 = [w_{51}, w_{52}, w_{53}, w_{5b}] \\ \boldsymbol{w}_6 = [w_{61}, w_{62}, w_{63}, w_{6b}] \\ \boldsymbol{w}_7 = [w_{71}, w_{72}, w_{73}, w_{7b}] \end{cases}; \quad f(x) = \text{Sigmoid}(x);$$

代入式(2-61)得

$$a_4 = f(\boldsymbol{w}_4\boldsymbol{x}); \quad a_5 = f(\boldsymbol{w}_5\boldsymbol{x}); \quad a_6 = f(\boldsymbol{w}_6\boldsymbol{x}); \quad a_7 = f(\boldsymbol{w}_7\boldsymbol{x}) \tag{2-62}$$

将式(2-62)中计算 a_4, a_5, a_6, a_7 的 4 个算式写成矩阵乘法,每个算式作为矩阵的一行,就可以利用矩阵来进行运算了,令

$$\boldsymbol{a} = \begin{bmatrix} a_4 \\ a_5 \\ a_6 \\ a_7 \end{bmatrix}; \quad \boldsymbol{w} = \begin{bmatrix} \boldsymbol{w}_4 \\ \boldsymbol{w}_5 \\ \boldsymbol{w}_6 \\ \boldsymbol{w}_7 \end{bmatrix} = \begin{bmatrix} w_{41} & w_{42} & w_{43} & w_{4b} \\ w_{51} & w_{52} & w_{53} & w_{5b} \\ w_{61} & w_{62} & w_{63} & w_{6b} \\ w_{71} & w_{72} & w_{73} & w_{7b} \end{bmatrix}; \quad f\left(\begin{bmatrix} x_1 \\ x_2 \\ x_3 \\ \vdots \end{bmatrix}\right) = \begin{bmatrix} f(x_1) \\ f(x_2) \\ f(x_3) \\ \vdots \end{bmatrix}$$

代入式(2-62),得到向量表达式：

$$\boldsymbol{a} = f(\boldsymbol{w}\boldsymbol{x}) \tag{2-63}$$

其中,f 为激活函数,如 Sigmoid 函数；$\boldsymbol{w}$ 是某一层的权重矩阵；$\boldsymbol{x}$ 是某层的输入向量；$\boldsymbol{a}$ 是

某层的输出向量。上式说明神经网络每一层的作用实际上就是将输入向量左乘一个数组进行线性变换,得到一个新的向量,然后再对这个向量逐元素应用一个激活函数,实际是对原输入向量空间的线性或非线性变换,将输入映射到另外一个维度空间中,便于问题的解决。每一层的计算方法都是类似的,如图 2-24 中的多隐层神经网络。对于包含一个输入层、一个输出层和三个隐含层的神经网络,假设其权重矩阵分别为 $\boldsymbol{w}_1$、$\boldsymbol{w}_2$、$\boldsymbol{w}_3$、$\boldsymbol{w}_4$,每个隐含层的输出分别是 $\boldsymbol{a}_1$、$\boldsymbol{a}_2$、$\boldsymbol{a}_3$,神经网络的输入为 $\boldsymbol{x}$、输出为 $\boldsymbol{y}$,则每层输出向量可以示为:$\boldsymbol{a}_1=f(\boldsymbol{w}_1\boldsymbol{x})$、$\boldsymbol{a}_2=f(\boldsymbol{w}_2\boldsymbol{a}_1)$、$\boldsymbol{a}_3=f(\boldsymbol{w}_3\boldsymbol{a}_2)$、$\boldsymbol{y}=f(\boldsymbol{w}_4\boldsymbol{a}_3)$。

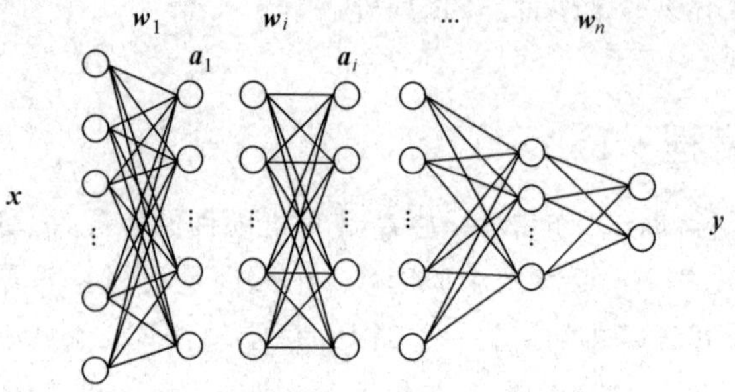

图 2-24 多隐含层神经网络

因此,对于全连接神经网络的向量化编程步骤如下所示:

前向计算,向量化表达如下式:

$$\boldsymbol{a}=f(\boldsymbol{w}\boldsymbol{x}) \tag{2-64}$$

反向计算的向量化表示转换如下所示:

$$\begin{cases}\boldsymbol{\delta}=-\boldsymbol{y}(1-\boldsymbol{y})(\boldsymbol{t}-\boldsymbol{y})\\ \boldsymbol{\delta}^{(l)}=\boldsymbol{a}^{(l)}(1-\boldsymbol{a}^{(l)})\boldsymbol{w}^{\mathrm{T}}\boldsymbol{\delta}^{(l+1)}\end{cases} \tag{2-65}$$

其中,$\boldsymbol{\delta}^{(l)}$ 表示第 l 层的误差项;T 表示矩阵的转置。

权重数组 $\boldsymbol{w}$ 和偏置项 $\boldsymbol{b}$ 的梯度计算公式为 $w_{ji}\leftarrow w_{ji}-\eta\delta_j x_{ji}$,其对应的向量化表示为

$$\boldsymbol{w}_{\mathrm{new}}\leftarrow\boldsymbol{w}_{\mathrm{old}}-\eta\boldsymbol{\delta}\boldsymbol{x}^{\mathrm{T}} \tag{2-66}$$

更新偏置项的向量化表示为

$$\boldsymbol{b}_{\mathrm{new}}\leftarrow\boldsymbol{b}_{\mathrm{old}}-\eta\boldsymbol{\delta} \tag{2-67}$$

第3章

第3章课件

自编码器

3.1 自编码器原理

神经网络其本质是一种复杂函数逼近器，利用多层网络结构逼近输入与标签的映射关系，即对原始信号逐层地做非线性变换，提取特征用于分类、回归等任务。通过定义的目标函数来衡量当前的输出和真实结果的差异，利用该函数去逐步调整（如梯度下降）网络的参数（$\boldsymbol{w}_1,\boldsymbol{w}_2,\cdots,\boldsymbol{w}_n$），以使得整个网络尽可能去拟合训练数据。如果有正则约束，还同时要求模型尽量简单（防止过拟合）。因此，网络的有监督训练需要预先确定网络的输入与标签数据，但有监督学习只能提供输入信息与输出标签信息，神经网络中间层的输出信息是无法预知的。

2006 年 Hinton 提出了深度学习的概念，深度神经网络利用自编码技术，实现神经网络中间层的训练，通过逐层预训练与微调方式实现了深度神经网络参数的训练。因此，越来越多的研究者开始关注各种自编码器的堆叠模型。实际上，自编码器（auto-encoder）是一个较早的概念，是 Hinton 等人在 1986 年和 1989 年的工作。自编码器可以理解为一个试图去还原其原始输入的系统，如图 3-1 所示。

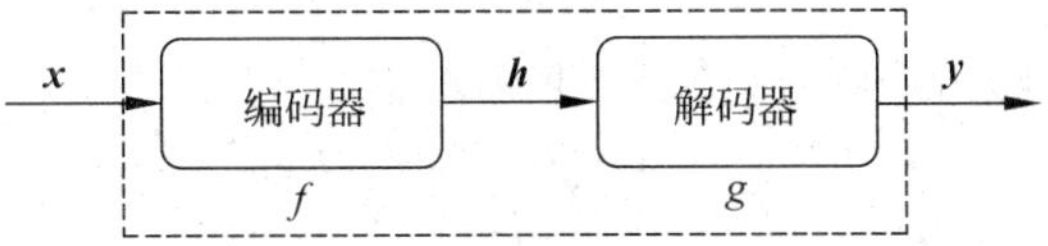

图 3-1　自编码器结构示意图

图中虚线框内是一个自编码器模型，它由编码器（encoder）和解码器（decoder）两部分组成，与 BP 神经网络类似，本质上都是对输入信息进行信号变换，将输入信息 $\boldsymbol{x}$ 编码为中间信号 $\boldsymbol{h}$（也称为“编码”），而解码器将编码 $\boldsymbol{h}$ 转换成输出信号 $\boldsymbol{y}$。自编码器的目的是使输出 $\boldsymbol{y}$ 尽可能复现输入 $\boldsymbol{x}$。但是，这样问题就来了：如果 f 和 g 都是恒等映射，那不就有 $\boldsymbol{y}$ 恒等于 $\boldsymbol{x}$？因此，中间信号 $\boldsymbol{h}$ 通常具有一定的约束，这样网络才能够学到有趣的编码变换模型 f 和编码 $\boldsymbol{h}$。

对于自编码器，往往并不关心输出是什么（只是复现输入），真正关心的是中间层的编码，或者说是从输入到编码的映射模型。在强迫编码 $\boldsymbol{h}$ 和输入 $\boldsymbol{x}$ 不同的情况下，网络还能够复原原始信号 $\boldsymbol{x}$，这说明编码信息 $\boldsymbol{h}$ 已经承载了原始数据信息，但具有不同的表达形式，即特征提取，而这个过程是自动学出来的，非人工构造的。实际上，自动学习原始数据的特征表达也是神经网络和深度学习的核心目的之一。从数据维度来看，隐层中会加入一定的约束，常见以下两种情况：

(1) $n>p$，即隐层维度小于输入数据维度。也就是说从 $\boldsymbol{x}\to\boldsymbol{h}$ 的变换是一种降维的操作，网络试图以更小的维度去描述原始数据而尽量不损失数据信息。实际上，若每两层之间的变换均为线性，且监督训练的误差是二次型误差时，该网络等价于主成分分析(PCA)。

(2) $n<p$，即隐层维度大于输入数据维度。这有什么用呢？一些问题在原始问题空间中求解困难，而进行升维以后，其问题便转换为线性求解问题，有利于问题的求解；或对隐层 $\boldsymbol{h}$ 的表达信息进行稀疏化约束(大量维度未被激活，为 0)，此时的编码器便是大名鼎鼎的"稀疏自编码器"。可为什么稀疏的表达就是好的？从人脑机理角度看，人类神经系统在某一刺激下，大部分神经元是被抑制的，即人类神经元输出具有稀疏性。从特征的角度来看更直观些，稀疏的表达意味着系统在尝试去特征选择，找出大量维度中真正重要的若干维度。

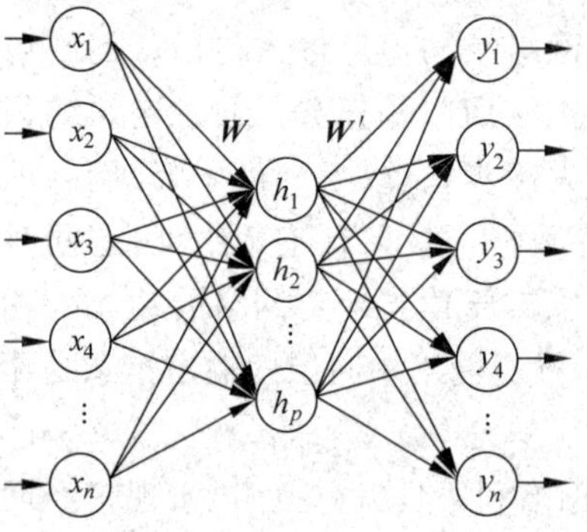

图 3-2 自编码器

在训练中，自编码器试图复现其原始输入，网络中的输出与输入相同，即 $\boldsymbol{y}=\boldsymbol{x}$。因此，一个自编码器的输入、输出应有相同的结构，即网络通过样本数据的训练后，网络能够学习出 $\boldsymbol{x}\to\boldsymbol{h}\to\boldsymbol{x}$ 的能力。此时的 $\boldsymbol{h}$ 至关重要，$\boldsymbol{h}$ 是在尽量不损失信息量的情况下，对原始数据的另一种表达。该网络将输入层数据 $\boldsymbol{x}\in\mathbf{R}^n$ 转换到中间层(隐层)$\boldsymbol{h}\in\mathbf{R}^p$，再转换到输出层 $\boldsymbol{y}\in\mathbf{R}^m$。图 3-2 中的每个节点代表数据的一个维度(偏置项图中未标出)。

每两层之间的变换都是"线性变化"加"非线性激活"，可用公式表示为

$$\begin{cases}\boldsymbol{h}=f(\boldsymbol{wx}+\boldsymbol{b})\\ \boldsymbol{y}=g(\boldsymbol{w}'\boldsymbol{h}+\boldsymbol{b}')\end{cases}\tag{3-1}$$

利用重构误差进行网络训练，网络训练损失函数如下：

$$J=\frac{1}{m}\sum_{i=1}^{m}(x_i-y_i)^2\tag{3-2}$$

3.2 不同种类的自编码器

上述介绍的是自编码器的最基本形式。隐层的维度到底怎么确定？什么样的表达才能称得上是一个好的表达？事实上，这个问题的回答并不唯一，也正是因为从不同的角度思考这个问题，而导致了各种变种自编码器的出现。目前常见的几种模型如表 3-1 所示。

表 3-1 各种自编码器模型

标准(怎样的特征是好的)	对应的变种模型
Regularization(正则约束)	Regularized AE(正则自编码器)
Sparsity(稀疏性)	Sparse AE(稀疏自编码器)

续表

标准(怎样的特征是好的)	对应的变种模型
Denoise(降噪)	Denoising AE(降噪自编码器)
Contractive(对抗扰动)	Contractive AE(收缩自编码器)
Marginalize(边际噪声)	Marginalized DAE(边际降噪自编码器)

3.2.1 正则自编码器

在训练数据不够多时,常常会导致网络过拟合。其直观的表现如图 3-3 所示,随着训练过程的进行,网络在训练集上的误差渐渐减小,但是在验证集上的误差却反而增大。这是因为训练的网络产生了过拟合,而对训练集外的数据却无效。

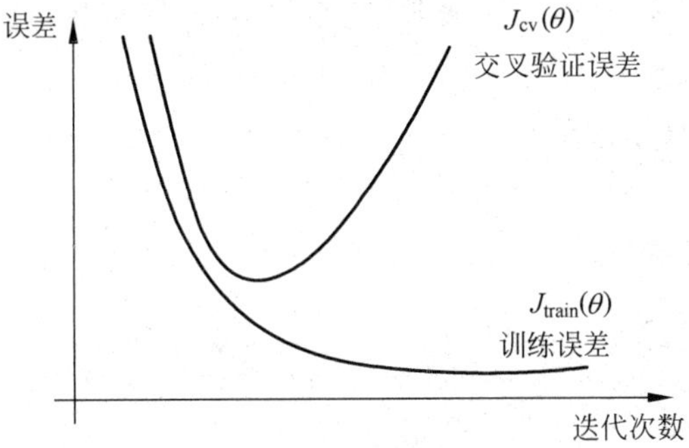

图 3-3 训练误差较小测试误差较大对比图

为了防止过拟合,可采用多种方法减轻过拟合带来的问题。在机器学习算法中,常常将原始数据集分为三部分:训练集、验证集、测试集。验证集其实就是用来避免过拟合的,在训练过程中,通常用它来确定一些超参数(比如根据验证集上的精度来确定训练停止迭代的步数、根据验证集确定学习率等)。那为什么不直接在测试集上做这些?因为如果在测试集进行相关操作,那么随着训练的进行,网络实际上是在一点一点地过拟合测试集,导致最后得到的测试精度没有任何参考意义。因此,训练集的作用是计算梯度更新权重,验证集的作用如上所述,测试集则给出一个精度以判断网络的好坏。避免过拟合的方法有很多,包括预先停止迭代、数据集扩增、正则化等策略,以提高模型的泛化能力。在损失函数中添加正则化项,是一种常用的网络训练策略,而正则化方法又包括 L1 正则化、L2 正则化等。

1. L1 正则化

在原始的损失函数中加入 L1 正则化项,即所有权重 $\boldsymbol{w}$ 的绝对值的和作为限制项:

$$J = J_0 + \frac{\lambda}{n}\sum_{v=1}^{l} | w_i | \tag{3-3}$$

L1 正则化项是如何避免过拟合的呢?先计算导数:

$$\frac{\partial J}{\partial \boldsymbol{w}} = \frac{\partial J_0}{\partial \boldsymbol{w}} + \frac{\lambda}{n}\operatorname{sgn}(\boldsymbol{w}) \tag{3-4}$$

上式中 $\operatorname{sgn}(\boldsymbol{w})$ 表示 $\boldsymbol{w}$ 的符号,那么权重 $\boldsymbol{w}$ 的更新规则为

$$\boldsymbol{w}_{\text{new}} \rightarrow \boldsymbol{w}_{\text{old}} - \frac{\eta\lambda}{n}\operatorname{sgn}(\boldsymbol{w}_{\text{old}}) - \eta\frac{\partial J_0}{\partial \boldsymbol{w}_{\text{old}}} \tag{3-5}$$

与原始的权值 $\boldsymbol{w}$ 更新规则相比，多出了 $\eta\lambda\,\mathrm{sgn}(\boldsymbol{w})/n$ 这一项。当 $\boldsymbol{w}$ 为正时，更新后的 $\boldsymbol{w}$ 变小；当 $\boldsymbol{w}$ 为负时，更新后的 $\boldsymbol{w}$ 变大。因此，L1 正则化项的效果是使得 $\boldsymbol{w}$ 向零靠近，使网络中的权重尽可能为零，也就相当于减小了网络复杂度，防止过拟合。另外，当 w 等于 0 时，$|w|$ 是不可导的，所以只能按照原始的未经正则化的方法更新 $\boldsymbol{w}$，这就相当于去掉 $\eta\lambda\,\mathrm{sgn}(\boldsymbol{w})/n$ 这一项，所以可以规定 $\mathrm{sgn}(0)=0$，即编程时，令 $\mathrm{sgn}(0)=0$，$\mathrm{sgn}(w>0)=1$，$\mathrm{sgn}(w<0)=-1$，这样就把 $w=0$ 的情况也统一进来。

2. L2 正则化

L2 正则化就是在损失函数中再加入权重二次函数的衰减正则化项：

$$J=J_0+\frac{\lambda}{2n}\sum_{i=1}^{l}w_i^2 \tag{3-6}$$

J_0 代表原始的损失函数，增加一项 L2 正则化项，即所有权重 $\boldsymbol{w}$ 的平方的和，除以训练集的样本数量 n。λ 为正则项系数，权衡正则项与 J_0 项的比重。另外，还有一个系数 1/2，主要是为了便于后续求导结果的计算。二次函数求导会产生一个系数 2，与 1/2 相乘刚好为 1，便于计算。

L2 正则化项是如何避免过拟合的呢？先求导：

$$\begin{cases}\dfrac{\partial J}{\partial \boldsymbol{w}}=\dfrac{\partial J_0}{\partial \boldsymbol{w}}+\dfrac{\lambda}{n}\boldsymbol{w}\\[2ex]\dfrac{\partial J}{\partial b}=\dfrac{\partial J_0}{\partial b}\end{cases} \tag{3-7}$$

可以发现 L2 正则化项对 b 的更新没有影响，但是对于 $\boldsymbol{w}$ 的更新有影响：

$$\boldsymbol{w}_{\text{new}}\to\boldsymbol{w}_{\text{old}}-\eta\frac{\partial J_0}{\partial \boldsymbol{w}_{\text{old}}}-\frac{\eta\lambda}{n}\boldsymbol{w}_{\text{old}}=\left(1-\frac{\eta\lambda}{n}\right)\boldsymbol{w}_{\text{old}}-\eta\frac{\partial J_0}{\partial \boldsymbol{w}_{\text{old}}} \tag{3-8}$$

在不使用 L2 正则化时，求导结果中 $\boldsymbol{w}$ 的系数为 1；而加入正则化项后当前 $\boldsymbol{w}$ 的系数为 $1-\eta\lambda/n$，因为 η、λ、n 都是正值，所以 $1-\eta\lambda/n$ 小于 1，它的效果是减小 $\boldsymbol{w}$，这也就是权重衰减的由来。考虑到后面的导数项，$\boldsymbol{w}$ 最终的值可能增大也可能减小。

另外，对于基于 mini-batch 的随机梯度下降，$\boldsymbol{w}$ 和 b 的更新公式跟上面给出的不同：

$$\begin{cases}\boldsymbol{w}_{\text{new}}\to\left(1-\dfrac{\eta\lambda}{n}\right)\boldsymbol{w}_{\text{old}}-\dfrac{\eta}{m}\displaystyle\sum_{x}\dfrac{\partial J_x}{\partial \boldsymbol{w}_{\text{old}}}\\[2ex]b_{\text{new}}\to b_{\text{old}}-\dfrac{\eta}{m}\displaystyle\sum_{x}\dfrac{\partial J_x}{\partial b_{\text{old}}}\end{cases} \tag{3-9}$$

对比 $\boldsymbol{w}$ 的更新公式，可以发现后面的导数项发生了变化，变成所有导数的累加和，乘以 η 再除以 m，m 是一个 mini-batch 中样本的个数。

L1、L2 正则化项能够使得 $\boldsymbol{w}$ 向着“变小”的方向调整，但是还没解释为什么 $\boldsymbol{w}$“变小”可以防止过拟合。普遍认为，更小的权值 $\boldsymbol{w}$，从某种意义上说，表示网络的复杂度更低，对数据的拟合刚刚好，这个法则也叫作奥卡姆剃刀。而在实际应用中，也验证了这一点，L1、L2 正则化的效果往往好于未经正则化的效果。

因此，向自编码器损失函数中加入正则化项，即可得到常用的正则自编码器。常用的正则化有 L1 正则化和 L2 正则化，如 L2 正则化的损失函数为

$$J=\sum_{x\in s}L(x,g(x))+\lambda\sum_{ij}w_{ij}^2 \tag{3-10}$$

其中，$\lambda\sum_{ij}w_{ij}^2$ 即为 L2 正则项，也称为权重衰减项。

3. 其他正则化策略

L1、L2 正则化是通过改进代价函数来提升网络训练效果，而 dropout 则是通过修改神经网络结构来实现的，是神经网络训练时的一种技巧。假设要训练图 3-4 的神经网络，在训练开始时，随机地“删除”一部分隐层单元，得到如图 3-5 所示网络。保持输入输出层不变，根据 BP 算法更新图 3-5 神经网络中的权值(虚线连接的单元不更新)；在第二次迭代中，也采用同样的方法，只不过这次删除的部分隐含层单元与上一次不同，因为每一次迭代都是随机地去“删除”部分隐含层单元；第三次、第四次……以此类推，直至训练结束。Dropout 方法可以简单地理解为，基于 dropout 的训练过程相当于训练了很多个只有部分隐含层单元的神经网络(简称为“半数网络”)，每一个这样的半数网络，都可以给出一个分类结果，这些结果有的是正确的，有的是错误的。随着训练的进行，大部分半数网络都可以给出正确的分类结果，那么少数的错误分类结果就不会对最终结果造成大的影响。

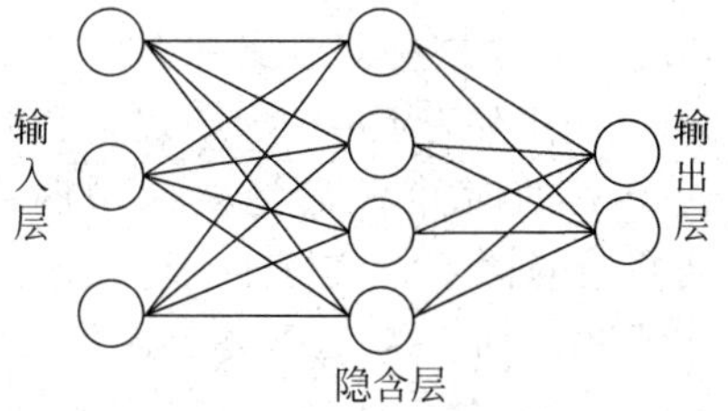

图 3-4 网络全连接图

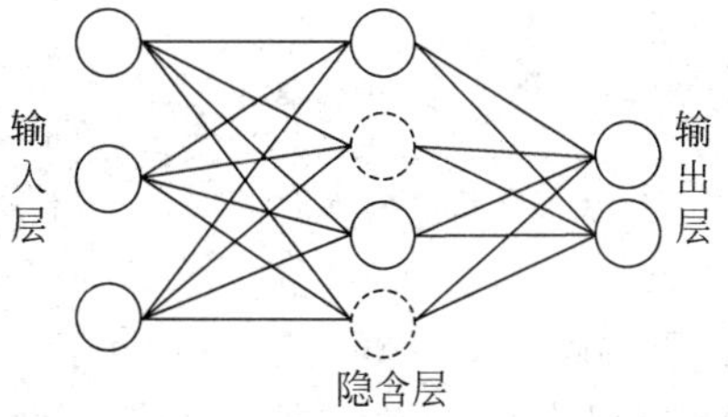

图 3-5 dropout 策略

训练数据对模型的训练也非常重要，特别是在深度学习方法中，更多的训练数据，意味着可以用更深的网络，训练出更好的模型。例如，使用 50000 个 MNIST 的样本训练 SVM 得出的精确度为 94.48%，而用 5000 个 MNIST 的样本训练神经网络得出精度为 93.24%，所以更多的数据可以使算法表现得更好。在机器学习中，不能武断地说这些算法谁优谁劣，因为数据量对算法性能的影响很大。因此，如果能够收集更多可用的数据，可有效提升模型的性能。但是收集更多的数据需要耗费更多的人力物力。因此，可以在原始数据上进行改动，得到更多的数据。以图片数据集举例，可以做各种变换，比如将原始图片旋转一个小角度、加随机噪声、加一些有弹性的畸变(elastic distortions)(如对 MNIST 做各种变种扩增)、截取(crop)原始图片的一部分(如 DeepID 中，从一幅人脸图中，截取出了 100 个小 patch 作为训练数据，极大地增加了数据集)，都可以实现对数据集的扩增。

3.2.2 稀疏自编码器

稀疏自编码器的最大特点是隐含层节点激活具有稀疏性，一般结构如图 3-6 所示。该模型的目的是学习得到 $h_{wb}(\boldsymbol{x})\approx\boldsymbol{x}$ 的函数，然后得到原始数据的低维表示(也就是隐含层结点)。模型能够得到原始数据较好的低维表示的前提是输入数据中存在一定的潜在结构，如存在相关性，这样稀疏自动编码可以学习得到类似于 PCA 的低维表示。如果输入数据的每一个特性都是相互独立的，最后学习得到的低维表示效果比较差。

在有监督训练方式下的神经网络训练中，训练数据为($\boldsymbol{x}_i,\boldsymbol{y}_i$)，希望模型能够准确地预测 $\boldsymbol{y}$，从而使得损失函数(根据实际需求建立不同的损失函数)的值最小。为了避免过拟合，引入了惩罚项。在无监督训练方式下的神经网络训练中，只有网络输入信息 $\boldsymbol{x}_i$，没有样本的标签信息(即 $\boldsymbol{y}$ 值)，但是为了构建损失函数，通过网络重构输入信息作为标签 $\boldsymbol{y}$。稀疏自动编码器是一般神经网络的特例，只是要求输入值和输出值近似，另外要求隐含层输出具有稀疏性。例如，如果输入数据为 100 维，隐含层神经元为 50 个，那么就需要从这 50 维的数据中重构出 100 维的输出，并复原 100 维的输入。因此，隐含层 50 维的数据必然包含着输入数据的重要特性。所以说稀疏自编码器就是为了学习输入数据重要特征表示的一种方法。

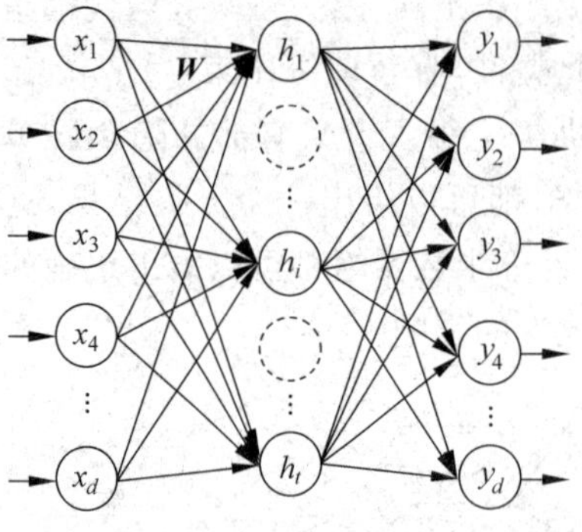

图 3-6　稀疏自编码器

降维自编码器可以通过限制隐藏神经元数目，学习输入数据的一些有意义的表示。也可以引入稀疏性的限制，而这才是自编码器中最常用到的限制。当神经元的输出接近于 1 时认为其被激活，而输出接近于 0 时认为其被抑制，稀疏性限制是指使得神经元大部分的时间都被抑制。一般而言，不会指定隐层表达 $\boldsymbol{h}$ 中哪些节点是被抑制的(即输出接近于 0)，而是指定一个稀疏性参数 ρ，代表隐含层神经元的平均活跃程度(在训练集上取平均)。比如，当 $\rho=0.05$ 时，可以认为隐含层神经元在 95% 的时间里都是被抑制的，只有在 5% 的时间里有机会被激活。实际上，为了满足这一条件，隐含层神经元的活跃度需要接近于 0。既然要求平均激活度为 ρ，需要引入一个度量，来衡量神经元 j 的实际激活度 $\hat{\rho}_j$ 与期望激活度 ρ 之间的差异，然后将这个度量添加到目标函数作为正则，训练整个网络即可。什么样的度量适合这个任务？有过概率论、信息论基础的同学应该很容易想到相对熵，也就是 KL 散度。假设神经元的激活函数是 Sigmoid 函数。$a_j(\boldsymbol{x})$表示在输入向量 $\boldsymbol{x}$ 下隐含层神经元 j 的激活值。定义$\hat{\rho}_j=\frac{1}{t}\sum_{i=1}^{t}[a_j(x^i)]$为隐含层神经元在 t 个样本下的平均激活度。令$\hat{\rho}_j=\rho$，进而引入稀疏性限制。令 $\rho=0.2$ 时的相对熵值 $\mathrm{KL}(\rho \| \hat{\rho}_j)$ 随着$\hat{\rho}_j$ 变化的变化趋势如图 3-7 所示。相对熵在$\hat{\rho}_j=\rho$ 时达到最小值 0，而当 $\hat{\rho}_j$ 靠近 0 或者 1 的时候，相对熵则变得非常大(趋向于 ∞)。

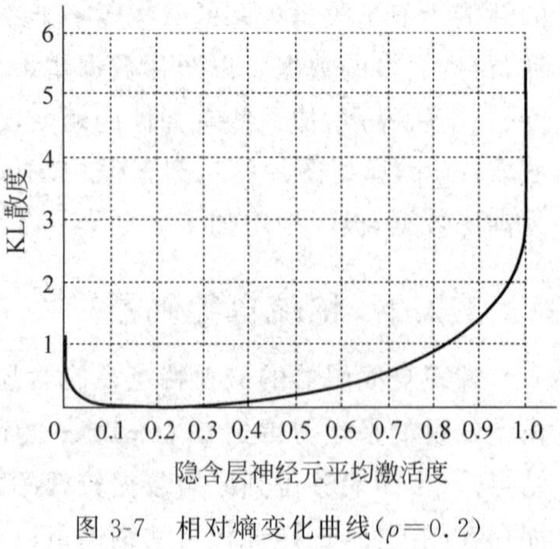

图 3-7　相对熵变化曲线($\rho=0.2$)

根据这个性质，将相对熵加入到损失函数中，惩罚平均激活度离 ρ 比较远的值，使得最后学习得到的参数能够让平均激活度保持在 ρ 这个水平。所以，损失函数只需要在无稀疏约束的损失函数的基础上加上相对熵的惩罚项，无稀疏约束的损失函数表达式为

$$J(\boldsymbol{w},\boldsymbol{b})=\frac{1}{m}\sum_{i=1}^{m}J(\boldsymbol{w},\boldsymbol{b};x^{(i)},y^{(i)})+\frac{\lambda}{2}\sum_{l=1}^{n_l-1}\sum_{i=1}^{s_l}\sum_{j=1}^{s_{l+1}}(w_{ji}^{l})^2$$

$$=\frac{1}{m}\sum_{i=1}^{m}\frac{1}{2}\|y(x^{(i)})-y^{(i)}\|^2+\frac{\lambda}{2}\sum_{l=1}^{n_l-1}\sum_{i=1}^{s_l}\sum_{j=1}^{s_{l+1}}(w_{ji}^{l})^2 \tag{3-11}$$

在隐含层加上稀疏约束后，损失函数为

$$J_{\text{sparse}}(\boldsymbol{w},\boldsymbol{b})=J(\boldsymbol{w},\boldsymbol{b})+\beta\sum_{j=1}^{s2}\mathrm{KL}(\rho\|\hat{\rho}_j) \tag{3-12}$$

$$\mathrm{KL}(\rho\|\hat{\rho}_j)=\rho\log\frac{\rho}{\hat{\rho}_j}+(1-\rho)\log\frac{1-\rho}{1-\hat{\rho}_j} \tag{3-13}$$

利用反向传播方法计算损失函数的偏导数，只是在求解隐含层时有所区别，无稀疏约束的 BP 算法可表示为以下几个步骤：

(1) 正向计算，根据公式，得到 $L_2, L_3, \cdots$，直到输出层 L_{n_l} 的激活值 $\boldsymbol{a}$；

(2) 对输出层(第 n_l 层)，计算：$\boldsymbol{\delta}^{(n_l)}=-(\boldsymbol{y}-\boldsymbol{a}^{(n_l)})f'(net^{(n_l)})$；

(3) 对于 $l=n_l-1, n_l-2, \cdots, 2$ 的各层，计算：

$$\nabla_{w^{(l)}}J(\boldsymbol{w},b;\ \boldsymbol{x},\boldsymbol{y})=\boldsymbol{\delta}^{(l+1)}(\boldsymbol{a}^{(l)})^{\mathrm{T}}$$

$$\nabla_{b^{(l)}}J(\boldsymbol{w},b;\ \boldsymbol{x},\boldsymbol{y})=\boldsymbol{\delta}^{(l+1)}$$

(4) 根据隐含层神经元的误差表达式：

$$\delta_{(i)}^{(2)}=\left(\sum_{j=2}^{s2}\boldsymbol{w}_{ji}^{(2)}\delta_j^{(3)}\right)f'(net_i^{(2)}) \tag{3-14}$$

因此加入稀疏约束后，计算最终需要的偏导数值，可得

$$\delta_{(i)}^{(2)}=\left(\left(\sum_{j=2}^{s2}\boldsymbol{w}_{ji}^{(2)}\delta_j^{(3)}\right)+\beta\left(-\frac{\rho}{\hat{\rho}_i}+\frac{1+\rho}{1+\hat{\rho}_i}\right)\right)f'(net_i^{(2)}) \tag{3-15}$$

3.2.3 去噪自编码器

去噪自编码器(DAE)的核心思想是，能够恢复原始信号的表达未必是最好的，当自编码器输入被“污染/破坏”的原始数据时，自编码器还能依据编码恢复真正的原始数据，这样的特征才是好的。假设原始数据 $\boldsymbol{x}$ 被故意“破坏”，比如加入高斯白噪声，或者将某些维度数据抹掉，转换为 $\tilde{\boldsymbol{x}}$，然后再对 $\tilde{\boldsymbol{x}}$ 进行编码、解码，得到恢复信号 $\hat{\boldsymbol{x}}=g(f(\tilde{\boldsymbol{x}}))$，该恢复信号尽可能逼近未被污染的数据 $\boldsymbol{x}$，如图 3-8 所示。此时，监督训练的误差由 $L(\boldsymbol{x},g(f(\boldsymbol{x})))$ 变成了 $L(\boldsymbol{x},g(f(\tilde{\boldsymbol{x}})))$。从直观上理解，DAE 希望学到的特征变换具有鲁棒性，能够在一定程度上对抗原始数据的污染、缺失。基于“流形”的 DAE 能够学出类似 Gabor 边缘提取的特征变换。但这一切都是在定义好规则、误差后，系统自动学出来的，从而避免了领域专家费尽心力设计这些性能良好的特征。DAE 噪声添加方法主要有两种方式：一是加入随机

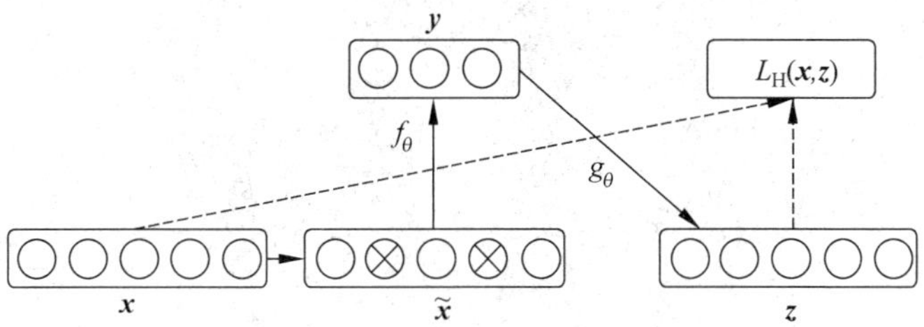

图 3-8 去噪自编码器

噪声，即 $\tilde{x}=\boldsymbol{x}+\boldsymbol{\varepsilon}$ ，$\boldsymbol{\varepsilon}\in \mathrm{N}(0,\sigma^2\boldsymbol{I})$；另一种是添加掩膜噪声，随机地选取输入 $\boldsymbol{x}$ 中的 n 个分量，将其赋值为 0，这样 $\boldsymbol{x}$ 便被“破坏”成 $\tilde{x}$，即原始数据中部分数据缺失，这具有很强的实际意义，比如图像部分像素被遮挡、文本因记录原因漏掉了一些单词等。

3.3 堆叠自编码器

深层网络的威力在于其强大的非线性表达能力，以及具有逐层学习原始数据多种表达形式的能力。每一层都以低一层的表达为基础，逐渐抽象出更加适合复杂分类等任务的特征。单个自编码器通过虚构 $\boldsymbol{x}\to\boldsymbol{h}\to\boldsymbol{x}$ 的三层网络，能够学习出一种特征变换 $\boldsymbol{h}=f_\theta(\boldsymbol{x})$（这里用 θ 表示变换的参数，包括 $\boldsymbol{w}$，$\boldsymbol{b}$ 和激活函数）。实际上，当训练结束后，输出层已经无意义，可将其去除。之所以将自编码器模型表示为 3 层的神经网络，是为了训练的需要，将原始数据作为假想的目标输出，以此构建监督误差来训练整个网络。训练结束后，输出层就可以去掉，我们关心的只是从 $\boldsymbol{x}$ 到 $\boldsymbol{h}$ 的变换。得到特征表达 $\boldsymbol{h}$ 后，可以将 $\boldsymbol{h}$ 再作为原始信息输入下一层网络，训练一个新的自编码器，得到新的特征表达。这就是堆叠自编码器（stacked auto-encoder，SAE）或称为栈式自编码。当多个自编码器堆叠起来后如图 3-9 所示。

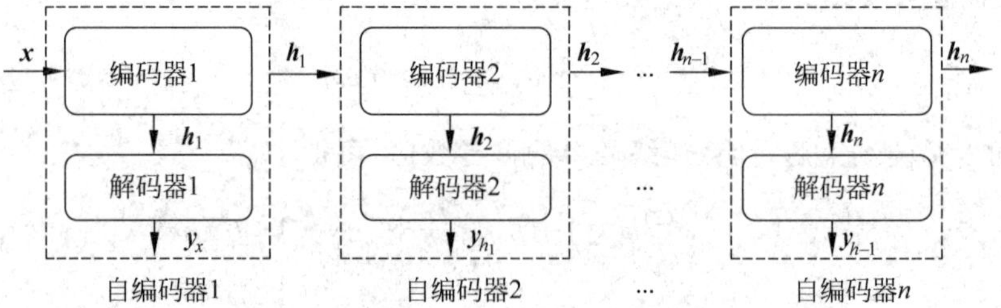

图 3-9 堆叠自编码器结构图

系统实际上已经有深度学习的特点了。需要注意的是，整个网络的训练是逐层进行训练的。先训练网络 $\boldsymbol{n}\to\boldsymbol{m}\to\boldsymbol{n}$，得到 $\boldsymbol{n}\to\boldsymbol{m}$ 的变换，然后训练 $\boldsymbol{m}\to\boldsymbol{k}\to\boldsymbol{m}$，得到 $\boldsymbol{m}\to\boldsymbol{k}$ 的变换。最终堆叠成 $\boldsymbol{n}\to\boldsymbol{m}\to\boldsymbol{k}$ 的变换，整个过程就像一层层的盖房子，这便是大名鼎鼎的逐层无监督预训练，正是促使神经网络在 2006 年第三次兴起的关键技术。图 3-10 为堆叠式稀疏自编码器示意图，图 3-11 为堆叠式去噪自编码器示意图。

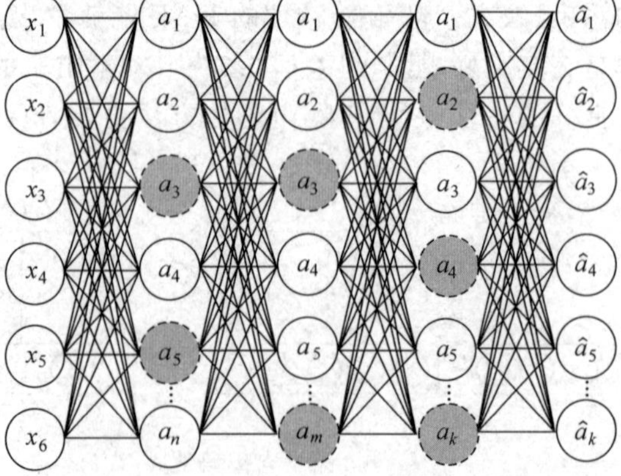

图 3-10 堆叠式稀疏自编码器示意图

3.4 预训练与深度学习

2006 年 Hinton 提出了逐层预训练法，使得深度网络的训练成为可能。对于一个深度神经网络，这种逐层预训练的方法，可以完成深度神经网络的初始参数的赋值，从而使得神经网络参数处于较优的区域内，便于网络后续的训练调节。对于常见的分类任务，网络的训练一般可分为逐层预训练与微调两个阶段，而预训练的过程即可采用自编码完成，如图 3-11 所示。

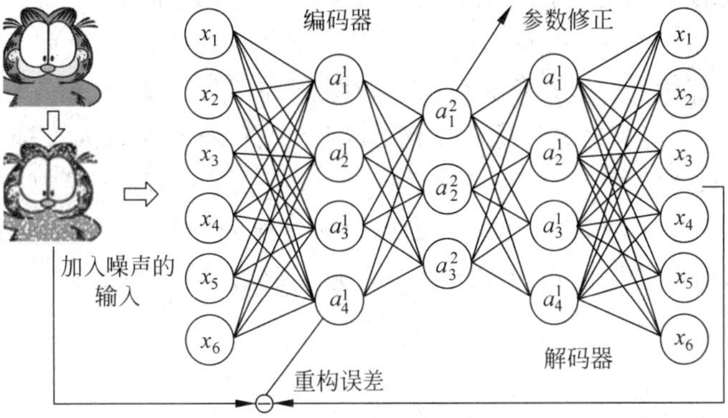

图 3-11 堆叠式去噪自编码器示意图

注意，前述的各种 SAE，本质上都是无监督学习，SAE 各层的输出都是原始数据的不同表达。对于分类任务，往往在 SAE 顶端添加一个分类层（如 Softmax 层），并结合有标签的训练数据，在误差函数的指导下，对系统的参数进行微调，以使得整个网络能够完成所需的分类任务。对于微调过程，既可以只调整分类层的参数（此时相当于将整个 SAE 作为一个特征提取器），也可以调整整个网络的参数（适合训练数据量比较大的情况），如图 3-12 所示。

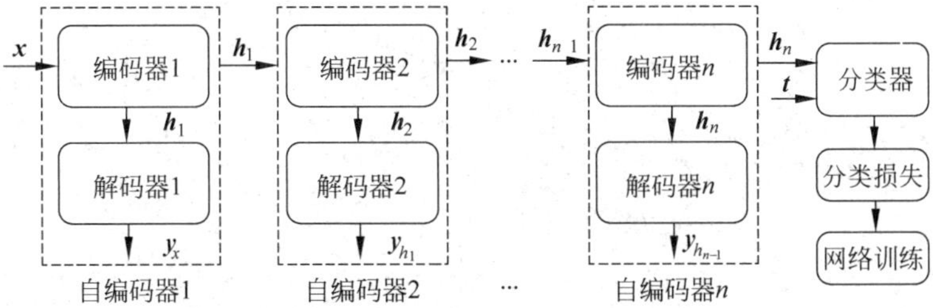

图 3-12 堆叠自编码器训练

稀疏自编码器一般都采用 3 层网络结构，这里的 3 层是指训练单个自编码器所假想的 3 层神经网络，任何基于自编码器的神经网络都是如此。多层的稀疏自编码器是通过逐层预训练方式堆叠起来，而不是直接去训练一个 5 层或是更多层的网络。这正是在训练深层神经网络中遇到的问题：直接训练一个深层的自编码器，其实本质上就是在做深度网络的训练，由于梯度弥散等问题，这样的网络往往无法获得有效的训练。

为什么逐层预训练就可以使得深度网络的训练成为可能？一个直观的解释是，预训练好的网络在一定程度上拟合了训练数据的结构，这使得整个网络的初始值是在一个合适的状态，便于有监督阶段加快迭代收敛。当取随机初始网络参数时，权值需要大幅修正，而误差传递到低层几乎为 0,网络参数无法获得有效的训练。但采用逐层预训练的方法,训练好每两层之间的自编码变换,将其参数作为系统初始值,然后网络在有监督阶段就能够比较稳定地迭代了。当然,不少研究提出了很好的初始化策略,再加上运用 dropout 策略、ReLU 激活函数等,直接去训练一个深层网络已经不是问题。这是否意味着这种逐层预训练的方式已经过时了呢?以 Bengio 先生 2015 年的一段话作为回答:"当标签数据不足时,对于迁移学习或领域适应学习,堆叠式的正则化无监督特征学习仍然是有用的。但是当标签示例的数量充足时,正则化的堆叠训练优势就会变弱。然而,这只是开始,除了将监督学习和无监督学习相结合的预训练之外,我相信在无监督学习算法方面还有其他方法以及需要改进的地方。"

基于反向传播算法的深度网络训练容易收敛到局部最小值,从而无法得到好的分类效果。对此,采用逐层贪婪算法来训练深度网络。即,先利用原始输入来训练网络的第一层,得到其参数 $\boldsymbol{w}_1,\boldsymbol{b}_1$;然后网络将第一层原始输入转化成为由隐含层神经元激活值组成的向量 $\boldsymbol{a}$,将 $\boldsymbol{a}$ 作为第二层的输入,继续训练得到第二层的参数 $\boldsymbol{w}_2,\boldsymbol{b}_2$;同理,对后面的各层采取同样的策略,即将前层的输出作为下一层输入的方式进行网络训练,如图 3-13 所示。

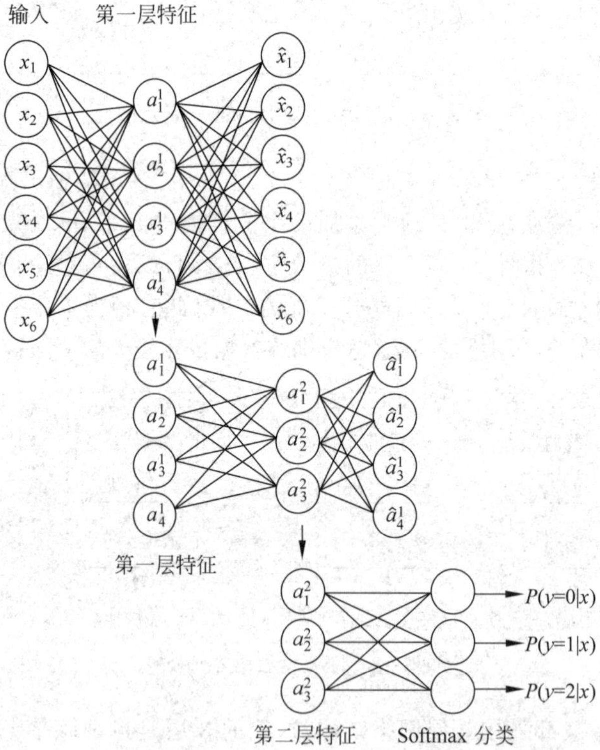

图 3-13 自编码器预训练过程

对于上述训练方式,在训练每一层参数的时候,会固定前面已预训练的各层参数。如果想得到更好的分类结果,在上述训练过程完成之后进行网络的微调,通过反向传播算法同时调整所有层的参数以改善网络分类结果,如图 3-14 所示。

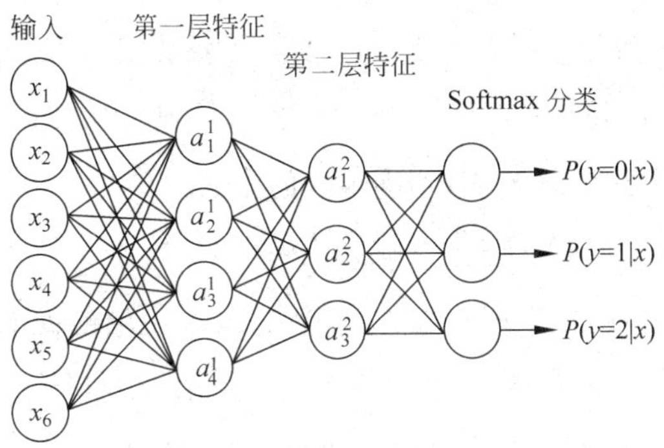

图 3-14 深度网络微调过程

3.5 Softmax 与交叉熵函数融合

在深度神经网络完成预训练后，即可利用标签信息对整个网络进行微调。早期 BP 神经网络主要采用均方误差作为损失函数，随着技术的不断发展，新的损失函数逐渐被采用，如 Softmax 分类函数。Softmax 是一种多分类输出判别函数，对于多分类问题，设网络具有 K 个类别，期望标签 $\boldsymbol{y}$ 通常采用形如[0,0,…,0,1,0,…,0]的 one-hot 形式，Softmax 层的输出为分类概率$[a_1,a_2,\cdots,a_k,\cdots,a_K]$，如图 3-15 所示。其中，$z$ 表示输出神经元的输出信息。该信息经过处理后，即 Softmax 功能处理后，产生 a 信息。

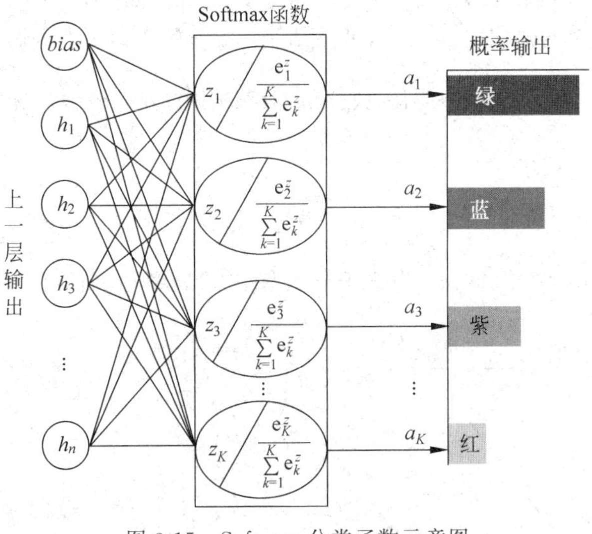

图 3-15 Softmax 分类函数示意图

Softmax 的输入通常为全连接网络的输出，则其中第 j 类的 Softmax 输出可表达为

$$\begin{cases} z_j = \sum_{i=1}^{K} w_{ij} h_i + b \\ a_j = \text{Softmax}(z_j) = \dfrac{\exp(z_j)}{\sum_{k=1}^{K} \exp(z_k)} \end{cases} \tag{3-16}$$

Softmax 输出的是类别的预测概率，而在评估概率相似性时，常采用熵的方法。因此，

在深度学习中常采用熵函数作为损失函数，与二次代价函数相比，它能更有效地促进神经网络的训练。熵，是一种不确定性的度量 $H(X)=-\sum_{x\in X}p(x)\log p(x)$，各种熵的定义如下。

联合熵，是衡量联合分布 $p(X,Y)$ 不确定性的方法：

$$H(X,Y)=-\sum_{x,y}p(x,y)\log p(x,y) \tag{3-17}$$

条件熵，在 X 确定时，Y 的不确定性度量，即在 X 发生的前提下，发生 Y 新带来的熵：

$$H(Y\mid X)=H(X,Y)-H(X)=\sum_{x\in X}p(x)H(Y\mid X=x) \tag{3-18}$$

相对熵，又称 KL 散度，衡量 p，q 两个分布的差异，差异越大相对熵越大：

$$\mathrm{KL}(p\parallel q)=\sum_{x}p(x)\log\frac{p(x)}{q(x)} \tag{3-19}$$

交叉熵，衡量 p，q 对事件 x 的相似性，p 为类别信息，q 为预测的概率信息：

$$H(p,q)=\sum_{x}p(x)\frac{1}{q(x)} \tag{3-20}$$

而针对二分类的逻辑回归问题，其结果只有 0 或 1，采用交叉熵损失函数可简化为

$$C=-\frac{1}{n}\sum_{x}(t\log y+(1-t)\log(1-y)) \tag{3-21}$$

其中，x 表示样本，n 表示样本的总数，t 为输出标签信息。

交叉熵损失函数能够评价两个概率事件的相似性，基于 Softmax 输出的 BP 神经网络如图 3-16 所示，网络分类具有 K 类，则期望标签 $\boldsymbol{t}$ 采用形如[0,0,…,0,1,0,…,0]的 one-hot 的形式。Softmax 层的输出为$[a_1,a_2,\cdots,a_k,\cdots,a_K]$，其中第 j 类的 Softmax 输出可表达为 $a_j=\dfrac{\exp(z_j)}{\sum_{k=1}^{K}\exp(z_k)}$。因此，通过交叉熵函数评价网络输出的分类概率与标签的符合程度：

$$E=-\sum_{i=1}^{K}t_i\log a_i \tag{3-22}$$

其中，t_i 为第 i 个输出标签信息，a_i 为 Softmax 输出的概率预测信息。

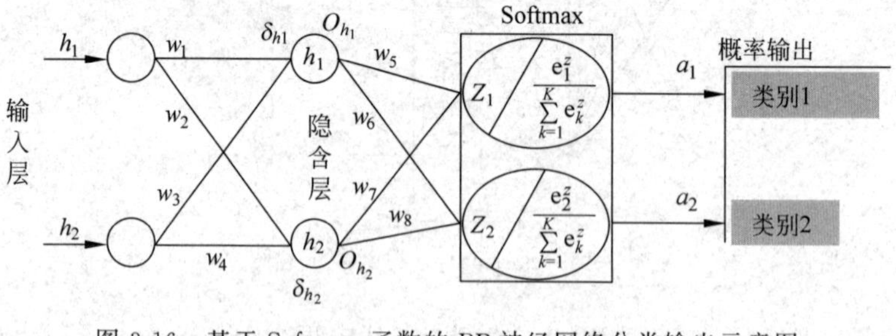

图 3-16 基于 Softmax 函数的 BP 神经网络分类输出示意图

根据链式求导法则，求损失 E 对 $\boldsymbol{w}$ 及偏置 $\boldsymbol{b}$ 的梯度：

$$\begin{cases}\dfrac{\partial E}{\partial w_{ij}^{\text{out}}}=\dfrac{\partial E}{\partial z_j}\dfrac{\partial z_j}{\partial w_{ij}^{\text{out}}}=\dfrac{\partial E}{\partial z_j}h_i\\[2ex]\dfrac{\partial E}{\partial b_j^{\text{out}}}=\dfrac{\partial E}{\partial z_j}\dfrac{\partial z_j}{\partial b_j^{\text{out}}}=\dfrac{\partial E}{\partial z_j}\end{cases} \tag{3-23}$$

同理，根据链式求导法则

$$\frac{\partial E}{\partial z_j}=\sum_{i\in K}\frac{\partial E}{\partial a_i}\frac{\partial a_i}{\partial z_j} \tag{3-24}$$

根据 $E=-\sum_{i=1}^{K}t_i\log a_i$，可得

$$\frac{\partial E}{\partial a_i}=\frac{\partial(-t_i\log a_i)}{\partial a_i}=-t_i\frac{1}{a_i} \tag{3-25}$$

若函数 $u(x),v(x)$ 均可导，根据函数求导方法可得 $\left(\frac{u(x)}{v(x)}\right)'=\frac{u'(x)v(x)-u(x)v'(x)}{v(x)^2}$。在求解 $\frac{\partial a_i}{\partial z_j}$ 时，根据 $a_j=\frac{\exp(z_j)}{\sum_{k=1}^{K}\exp(z_k)}$，可分为两种情况：

(1) 当 $j=i$ 时，

$$\begin{aligned}\frac{\partial a_i}{\partial z_j}&=\frac{\partial a_j}{\partial z_j}=\frac{\partial}{\partial z_j}\left(\frac{\exp(z_j)}{\sum_{k=1}^{K}\exp(z_k)}\right)=\frac{(\exp(z_j))'\sum_{k=1}^{K}\exp(z_k)-\exp(z_j)\exp(z_j)}{\left(\sum_{k=1}^{K}\exp(z_k)\right)^2}\\&=\frac{\exp(z_j)}{\sum_{k=1}^{K}\exp(z_k)}-\frac{\exp(z_j)}{\sum_{k=1}^{K}\exp(z_k)}\cdot\frac{\exp(z_j)}{\sum_{k=1}^{K}\exp(z_k)}=a_j(1-a_j)\end{aligned} \tag{3-26}$$

(2) 当 $j\neq i$ 时，

$$\begin{aligned}\frac{\partial a_i}{\partial z_j}&=\frac{\partial}{\partial z_j}\left(\frac{\exp(z_i)}{\sum_{k=1}^{K}\exp(z_k)}\right)=\frac{0\cdot\sum_{k=1}^{K}\exp(z_k)-\exp(z_i)\exp(z_j)}{\left(\sum_{k=1}^{K}\exp(z_k)\right)^2}\\&=-\frac{\exp(z_i)}{\sum_{k=1}^{K}\exp(z_k)}\cdot\frac{\exp(z_j)}{\sum_{k=1}^{K}\exp(z_k)}=-a_ia_j\end{aligned} \tag{3-27}$$

因此，可得 $\frac{\partial E}{\partial z_j}$：

$$\begin{aligned}\frac{\partial E}{\partial z_j}&=\sum_{i=j}\frac{\partial E}{\partial a_i}\frac{\partial a_i}{\partial z_j}+\sum_{i\neq j}\frac{\partial E}{\partial a_i}\frac{\partial a_i}{\partial z_j}=\sum_{i=j}\left[-t_i\frac{1}{a_i}a_j(1-a_j)\right]+\sum_{i\neq j}t_i\frac{1}{a_i}a_ia_j\\&=\sum_{i=j}[-t_i(1-a_j)]+\sum_{i\neq j}t_ia_j=\sum_{i=j}[-t_j(1-a_j)]+\sum_{i\neq j}t_ia_j\\&=\sum_{i=j}(t_ja_j-t_j)+\sum_{i\neq j}t_ia_j=a_j\left(\sum_{i=j}t_j+\sum_{i\neq j}t_i\right)-t_j\end{aligned} \tag{3-28}$$

因为，对于分类问题，$\sum_{i=j}t_j+\sum_{i\neq j}t_i=1$，因此可得

$$\frac{\partial E}{\partial z_j}=a_j-t_j \tag{3-29}$$

因此，损失 E 对 $\boldsymbol{w}$ 及偏置 $\boldsymbol{b}$ 的梯度为

$$\begin{cases}\dfrac{\partial E}{\partial w_{ij}^{\text{out}}}=\dfrac{\partial E}{\partial z_j}\dfrac{\partial z_j}{\partial w_{ij}^{\text{out}}}=\dfrac{\partial E}{\partial z_j}h_i=(a_j-t_j)h_i\\[2ex]\dfrac{\partial E}{\partial b_j^{\text{out}}}=\dfrac{\partial E}{\partial z_j}\dfrac{\partial z_j}{\partial b_j^{\text{out}}}=\dfrac{\partial E}{\partial z_j}=a_j-t_j\end{cases}\tag{3-30}$$

由上式可知，该损失函数与平方误差损失函数相比，减少了激活函数梯度的乘积项，更有利于误差项的传播。例如，通过 BP 神经网络若干层的计算，最后得到的某个训练样本的向量的分数为[2,3,4]，则经过 Softmax 函数作用后概率分别为 $\left[\dfrac{e^2}{e^2+e^3+e^4},\dfrac{e^3}{e^2+e^3+e^4},\dfrac{e^4}{e^2+e^3+e^4}\right]$，即[0.0903,0.2447,0.665]，如果这个样本正确的分类是第二个，那么计算出来的误差为[0.0903,0.2447−1,0.665]=[0.0903,−0.7553,0.665]，然后再根据误差进行反向传播。

在针对不同问题时，损失函数的选取以及形式有所不同，如表 3-2 所示。

表 3-2　针对不同的问题损失函数选用情况

问题类型	输出层激活函数	损失函数及表达形式	
回归问题	线性激活函数	均方差 MSE	$E(\boldsymbol{y},\boldsymbol{t})=\Vert\boldsymbol{y}-\boldsymbol{t}\Vert_2^2$
二分类问题	Sigmoid 激活函数	二分类交叉熵	$E(\boldsymbol{y},\boldsymbol{t})=-\sum_{i=1}^{n}t_i\log y_i-\sum_{i=1}^{n}(1-t_i)\log(1-y_i)$
多分类问题	Softmax 分类函数	多分类交叉熵	$E(\boldsymbol{y},\boldsymbol{t})=-\sum_{i=1}^{n}t_i\log y_i$

3.6 深度神经网络权值初始化方法

虽然无监督预训练能够克服多隐层神经网络训练中出现的问题，实现深度神经网络的训练，但随着更好的权重初始化方法、更理想的激活函数、梯度下降的变体、正则化等方法的提出，使得网络无须预训练也能达到很好的效果。

神经网络的参数训练是基于梯度下降法的，梯度下降法需要为待学习的每一个参数赋一个初始值，因此权重初始化的选取十分的关键。参数初始值过小，会导致神经元的输入过小，经过多层之后信号便消失了；参数初始值设置的过大，会导致数据状态过大，对于 Sigmoid 类型的激活函数来说，输入值过大导致函数进入饱和区，梯度接近于 0，无法有效地对网络进行训练。逐层预训练其实质是一种参数初始化方法。随着深度学习研究的深入，一些新的网络参数初始化方法被提出，使得深度神经网络的参数初始化变得更加便捷。

3.6.1 Xavier 初始化方法

早期的神经网络参数初始化方法普遍采用均值为 0、方差为 1 的标准高斯分布对网络参数进行初始化，但随着神经网络深度的增加，这种方法无法克服梯度消失问题。

Xavier 初始化方法，认为神经网络每一层参数的方差需要满足一定的要求(均值为 0)。这里并没有假设参数的分布情况，所以理论上可以采用任意分布，只要方差满足下面的公式即可。通常可以采用均匀分布或高斯分布来生成随机参数。如果采用均匀分布，随机变量在$[a,b]$间的均匀分布的方差为 $\text{Var}=(b-a)^2/12$，那么只需使用下面的分布来采样，就可以得到此方差：

$$w \sim U\left[-\frac{\sqrt{6}}{\sqrt{n_j+n_{j+1}}},\frac{\sqrt{6}}{\sqrt{n_j+n_{j+1}}}\right] \tag{3-31}$$

如果采用高斯分布，

$$w \sim N\left[0,\frac{2}{\sqrt{n_j+n_{j+1}}}\right] \tag{3-32}$$

其中，n_j 代表第 j 层输入权值张量的数量（j 层神经元数量），n_{j+1} 表示第 j 层输出权值张量的数量（后一层神经元数量）。

Xavier 初始化方法的不足之处在于 Xavier 的推导过程要求激活函数是线性且关于 0 是对称的，因此只适用于 tanh 函数和 Softsign 函数，不适用于 Sigmoid 函数和 ReLU 函数。

3.6.2 Kaiming 初始化方法

Xavier 初始化方法只适用激活函数是关于 0 对称、线性的情况。而 ReLU 激活函数并不满足这些条件。Kaiming 初始化方法是何恺明在残差网络的论文中提出的，可适用于使用 ReLU 激活函数网络的初始化方法。在 Xavier 中给出的 Glorot 条件是：深度网络正向传播时，激活值的方差保持不变；反向传播时，激活函数的输入值梯度的方差保持不变。在 Kaiming 初始化方法中稍作变换：正向传播时，激活函数的输入值的方差保持不变；反向传播时，激活值梯度的方差保持不变。Kaiming 初始化的推导过程和 Xavier 初始化的推导过程最重要的差别在于激活函数的期望和激活函数导数的期望不再为 0。从而推导出 Kaiming 初始化方法：

适用于 ReLU 的 Kaiming 初始化方法：$w\sim N\left[0,\sqrt{\frac{2}{\hat{n}_i}}\right]$

适用于 Leaky ReLU 的 Kaiming 初始化方法：$w\sim N\left[0,\sqrt{\frac{2}{(1+\alpha^2)\hat{n}_i}}\right]$

其中 $\hat{n}_i=h_i w_i d_i$，h_i、w_i 表示卷积层中卷积核的高与宽，d_i 表示输入张量通道数。

3.6.3 LeCun 初始化方法

LeCun 初始化方法是由 Yan LeCun 提出的，与 Kaiming 初始化方法类似。

LeCun 标准化初始方法，从均匀分布 $\left[-\sqrt{\frac{3}{\hat{n}_i}},\sqrt{\frac{3}{\hat{n}_i}}\right]$ 中抽取样本：

$$w \sim U\left[-\sqrt{\frac{3}{\hat{n}_i}},\sqrt{\frac{3}{\hat{n}_i}}\right]$$

LeCun 正态化初始方法，以 0 为中心，标准差为 $\sqrt{\frac{1}{\hat{n}_i}}$ 的截断正态分布抽样：

$$w \sim N\left[0,\sqrt{\frac{1}{\hat{n}_i}}\right]$$

第4章

第4章课件

卷积神经网络

在神经网络的实际应用中，输入数据的种类多种多样，图像是一种典型的数据类型，并且对于计算机而言，图像数据是一种难以处理的数据类型。图像数据量较大、包含的信息丰富，对于图像识别等任务来说全连接神经网络并不适合。卷积神经网络（convolutional neural network，CNN）是一种更适合图像识别等任务的神经网络结构。卷积神经网络在图像、语音识别领域取得了很多重要突破。本章将详细介绍卷积神经网络及其训练算法。

4.1 全连接神经网络局限性

图像数据具有信息量大的特点，如果图像没用经过特征提取直接输入到神经网络中，所有像素点将作为网络的输入信息。全连接神经网络之所以不适合图像识别任务，主要有以下几个方面的原因：

（1）参数数量过多。考虑输入一个1000像素×1000像素的图片（一百万像素，现在已经不能算大图了），如图4-1所示。输入层有1000×1000即100万节点，假设第一个隐含层有100个节点（这个数量并不多），那么仅这一层就有（1000×1000＋1）×100即约1亿参数。图像只扩大一点，参数数量就会大幅增加，因此它的扩展性很差。

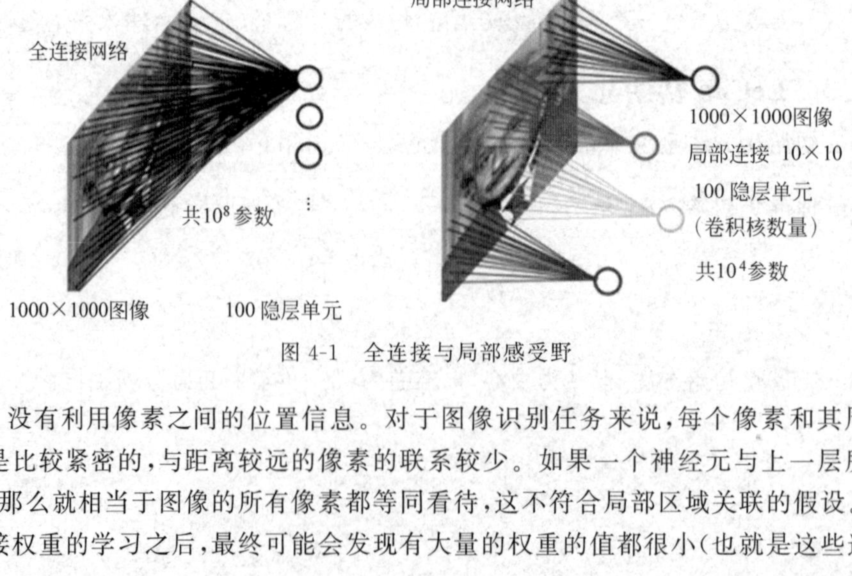

图4-1 全连接与局部感受野

（2）没有利用像素之间的位置信息。对于图像识别任务来说，每个像素和其周围像素的联系是比较紧密的，与距离较远的像素的联系较少。如果一个神经元与上一层所有神经元相连，那么就相当于图像的所有像素都等同看待，这不符合局部区域关联的假设。当完成每个连接权重的学习之后，最终可能会发现有大量的权重的值都很小（也就是这些连接其实无关紧要)。学习大量并不重要的权重,会造成网络学习效率低下。

(3) 网络层数限制。神经网络层数越多其表达能力越强,但是通过梯度下降方法训练深度全连接神经网络很困难,因为全连接神经网络的梯度很难传递超过 3 层。因此,不可能得到一个很深的全连接神经网络,这也限制了它的能力。

相比于其他数据,图像数据具有多变等特性。假设利用计算机设计自动判卷系统,当计算机对卷面判断题进行判别时,计算机需要确定获取到的图像中是包含“×”还是“√”。在计算机“视觉”信息处理中,一幅图就是一个二维的像素数组,每一个位置对应一个数字。输入一张图,判断其是否含有“×”或者“√”,并且假设必须两者选其一,不是“×”就是“√”。如图 4-2 为标准的“×”和“√”,字母位于图像的正中央,并且比例合适,无变形。利用计算机进行图像识别,一个比较直接的方法就是模板法。先保存一张“×”和“√”的标准图像,然后将其他新给出的图像与这两张标准图像进行对比,计算哪一张图的匹配度更高。当比较两幅图的时候,如果有任何一个像素值不匹配,那么这两幅图就不匹配,至少对于计算机来说是这样的。这种方法的鲁棒性比较差,当输入图像与模板图像有微小差异时,可能就会产生错误的识别结果。对于图 4-3 的输入,计算机认为下述两幅图中的白色像素除了中间的 3×3 的小方格内容是相同的,其他四个角上都不同。因此,基于模板比对的方法,计算机可能判别左图输入的不是“×”。

-1	-1	-1	-1	-1	-1	-1	-1	-1
-1	**1**	-1	-1	-1	-1	-1	**1**	-1
-1	-1	**1**	-1	-1	-1	**1**	-1	-1
-1	-1	-1	**1**	-1	**1**	-1	-1	-1
-1	-1	-1	-1	**1**	-1	-1	-1	-1
-1	-1	-1	**1**	-1	**1**	-1	-1	-1
-1	-1	**1**	-1	-1	-1	**1**	-1	-1
-1	**1**	-1	-1	-1	-1	-1	**1**	-1
-1	-1	-1	-1	-1	-1	-1	-1	-1

⇨ ×

-1	-1	-1	-1	-1	-1	-1	-1	-1
-1	-1	-1	-1	-1	-1	-1	-1	**1**
-1	-1	-1	-1	-1	-1	-1	**1**	-1
-1	-1	-1	-1	-1	-1	**1**	-1	-1
1	**1**	-1	-1	-1	**1**	-1	-1	-1
-1	-1	**1**	-1	**1**	-1	-1	-1	-1
-1	-1	-1	**1**	-1	-1	-1	-1	-1
-1	-1	-1	-1	-1	-1	-1	-1	-1
-1	-1	-1	-1	-1	-1	-1	-1	-1

⇨ √

图 4-2 标准的“×”和“√”图像模板

-1	-1	-1	-1	-1	-1	-1	-1	-1
-1	**1**	-1	-1	-1	-1	-1	**1**	-1
-1	**1**	**1**	-1	-1	-1	**1**	**1**	-1
-1	-1	-1	**1**	-1	**1**	-1	-1	-1
-1	-1	-1	-1	**1**	-1	-1	-1	-1
-1	-1	**1**	**1**	-1	**1**	-1	-1	-1
-1	**1**	**1**	-1	-1	1	**1**	**1**	-1
-1	**1**	-1	-1	-1	-1	-1	**1**	-1
-1	-1	-1	-1	-1	-1	-1	**1**	**1**

输入图像

? =

-1	-1	-1	-1	-1	-1	-1	-1	-1
-1	**1**	-1	-1	-1	-1	-1	**1**	-1
-1	-1	**1**	-1	-1	-1	**1**	-1	-1
-1	-1	-1	**1**	-1	**1**	-1	-1	-1
-1	-1	-1	-1	**1**	-1	-1	-1	-1
-1	-1	-1	**1**	-1	**1**	-1	-1	-1
-1	-1	**1**	-1	-1	-1	**1**	-1	-1
-1	**1**	-1	-1	-1	-1	-1	**1**	-1
-1	-1	-1	-1	-1	-1	-1	-1	-1

图像模板

图 4-3 非标准图像

而实际中,对于那些仅仅只是做了一些像平移、缩放、旋转、微变形等简单变换的图像(见图 4-4),我们希望计算机仍然能够识别出图中的“×”或“√”。

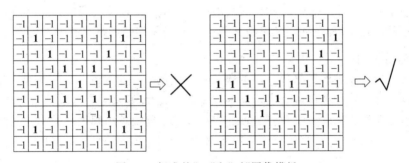

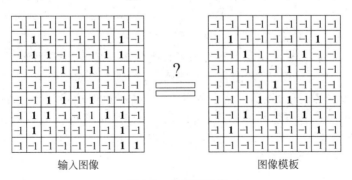

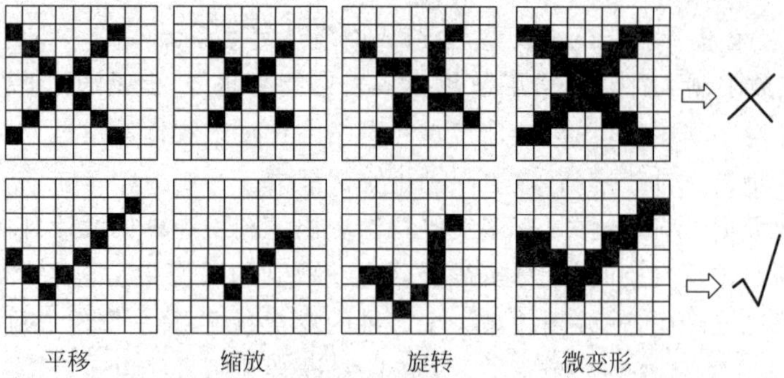

图 4-4　畸变图像识别

4.2　卷积神经网络原理

为了克服全连接神经网络在图像处理中的诸多缺点，LeCun 提出了一种新的网络架构——卷积神经网络。卷积神经网络是受到生物视觉感知机制的启发，包含卷积计算，具有深度结构的前馈神经网络，是深度学习的主要算法之一。卷积神经网络是一种前馈神经网络，其神经元可以响应部分区域内的输入，对图像信息的处理表现出色。卷积网络具有特征学习与表示能力，同时其隐层的卷积核具有共享特性，前后层之间的连接具有稀疏性等特点，卷积网络可通过多种方式降低参数数量。因此卷积神经网络具有如下特点。

1. 局部感受野

感受野是指卷积神经网络每一层的输出特征图的每一个像素点映射到输入图像的区域大小。神经元感受野的范围越大表示其能接触到的原始图像的信息范围就越大，也意味着它能学习更为全局、语义层次更高的特征信息；相反，范围越小则表示其所包含的特征越趋向局部和细节。因此，感受野的范围可以用来大致判断每一层的抽象层次，并且网络越深，神经元的等效感受野越大。

对于图像像素的空间联系，局部区域内的像素联系较为紧密，而距离较远的像素的相关性则较弱。因而，每个神经元没有必要对全局图像进行感知，只需要对局部区域进行感知，然后在更高层次将局部信息进行综合，来得到图像的全局信息。网络的局部连接是受生物视觉系统结构启发而来，视觉皮层的神经元是接受局部信息的，即这些神经元只响应某些特定区域的刺激。如图 4-1 所示，左图为全连接网络，右图为局部连接网络。假设图像尺寸为 1000 像素×1000 像素，则全连接网络参数量为(1000×1000+1)×100；而右图中每个输出神经元只与 10×10 个像素值局部相连，那么 100 个隐层单元的权值数量为 100×10×10，减少为原来的万分之一。而 10×10 个像素值对应的 10×10 个参数，相当于卷积操作，采用 100 个卷积核可以获得 100 个特征图。

2. 权值共享

在上面的局部连接神经网络中，10×10 的局部连接可视为卷积核，具有 100 个参数，卷积操作可以视为一种与位置无关的特征提取方法，该卷积核可以在图像的任意位置进行卷积操作。这其中隐含的原理是：图像的一部分统计特性与其他部分是一致的。这意味着在任意一部分学习到的特征适用于其他部分，所以，对于这个图像上的所有位置，都能使用学习到的特征进行特征提取。更直观一些地解释，当从一个大尺寸图像中随机选取一小块，比如 3×3 的片段作为样本,并且从这个小块样本中学习到了一些特征,此时将这个 3×3 的特征作为探测器,应用到这个图像的任意位置中。3×3 的卷积核与输入图像作卷积,从而获得大尺寸图像上任一位置的激活值。每个卷积核都是一种特征提取方式,就像一个筛子,将图像中符合条件的特征筛选出来,如图 4-5 所示。

$$(-1)\times1+0\times0+1\times2+(-1)\times5+0\times4+1\times2+(-1)\times3+0\times4+1\times5=0$$

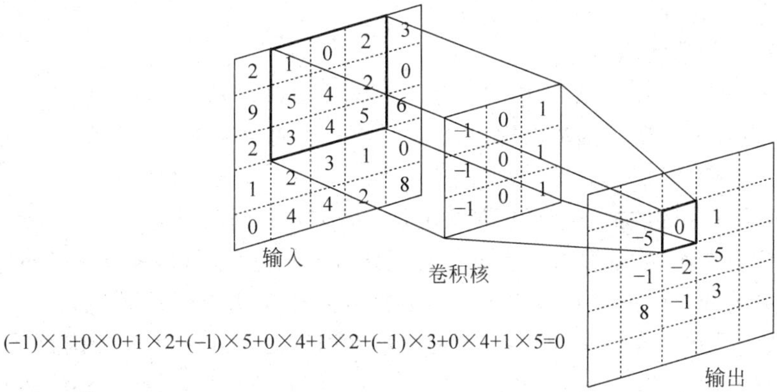

图 4-5 卷积过程示意图

3×3 的卷积核在输入图像上滑动,每滑动一次卷积核与输入图像相应的部分进行乘积和求和运算,获得该部分的响应输出,输出可判断该部分是否与卷积核模板相似,如相似度较高将产生较大的输出,若相似度较小将不产生响应。因此,卷积操作实际是判断输入图像中是否存在与卷积核模板对应的特征的过程。

3. 下采样

在通过卷积获得特征之后,下一步就是利用这些特征去做分类。理论上讲,可以用所有提取到的特征训练分类器,例如 Softmax 分类器,但这将面临计算量的挑战。例如:对于一个 96 像素×96 像素的图像,假设已经学习得到了 400 个 8×8 尺度的特征提取器,每一个特征和图像卷积都会得到一个 $(96-8+1)\times(96-8+1)=7921$ 维的卷积特征,由于有 400 个特征,所以会产生 $7921\times400=3168400$ 维的卷积特征向量。学习一个拥有超过 300 万特征输入的分类器较困难,并且容易出现过拟合,因此,需要对特征进行降维。池化(pooling)操作可以对不同位置的特征进行聚合统计,实现特征的降维。例如,可以通过计算特征图像某个特定区域特征的平均值(或最大值),这些概要统计特征不仅具有低维度的特点(相比使用所有提取得到的特征),同时还会改善分类结果(不容易过拟合),如图 4-6 所示。因此,池化操作能够尽可能地保留重要的特征,去掉大量不重要的特征,来达到更好的学习效果。池化操作通过减少每层的样本维度,进一步减少了参数数量,同时也提升了算法的鲁棒性。

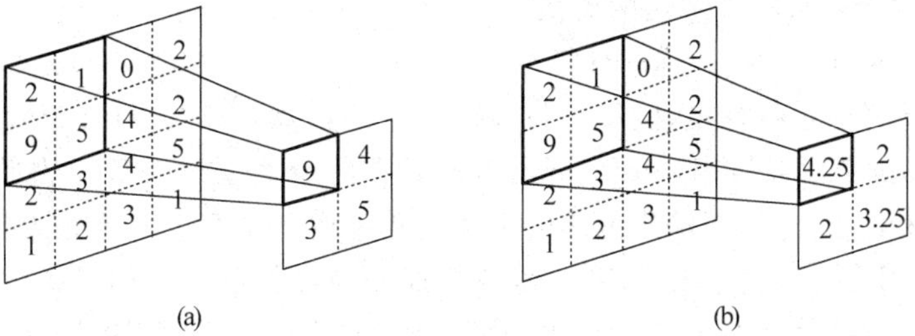

图 4-6 最大池化与平均池化过程示意图

(a) 最大池化;(b) 平均池化

4.3 卷积神经网络前向计算

4.3.1 新的激活函数

1. ReLU 系列激活函数

早期神经网络采用的激活函数主要是 Sigmoid 函数或 tanh 函数，不过随着近年来深度学习的兴起，以及新型激活函数的提出，S 型函数的使用越来越少。主要是因为它存在以下缺点：

(1) Sigmoid 函数的饱和与梯度消失问题。Sigmoid 函数具有一个非常致命的缺点，当输入非常大或非常小时，这些神经元的梯度是接近于 0 的。所以，神经网络初始化时需要尽量避免将参数的初始值设置到饱和区。如果初始值设置过大，大部分神经元可能都会处于饱和状态，从而导致梯度消失，最终导致网络难以训练。另外，Sigmoid 函数导数值域为[0, 0.25]，根据权值调整规则，误差的传输是一个不断压缩的过程，最终将导致梯度消失。

(2) Sigmoid 函数的输出非 0 均值。这会导致后一层的神经元得到非 0 均值信号作为输入，此时如果进入神经元的数据为正值，那么计算出权值的梯度也会始终都是正的，这对训练是不利的，我们希望在训练的过程中权值能够进行上下调整，而不是只能产生正的修正值；当然，如果训练是采用批量训练，那么批处理可能会得到不同的信号，所以这个问题可以通过批训练进行缓解。因此，非 0 均值对网络的训练会产生一些影响，不过与(1)中提到的梯度消失问题相比还是要好一些。

为了克服梯度消失等问题，在深度卷积网络中使用了新的激活函数——修正线性单元 ReLU(rectified linear units)：

$$f(x)=\max\{0,x\} \tag{4-1}$$

ReLU 函数的导数为下式：

$$f'(x)=\begin{cases}0, & x<0\\ 1, & x\geqslant 0\end{cases} \tag{4-2}$$

ReLU 函数是由神经学科的稀疏激活启发而来，负数端表示抑制状态，正数端表示兴奋激活状态。而且也有理论表明，稀疏性能够提升网络的性能。ReLU 函数图像如图 4-7 所示。ReLU 函数作为激活函数，有以下几大优势：

(1) 速度快。Sigmoid 函数需要计算指数和导数获得函数输出，ReLU 函数其实就是一个取最大值操作 $\max\{0,x\}$，计算代价小。使用 ReLU 函数的 SGD 算法的收敛速度比使用 Sigmoid/tanh 激活函数的收敛速度更快。

(2) 减轻梯度消失问题。梯度计算公式 $\nabla=\delta f'(x)$。其中，$f'(x)$是激活函数的导数。在使用反向传播算法进行梯度计算时，每经过一层具有激活函数的神经元，梯度就要乘上一个 $f'(x)$。从图 4-7 可以看出，Sigmoid 函数的导数的最大值是 0.25。因此，乘一个 $f'(x)$ 会导致梯度越来越小，这对于深层网络的训练是个挑战。而 ReLU 函数的导数为 1，不会导致梯度变小，如图 4-7 所示。当然，激活函数仅仅是导致梯度减小的一个因素，但 ReLU 函数在这方面的表现要优于 Sigmoid 函数。使用 ReLU 激活函数可以训练更深的网络。

(3) 稀疏性。生物学家通过对大脑的研究发现，大脑在工作的时候只有大约 5%的神经

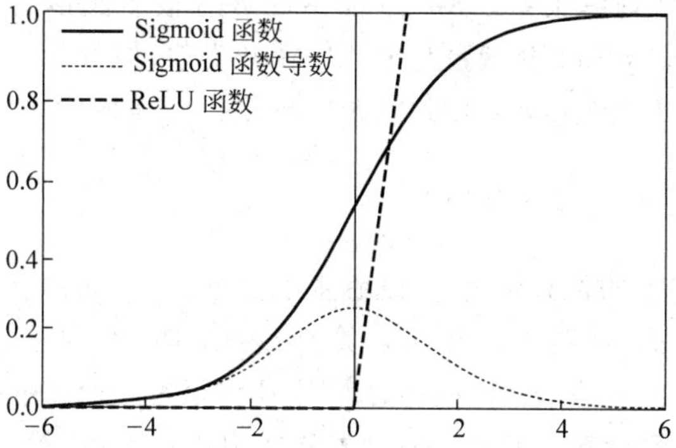

图 4-7　ReLU 函数与 Sigmoid 函数对比

元是被激活的，神经元的活动具有稀疏性；而采用 Sigmoid 激活函数的人工神经网络，其激活率大约是 50%。部分研究表明人工神经网络在 15%～30%的激活率时是比较理想的，由于 ReLU 函数在输入小于 0 时是不激活的，因此可以获得一个更低的激活率，从而使网络输出具有稀疏性。

显然，对于 ReLU 激活函数，输入信号小于 0 时，输出为 0；输入信号大于 0 时，输出等于输入。$\boldsymbol{w}$ 为二维的情况下，使用 ReLU 函数之后的效果如图 4-8 所示。

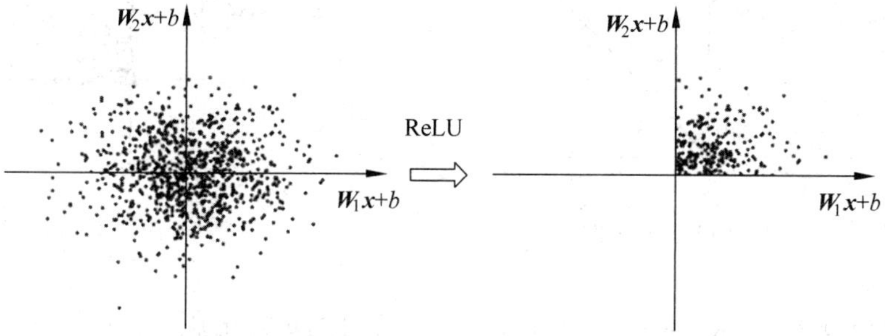

图 4-8　二维 $\boldsymbol{w}$ 使用 ReLU 函数激活后的输出效果图

假设，前向计算过程为 $z=f(x)$，其中 $f(x)$为 ReLU 函数。根据链式求导法则

$$\frac{\partial \text{loss}}{\partial x}=\frac{\partial \text{loss}}{\partial z}\frac{\partial z}{\partial x}=\begin{cases}0, & x<0\\ \dfrac{\partial \text{loss}}{\partial z}, & x\geqslant 0\end{cases} \tag{4-3}$$

在梯度进行反向传播时，由于$\dfrac{\partial \text{loss}}{\partial z}$已知，这时只需将前向计算时输入大于等于 0 的结点对应的梯度向前传播，小于 0 的结点的梯度置零即可。

ReLU 函数也有明显的缺点，即在训练的时候，网络较脆弱，容易出现神经元输出恒为 0，从而使得网络训练停滞的情况。一般可以通过将学习率设置为较小的数值的方式来避免这种情况的发生。例如，当一个较大的梯度反传经过一个 ReLU 激活函数时，更新参数之后，对应的神经元就不会对任何数据有激活现象。如果发生这种情况，对应神经元的梯度就恒为 0。在实际操作中，如果学习率很大，那么很有可能网络中 40%的神经元都无法激活。当然，如果设置了一个较小的合适的学习率，这个问题发生的概率会比较小。

另外，ReLU 函数并没有将数据进行压缩，这会使得函数的输出范围没有限制，可能产生过大的输出，造成网络训练失效。ReLU 激活函数有很多其他的变形，如图 4-9 所示的 Leaky ReLU 函数。Leaky ReLU 函数与 ReLU 函数类似，但在负数端没有进行完全抑制。Leaky ReLU 是用来解决“Dying ReLU”问题。与 ReLU 不同的是

$$f(x)=\begin{cases}\alpha x, & x<0\\ x, & x\geqslant 0\end{cases} \tag{4-4}$$

这里的 α 是一个很小的常数。这样，既修正了数据分布，又保留了一些负轴的数值，使得负轴信息不会全部丢失，如图 4-10 所示。关于 Leaky ReLU 的实际效果，众说纷纭，没有清晰的定论。部分学者实验发现 Leaky ReLU 表现得很好；而另外一些实验则表明并不是这样。Leaky ReLU 中的参数 α 通常是通过先验知识进行赋值，然而损失函数对 α 的导数是可以求得的，因此可以将其作为一个参数进行训练，效果会更理想。Parametric ReLU 是具有可学习参数 α 的 Leaky ReLU，如图 4-11 所示，参数训练公式如下所示，误差反向传播至未激活前的神经元，对 α 的导数如下：

$$\frac{\partial y_i}{\partial \alpha}=\begin{cases}0, & y_i>0\\ y_i, & y_i\leqslant 0\end{cases} \tag{4-5}$$

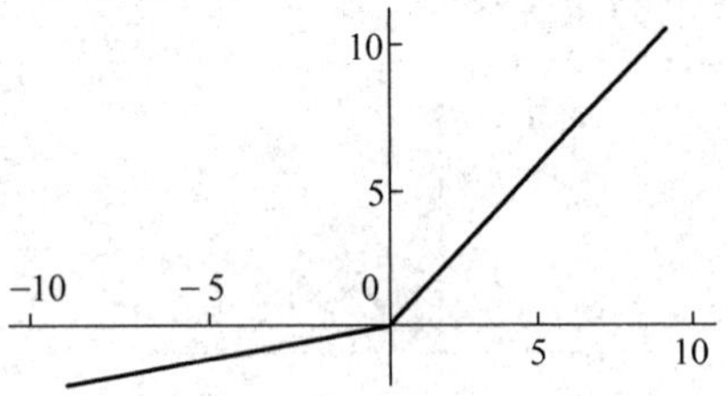

图 4-9 Leaky ReLU 函数图像

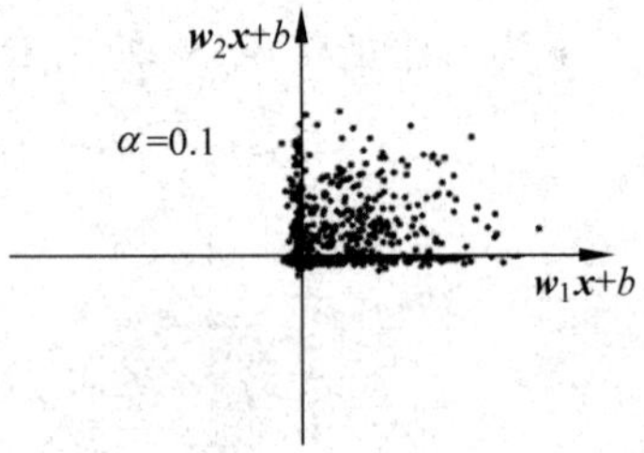

图 4-10 二维 w 使用 Leaky ReLU 效果图

而 Randomized Leaky ReLU 是 Leaky ReLU 的随机化版本（α 是随机的）。它在 Kaggle 的 NDSB 比赛中首次被提出，如图 4-11 所示。

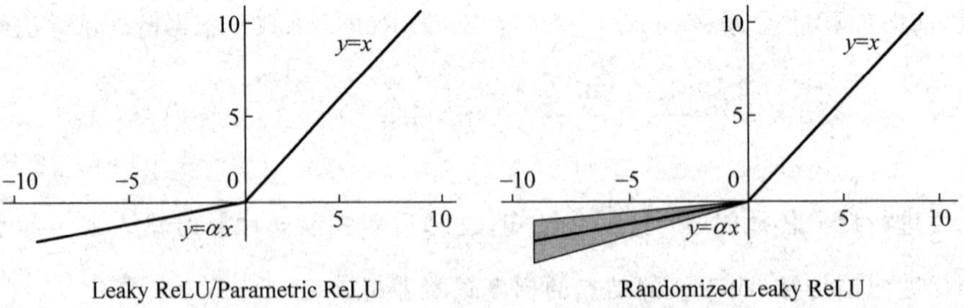

图 4-11 Leaky ReLU、Parametric ReLU、Randomized Leaky ReLU 函数对比

Randomized Leaky ReLU 的核心思想是在训练过程中，α 是利用一个高斯分布 $U(l,u)$ 随机生成的，然后在测试过程中进行修正，其数学表示如下：

$$y_{ji}=\begin{cases}x_{ji}, & x_{ji}\geqslant 0\\ a_{ji}x_{ji}, & x_{ji}<0\end{cases} \tag{4-6}$$

其中 $a_{ji} \sim U(l,u)$，$l<u$，l、$u \in [0,1]$。在测试阶段，将训练过程中所有的 α_{ji} 取平均值。例如，NDSB 冠军的 α 是从 U(3,8)高斯分布随机生成的。在测试阶段，激活函数为

$$y_{ij} = \frac{x_{ij}}{\frac{1+u}{2}} \tag{4-7}$$

各种 ReLU 函数变种对比图如图 4-12 所示。

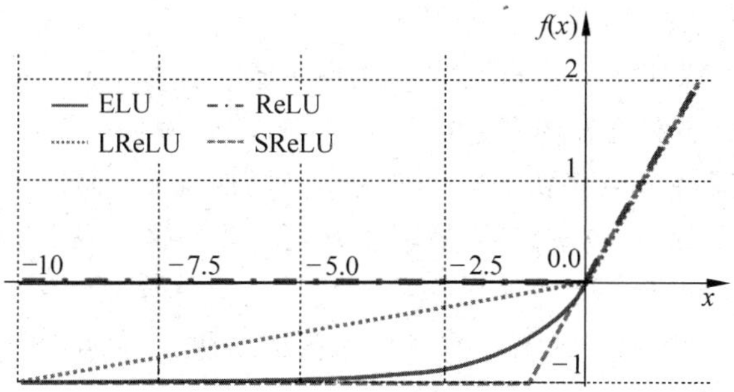

图 4-12　各种 ReLU 变种激活函数对比

2. Softplus 激活函数

在神经科学研究中，神经科学家发现除了新的激活频率函数之外，还发现了神经元的稀疏激活性。2001 年，Attwell 等人基于大脑能量消耗的观察学习，推测神经元编码工作方式具有稀疏性和分布性。2001 年，神经科学家 Dayan 和 Abott 从生物学角度，模拟大脑神经元信号处理得到了更精确的激活模型 Softplus 激活函数，该模型如下式及图 4-13 所示：

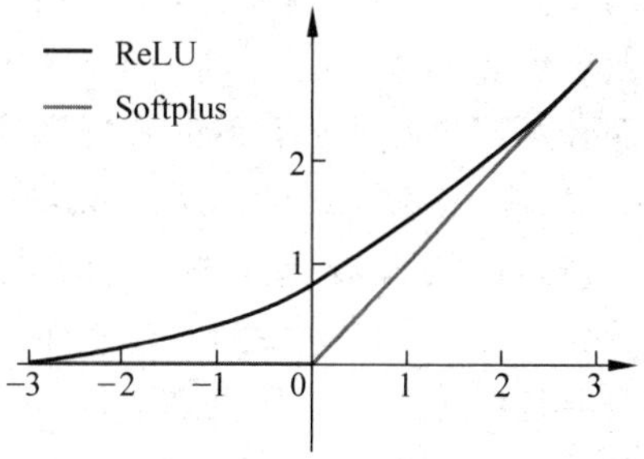

图 4-13　Softplus 函数与 ReLU 函数对比图

$$\text{Softplus}(x) = \log(1 + e^x) \tag{4-8}$$

偶然的是，同样在 2001 年 ML 领域新提出的激活函数与神经科学领域提出的脑神经元激活频率函数有着类似的形式，这促成了对于新的激活函数的研究。2001 年，Charles Dugas 等人在做正数回归预测的论文中，采用一个指数函数(天然正数)作为激活函数来进行回归运算，但是到后期由于梯度过大，导致网络难以训练，于是增加了对数运算来减缓上升趋势。Softplus 函数是 Logistic-Sigmoid 函数的原函数。Charles Dugas 等人在 NIPS 的会议论文中阐述，Softplus 函数可以看作 ReLU 函数 $\max\{0,x\}$的平滑版本。Softplus 模型与 S 型激活函数相比，主要有侧抑制、相对宽阔的兴奋边界、具有一定的稀疏激活性(类似 ReLU 函数)这三个优点。

3. 稀疏性激活函数分析

1) 关于稀疏性

机器学习中一个颠覆性的研究就是数据的稀疏特征研究。稀疏性概念最早由 Olshausen 和 Field 在 1997 年对信号数据进行稀疏编码的研究中引入，并最早在卷积神经网络中得以大施拳脚。近年来，稀疏性研究不仅在计算神经科学、机器学习领域活跃，甚至

信号处理、统计学等领域的研究也在借鉴相关技术。总结起来稀疏性大概有以下三个方面的贡献：

（1）信息解离。当前，深度学习一个明确的目标是从数据变量中解离出关键因子。原始数据中（以自然数据为主）通常缠绕着高度密集的特征，而这些特征向量之间是相互关联的，一个小小的关键因子可能关联一系列的特征。基于数学原理的传统机器学习手段在解离这些关联特征方面具有致命弱点。然而，如果能够解开特征间复杂的缠绕关系，转换为稀疏特征，那么特征就具有了鲁棒性（去掉了无关的噪声）。

（2）线性可分性。稀疏特征具有更大的线性可分可能性，或者对非线性映射机制有更小的依赖。因为稀疏特征处于高维的特征空间（被自动映射），从流形学习的观点来看（参见降噪自动编码器），稀疏特征被移到了一个较为纯净的低维流形面上。线性可分性亦可参照天然稀疏的文本型数据，即便没有隐层结构，仍然可以被分离得很好。

（3）稠密分布但是稀疏。稠密缠绕分布的特征是信息最富集的特征，从潜在性角度来看，往往比局部少数点携带的特征更加有效。而稀疏特征，正是从稠密缠绕区解离出来的关键性特征，潜在价值巨大。

（4）稀疏性激活函数的贡献。不同的输入可能包含着大小不同的关键特征，使用大小可变的数据结构去做容器，则更加灵活。假如神经元激活具有稀疏性，那么不同激活路径上不同的激活数量（选择性不激活）、不同的激活功能（分布式激活），这两种可优化的结构生成的激活路径可以更好地从有效的数据维度中学习到相对稀疏的特征，起到自动化解离的效果。

2）基于稀疏性的校正激活函数

（1）非饱和线性端。撇开稀疏激活不谈，激活函数 ReLU 与 Softplus 函数在兴奋端的差异较大（线性和非线性）。几十年的机器学习发展中，形成了这样一个概念：非线性激活函数要比线性激活函数更加先进。对比采用 Sigmoid 函数的 BP 神经网络以及布满径向基函数的 SVM 神经网络，往往有这样的结论，非线性激活函数对非线性网络的贡献巨大，尤其是在 SVM 中更加严重。核函数的形式并非完全是 SVM 能够处理非线性数据的主要功臣（支持向量充当着隐层角色）。那么在深度网络中，对非线性的依赖程度就可以适当降低；另外，在上一部分提到，稀疏特征并不需要网络具有很强的线性不可分处理机制。综合以上两点，在深度学习模型中，使用简单、速度快的线性激活函数可能更为合适。如图 4-14 所示，一旦神经元与神经元之间改为线性激活，网络的非线性部分仅仅来自于神经元的部分选择性激活。

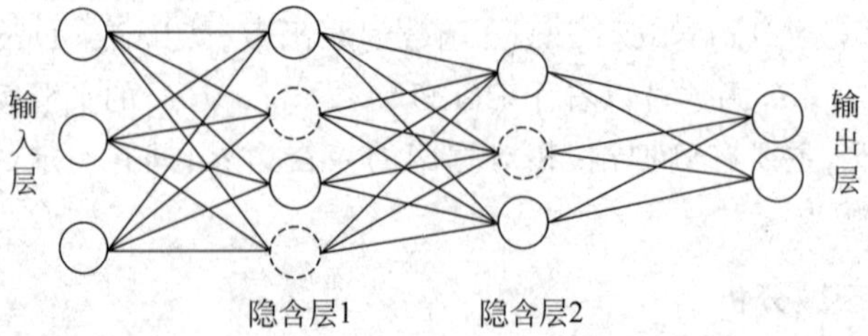

图 4-14　部分神经元激活

（2）梯度消失问题。使用线性神经激活函数的另外一个原因是，减轻利用梯度法训练深度网络过程中的梯度消失问题。根据 BP 算法的推导过程，误差从输出层反向传播梯度时，各层都要乘以当前层神经元的输入值及激活函数的一阶导数。即 Grad＝Error · Sigmoid′(x) · x。使用双端饱和(即值域被限制)的 Sigmoid 函数会出现 Sigmoid′(x)∈(0,0.25]导数具有缩放特性，以及 $x\in(0,1)$或 $x\in(-1,1)$饱和值缩放两个问题。因此，误差信息在经过每一层时都会成倍的衰减，一旦进行递推式的多层反向传播，梯度就会不停的衰减、消失，使得网络学习变慢。而校正激活函数 ReLU 的梯度值为 1，且只有一端饱和，梯度很好地在反向传播中流动，训练速度得到很大的提高。Softplus 函数造成的误差衰减则稍微慢些，Softplus′(x)＝Sigmoid(x)∈(0,1)，但是也是单端饱和，因而训练速度仍然比 Sigmoid 函数快。

3）潜在问题

稀疏性有很多优势。但是，过度的稀疏处理，会减少模型的有效容量，即特征屏蔽过多导致模型无法学习到有效特征。如理想稀疏性比率是 70%～85%(强制置 0)，当稀疏比率超过 85%，网络容量就会出现问题，导致错误率极高。

对比大脑工作的 95%稀疏性来看，现有的计算神经网络和生物神经网络还是有很大差距的。值得庆幸的是，ReLU 函数只有负值才会被稀疏掉，即引入的稀疏性是可以训练调节的，是动态变化的。网络进行梯度训练向着误差减少的方向调整，并自动调控稀疏比率，保证激活链上存在着合理数量的非零值。

2003 年 Lennie 等人估测大脑同时被激活的神经元只有 1%～4%，进一步表明神经元工作的稀疏性。从信号分析的角度来看，神经元同时只对输入信号的少部分进行响应，大量信号被刻意地屏蔽，这样可以提高学习的精度，更好、更快地提取稀疏特征。从这个角度来看，通过经验规则初始化 $\boldsymbol{W}$ 后，传统的 Sigmoid 系函数能够同时激活近乎半数的神经元，这不符合神经科学的研究，而且会给深度网络的训练带来巨大的问题。Softplus 新模型兼顾到了前两点，但稀疏激活能力有限。因而，校正函数 ReLU 成了近似符合该模型的最大赢家。

4.3.2　卷积层

1. 单通道单卷积核卷积运算

卷积网络的计算过程不同于全连接网络，其计算更加复杂。通过实例抽象的方式，抽象出卷积层的一些重要概念和计算方法。假设输入图像尺度为 5×5，使用一个 3×3 的卷积核进行卷积运算，卷积核每次滑动一个像素，最终会产生一个 3×3 的特征图，如图 4-15 所示。

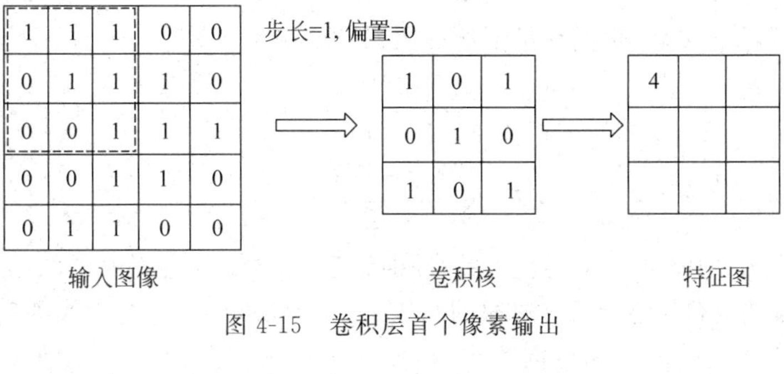

图 4-15　卷积层首个像素输出

为了清楚地描述卷积计算过程，首先对图像的每个像素进行编号。用 $x_{i,j}$ 表示图像的第 i 行第 j 列像素；对卷积核的每个权重进行编号，$w_{m,n}$ 表示第 m 行第 n 列权重，w_b 表示卷积核的偏置项；对输出特征图的每个像素进行编号，$a_{i,j}$ 表示特征图的第 i 行第 j 列元素；f 表示激活函数(选择 ReLU 函数作为激活函数)。例如，对于特征图左上角元素 $a_{0,0}$ 来说，其卷积计算方法为

$$\begin{aligned} a_{0,0} &= \mathrm{ReLU}(w_{0,0}x_{0,0} + w_{0,1}x_{0,1} + w_{0,2}x_{0,2} + w_{1,0}x_{1,0} + w_{1,1}x_{1,1} + w_{1,2}x_{1,2} + \\ &\quad w_{2,0}x_{2,0} + w_{2,1}x_{2,1} + w_{2,2}x_{2,2} + w_b) \\ &= \mathrm{ReLU}\Big(\sum_{m=0}^{2}\sum_{n=0}^{2} w_{m,n}x_{m,n} + w_b\Big) \\ &= \mathrm{ReLU}(1+0+1+0+1+0+0+0+1+0) = 4 \end{aligned}$$

接下来如图 4-16，特征图的元素 $a_{0,1}$ 的卷积计算方法为

$$\begin{aligned} a_{0,1} &= \mathrm{ReLU}(w_{0,0}x_{0,1} + w_{0,1}x_{0,2} + w_{0,2}x_{0,3} + w_{1,0}x_{1,1} + w_{1,1}x_{1,2} + w_{1,2}x_{1,3} + \\ &\quad w_{2,0}x_{2,1} + w_{2,1}x_{2,2} + w_{2,2}x_{2,3} + w_b) \\ &= \mathrm{ReLU}\Big(\sum_{m=0}^{2}\sum_{n=0}^{2} w_{m,n}x_{m,n+1} + w_b\Big) \\ &= \mathrm{ReLU}(1+0+0+0+1+0+0+0+1+0) = 3 \end{aligned}$$

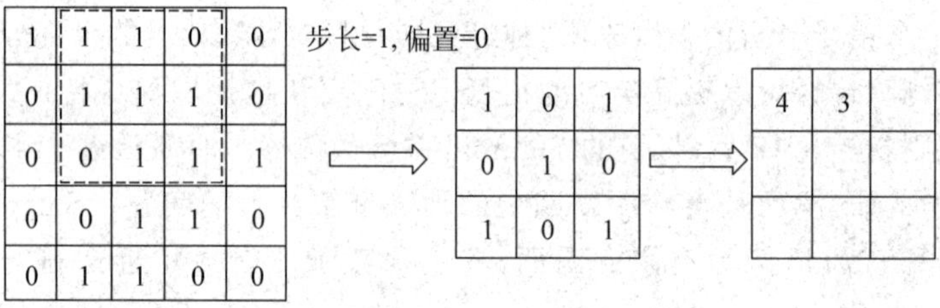

图 4-16 卷积层第二个像素计算

因此，推广到一般情况，可得卷积计算通式：

$$a_{i,j} = f\Big(\sum_{m=0}^{2}\sum_{n=0}^{2} w_{m,n}x_{i+m,j+n} + w_b\Big) \tag{4-9}$$

上面的计算过程中，步幅(stride)为 1，即卷积窗口每次只移动一个像素位置。步幅可以设为大于 1 的数。例如，当步幅为 2 时，特征图计算如图 4-17 所示。注意到，当步幅设置为 2 的时候，特征图尺寸变成 2×2。这说明图像大小、卷积核尺寸、步幅和卷积后的特征图大小是有关系的。事实上，它们满足下面的关系：

$$\begin{cases} W_2 = \dfrac{W_1 - F + 2P}{S} + 1 \\ H_2 = \dfrac{H_1 - F + 2P}{S} + 1 \end{cases} \tag{4-10}$$

在上面两个公式中：W_2 是卷积后特征图的宽度；W_1 是卷积前图像的宽度；H_2 是卷积后特征图的高度；H_1 是卷积前图像的高度；S 是步幅；F 是卷积核的宽度；P 是 Zero Padding 的数量。每次卷积，图像都缩小，相比于图像中间的像素点，图像边缘的像素点在

卷积中被计算的次数要少得多。这样的话，边缘的信息就容易丢失。为了克服这个问题，Zero Padding 是指在原始图像周围补几圈 0，每次卷积前，先给图片周围都补一圈空白 0，使原来的边缘也被计算了很多次，边缘信息不易丢失。同时，Padding 操作还具有保证卷积前后图像尺寸保持一致的功能。如果 P 的值是 1，那么就补 1 圈 0。如，当图像宽度 $W_1=5$，卷积核宽度 $F=3$，Zero Padding $P=0$，步幅 $S=2$，则

$$W_2=\frac{W_1-F+2P}{S}+1=\frac{5-3+0}{2}+1=2$$

通过计算可知特征图宽度是 2；同样，也可以计算出特征图高度也是 2，如图 4-17 所示。

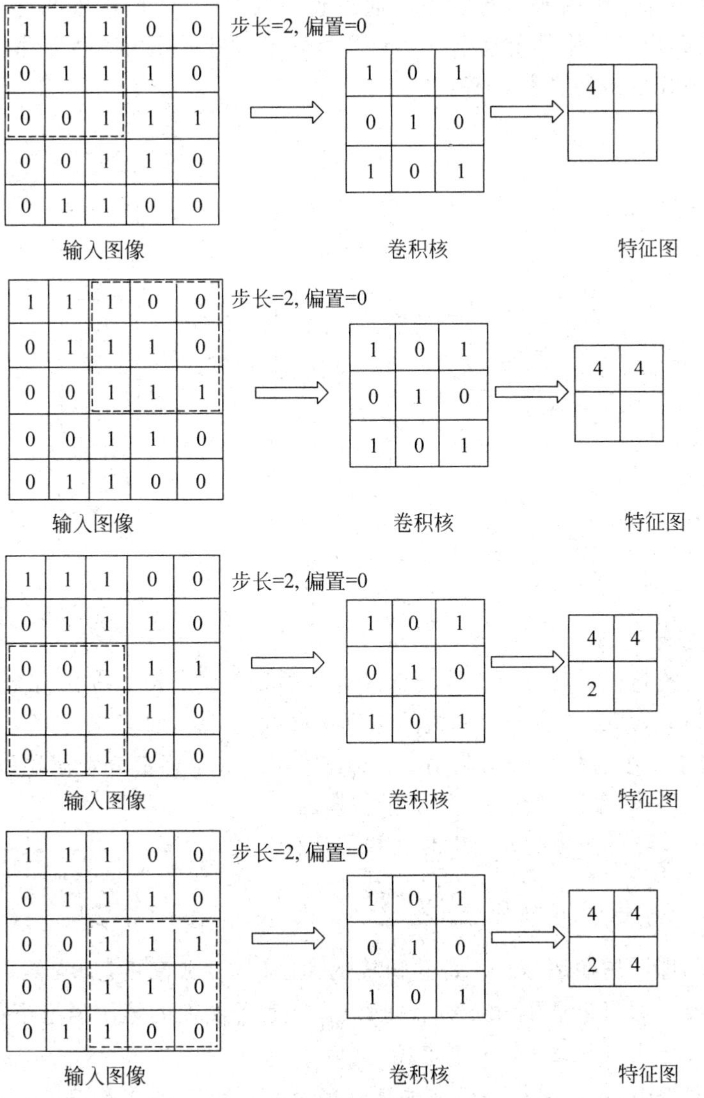

图 4-17 步长为 2 时卷积过程

在池化操作中，当图像尺寸无法满足在最右侧以及最下侧卷积需要时，需对图像进行单侧扩充。但不同于 padding 填充策略将图像周围的一圈进行填充，此时只是在最右侧与最下侧进行填充。

2. 单通道多卷积核卷积运算

只通过1个卷积核对图像进行特征提取无法充分获得图像特征,因此可以添加多个卷积核,实现不同特征的提取。不同的卷积核对图像进行卷积会生成不同的特征图。如利用32个卷积核,可以学习到32种特征。多个卷积核实现图像特征提取的过程如图4-18所示。如当采用3个卷积核对图像进行卷积就会产生3幅特征图,这3幅特征图可以视为下一层网络输入图像的不同的通道。

通常卷积神经网络的结构设计中卷积核的数量会随着层数的加深而增多,直到最后一层特征图达到最大。这是由于网络层数越深,特征图的分辨率越小,所包含的信息就越高级,所以需要更多的卷积核来进行学习。通道越多效果越好,但带来的计算量也会大大增加,所以卷积核数量的具体设定也是一个调参的过程,并且各层通道数会按照8的倍数来确定,这样有利于GPU进行并行计算。

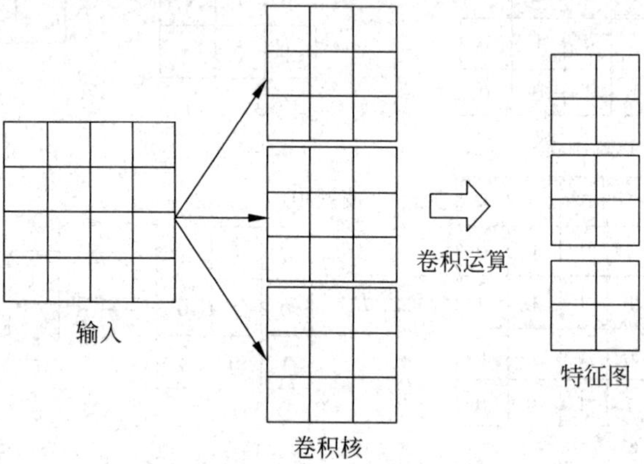

图4-18 多卷积核卷积操作过程

3. 多通道卷积运算

深度大于1的卷积层其计算方式与深度为1的卷积层的计算方式是类似的。如果卷积前的图像深度为D,那么相应的卷积核的深度也必须为D。如图4-19所示,输入图像层具有3个通道,对于一组卷积核w_1,利用w_1对输入图像3个通道分别作卷积,再将3个通道的卷积结果叠加起来,最终得到w_1组的卷积输出。

扩展式(4-9),得到了深度大于1时的卷积计算公式:

$$a_{d,i,j}=f\left(\sum_{d=0}^{D-1}\sum_{m=0}^{F-1}\sum_{n=0}^{F-1}w_{d,m,n}x_{d,i+m,j+n}+w_b\right) \tag{4-11}$$

式中,D是深度,即图像通道数;F是卷积核的大小(宽度或高度,通常两者相同);$w_{d,m,n}$表示卷积核的第d通道第m行第n列权重;$a_{d,i,j}$表示图像的第d通道第i行第j列像素;其他的符号含义与式(4-9)相同,不再赘述。

卷积神经网络中,每个卷积层通常都具有多个卷积核。每个卷积核与原始图像进行卷积后,都会得到一个特征图。因此,卷积后特征图的深度(个数)与卷积层的卷积核个数(组数)是相同的。图4-20展示了包含两组卷积核的卷积层的计算。可以看到输入图像为5×5×3,经过两组3×3×3卷积核的卷积(步幅为2),每组卷积核的3个核心与对应的输入通道进行卷积,最终得到3×3×2的输出。另外,由于Zero padding有助于图像边缘部分的特

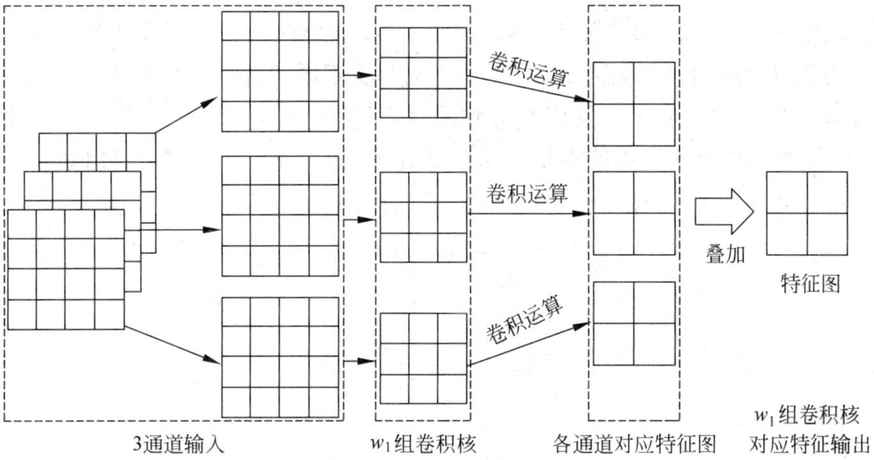

图 4-19 多通道卷积示意图

征提取，下图中的 Zero padding 设置为 1，即在输入元素的周围补了一圈 0。

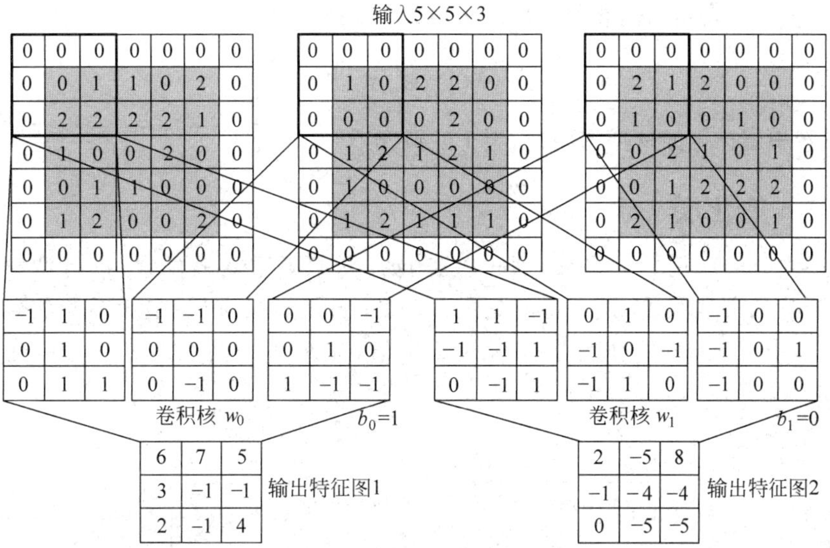

图 4-20 卷积操作过程

以上是卷积层的计算方法。这里面体现了卷积网络局部连接和权值共享的理念：每层神经元（特征图像像素点）只与上一层部分神经元（输入图像像素点）相连（卷积计算规则），且卷积核的权值对于上一层所有神经元都是共享的。对于含两组 3×3×3 的卷积核的卷积层来说，其参数数量仅有(3×3×3+1)×2=56 个，与全连接神经网络相比，其参数数量大大减少。且参数数量与上一层神经元个数无关，只与卷积核尺度与个数（组数）有关。

利用二维卷积公式可以简化卷积神经网络的表达。设矩阵 $\boldsymbol{A}$ 与 $\boldsymbol{B}$ 的行与列数分别为 m_a, n_a, m_b, n_b，则数学中的二维卷积公式如下：

$$C_{s,t} = \sum_{m=0}^{m_a-1} \sum_{n=0}^{n_a-1} A_{m,n} B_{s-m,t-n} \tag{4-12}$$

且 s, t 满足 $0 \leqslant s < m_b - m_a + 1, 1 \leqslant t < n_b - n_a + 1$。

可将上式写为 $\boldsymbol{C}=\boldsymbol{A}\times\boldsymbol{B}$。如果按照 $\boldsymbol{C}=\boldsymbol{A}\times\boldsymbol{B}$ 的计算方式，可以发现矩阵 $\boldsymbol{A}$ 实际上是卷积核，而矩阵 $\boldsymbol{B}$ 是待卷积的输入。位置关系也有所不同，从图 4-21 可以看到，$\boldsymbol{A}$ 左上角的值 $a_{0,0}$ 与 $\boldsymbol{B}$ 对应区块中右下角的值 $b_{1,1}$ 相乘，而不是与左上角的 $b_{0,0}$ 相乘。因此，数学中的卷积运算与卷积神经网络中的卷积运算还是有区别的，为了避免混淆，可将卷积神经网络中的“卷积”操作称为互相关(cross-correlation)操作。

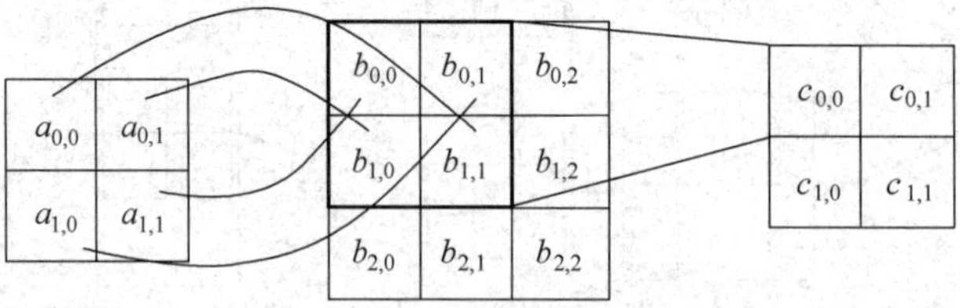

图 4-21　数学卷积操作

数学中的卷积和互相关操作是可以转换的。首先，将矩阵 $\boldsymbol{A}$ 翻转 180°，然后再调换 $\boldsymbol{A}$ 和 $\boldsymbol{B}$ 的位置(卷积满足交换率，操作不影响运算结果，将 $\boldsymbol{B}$ 放在左边，$\boldsymbol{A}$ 放在右边)，则数学中的卷积运算可以表达为互相关操作。可得式(4-13)：

$$\boldsymbol{C}=f\left(\sum_{d=0}^{D-1}\boldsymbol{B}_d\boldsymbol{A}_d+b\right) \tag{4-13}$$

其中，$\boldsymbol{C}$ 是卷积层输出的特征图(步长为 1 的情况下)。

4.3.3 池化层

池化层主要的作用是下采样，通过去掉特征图中不重要的像素，进行调整以减少参数数量。池化的方法很多，最常用的是最大池化(max pooling)。最大池化实际上就是在 $n\times n$ 的样本中取最大值，作为采样后的样本值，如图 4-22 是 2×2 最大池化操作的示意图。

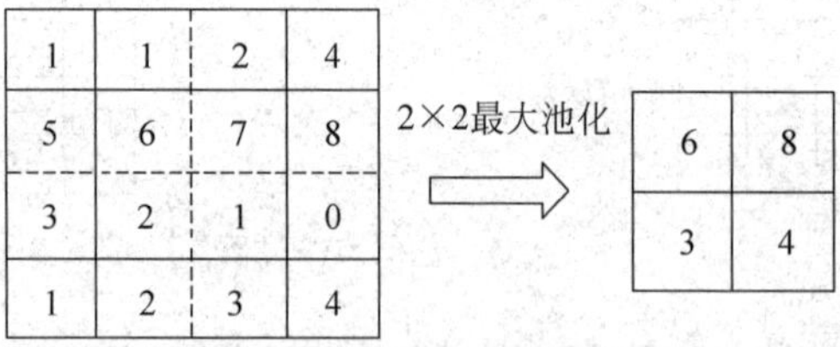

图 4-22　最大池化操作

除了最大池化以外，常用的还有平均池化(mean pooling)(取各样本的平均值)、全局池化等。对于深度为 D 的特征图，各层独立进行池化，因此池化后的深度仍然为 D。

4.3.4 全连接层

全连接层的输入为向量，因此最后输出的卷积特征会通过展开的方式，将二维特征信息转换为向量模式，并进行连接作为全连接网络的输入。全连接层输出值的计算已在第 2 章中讲述，这里不再赘述。

4.4　卷积网络计算实例

1. 特征分析

对于 CNN 来说，是将卷积核与输入图像块进行一一对比。用来比对的这个“小块”实质就是特征，在卷积网络中称之为卷积核。在卷积神经网络中，卷积核是由算法自动学习到的。为了便于说明 CNN 前向计算过程，在本实例中卷积核由人为设定。在两幅图中寻找比较明显的特征，每一个特征是一个图像块(二维数组)，作为卷积神经网络的卷积核。不同的图像具有不同的特征信息。在字母“×”的图像中，那些由对角线和交叉线组成的特征基本上能够表达出大多数“×”所具有的重要特征，这些特征(四个角和它的中心)就是用来匹配判断任何图中是否含有“×”。接下来通过实例说明这些特征在原图上进行匹配计算的过程，也就是卷积网络中的“卷积”操作过程。首先，对原图中的主要特征进行提取(为便于说明，采用人为提取的方式，而卷积神经网络特征为自动学习)，提取“×”中的 6 类主要特征，如图 4-23 所示。

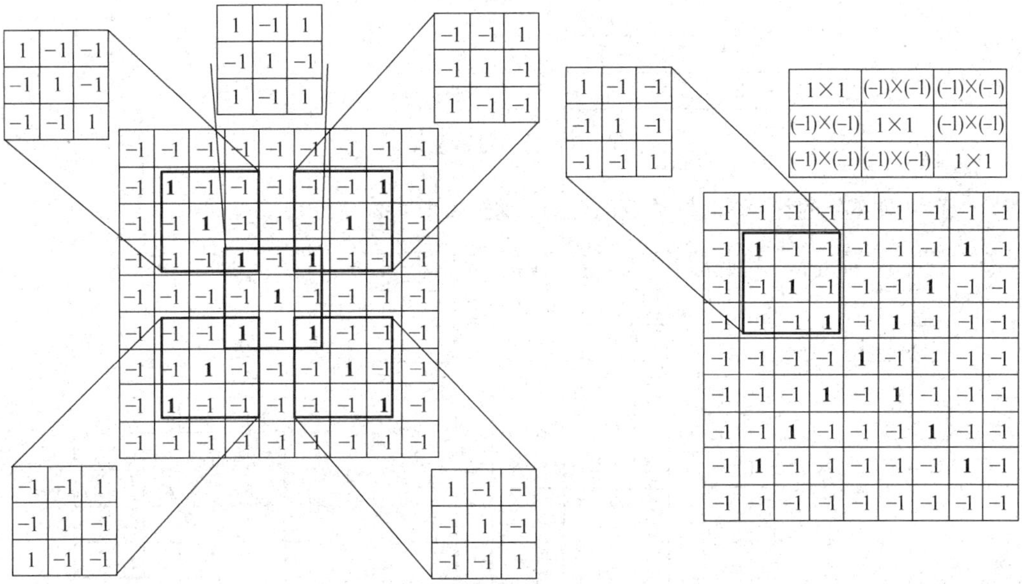

图 4-23　图像所包含的特征与卷积区域的计算示意图

2. 卷积计算

当输入一张新的图像时，CNN 无法预知这些特征到底要匹配原图的哪些部分，卷积神经网络会利用卷积核，在原图中每一个可能的位置进行卷积尝试。这样在输入图像的每一个位置与卷积核进行匹配计算，即进行卷积操作，这也是卷积神经网络名字的由来。计算一个特征与原图对应的某一小块的响应时，将两个小块内对应位置的像素值进行乘法运算，如果两个像素点相同，则产生最大响应。如图 4-23 所示：两个像素点都为 1，那么 $1\times1=1$；如果均为 -1，那么 $(-1)\times(-1)=1$，无论哪种情况，每一对能够匹配上的像素，其相乘结果为 1；类似地，任何不匹配的像素相乘结果为 -1。

卷积操作将卷积核与图像对应区域的像素值进行乘积运算，然后将整个区域内乘法运算的结果累加起来（如进行归一化处理时，将结果除以卷积核对应区域的像素点数等），如图 4-24 所示。如果一个特征（比如 $n \times n$）内部所有的像素（最大为 1，最小为 −1）都和原图中对应的小块（$n \times n$）匹配上了，那么它们对应像素值相乘再累加就等于 n^2；通常也会采用归一化操作，将最终的累加和除以像素点总个数 n^2，结果为 1。同理，如果每一个像素都不匹配，那么结果就是 −1。具体过程如图 4-24 所示。

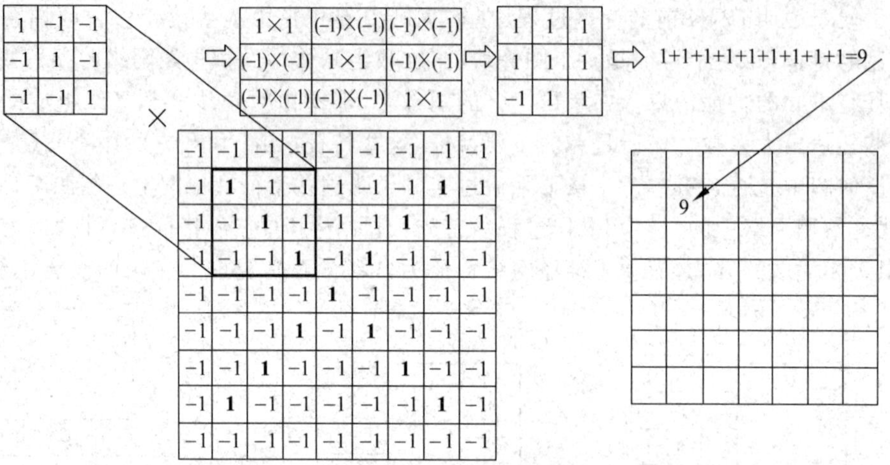

图 4-24　卷积过程及结果

对于中间部分的计算，也是类似的计算过程，如图 4-25 所示。

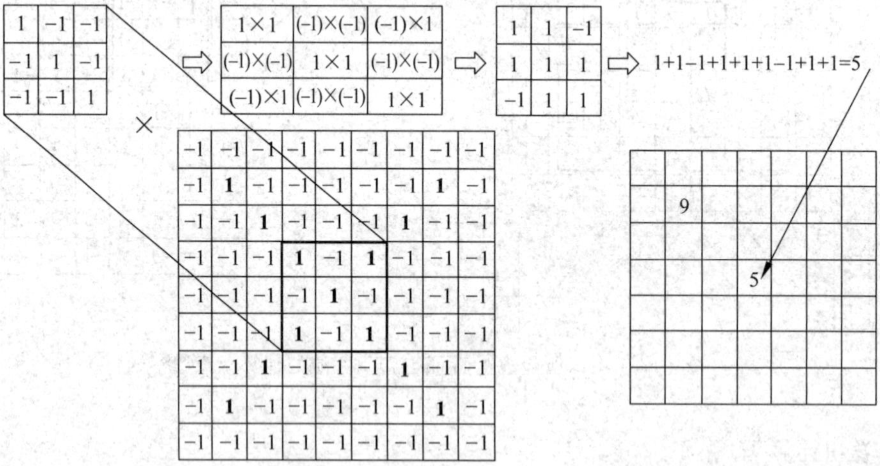

图 4-25　不同的卷积核卷积过程及结果

最后，整张图计算完成后，如图 4-26 所示。

为了完成卷积核对整张输入图像的卷积，不断地重复着上述过程，将不同的特征与输入图像进行卷积操作，得到新的特征图二维数组，这个过程也被称为对输入图像的特征提取，其结果为特征图。特征图是每一个卷积核从原始图像中提取出来的“特征”，如图 4-27 所示。其归一化后的值越接近于 1 则表示对应位置与特征的匹配度越高，越接近 −1 则表示

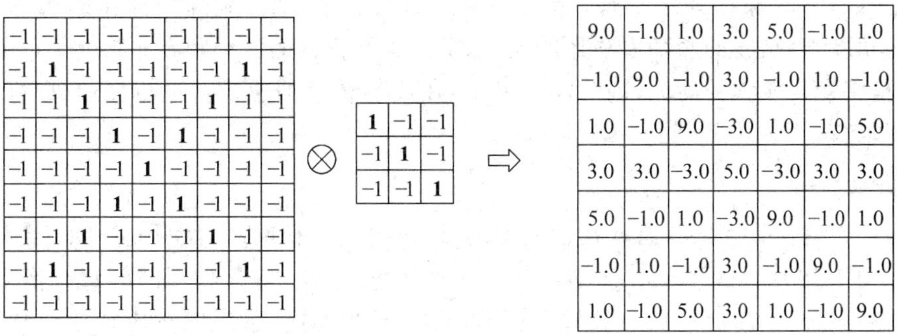

图 4-26 单个特征卷积结果

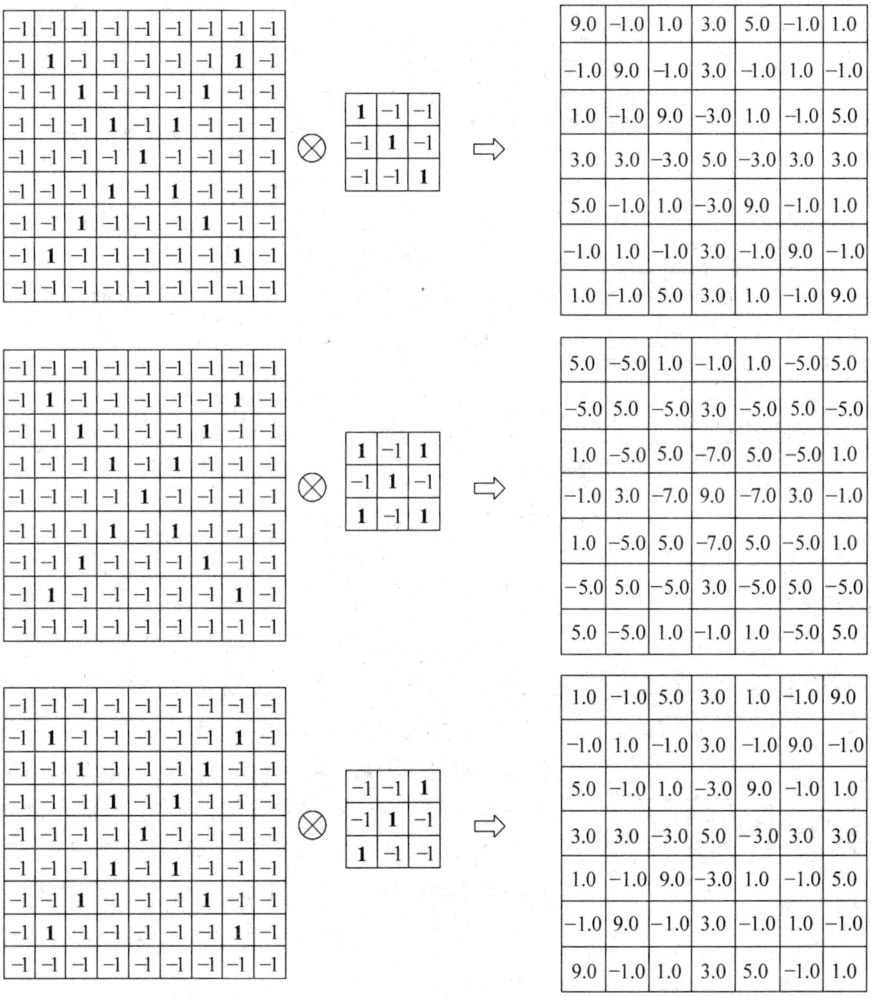

图 4-27 所有特征卷积结果

对应位置与特征的反向匹配越高，而值接近 0 则表示对应位置没有任何匹配或者说没有什么关联。这样原始图经过具有不同特征的卷积核操作后就转换成为一系列的特征图。在 CNN 中，这一层被称为卷积层，后面还有其他网络层。

因此，CNN 的操作并不复杂。但 CNN 内部的加法、乘法和除法操作的次数会增加。从数学的角度来说，它们会随着图像的大小、每一个卷积核的大小和卷积核的个数呈线性增长，计算量将变得非常的庞大，因此需要采用 GPU 等计算加速设备进行加速，以满足 CNN 计算的需求。

3. 激活函数

激活操作是使得网络具有非线性能力的重要操作，卷积网络常使用 ReLU 函数作为激活函数。图 4-28 所示为 ReLU 激活函数的具体操作过程。输入特征图的每个像素点经过激活函数运算，产生激活后的特征输出，因此激活函数不同，最终的响应特征图是不同的。图 4-28 中采用 ReLU 激活函数，因此输入特征图中的负值，即与卷积核不匹配的部分被置为 0，其他保留原值。

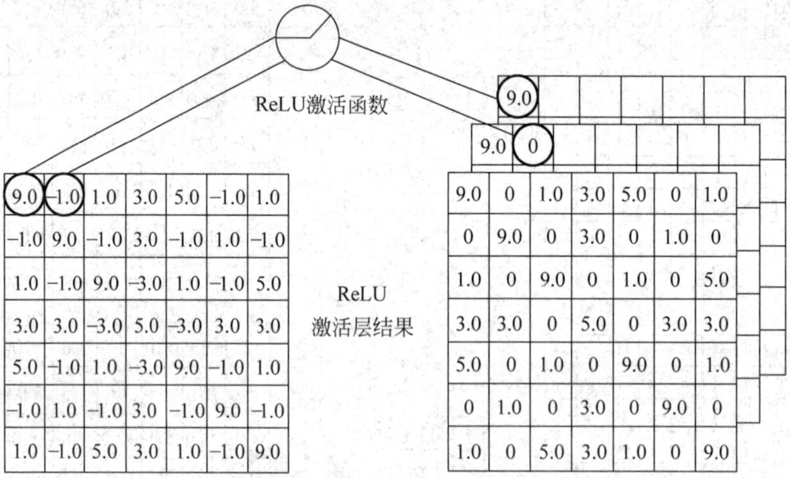

图 4-28 ReLU 激活层操作过程

4. 池化层

CNN 中使用的另一个有效操作——池化。池化可以将一幅大的图像进行降维，同时保留其中的重要信息。通常情况下，池化都是 2×2 大小，如对于最大池化来说，就是取输入图像中 2×2 大小区域像素块的最大值，作为池化后区域的像素值，相当于将原始图像缩小了 4 倍。同理，对于平均池化来说，取 2×2 大小的像素块的平均值作为结果的像素值。但对于部分输入图像尺寸不满足池化需要时，需对图像进行像素点扩展，以保证最后的行或列能够进行池化操作。如图 4-29 所示案例，在图像的右侧和下方补“0”，以满足最后的行与列的池化操作。

9.0	0	1.0	3.0	5.0	0	1.0	0
0	9.0	0	3.0	0	1.0	0	0
1.0	0	9.0	0	1.0	0	5.0	0
3.0	3.0	0	5.0	0	3.0	3.0	0
5.0	0	1.0	0	9.0	0	1.0	0
0	1.0	0	3.0	0	9.0	0	0
1.0	0	5.0	3.0	1.0	0	9.0	0
0	0	0	0	0	0	0	0

补0操作

图 4-29 图像扩展池化操作过程

经过最大池化操作（如 2×2 大小）之后，一幅图就缩小为原来的 1/4，如图 4-30 所示。然后将所有的特征图执行类似的操作，最终得到如图 4-31 的输出结果。由于最大池化保留了每一个小块内的最大值，所以它相当于保留了这一块在图像卷积过程中匹配度最佳的结果(因为归一化后的值越接近 1 表示匹配越好)。这也就意味着 CNN 能够发现图像中是否具有某种特征,而不用在意到底在哪里具有这种特征。这就能够改变之前提到的计算机逐一像素匹配的死板做法。当对所有的特征图执行池化操作之后,相当于一系列输入的大图变成了一系列小图。同样地,将这整个操作看作一层,即 CNN 网络中的池化层。通过池化层的加入,可以很大程度上降低运算量。

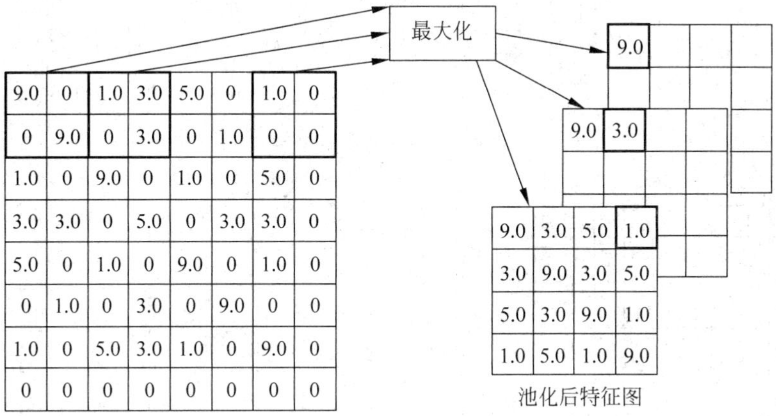

图 4-30 特征图池化操作

9.0	0	1.0	3.0	5.0	0	1.0
0	9.0	0	3.0	0	1.0	0
1.0	0	9.0	0	1.0	0	5.0
3.0	3.0	0	5.0	0	3.0	3.0
5.0	0	1.0	0	9.0	0	1.0
0	1.0	0	3.0	0	9.0	0
1.0	0	5.0	3.0	1.0	0	9.0

5.0	0	1.0	0	1.0	0	5.0
0	5.0	0	3.0	0	5.0	0
1.0	0	5.0	0	5.0	0	1.0
0	3.0	0	9.0	0	3.0	0
1.0	0	5.0	0	5.0	0	1.0
0	5.0	0	3.0	0	5.0	0
5.0	0	1.0	0	1.0	0	5.0

1.0	0	5.0	3.0	1.0	0	9.0
0	1.0	0	3.0	0	9.0	0
5.0	0	1.0	0	9.0	0	1.0
3.0	3.0	0	5.0	0	3.0	3.0
1.0	0	9.0	0	1.0	0	5.0
0	9.0	0	3.0	0	1.0	0
9.0	0	1.0	3.0	5.0	0	1.0

⇩

9.0	3.0	5.0	1.0
3.0	9.0	3.0	5.0
5.0	3.0	9.0	1.0
1.0	5.0	1.0	9.0

5.0	3.0	5.0	5.0
3.0	9.0	5.0	1.0
5.0	5.0	5.0	1.0
5.0	1.0	1.0	5.0

1.0	5.0	9.0	9.0
5.0	5.0	9.0	3.0
9.0	9.0	1.0	5.0
9.0	3.0	5.0	1.0

图 4-31 各特征图池化结果

5. 深度卷积网络

将上面所提到的卷积层、池化层、激活层堆叠放在一起,就形成了如图 4-32 所示的卷积神经网络。为了提高网络性能,加大网络的深度,可增加更多的网络层,得到深度卷积神经网络,如图 4-33 所示。

6. 全连接层

在卷积神经网络输出分类时,常采用全连接网络或 Softmax 进行输出分类。如图 4-34 为卷积输出特征图展开构造全连接网络输入层,图 4-35 为多层全连接网络分类输出示意图。

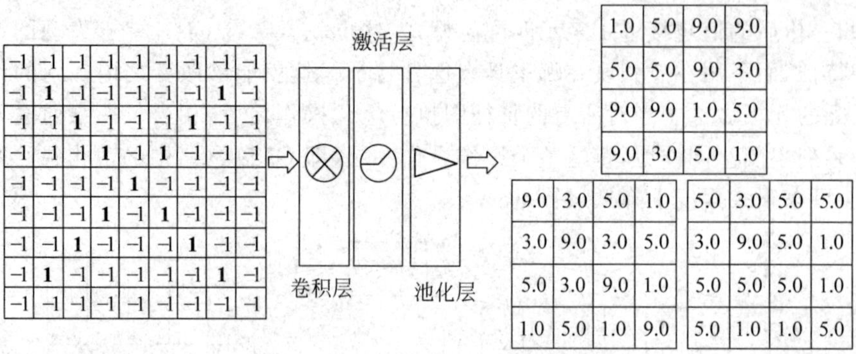

图 4-32　卷积神经网络

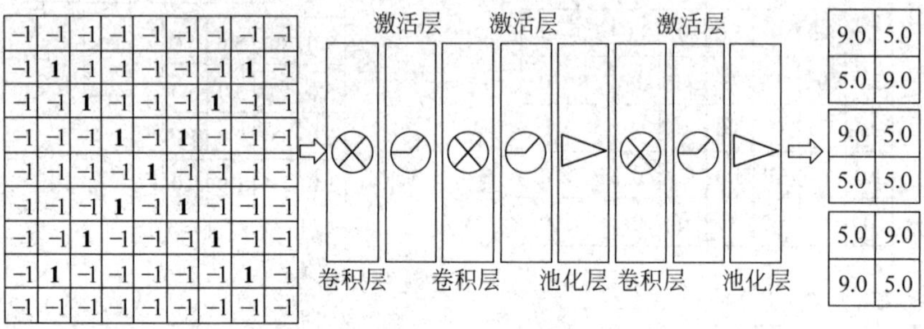

图 4-33　深度卷积神经网络

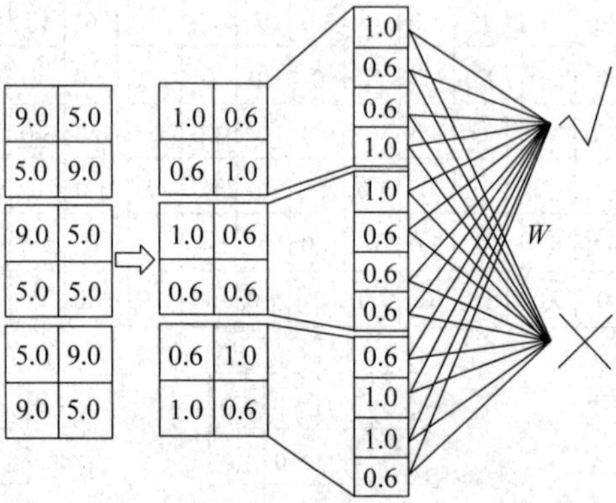

图 4-34　卷积层特征图展开为全连接层

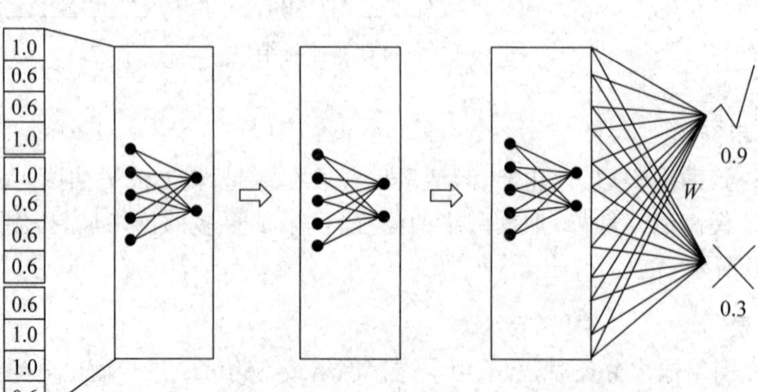

图 4-35　多层全连接网络分类输出示意图

综合上述，卷积神经网络可表达为如图 4-36 所示的网络结构。这个前向计算过程，被称作“前向传播”，网络最终得到一组特征输出，并利用此特征进行预测分类，根据分类误差，再运用反向传播来不断更新参数、纠正错误。

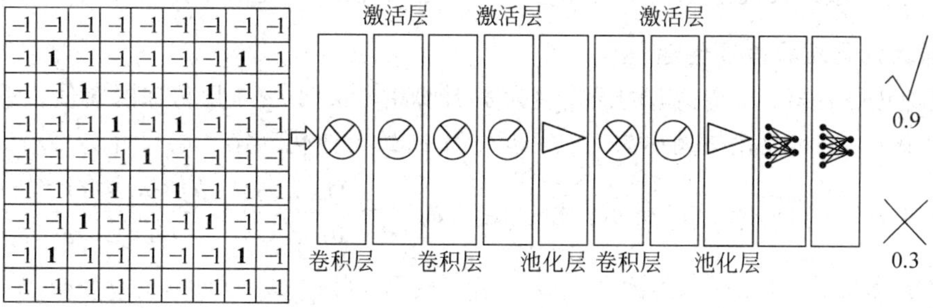

图 4-36 卷积网络图

7. 反向传播

反向传播是利用分类误差修正网络参数的过程，如表 4-1 所示。

表 4-1 反向传播误差计算

	标签	分类结果	误差
×	1	0.9	0.1
√	0	0.3	0.3
总误差			0.4

至此，对卷积神经网络前向计算有了更形象化的理解。接下来介绍 CNN 的训练方法。

4.5 卷积神经网络训练

卷积神经网络与全连接神经网络相比，具有网络层次类别多、训练过程复杂等特点。但网络训练原理是类似的，都是利用链式求导法则计算损失函数 $J(\boldsymbol{w},b)$ 对每个权重的偏导数(梯度)，然后根据梯度下降公式更新权重。训练算法依然是反向传播算法。整个算法分为三个步骤：

(1) 前向计算每个神经元的输出值 a_j（j 表示网络的第 j 个神经元，以下同)；

(2) 反向计算每个神经元的误差项 δ_j，δ_j 在部分文献中也称为敏感度，实际是网络的损失函数 $J(\boldsymbol{w},b)$ 对神经元加权输入 net_j 的偏导数，即 $\delta_j=\dfrac{\partial J(\boldsymbol{w},b)}{\partial net_j}$；

(3) 计算每个神经元连接权重 w_{ji} 的梯度（w_{ji} 表示从神经元 i 连接到神经元 j 的权重）$\dfrac{\partial J(\boldsymbol{w},b)}{\partial w_{ji}}=a_i\delta_j$，其中，$a_i$ 表示神经元 i 的输出。

最后，根据梯度下降法则更新每个权重即可。

对于卷积神经网络，由于局部连接、下采样等操作的存在，误差项 $\boldsymbol{\delta}$ 的具体推导过程与全连接神经网络有所不同，而权值共享则影响了权重 $\boldsymbol{w}$ 梯度的计算方法。接下来，分别介绍卷积层和池化层的训练算法。

4.5.1 池化层误差传递

无论最大池化还是平均池化，都没有需要学习的参数。因此，在卷积神经网络训练过程中，池化层需要做的仅仅是将误差项传递到上一层，而没有梯度的计算。

1. 最大池化层误差项传递

假设池化层后第 l 层传播来的误差项为 $\boldsymbol{\delta}$，计算由 l 层向 $l-1$ 层传递的 $\boldsymbol{\delta}$ 值。设第 $l-1$ 层输入大小为 4×4、池化核大小为 2×2、步长为 2，最大池化后第 l 层尺寸为 2×2，因此误差项 $\boldsymbol{\delta}$ 尺寸为 2×2，如图 4-37 所示。根据定义 $\boldsymbol{\delta}_k^{l-1}=\frac{\partial J(\boldsymbol{w},b)}{\partial net_k^{l-1}}=\frac{\partial J(\boldsymbol{w},b)}{\partial net_k^{l}}\frac{\partial net_k^{l}}{\partial a_k^{l-1}}\frac{\partial a_k^{l-1}}{\partial net_k^{l-1}}$。由于池化层无激活函数，可认为激活函数为 $f(x)=x$，则 $a_{i,j}^{l-1}=f(net_{i,j}^{l-1})=net_{i,j}^{l-1}$。

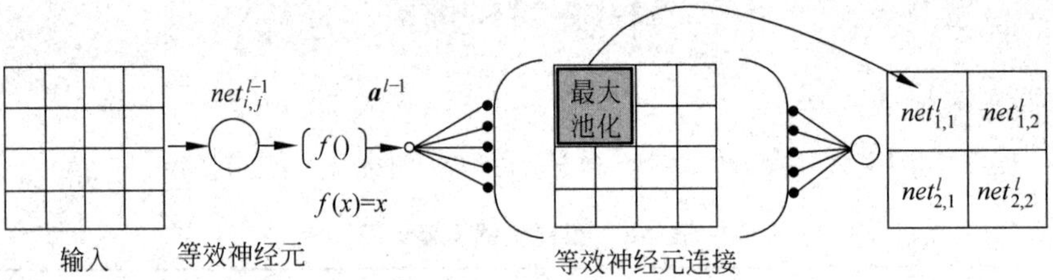

图 4-37 最大池化等效神经元示意图

根据等效神经元，$net_{i,j}^{l}$、$net_{i,j}^{l-1}$ 分别表示第 l 层与第 $l-1$ 层的加权输入，$a_{i,j}^{l-1}$ 表示 $l-1$ 层的激活输出。根据最大池化操作原理：

$$net_{1,1}^{l}=\max\{a_{1,1}^{l-1},a_{1,2}^{l-1},a_{2,1}^{l-1},a_{2,2}^{l-1}\} \tag{4-14}$$

输入区块中最大的 $a_{i,j}^{l-1}$ 才会对 $net_{i,j}^{l}$ 产生影响。先考察一个具体的例子，然后再总结一般规律。假设图中左上角区块最大值为 $a_{1,1}^{l-1}$，则 $net_{1,1}^{l}=a_{1,1}^{l-1}$，可求得下列偏导数：

$$\frac{\partial net_{1,1}^{l}}{\partial net_{1,1}^{l-1}}=\frac{\partial net_{1,1}^{l}}{\partial a_{1,1}^{l-1}}\frac{\partial a_{1,1}^{l-1}}{\partial net_{1,1}^{l-1}}=1,\quad \frac{\partial net_{1,1}^{l}}{\partial net_{1,2}^{l-1}}=0,\quad \frac{\partial net_{1,1}^{l}}{\partial net_{2,1}^{l-1}}=0,\quad \frac{\partial net_{1,1}^{l}}{\partial net_{2,2}^{l-1}}=0。$$

因此，可得

$$\delta_{1,1}^{l-1}=\frac{\partial J(\boldsymbol{w},b)}{\partial net_{1,1}^{l-1}}=\frac{\partial J(\boldsymbol{w},b)}{\partial net_{1,1}^{l}}\frac{\partial net_{1,1}^{l}}{\partial a_{1,1}^{l-1}}\frac{\partial a_{1,1}^{l-1}}{\partial net_{1,1}^{l-1}}=\delta_{1,1}^{l}$$

同理，可得

$$\delta_{1,2}^{l-1}=\frac{\partial J(\boldsymbol{w},b)}{\partial net_{1,2}^{l-1}}=\frac{\partial J(\boldsymbol{w},b)}{\partial net_{1,1}^{l}}\frac{\partial net_{1,1}^{l}}{\partial a_{1,2}^{l-1}}\frac{\partial a_{1,2}^{l-1}}{\partial net_{1,2}^{l-1}}=0$$

$$\delta_{2,1}^{l-1}=\frac{\partial J(\boldsymbol{w},b)}{\partial net_{2,1}^{l-1}}=\frac{\partial J(\boldsymbol{w},b)}{\partial net_{1,1}^{l}}\frac{\partial net_{1,1}^{l}}{\partial a_{2,1}^{l-1}}\frac{\partial a_{2,1}^{l-1}}{\partial net_{2,1}^{l-1}}=0$$

$$\delta_{2,2}^{l-1}=\frac{\partial J(\boldsymbol{w},b)}{\partial net_{2,2}^{l-1}}=\frac{\partial J(\boldsymbol{w},b)}{\partial net_{1,1}^{l}}\frac{\partial net_{1,1}^{l}}{\partial a_{2,2}^{l-1}}\frac{\partial a_{2,2}^{l-1}}{\partial net_{2,2}^{l-1}}=0$$

根据上式可以发现如下规律：对于最大池化操作，下一层误差项的值会保留原值传递到上一层对应区块中的最大值所对应的神经元（实际编程中，前向计算时需要对最大值所在位置进行记录），而其他神经元的误差项的值都为 0。假设 $net_{1,1}^{l-1}$、$net_{1,4}^{l-1}$、$net_{4,1}^{l-1}$、$net_{4,4}^{l-1}$ 为前向计算过程中所在区块的最大输出值，则误差传递如图 4-38 所示。

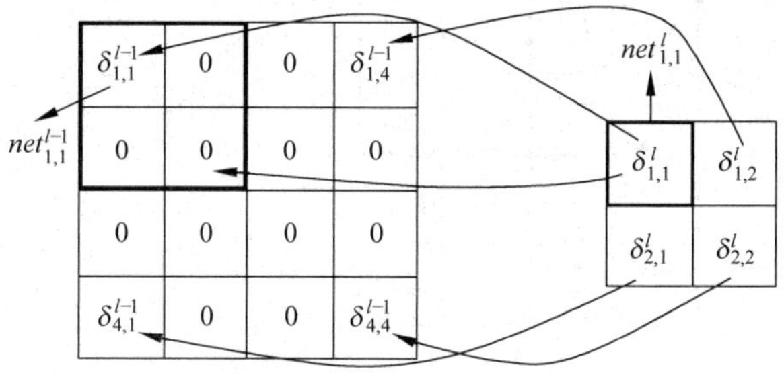

图 4-38　池化层误差传递

2. 平均池化误差项的传递

对于平均池化，采用相同的处理方式。平均池化等效神经元如图 4-39 所示。根据图 4-39，考虑 $a_{1,1}^{l-1}$ 如何影响 $net_{1,1}^{l}$，根据平均池化操作可得

$$net_{1,1}^{l}=\frac{1}{4}(a_{1,1}^{l-1}+a_{1,2}^{l-1}+a_{2,1}^{l-1}+a_{2,2}^{l-1}) \tag{4-15}$$

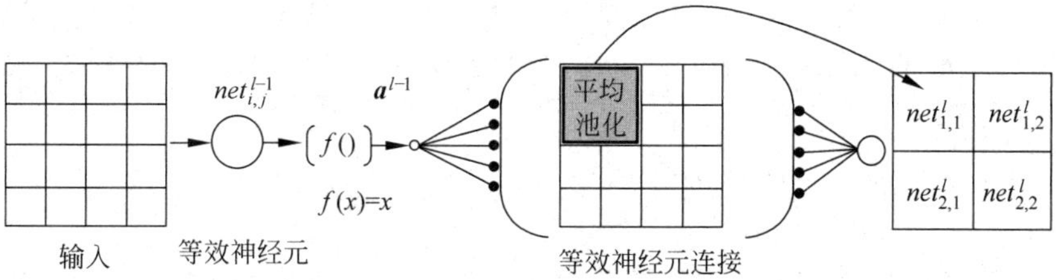

图 4-39　平均池化等效神经元示意图

根据池化层无激活函数，$a_{i,j}^{l-1}=f(net_{i,j}^{l-1})=net_{i,j}^{l-1}$，因此可得

$$\frac{\partial net_{1,1}^{l}}{\partial net_{1,1}^{l-1}}=\frac{\partial net_{1,1}^{l}}{\partial a_{1,1}^{l-1}}\frac{\partial a_{1,1}^{l-1}}{\partial net_{1,1}^{l-1}}=\frac{1}{4}\times 1=\frac{1}{4},\quad \frac{\partial net_{1,1}^{l}}{\partial net_{1,2}^{l-1}}=\frac{1}{4},\quad \frac{\partial net_{1,1}^{l}}{\partial net_{2,1}^{l-1}}=\frac{1}{4},\quad \frac{\partial net_{1,1}^{l}}{\partial net_{2,2}^{l-1}}=\frac{1}{4}。$$

所以，根据链式求导法则，不难得出：

$$\delta_{1,1}^{l-1}=\frac{\partial J(\boldsymbol{w},b)}{\partial net_{1,1}^{l-1}}=\frac{\partial J(\boldsymbol{w},b)}{\partial net_{1,1}^{l}}\frac{\partial net_{1,1}^{l}}{\partial a_{1,1}^{l-1}}\frac{\partial a_{1,1}^{l-1}}{\partial net_{1,1}^{l-1}}=\frac{1}{4}\delta_{1,1}^{l}$$

同样，可以得出 $\delta_{1,2}^{l-1}$、$\delta_{2,1}^{l-1}$、$\delta_{2,2}^{l-1}$：

$$\delta_{1,2}^{l-1}=\frac{\partial J(\boldsymbol{w},b)}{\partial net_{1,2}^{l-1}}=\frac{\partial J(\boldsymbol{w},b)}{\partial net_{1,1}^{l}}\frac{\partial net_{1,1}^{l}}{\partial a_{1,2}^{l-1}}\frac{\partial a_{1,2}^{l-1}}{\partial net_{1,2}^{l-1}}=\frac{1}{4}\delta_{1,1}^{l}$$

$$\delta_{2,1}^{l-1}=\frac{\partial J(\boldsymbol{w},b)}{\partial net_{2,1}^{l-1}}=\frac{\partial J(\boldsymbol{w},b)}{\partial net_{1,1}^{l}}\frac{\partial net_{1,1}^{l}}{\partial a_{2,1}^{l-1}}\frac{\partial a_{2,1}^{l-1}}{\partial net_{2,1}^{l-1}}=\frac{1}{4}\delta_{1,1}^{l}$$

$$\delta_{2,2}^{l-1}=\frac{\partial J(\boldsymbol{w},b)}{\partial net_{2,2}^{l-1}}=\frac{\partial J(\boldsymbol{w},b)}{\partial net_{1,1}^{l}}\frac{\partial net_{1,1}^{l}}{\partial a_{2,2}^{l-1}}\frac{\partial a_{2,2}^{l-1}}{\partial net_{2,2}^{l-1}}=\frac{1}{4}\delta_{1,1}^{l}$$

根据上式可得如下规律：对于平均池化，下一层的误差项的值会平均分配到上一层对应区块中的所有神经元，如图 4-40 所示。

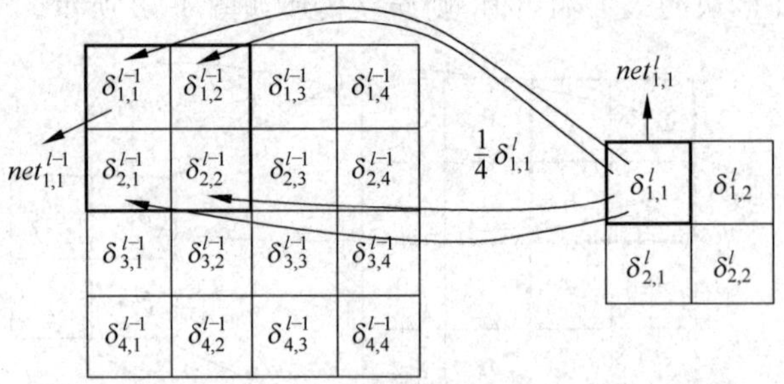

图 4-40 池化层误差传递

上述规律的计算可以表达为克罗内克积(Kronecker product)的形式：

$$\boldsymbol{\delta}^{l-1}=\boldsymbol{\delta}^{l}\otimes\left(\frac{1}{n^{2}}\right)_{n\times n} \tag{4-16}$$

其中，n 为池化层卷积核的大小，$\boldsymbol{\delta}^{l-1}$、$\boldsymbol{\delta}^{l}$ 分别为第 $l-1$ 层、第 l 层的误差矩阵。

因此，通过对最大池化与平均池化的分析可知，误差在池化层反向传播时，首先将 $\boldsymbol{\delta}^{l}$ 的池化矩阵大小还原成池化前的尺度，如果是最大池化，则将 $\boldsymbol{\delta}^{l}$ 对应的矩阵元素的值赋值给前向传播算法中记录的最大值的位置。如果是平均池化，则将 $\boldsymbol{\delta}^{l}$ 的各个池化局域的值取平均后赋值到还原后的子矩阵位置，这一过程也称为上采样。因此，误差项 $\boldsymbol{\delta}_{k}^{l-1}$ 的值可表达为

$$\delta_{k}^{l-1}=\frac{\partial J(\boldsymbol{w},b)}{\partial net_{k}^{l}}\frac{\partial net_{k}^{l}}{\partial a_{k}^{l-1}}\frac{\partial a_{k}^{l-1}}{\partial net_{k}^{l-1}}=\text{upsample}(\delta_{k}^{l})\circ f'(net_{k}^{l-1}) \tag{4-17}$$

其中，upsample 函数完成了池化误差矩阵放大与误差重新分配的逻辑，net_{k}^{l-1} 为卷积层激活后的输出信息，即池化层的输入信息。$\circ$表示矩阵对应位置元素相乘。池化层无激活函数，可认为 $f(x)=x$。

因此，可得 $\boldsymbol{\delta}^{l-1}$：

$$\boldsymbol{\delta}^{l-1}=\text{upsample}(\boldsymbol{\delta}^{l})\circ f'(net^{l-1})=\text{upsample}(\boldsymbol{\delta}^{l}) \tag{4-18}$$

例如，假设池化区域大小是 2×2，$\boldsymbol{\delta}^{l}$ 的第 k 个子矩阵为：$\boldsymbol{\delta}^{l}=\begin{pmatrix}2 & 8\\ 4 & 6\end{pmatrix}$。

首先，将 $\boldsymbol{\delta}^{l}$ 还原为池化前大小，即

$$\begin{pmatrix}0&0&0&0\\0&2&8&0\\0&4&6&0\\0&0&0&0\end{pmatrix}$$

对于最大化池化，假设前向传播时记录的最大值位置分别为左上、右下、右上、左下，则转换后的矩阵为

$$\begin{pmatrix}2&0&0&0\\0&0&0&8\\0&4&0&0\\0&0&6&0\end{pmatrix}$$

如果是平均池化，则进行平均，转换后的矩阵为

$$\begin{pmatrix} 0.5 & 0.5 & 2 & 2 \\ 0.5 & 0.5 & 2 & 2 \\ 1 & 1 & 1.5 & 1.5 \\ 1 & 1 & 1.5 & 1.5 \end{pmatrix}$$

池化层误差传递中无参数需要训练，主要用于误差的连续传递。

4.5.2 卷积层误差传递

在全连接神经网络中，$\boldsymbol{\delta}^{l-1}$ 与$\boldsymbol{\delta}^{l}$ 的递推关系为

$$\boldsymbol{\delta}^{l-1}=\frac{\partial J(\boldsymbol{w},b)}{\partial net^{l-1}}=\frac{\partial J(\boldsymbol{w},b)}{\partial net^{l}}\frac{\partial net^{l}}{\partial net^{l-1}}=\boldsymbol{\delta}^{l}\frac{\partial net^{l}}{\partial net^{l-1}} \tag{4-19}$$

对于卷积层，是通过张量卷积，或者说若干个矩阵卷积求和与激活操作得到当前层的输出，这与全连接网络不同，全连接网络的全连接层是直接进行矩阵乘法得到当前层的输出。因此，在卷积层反向传播的时候，上一层$\boldsymbol{\delta}^{l-1}$ 的递推计算方法与全连接网络有所不同。对于卷积层的反向传播，根据卷积层的前向传播公式，定义神经元加权输入$\boldsymbol{net}^{l}$：

$$\boldsymbol{net}^{l}=\boldsymbol{a}^{l-1}*\boldsymbol{w}^{l}+b^{l} \tag{4-20}$$

神经元激活输出为

$$\boldsymbol{a}^{l-1}=f(\boldsymbol{net}^{l-1}) \tag{4-21}$$

式中，$\boldsymbol{a}^{l-1}$ 为第 $l-1$ 层卷积层激活后的输出，$\boldsymbol{w}^{l}$ 表示第 l 层卷积核权重、$\boldsymbol{b}^{l}$ 表示第 l 层卷积核的偏置项、$\boldsymbol{net}^{l}$ 表示第 l 层神经元的加权输入、$*$ 表示卷积操作。

因此，推导出$\boldsymbol{\delta}^{l-1}$ 与$\boldsymbol{\delta}^{l}$ 的关系必须计算$\frac{\partial net^{l}}{\partial net^{l-1}}$的梯度，分析推导得到最终误差项为

$$\boldsymbol{\delta}^{l-1}=\boldsymbol{\delta}^{l}\frac{\partial \boldsymbol{net}^{l}}{\partial \boldsymbol{net}^{l-1}}=\boldsymbol{\delta}^{l}*\mathrm{rot180}(\boldsymbol{w}^{l})\circ f'(\boldsymbol{net}^{l-1}) \tag{4-22}$$

上式与全连接网络类似，区别在于对含有卷积的式子求导时，卷积核被旋转 180°，实现上下翻转和左右翻转各一次。符号$\circ$表示元素乘。如何得到上式，下文为具体推导过程。

1. 步长为 1 时误差项的传递

考虑最简单的情况：步长为 1、输入的深度为 1、卷积核个数为 1 时的卷积运算。假设输入图像尺寸为 3×3、卷积核大小为 2×2，将得到 2×2 的特征图，如图 4-41 所示。

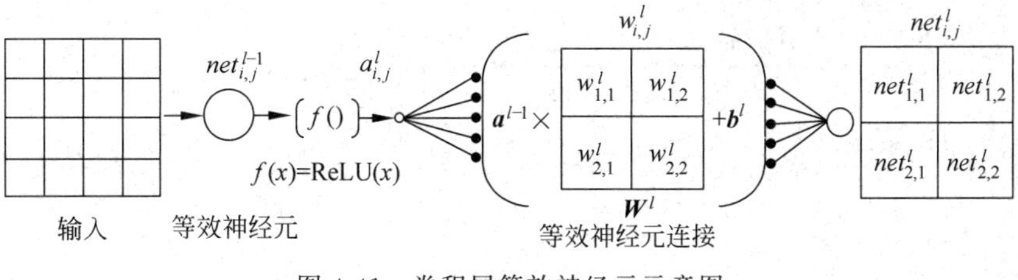

图 4-41 卷积层等效神经元示意图

图 4-41 中，$a_{i,j}^{l-1}$ 表示第 $l-1$ 层第 i 行第 j 列神经元的输出、$w_{m,n}$ 表示卷积核第 m 行第 n 列权重、$net_{i,j}^{l}$ 与 $net_{i,j}^{l-1}$ 表示第 l 层与第 $l-1$ 层神经元的加权输入，它们之间的关系如下：

$$\begin{cases} a_{i,j}^{l-1} = f^{l-1}(net_{i,j}^{l-1}) \\ \boldsymbol{net}^{l} = \boldsymbol{a}^{l-1} * \boldsymbol{w}^{l} + \boldsymbol{b}^{l} = f^{l-1}(\boldsymbol{net}^{l-1}) * \boldsymbol{w}^{l} + \boldsymbol{b}^{l} \end{cases} \tag{4-23}$$

式中，$\boldsymbol{net}^{l}$、$\boldsymbol{net}^{l-1}$ 分别表示第 l 层与 $l-1$ 层神经元的加权输入量，$\boldsymbol{w}^{l}$ 表示第 l 层卷积核权重，$\boldsymbol{b}^{l}$ 表示第 l 层卷积核的偏置项，f^{l-1} 表示第 l 层的激活函数，$*$ 表示卷积操作。在这里，假设已获得第 l 层的误差项 $\boldsymbol{\delta}^{l}$，据此计算第 $l-1$ 层每个神经元的误差项 $\boldsymbol{\delta}^{l-1}$。根据链式求导法则：

$$\delta_{i,j}^{l-1} = \frac{\partial J(\boldsymbol{w},\boldsymbol{b})}{\partial net_{i,j}^{l-1}} = \frac{\partial J(\boldsymbol{w},\boldsymbol{b})}{\partial net_{i,j}^{l}} \frac{\partial net_{i,j}^{l}}{\partial a_{i,j}^{l-1}} \frac{\partial a_{i,j}^{l-1}}{\partial net_{i,j}^{l-1}} \tag{4-24}$$

先求 $\frac{\partial J(\boldsymbol{w},\boldsymbol{b})}{\partial net_{i,j}^{l}} \frac{\partial net_{i,j}^{l}}{\partial a_{i,j}^{l-1}}$。先来看几个特例，然后从中总结出一般性的规律。

(1) 计算 $\frac{\partial J(\boldsymbol{w},\boldsymbol{b})}{\partial a_{1,1}^{l-1}}$：

$$\begin{cases} net_{1,1}^{l} = w_{1,1}^{l} a_{1,1}^{l-1} + w_{1,2}^{l} a_{1,2}^{l-1} + w_{2,1}^{l} a_{2,1}^{l-1} + w_{2,2}^{l} a_{2,2}^{l-1} + b^{l} \\ net_{1,2}^{l} = w_{1,1}^{l} a_{1,2}^{l-1} + w_{1,2}^{l} a_{1,3}^{l-1} + w_{2,1}^{l} a_{2,2}^{l-1} + w_{2,2}^{l} a_{2,3}^{l-1} + b^{l} \\ net_{2,1}^{l} = w_{1,1}^{l} a_{2,1}^{l-1} + w_{1,2}^{l} a_{2,2}^{l-1} + w_{2,1}^{l} a_{3,1}^{l-1} + w_{2,2}^{l} a_{3,2}^{l-1} + b^{l} \\ net_{2,2}^{l} = w_{1,1}^{l} a_{2,2}^{l-1} + w_{1,2}^{l} a_{2,3}^{l-1} + w_{2,1}^{l} a_{3,2}^{l-1} + w_{2,2}^{l} a_{3,3}^{l-1} + b^{l} \end{cases} \tag{4-25}$$

根据式(4-25)可知，$a_{1,1}^{l-1}$ 仅与 $net_{1,1}^{l}$ 的计算有关，因此根据链式求导法则可得

$$\frac{\partial J(\boldsymbol{w},\boldsymbol{b})}{\partial a_{1,1}^{l-1}} = \frac{\partial J(\boldsymbol{w},\boldsymbol{b})}{\partial net_{1,1}^{l}} \frac{\partial net_{1,1}^{l}}{\partial a_{1,1}^{l-1}} = \delta_{1,1}^{l} w_{1,1}^{l}$$

(2) 计算 $\frac{\partial J(\boldsymbol{w},\boldsymbol{b})}{\partial a_{1,2}^{l-1}}$，根据式(4-25)可知，$a_{1,2}^{l-1}$ 与 $net_{1,1}^{l}$ 和 $net_{1,2}^{l}$ 的计算都有关，因此，根据全导数公式可得

$$\frac{\partial J(\boldsymbol{w},\boldsymbol{b})}{\partial a_{1,2}^{l-1}} = \frac{\partial J(\boldsymbol{w},\boldsymbol{b})}{\partial net_{1,1}^{l}} \frac{\partial net_{1,1}^{l}}{\partial a_{1,2}^{l-1}} + \frac{\partial J(\boldsymbol{w},\boldsymbol{b})}{\partial net_{1,2}^{l}} \frac{\partial net_{1,2}^{l}}{\partial a_{1,2}^{l-1}} = \delta_{1,1}^{l} w_{1,2}^{l} + \delta_{1,2}^{l} w_{1,1}^{l}$$

(3) 计算 $\frac{\partial J(\boldsymbol{w},\boldsymbol{b})}{\partial a_{1,3}^{l-1}}$，根据式(4-25)可知，$a_{1,3}^{l-1}$ 仅与 $net_{1,2}^{l}$ 的计算有关，因此，根据链式求导法则可得

$$\frac{\partial J(\boldsymbol{w},\boldsymbol{b})}{\partial a_{1,3}^{l-1}} = \frac{\partial J(\boldsymbol{w},\boldsymbol{b})}{\partial net_{1,2}^{l}} \frac{\partial net_{1,2}^{l}}{\partial a_{1,3}^{l-1}} = \delta_{1,2}^{l} w_{1,2}^{l}$$

(4) 计算 $\frac{\partial J(\boldsymbol{w},\boldsymbol{b})}{\partial a_{2,1}^{l-1}}$，根据式(4-25)可知，$a_{2,1}^{l-1}$ 与 $net_{1,1}^{l}$、$net_{2,1}^{l}$ 的计算都有关，因此，根据全导数公式可得

$$\frac{\partial J(\boldsymbol{w},\boldsymbol{b})}{\partial a_{2,1}^{l-1}} = \frac{\partial J(\boldsymbol{w},\boldsymbol{b})}{\partial net_{1,1}^{l}} \frac{\partial net_{1,1}^{l}}{\partial a_{2,1}^{l-1}} + \frac{\partial J(\boldsymbol{w},\boldsymbol{b})}{\partial net_{2,1}^{l}} \frac{\partial net_{2,1}^{l}}{\partial a_{2,1}^{l-1}} = \delta_{1,1}^{l} w_{2,1}^{l} + \delta_{2,1}^{l} w_{1,1}^{l}$$

(5) 计算 $\frac{\partial J(\boldsymbol{w},\boldsymbol{b})}{\partial a_{2,2}^{l-1}}$，根据式(4-25)可知，$a_{2,2}^{l-1}$ 与 $net_{1,1}^{l}$、$net_{1,2}^{l}$、$net_{2,1}^{l}$ 和 $net_{2,2}^{l}$ 的计算都有关，因此，根据全导数公式可得

$$\frac{\partial J(\boldsymbol{w},b)}{\partial a_{2,2}^{l-1}}=\frac{\partial J(\boldsymbol{w},b)}{\partial net_{1,1}^{l}}\frac{\partial net_{1,1}^{l}}{\partial a_{2,2}^{l-1}}+\frac{\partial J(\boldsymbol{w},b)}{\partial net_{1,2}^{l}}\frac{\partial net_{1,2}^{l}}{\partial a_{2,2}^{l-1}}+\frac{\partial J(\boldsymbol{w},b)}{\partial net_{2,1}^{l}}\frac{\partial net_{2,1}^{l}}{\partial a_{2,2}^{l-1}}+\frac{\partial J(\boldsymbol{w},b)}{\partial net_{2,2}^{l}}\frac{\partial net_{2,2}^{l}}{\partial a_{2,2}^{l-1}}$$
$$=\delta_{1,1}^{l}w_{2,2}^{l}+\delta_{1,2}^{l}w_{2,1}^{l}+\delta_{2,1}^{l}w_{1,2}^{l}+\delta_{2,2}^{l}w_{1,1}^{l}$$

依此类推，计算$\frac{\partial J(\boldsymbol{w},b)}{\partial a_{2,3}^{l-1}}$、$\frac{\partial J(\boldsymbol{w},b)}{\partial a_{3,1}^{l-1}}$等其他单元。

根据计算结果可发现，计算$\frac{\partial J(\boldsymbol{w},\boldsymbol{b})}{\partial a^{l-1}}$，相当于将第 l 层的$\boldsymbol{\delta}$ 误差周围补一圈 0，与翻转180°后的卷积核进行卷积，如下式所示：

$$\begin{pmatrix}0&0&0&0\\0&\delta_{1,1}^{l}&\delta_{1,2}^{l}&0\\0&\delta_{2,1}^{l}&\delta_{2,2}^{l}&0\\0&0&0&0\end{pmatrix}*\begin{pmatrix}w_{22}^{l}&w_{21}^{l}\\w_{12}^{l}&w_{11}^{l}\end{pmatrix}=\begin{pmatrix}\frac{\partial J}{\partial a_{1,1}^{l-1}}&\frac{\partial J}{\partial a_{1,2}^{l-1}}&\frac{\partial J}{\partial a_{1,3}^{l-1}}\\\frac{\partial J}{\partial a_{2,1}^{l-1}}&\frac{\partial J}{\partial a_{2,2}^{l-1}}&\frac{\partial J}{\partial a_{2,3}^{l-1}}\\\frac{\partial J}{\partial a_{3,1}^{l-1}}&\frac{\partial J}{\partial a_{3,2}^{l-1}}&\frac{\partial J}{\partial a_{3,3}^{l-1}}\end{pmatrix}\tag{4-26}$$

因此，$\frac{\partial J(\boldsymbol{w},b)}{\partial a^{l-1}}$可表达为卷积公式：

$$\frac{\partial J(\boldsymbol{w},b)}{\partial a^{l-1}}=\boldsymbol{\delta}^{l}*\mathrm{rot180}(\boldsymbol{w}^{l})\tag{4-27}$$

式中的 $\boldsymbol{w}^{l}$ 表示第 l 层的卷积核的权重数组，$\boldsymbol{\delta}^{l}$ 为上层误差扩展后的矩阵。

再求第二项$\frac{\partial a_{i,j}^{l-1}}{\partial net_{i,j}^{l-1}}$：

由于 $a_{i,j}^{l-1}=f(net_{i,j}^{l-1})$，因此此项仅求激活函数 f 的导数即可

$$\frac{\partial a_{i,j}^{l-1}}{\partial net_{i,j}^{l-1}}=f'(net_{i,j}^{l-1})\tag{4-28}$$

将第一项$\frac{\partial J(\boldsymbol{w},b)}{\partial net_{i,j}^{l}}\frac{\partial net_{i,j}^{l}}{\partial a_{i,j}^{l-1}}$与第二项$\frac{\partial a_{i,j}^{l-1}}{\partial net_{i,j}^{l-1}}$联合，可得

$$\boldsymbol{\delta}^{l-1}=\boldsymbol{\delta}^{l}*\mathrm{rot180}(\boldsymbol{w}^{l})\circ f'(\boldsymbol{net}^{l-1})\tag{4-29}$$

其中，符号$\circ$表示元素乘，即将矩阵中每个对应元素相乘。注意上式中的$\boldsymbol{\delta}^{l-1}$、$\boldsymbol{\delta}^{l}$、$\boldsymbol{net}^{l-1}$ 都是矩阵。以上是步长为 1、输入的深度为 1、卷积核个数为 1 的情况下的卷积层误差项传递的算法。下面来推导一下步长为 S 的情况下误差传递过程。

2. 步长为 S 时误差项的传递

先来观察一下步长为 S 与步长为 1 时卷积计算后所得特征图的差别。如图 4-42 所示，步长为 1 和步长为 2 时的卷积结果对比图。由图 4-42 可以看出，当步长为 2 时，卷积得到的特征图跳过了步长为 1 时卷积结果相应的部分，即图中的阴影区域内的信息。因此，反向计算误差项时，可以对步长为 S 的误差矩阵相应的位置进行补 0，将其“还原”成步长为 1 时的误差矩阵的尺寸，步长为 2 的误差矩阵最终还原后的误差矩阵如图 4-42 所示，再利用式(4-29)进行求解，可完成误差的传递计算。

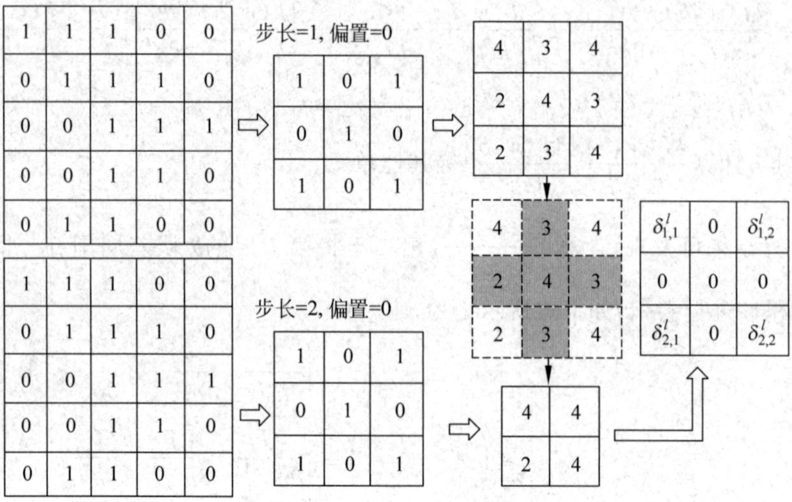

图 4-42　步长为 1 与步长为 2 时卷积结果对比

3. 单通道多卷积核误差传递

对于单通道输入，卷积核数量为 N 时，输出层的深度也为 N，第 i 个卷积核对输入进行卷积产生输出层的第 i 个特征图。由于第 $l-1$ 层每个加权输入 $net_{k,i,j}^{l-1}$ 都同时影响了第 l 层所有特征图的输出值，因此反向计算误差项时，需要使用全导数公式。实际计算中每个卷积核都对第 l 层相应的误差矩阵进行卷积，得到一组 N 个 $l-1$ 层的误差矩阵，最后将 N 个误差矩阵按元素相加，最终得到一个 $l-1$ 层的误差矩阵，这就是卷积层误差项传递算法，如图 4-43 所示。

$$\boldsymbol{\delta}^{l-1}=\sum_{k=1}^{N}\boldsymbol{\delta}_k{}^{l} * \mathrm{rot180}(\boldsymbol{w}_k^{l}) \circ f'(\boldsymbol{net}^{l-1}) \tag{4-30}$$

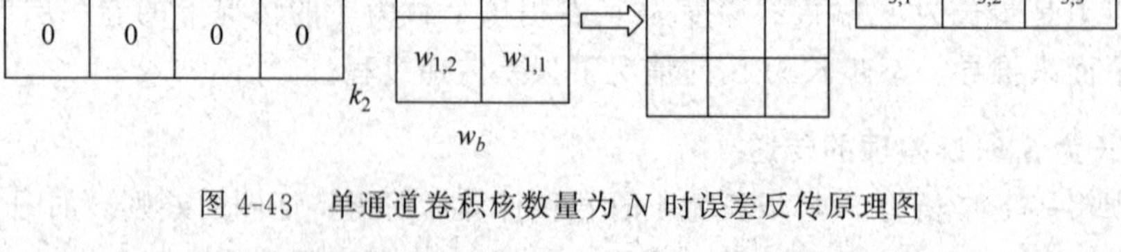

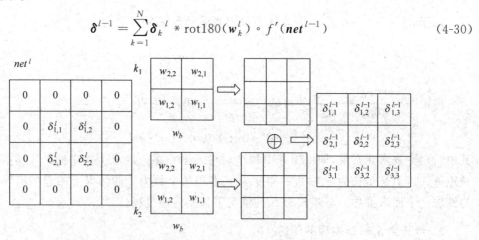

图 4-43　单通道卷积核数量为 N 时误差反传原理图

4. 多通道输入多卷积核时的误差传递

当输入深度为 D 时，卷积核的深度也必须为 D，$l-1$ 层的 d_i 通道只与卷积核的 d_i 通道的权重进行计算。因此，反向计算误差项时，以卷积核组为单位，利用误差项进行卷积处理，获得该组每个通道对应的误差项矩阵，同理每组卷积核都可得到类似的误差项矩阵，卷

积核组数为 N 组时，最后将 N 组对应通道的误差项求和，得到最终通道数为 D 的误差项。

4.5.3 卷积层参数训练

在误差项反向传递过程中，网络通过后一层误差项计算当前层对应的误差项，包括池化层向卷积层的误差传递、卷积层向池化层的误差传递，获得当前层误差项后，即可利用误差项实现卷积核参数的调整。由于卷积层是权重共享的，因此梯度的计算与 DNN 稍有不同。假设计算获得第 l 层(卷积层)的误差项为$\boldsymbol{\delta}^l$，计算卷积核的权重的梯度，根据 $\boldsymbol{net}^l=\boldsymbol{a}^{l-1}*\boldsymbol{w}^l+b^l$，可得

$$\frac{\partial J(\boldsymbol{w},b)}{\partial \boldsymbol{w}^l}=\frac{\partial J(\boldsymbol{w},b)}{\partial \boldsymbol{net}^l}\frac{\partial \boldsymbol{net}^l}{\partial \boldsymbol{w}^l}=\boldsymbol{a}^{l-1}*\boldsymbol{\delta}^l \tag{4-31}$$

式中，$\boldsymbol{a}^{l-1}$ 为第 $l-1$ 层的输出，$\boldsymbol{\delta}^l$ 为第 l 层的误差矩阵。注意此时是内层求导，而不是反向传播到上一层的过程，因此此时$\boldsymbol{\delta}^l$ 作为卷积核并没有翻转。其分析过程如图 4-44 所示，$\boldsymbol{w}^l$ 是第 l 层卷积核的权重，权重项 $w_{i,j}^l$ 通过影响加权输入 $net_{i,j}^l$ 进而影响$\partial J(\boldsymbol{w},b)$，因此根据链式求导法则计算 $w_{i,j}^l$ 的梯度$\frac{\partial J(\boldsymbol{w},b)}{\partial \boldsymbol{w}^l}$。先通过几个具体的例子来观察权重项 $w_{i,j}^l$ 对 $net_{i,j}^l$ 的影响，然后再总结一般规律。

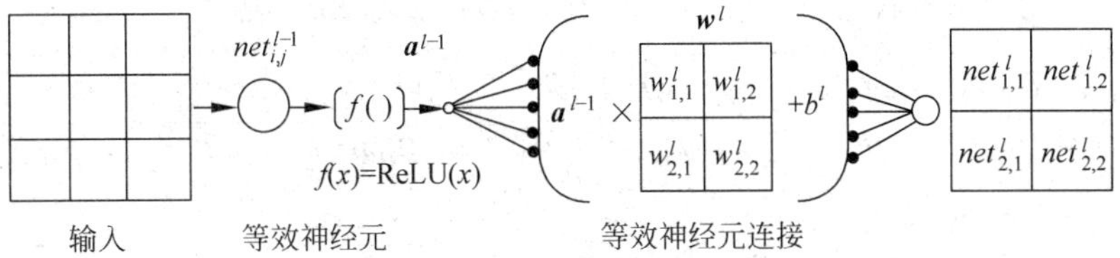

图 4-44 卷积层等效神经元示意图

(1) 计算$\frac{\partial J(\boldsymbol{w},b)}{\partial w_{1,1}^l}$，根据前向网络计算过程：

$$\begin{cases} net_{1,1}^l=w_{1,1}^l a_{1,1}^{l-1}+w_{1,2}^l a_{1,2}^{l-1}+w_{2,1}^l a_{2,1}^{l-1}+w_{2,2}^l a_{2,2}^{l-1}+w_b^l \\ net_{1,2}^l=w_{1,1}^l a_{1,2}^{l-1}+w_{1,2}^l a_{1,3}^{l-1}+w_{2,1}^l a_{2,2}^{l-1}+w_{2,2}^l a_{2,3}^{l-1}+w_b^l \\ net_{2,1}^l=w_{1,1}^l a_{2,1}^{l-1}+w_{1,2}^l a_{2,2}^{l-1}+w_{2,1}^l a_{3,1}^{l-1}+w_{2,2}^l a_{3,2}^{l-1}+w_b^l \\ net_{2,2}^l=w_{1,1}^l a_{2,2}^{l-1}+w_{1,2}^l a_{2,3}^{l-1}+w_{2,1}^l a_{3,2}^{l-1}+w_{2,2}^l a_{3,3}^{l-1}+w_b^l \end{cases} \tag{4-32}$$

根据式(4-32)可知，由于权值共享，权值 $w_{1,1}^l$ 对所有的 $net_{i,j}^l$ 都有影响。$J(\boldsymbol{w},b)$是 $net_{1,1}^l$、$net_{1,2}^l$、$net_{2,1}^l$、$net_{2,2}^l$ 的函数，而 $net_{1,1}^l$、$net_{1,2}^l$、$net_{2,1}^l$、$net_{2,2}^l$ 又是 $w_{1,1}^l$ 的函数，因此根据全导数计算公式，$\frac{\partial J(\boldsymbol{w},b)}{\partial w_{1,1}^l}$的计算需要叠加每个偏导数：

$$\begin{aligned}\frac{\partial J(\boldsymbol{w},b)}{\partial w_{1,1}^l}&=\frac{\partial J(\boldsymbol{w},b)}{\partial net_{1,1}^l}\frac{\partial net_{1,1}^l}{\partial w_{1,1}^l}+\frac{\partial J(\boldsymbol{w},b)}{\partial net_{1,2}^l}\frac{\partial net_{1,2}^l}{\partial w_{1,1}^l}+\frac{\partial J(\boldsymbol{w},b)}{\partial net_{2,1}^l}\frac{\partial net_{2,1}^l}{\partial w_{1,1}^l}+\frac{\partial J(\boldsymbol{w},b)}{\partial net_{2,2}^l}\frac{\partial net_{2,2}^l}{\partial w_{1,1}^l}\\&=\delta_{1,1}^l a_{1,1}^{l-1}+\delta_{1,2}^l a_{1,2}^{l-1}+\delta_{2,1}^l a_{2,1}^{l-1}+\delta_{2,2}^l a_{2,2}^{l-1}\end{aligned}$$

(2) 同理计算$\frac{\partial J(\boldsymbol{w},b)}{\partial w_{1,2}^l}$，根据式(4-32)中 $w_{1,2}^l$ 与 $net_{i,j}^l$ 的关系，容易得到

$$\frac{\partial J(\boldsymbol{w},b)}{\partial w_{1,2}^{l}}=\delta_{1,1}^{l}a_{1,2}^{l-1}+\delta_{1,2}^{l}a_{1,3}^{l-1}+\delta_{2,1}^{l}a_{2,2}^{l-1}+\delta_{2,2}^{l}a_{2,3}^{l-1}$$

实际上,对每个权重项 $w_{i,j}^{l}$ 的梯度计算都是类似的,因此$\frac{\partial J(\boldsymbol{w},b)}{\partial w_{i,j}^{l}}$的计算可表达为

$$\frac{\partial J(\boldsymbol{w},b)}{\partial w_{i,j}^{l}}=\sum_{m}\sum_{n}\delta_{m,n}a_{i+m-1,j+n-1}^{l-1} \tag{4-33}$$

权重误差项计算是将池化层传递来的误差矩阵作为卷积核,对输入进行卷积,如图 4-45 所示。

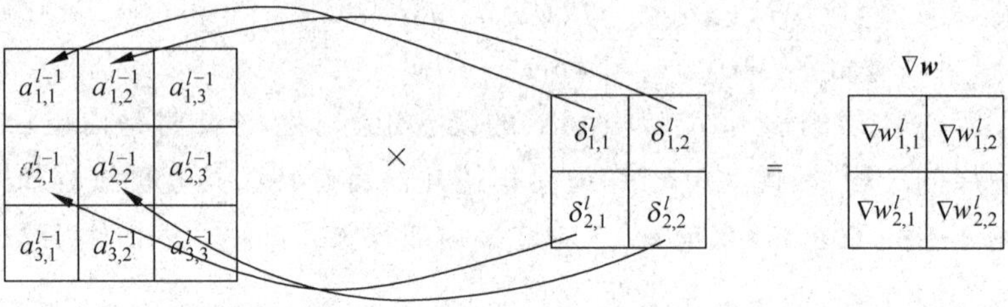

图 4-45 卷积层权值调整

最后,计算偏置项的梯度$\frac{\partial J(\boldsymbol{w},b)}{\partial \boldsymbol{b}}$。根据式(4-32),容易发现:

$$\begin{aligned}\frac{\partial J(\boldsymbol{w},b)}{\partial \boldsymbol{b}}&=\frac{\partial J(\boldsymbol{w},b)}{\partial net_{1,1}^{l}}\frac{\partial net_{1,1}^{l}}{\partial \boldsymbol{b}}+\frac{\partial J(\boldsymbol{w},b)}{\partial net_{1,2}^{l}}\frac{\partial net_{1,2}^{l}}{\partial b}+\frac{\partial J(\boldsymbol{w},b)}{\partial net_{2,1}^{l}}\frac{\partial net_{2,1}^{l}}{\partial \boldsymbol{b}}+\frac{\partial J(\boldsymbol{w},b)}{\partial net_{2,2}^{l}}\frac{\partial net_{2,2}^{l}}{\partial \boldsymbol{b}}\\&=\delta_{1,1}^{l}+\delta_{1,2}^{l}+\delta_{2,1}^{l}+\delta_{2,2}^{l}\\&=\sum_{i}\sum_{j}\delta_{i,j}^{l}\end{aligned} \tag{4-34}$$

即偏置项的梯度是误差项矩阵中所有误差项之和。

对于步长为 S 的卷积层,处理方法与步长为 1 时的误差项传递是类似的。首先将误差矩阵"还原"成步长为 1 时的误差矩阵,再利用上面的方法进行计算;获得所有的梯度之后,再根据梯度下降算法来更新每个权重。至此,卷积层的训练问题已经解决。

4.5.4 卷积神经网络训练流程

设输入 m 个图片、CNN 模型层数为 L。卷积层卷积核大小为 K、卷积核维度 F、填充大小 P、步幅 S;对于池化层,定义池化区域大小 k 和池化标准(最大或平均)、激活函数 f;梯度迭代参数迭代步长 α、最大迭代次数 MAX 与停止迭代阈值 ε。

(1) 初始化各隐含层与输出层的 $\boldsymbol{w},b$ 值为一个随机值。

(2) for iter=1 to MAX:

① for $i=1$ to m:

a. 将 CNN 输入 $\boldsymbol{a}^{l}$ 设置为 $\boldsymbol{x}_i$ 对应的张量。

b. for $l=2$ to $L-1$,根据下面 3 种情况进行前向传播算法计算:

如果当前是全连接层,则有

$$\boldsymbol{a}^{i,l}=f(\boldsymbol{net}^{i,l})=f(\boldsymbol{w}^{l}\boldsymbol{a}^{i,l-1}+\boldsymbol{b})$$

如果当前是卷积层,则有

$$a^{i,l}=f(net^{i,l})=f(w^l * a^{i,l-1}+b)$$

如果当前是池化层，则有

$$a^{i,l}=\text{pool}(a^{i,l-1})$$

c. 对于输出层第 L 层：

$$a^{i,L}=\text{Softmax}(net^{i,L})=\text{Softmax}(w^L a^{i,L-1}+b^L)$$

通过损失函数计算输出层的$\delta^{i,L}$。

d. for $l=L-1$ to 2，根据下面 3 种情况进行反向传播算法计算：

如果当前是全连接层，则有

$$\delta^{i,l-1}=(w^l)^{\mathrm{T}}\delta^{i,l}\circ f'(net^{i,l-1})$$

如果当前是卷积层，则有

$$\delta^{i,l-1}=\delta^{i,l} * \text{rot180}(w^l)\circ f'(net^{i,l-1})$$

如果当前是池化层，则有

$$\delta^{i,l-1}=\text{upsample}(\delta^{i,l})$$

② for $l=2$ to L，根据下面 2 种情况更新第 l 层的 W^l，b^l：

a. 如果当前是全连接层：

$$w^l=w^l-\alpha\sum_{i=1}^{m}\delta^{i,l}(a^{i,l-1})^{\mathrm{T}}$$

$$b^l=b^l-\alpha\sum_{i=1}^{m}\delta^{i,l}$$

b. 如果当前是卷积层，对于每一个卷积核有

$$w^l=w^l-\alpha\sum_{i=1}^{m}\sum_{m,n}\delta_{m,n}^{i,l}a^{i,l-1}$$

$$b^l=b^l-\alpha\sum_{i=1}^{m}\sum_{u,v}\delta_{u,v}^{i,l}$$

③ 如果所有 w，b 的变化值都小于停止迭代阈值 ε，则跳出迭代循环到步骤(3)。

(3) 输出各隐含层与输出层的线性关系系数矩阵 w 和偏移向量 b。

4.5.5 卷积神经网络训练计算实例

由于卷积神经网络具有卷积层、池化层等不同的网络层，根据当前层的不同，分两种情况进行讨论。

(1) 当前层为卷积层，后一层为下采样层时，局部误差如何从下采样层传播到卷积层。设 2×2 下采样层的局部误差已知，如图 4-46 所示。设下采样层采用 2×2 池化核，在平均池化方法下，卷积层的局部误差就是下采样层各局部误差的 1/4，其值大小与池化核的大小负相关（池化核 $n\times n$，则反传后的局部误差为 $1/n^2$）。因此，卷积层的局部误差如图 4-47 所示。

在最大池化方法下，前向计算时需要保存下采样过程中最大值所在位置，以确保在误差反向传播时最大值所存入的位置。

(2) 当前层为下采样层时，后一层为卷积层，局部误差如何从卷积层传到下采样层。设下采样层大小为 3×3、卷积核的大小为 2×2，则可知卷积层大小为 2×2。首先，将卷积层局部误差图周围补 0 进行拓展，得到如图 4-48 所示误差图，原始卷积核如图 4-49 所示。

1	3
2	4

图 4-46　下采样层局部误差图

0.25	0.25	0.75	0.75
0.25	0.25	0.75	0.75
0.5	0.5	1	1
0.5	0.5	1	1

图 4-47　卷积层局部误差图

0	0	0	0
0	1	3	0
0	2	2	0
0	0	0	0

图 4-48　卷积层局部误差图

0.1	0.2
0.2	0.4

图 4-49　卷积核示意图

将卷积核旋转 180°对卷积层局部误差图求互相关，即利用卷积核对扩展后的误差图做卷积，得到下采样层的局部误差图，如图 4-50 所示。

$$\begin{bmatrix} 0 & 0 & 0 & 0 \\ 0 & 1 & 3 & 0 \\ 0 & 2 & 2 & 0 \\ 0 & 0 & 0 & 0 \end{bmatrix} \times \begin{bmatrix} 0.4 & 0.2 \\ 0.2 & 0.1 \end{bmatrix} = \begin{bmatrix} 0.1 & 0.5 & 0.6 \\ 0.4 & 1.6 & 1.6 \\ 0.4 & 1.2 & 0.8 \end{bmatrix}$$

图 4-50　下采样层局部误差图

得到了各层的局部误差之后，剩下的问题是如何计算 $w_{i,j}$ 的梯度值。对于卷积层到下采样层，没有需要更新的权重，计算局部误差是为了将局部误差向前传递。

4.6　深度神经网络计算模式

4.6.1　卷积计算加速

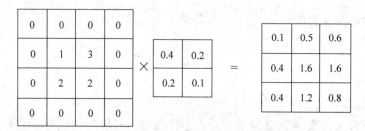

图像卷积过程就是卷积核与图像矩阵的运算。卷积核在输入图像上根据步长滑动，每次滑动后卷积核与输入图像对应的区域进行卷积运算，即将卷积核中的权值与对应的图像区域的像素值相乘再叠加，最终得到输出特征图的一个像素值。在实际计算过程中，为了加速图像卷积运算过程，对卷积运算进行优化，将卷积运算转换为向量运算模式(im2col)，即将网络转换为局部网络连接模式。im2col 将卷积核每一次要处理的图像区域展开为新矩阵的一行(列)，新矩阵的行(列)数对应一副输入图像进行卷积运算的次数(卷积核滑动的次

数）。卷积核同样采用相同原理，转换为对应的列(行)向量，以便后续与新生成的图像矩阵相乘。

假设输入图像尺寸为5×5，卷积核的尺寸为3×3，卷积步长为1，则新生成的矩阵为9×9，卷积核转换为1×9的行向量。im2col转换过程如图4-51所示。若输入为多通道时，相应的列(行)展开为各通道卷积区域信息的列(行)向量拼接，卷积核同样采用拼接模式。以2通道输入为例，卷积核也为2通道，卷积核与2通道图像对应的卷积区域分别展开为列向量，并拼接为一个完整的列向量。因此，新生成的矩阵维度为18×9。卷积核采取同样方式进行拼接，构造完整行向量的维度为1×18，如图4-52所示。

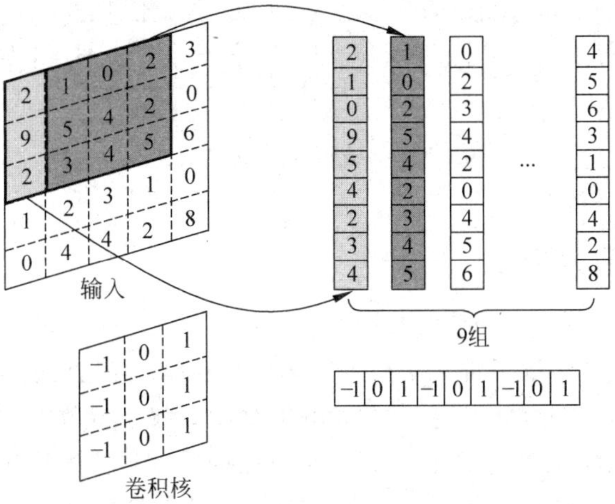

图4-51 单通道im2col转换过程

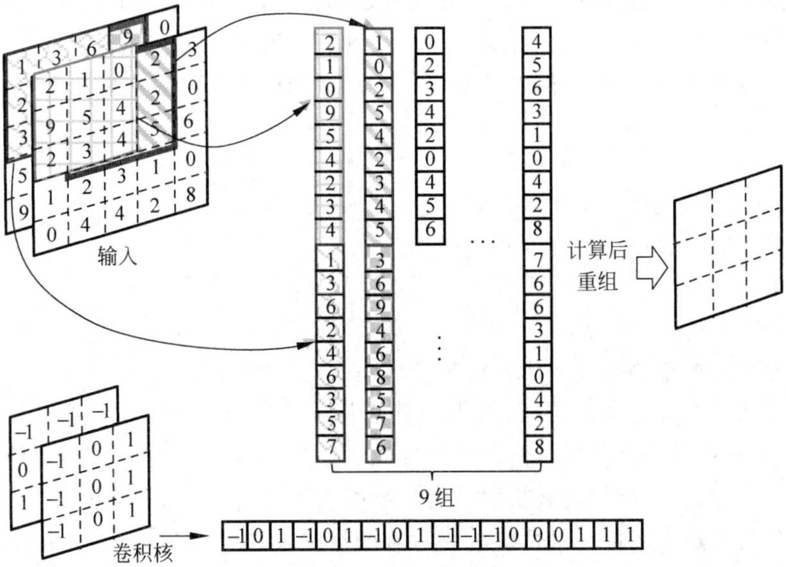

图4-52 2通道im2col转换过程

col2im是im2col的逆过程，利用误差输入信息构造出二维误差图信息。由于col2im是误差反向传播的实现方法，因此前层神经元需要接受后层神经元的误差并进行累计，其原理如图 4-53 所示。但实际编程过程中，由于输入为二维误差图，因此输入的误差图将最后的维度调整为通道信息，并与卷积核行向量相乘，从而得到每个输入误差与卷积核相乘的误差矩阵。在 col2im 函数中将最后两维调整为卷积核尺度，最终在具有输入图像尺寸的空白图像中进行误差的累计。

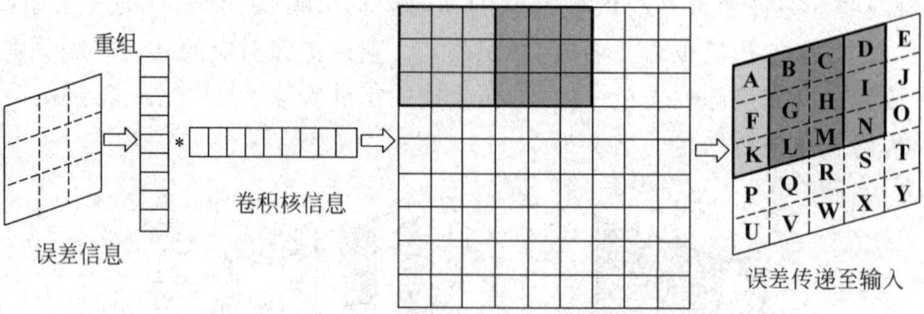

图 4-53　2 通道 im2col 转换过程

4.6.2 自动微分方法

大部分的机器学习算法在训练时都归结为求解最优化问题，如果目标函数可导可以得到问题的解析解，但通常情况下都无法得到问题的解析解，因此只能采用数值优化算法，如梯度下降法、牛顿法、拟牛顿法。这些数值优化算法都依赖于函数的一阶导数值或二阶导数值，包括梯度与黑塞矩阵。因此，如何求得一个复杂函数的导数便是问题求解的关键。在推导 BP 网络、卷积网络误差反向传播的过程中，就牵扯了大量的复合函数求导。计算目标函数的导数值，常用的方法有数值微分、符号微分、手动微分以及自动微分。

数值微分采用数值计算的方法计算导数的近似值，通常采用差分作为近似。只需要给出函数值以及自变量的差值，数值微分算法即可计算导数值。如，单侧差分方法根据导数的定义直接近似计算某一点处的导数值，对于一元函数前向差分可表达为

$$f'(x) \approx \frac{f(x+h)-f(x)}{h} \tag{4-35}$$

其中，h 为接近于 0 的正数，如 0.00001。

更准确的计算方式可以采用中心差分方法：

$$f'(x) \approx \frac{f(x+h)-f(x-h)}{2h} \tag{4-36}$$

中心差分方法比单侧差分方法有更小的误差。

符号微分属于符号计算的范畴，根据函数求导公式以及四则运算、复合函数的求导法则，符号微分算法可以得到任意可微函数的导数表达式，与人工计算的过程类似。符号计算用于求解数学中的公式解（也称解析解），得到解的表达式而非具体的数值。

手动微分是通过人工推导出目标函数对自变量的导数计算公式，然后编程实现。这种方法费时费力，容易出错。对于每一个目标函数都需要进行手工推导，因此通用性和灵活性较差。早期的神经网络库都采用了这种方法，如 OpenCV 等。

自动微分（automatic differentiation，AD）也称自动求导，算法构建计算可导函数在某点处导数值的计算过程。自动微分计算多层复合函数等复杂函数在某一点处的导数、梯度以

及黑塞矩阵值，对用户来说屏蔽了繁琐的求导细节和过程。自动微分法是一种融合数值微分和符号微分的微分计算方法。数值微分采用数值直接进行近似求解的方式进行微分计算；符号微分则先对公式进行推导变换，最后代入数值进行求解。自动微分将符号微分法应用于最基本的算子，比如常数、幂函数、指数函数、对数函数、三角函数等，然后代入数值，保留中间结果，最后再应用于整个函数。自动微分计算实际是一种计算图计算方式，因此它具有应用灵活的特点，可以灵活地结合编程语言实现微分计算，因此该方法在现代深度学习系统中得以广泛应用。

例如，对于函数 $y=(x_1+x_2)(x_2+1)$ 的计算图可表示为图 4-54。其中叶子节点为 x_1、x_2，a、b 为中间变量，y 为输出变量，$a=x_1+x_2$，$b=x_2+1$，$y=ab$。若需要计算 y 对 x_2 的导数，根据链式求导法则，在计算图中搜索从 y 反向到达 x_2 的所有路径有两条，每条路径上各段导数相乘即为该路径的偏导，最后将所有路径获得的偏导数求和即可。

$$\frac{\partial y}{\partial x_2}=\frac{\partial y}{\partial a}\frac{\partial a}{\partial x_2}+\frac{\partial y}{\partial b}\frac{\partial b}{\partial x_2} \tag{4-37}$$

由于 $y=ab$、$a=x_1+x_2$、$b=x_2+1$，因此可得 $\frac{\partial y}{\partial a}=b$、$\frac{\partial y}{\partial b}=a$、$\frac{\partial a}{\partial x_2}=1$、$\frac{\partial b}{\partial x_2}=1$。

叶子节点是用户创建的变量，如图 4-54 中的 x_1 和 x_2，在某些深度学习编程框架(pytorch)中，为了节省内存，在梯度反向传播结束后，非叶子节点的梯度都会被自动释放。

自动微分具有前向模式和反向模式。前向模式从计算图的起点开始，沿着计算图边的方向依次向前计算，直到到达计算图的终点。前向计算是根据自变量的值计算出计算图中每个节点的值，并保留中间结果，直到得到整个函数的值。反向模式是反向传播算法的一般化，其思路是根据计算图由后向前计算，依次得到对每个中间变量节点的偏导数，直至到达自变量节点处。在每个节点处，根据该节点的后续节点计算其导数值。因此，自动微分具有规范性、易于计算机实现等优势。当前深度学习框架都采用了自动微分方法进行网络的前向与反向计算。

由于自动微分其本质为一种计算图，并且由前向计算与反向计算过程构成，因此在编制神经网络网络功能函数时，需采用新的编程模式。针对图 4-54 计算图中包含"+"法与"×"法节点进行举例说明。针对两种不同的加法节点，根据节点的正向计算与梯度反向传播的计算方法，利用程序实现节点的正向与反向计算。针对乘法节点的计算方法，编制节点的正向计算过程；误差反向传播过程中，针对乘法节点不同的变量，计算其误差的反向传播过程。仿射变换是将输入数据进行线性变换，然后再进行平移处理的操作过程，即进行 $y=kx+b$ 的操作，其与神经网络净输入计算 $(wx+b)$ 具有等价性，因此神经元节点的运算可以拆解为仿射变换与激活函数操作的组合。综上所述，对于具有更复杂操作模式的卷积神经网络，可以采用自动微分模式进行网络的设计与编程。

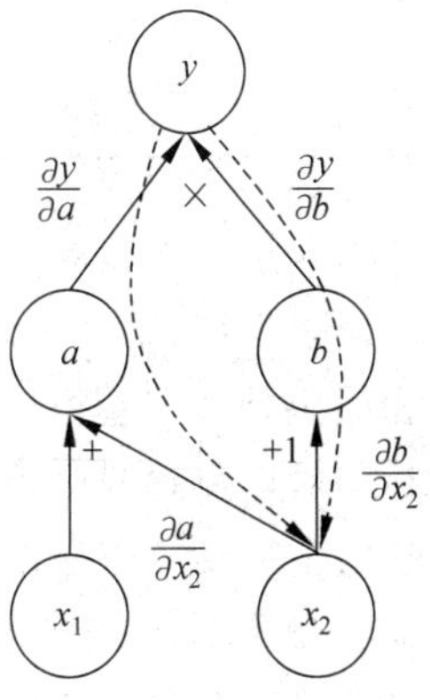

图 4-54 计算图示意图

第5章

第5章课件

卷积神经网络结构演化

常规的卷积神经网络主要由输入层、卷积层、激活层、池化层及全连接层等主要部分组成，如表 5-1 所示，各部分在网络运行中具有不同的功能。

表 5-1　卷积神经网络构成

卷积神经网络	输入层	去均值，将输入数据各个维度中心化到 0
		归一化，将幅度归一化到相同的量纲内
		PCA/白化（白化是将特征转换为正态分布），对数据各个特征轴归一化
		每层神经元数量
	卷积层	步长 stride
		填充 zero-padding
		卷积核参数共享
		卷积计算
	激励层	Sigmoid $f(x)=1/(1+e^{-x})$
		ReLU $f(x)=\max\{0,x\}$
		Leaky ReLU $f(x)=\begin{cases}\alpha x, & x<0\\ x, & x\geqslant 0\end{cases}$
	池化层	位于卷积层之间
		压缩数据量，减小过拟合
	全连接层	卷积神经网络尾部

输入层的参数对应于输入图像的宽度、高度及通道数。图 5-1 所示为一个典型的卷积神经网络模型，第一个卷积层对输入图像进行卷积操作，得到 3 个特征图，这里的“3”是由于卷积层包含 3 个卷积核，每个卷积核都可以对原始输入图像卷积，获得 1 个特征图，3 个卷积核就可以得到 3 个特征图。一个卷积层可以自由设定卷积核的数量，也就是说卷积层卷积核的个数是一个超参数。可以将特征图视为输入图像通过卷积变换提取到的图像特征信息，3 个卷积核就提取了原始图像的 3 组不同特征，也就得到了 3 个特征图。

在第一个卷积层之后，池化层对 3 个特征图进行下采样，得到 3 个更小的特征图。接着，第二个卷积层拥有 5 组卷积核，每组卷积核都将前一层下采样之后的 3 个特征图卷积后叠加在一起，得到 1 个新的特征图。这样，5 组卷积核就得到了 5 个特征图。第二个池化层对 5 个特征图进行下采样，得到了 5 个尺度更小的特征图。大部分 CNN 网络层次越深，得到的特征图尺寸会越小。这样不仅仅是为了减少计算与内存的需求，还有一个好处就是，最后提取的特征信息具有某种程度上的平移与尺度不变性。网络的最后两层是全连接层，第

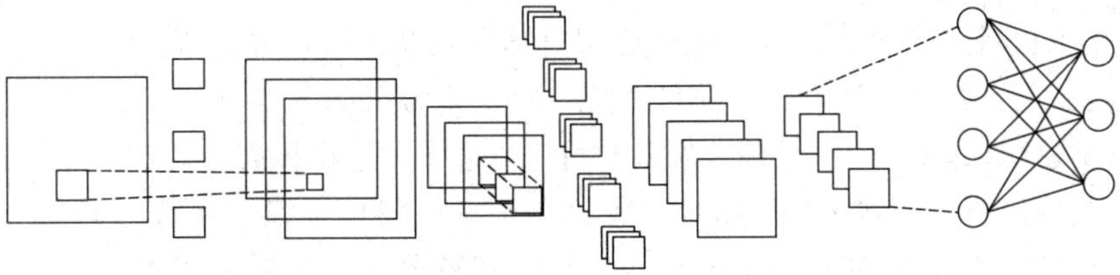

图 5-1 典型卷积网络结构

一个全连接层的每个神经元与上一层 5 个特征图中的每个神经元都相连，第二个全连接层（输出层）的每个神经元，则和第一个全连接层的每个神经元相连，最终得到整个网络的输出。

深度卷积网络常被用于物体识别、分类、检测等领域，从最初 LeNet5 的提出，随后经历了 AlexNet、VGG、Inception、ResNet 等各种典型架构模型。获得高质量模型最直接的方法是增加模型的深度（层数）或者宽度（层核或神经元数），但是这种设计思路会出现如下的缺陷：

（1）参数过多，若训练数据集有限，容易过拟合；

（2）网络越大计算复杂度越大，难以应用；

（3）网络越深，梯度传播越容易消失，难以优化模型。

解决上述缺点的一种方法是将全连接或是卷积转化为稀疏连接。为了打破网络对称性和提高学习能力，传统的网络都使用了随机稀疏连接。但是，计算机软硬件对非均匀稀疏数据的计算效率很差，所以在 AlexNet 中又重新启用了全连接层，目的是更好地优化并行运算，提高网络的效率。典型的卷积网络演变过程如图 5-2 所示。

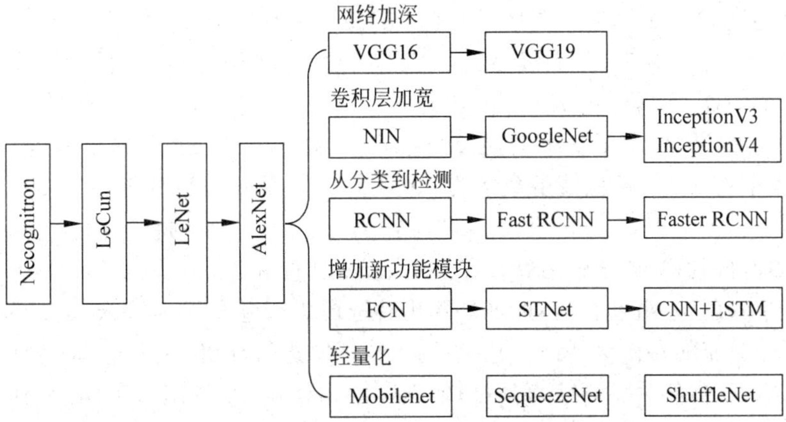

图 5-2 卷积网络演变过程

5.1 典型的卷积神经网络

5.1.1 卷积网络加深

1. LeNet 网络

LeNet 是一种经典的 CNN 网络结构，如图 5-3 所示。对于 LeNet 网络，每输入一张 32×32 大小的图片，网络最终会产生一个 84 维向量作为全连接层的输入信息，这个向量就是网络提取的输入图片的特征。LeNet 网络各层具体参数及计算过程如下：

（1）输入层：首先将输入图像的尺寸统一归一化为 32×32。

（2）C1 卷积层：C1 卷积层输入图片尺寸为 32×32、卷积核大小为 5×5、卷积核数量为 6、步长为 1、输出特征映射大小为 28×28（32－5＋1＝28）、可训练参数为（5×5＋1）×6＝156（共 6 个卷积核，每个卷积核 5×5＝25 个权值参数和一个偏置参数）。网络利用 6 个 5×5 的卷积核对输入图像进行卷积运算，每次卷积结果与偏置进行叠加，得到 6 个 28×28 的特征图。

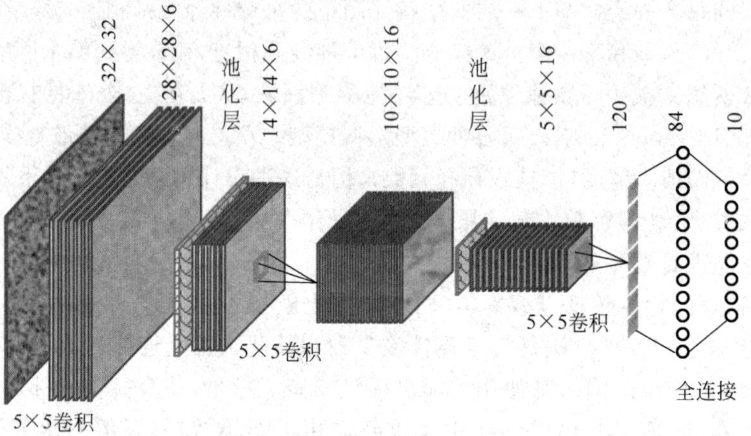

图 5-3　LeNet 网络结构

（3）S2 池化层：S2 层输入图像尺寸为 28×28、采样区域 2×2、平均池化采样方式、输出特征映射尺寸为 14×14、可训练参数为 2×6＝12（平均池化后的结果要乘以一个权值系数再加上一个偏置，最后经过 Sigmoid 函数激活。该层只有 2×6＝12 个需训练的参数）。

（4）C3 卷积层（使用了复杂的局部连接）：C3 层输入为 S2 层输出的若干特征图的组合、卷积核大小为 5×5、卷积核组数量为 16（实际为 6 种卷积核的组合）、步长为 1、输出特征映射尺寸 10×10（14－5＋1＝10）。S2 层输出 6 个 14×14 的特征图，C3 层的输出为 16 个特征图，如何得到这 16 个输出特征图？首先 S2 层的输出特征图为 14×14×6，C3 层的输入并不是直接采用 16 组卷积核对 S2 层输出特征图进行卷积作为输入，而是利用 6 个与输入特征图一一对应的卷积核，将不同数量输入特征图进行分组，并根据输入特征图的分组确定对应的卷积核组，然后卷积获得特征图。C3 层采用了 16 种组合策略，从而卷积生成 16 个输出特征图，如表 5-2 所示。

表 5-2　卷积网络特征图组合策略

	0	1	2	3	4	5	6	7	8	9	10	11	12	13	14	15
0	X				X	X	X			X	X	X	X		X	X
1	X	X				X	X	X			X	X	X	X		X
2	X	X	X				X	X	X			X		X	X	X
3		X	X	X			X	X	X	X			X		X	X
4			X	X	X			X	X	X	X		X	X		X
5				X	X	X			X	X	X	X		X	X	X

其中,X 表示包含该输入特征图。如 C3 中的第 3 号输出特征图,它包含 S2 层的第 3、4、5 号特征图,则 3 号特征图的计算过程如下。首先,网络的 6 组卷积核与 S2 层中 6 个原始输出特征图具有一一对应关系,取出“3”号原始输出特征图对应的 5×5 卷积核,与 S2 层中的“3”号特征图卷积,得到的特征图为 h_3;同理,取出“4”号原始输出特征图对应的 5×5 卷积核,与 S2 层中的“4”号特征图卷积,得到的特征图为 h_4;继续,取出“5”号原始输出特征图对应的 5×5 卷积核,与 S2 层中的“5”号特征图卷积,得到的特征图为 h_5;最后将 h_3、h_4、h_5 这 3 个特征图叠加得到新的特征图 h,并且对 h 中每个元素叠加偏移量 b,再通过 Sigmoid 激活函数,即可得到一张 C3 层的第 3 号输出特征图,过程如图 5-4 所示。

C3 中的每个输出特征图都是 S2 中 6 个或者几个特征映射的组合,表示本层的特征图是组合上一层不同的特征,这种不对称的组合连接方式有利于提取多种组合特征,同时也可以减少参数数量。该层网络可训练参数为 6×(3×5×5+1)+9×(4×5×5+1)+1×(6×5×5+1)=1516。

(5) S4 池化层:S4 层输入尺寸为 10×10、采样区域 2×2、采样方式为平均池化、输出特征图大小为 5×5、可训练参数为 2×16=32(平均池化后的结果乘以一个权值系数+偏置),最终结果通过 Sigmoid 函数激活。

(6) C5 卷积层:C5 层输入为 S4 层输出的 16 个 5×5 特征图、卷积核为 120 组 5×5×16、输出特征图的大小为 1×1、可训练参数/连接为 120×(16×5×5+1)=48,120(120 组 16×5×5)。

(7) F6 全连接层:输入为 C5 层的 120 维向量,F6 层有 84 个节点,再加上偏置,可训练参数为 84×(120+1)=10164,结果通过 Sigmoid 函数激活。因此,可以看出,全连接层具有的参数量较多。

(8) Output 全连接层:输出层也是全连接层,共有 10 个节点,分别代表数字 0~9,采用径向基函数作为分类器。

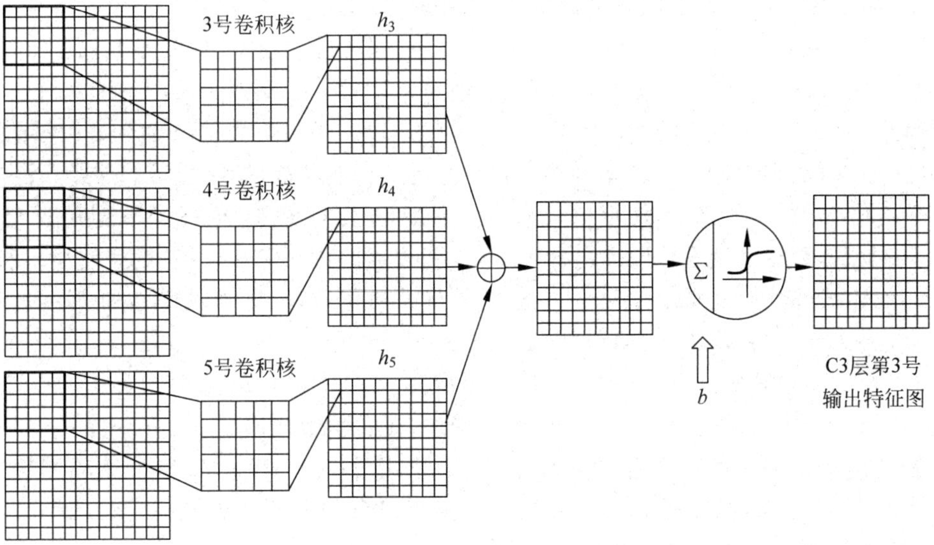

图 5-4 C3 层输出特征图生成原理图

2. AlexNet 网络

AlexNet 是 Geoffrey Hinton 和他的学生 Alex Krizhevsky 设计的，2012 年以 16.4%的显著优势问鼎 ImageNet LSVRC(ILSVRC)图片分类赛冠军，其训练集包括 127 万多张图片，验证集有 5 万张图片，测试集有 15 万张图片。AlexNet 也激起了人们对 CNN 研究的兴趣。图 5-5 为 AlexNet 的网络结构图。该模型首次采用了双 GPU 并行计算加速模式，即第一、二、四、五卷积层都是将模型参数分为两部分进行训练。并行结构分为数据并行与模型并行：数据并行是指在不同的 GPU 上，模型结构相同，但将训练数据进行切分，分别训练得到不同的模型，然后再将模型进行融合；而模型并行则是将若干层的模型参数进行切分，在不同的 GPU 上使用相同的数据进行训练，得到的结果直接作为下一层输入。AlexNet 使用 ReLU 函数作为激活函数，降低了 Sigmoid 类函数的计算量；利用 dropout 技术在训练期间选择性地剪掉某些神经元，避免模型过拟合，并引入最大池化技术对数据进行降维。

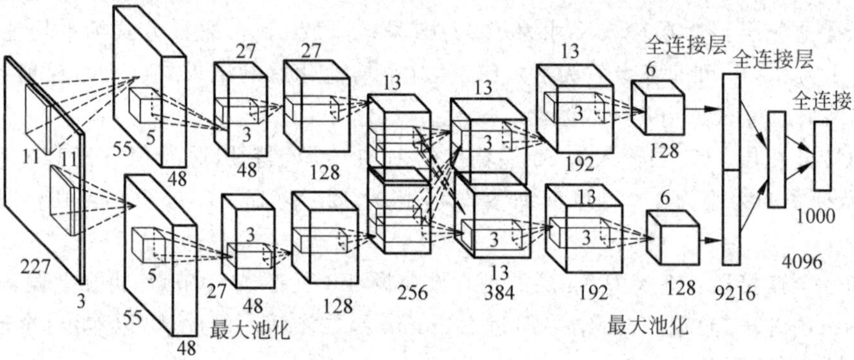

图 5-5 AlexNet 网络结构

AlexNet 模型图的基本参数为

(1) 输入层：图片尺寸 224×224，包含 3 通道，处理后尺寸为 227×227。

(2) 第一卷积模块：96 个 11×11×3 大小的卷积核进行卷积，步长为 4，产生 55×55×96 的特征图((227−11)/4+1=55)，96 通道的特征图被分配到两个 GPU 中，每个 GPU 上 48 个特征图；2 组 48 通道的特征图分别在对应的 GPU 中进行 ReLU 激活，并采用了局部响应归一化 LRN 操作(LRN 模拟神经生物学上的侧抑制功能，即被激活的神经元会抑制相邻的神经元，实现局部抑制，使得响应较大的激活值相对更大，提高了模型的泛化能力。LRN 只对相邻数据区域进行归一化处理，不改变数据的大小和维度)；然后利用步长为 2、3×3 的池化核进行最大池化(AlexNet 应用了重叠池化方法，即池化操作的部分像素上有重合)，生成 2 组 27×27×48 的特征图((55−3)/2+1=27)。

(3) 第二卷积模块：每块 GPU 内特征图维度为 27×27×48，使用 2 组尺度为 5×5×128 的卷积核，分别在两个 GPU 上进行卷积操作，在卷积中使用了 padding 操作，上下左右各填充 2 个像素，最终产生 2 组 27×27×128 的特征图；2 组 27×27×128 的卷积特征图进行激活和 LRN 操作，然后利用步长为 2、3×3 的池化核进行最大池化，产生 2 组 13×13×128 的特征图，最后合并为 13×13×256 的特征图。

(4) 第三卷积模块：输入特征图为 13×13×256，利用 3×3×256×384 的卷积核进行卷积，采用了 padding 设置，产生 13×13×384 的特征图，然后通过 ReLU 激活。

(5) 第四卷积模块：13×13×384 的输入特征图，经过 0 填充，利用 3×3×384×384 的卷积核进行卷积，产生 13×13×384 的输出特征图，然后进行激活与 LRN 操作，最后将特征图平均分配到 2 个 GPU 上，每个 GPU 获得 13×13×192 的输入特征图。

(6) 第五层卷积：每个 GPU 分别获得 13×13×192 的输入特征图，采用 3×3×192×128 的卷积核进行卷积处理，设置有 1 个像素 padding 参数，输出 2 组 13×13×128 的特征图；然后进行激活与 LRN 操作，并利用步长为 2、3×3 的池化核进行池化操作，产生 2 组 6×6×128 的特征图输出，然后将池化结果进行合并，产生 6×6×256 的特征图。

(7) 第一层全连接：输入 6×6×256 的特征图被转换为 9216 维的输入向量。

(8) 第二层全连接：第二隐含层维度为 4096 维，激活函数采用 ReLU，同时采用了概率为 0.5 的 Dropout 策略。

(9) Softmax 层：输出为 1000 维，采用 Softmax 进行分类，输出的每一维都是图片属于该类别的概率。

3. VGG 网络

2014 年，VGG 模型获得了 ILSVRC 分类赛第二名。VGG 网络探索了卷积网络深度与性能、准确率之间的关系。VGG 的思想刚好与 LeNet 的设计原则相悖，LeNet 认为大的卷积核能够捕获图像中更多相似的特征，AlexNet 在网络前端也使用了 11×11、5×5 的卷积核。较大的卷积核需要较大的计算成本，减少卷积核尺寸能够减少模型参数，同时节省运算开销。VGG 第一次在卷积层使用了更小的 3×3 卷积核对图像进行卷积，并把这些小的卷积核排列起来作为一个卷积序列，即对原始图像进行 3×3 卷积后再进行 3×3 卷积，VGG 网络通过多个 3×3 卷积核模仿较大卷积核的计算效果，对图像进行局部感知。VGG 网络通过反复堆叠 3×3 卷积和 2×2 的池化，得到了最大深度为 19 层的网络。VGG 模型并不复杂，只采用了 3×3 一种卷积核，卷积层基本就是“卷积-ReLU-池化”的结构，没有使用 LRN 层。AlexNet 与 VGG16 网络卷积运算对比如图 5-6 所示。

VGG 网络具有如下特点：

(1) VGG 采用了较深的网络，最多达到 19 层，证明了网络越深，高阶特征提取越多，从而提升网络准确率。

(2) VGG 串联多个小卷积，相当于一个大卷积。VGG 中使用两个串联的 3×3 卷积，达到一个 5×5 卷积计算的效果，但参数量却只有之前的 9/25；同时串联多个小卷积，也增加了使用 ReLU 非线性激活的概率，从而增加了模型的非线性特征。

(3) VGG 有 11 层、13 层、16 层、19 层等多种不同复杂度的结构。使用复杂度低的模型的训练结果，来初始化复杂度高的模型的权重等参数，这样可以加快网络收敛速度。表 5-3 为不同的 VGG 模型参数配置表。

VGG 网络模型计算过程如下：

(1) 输入卷积：输入图像尺寸为 224×224×3，经 64 组 3×3×3 的卷积核，步长为 1，padding 填充，卷积两次，再经 ReLU 激活，提取得到 224×224×64 的特征图。

(2) 最大池化：利用步长为 2、2×2 的池化核对特征图进行池化操作，获得 112×112×64 的特征图。

(3) 卷积：利用 128 组 3×3×64 及 128 组 3×3×128 的卷积核对特征图进行两次卷积操作，然后经 ReLU 激活，输出 112×112×128 的特征图。

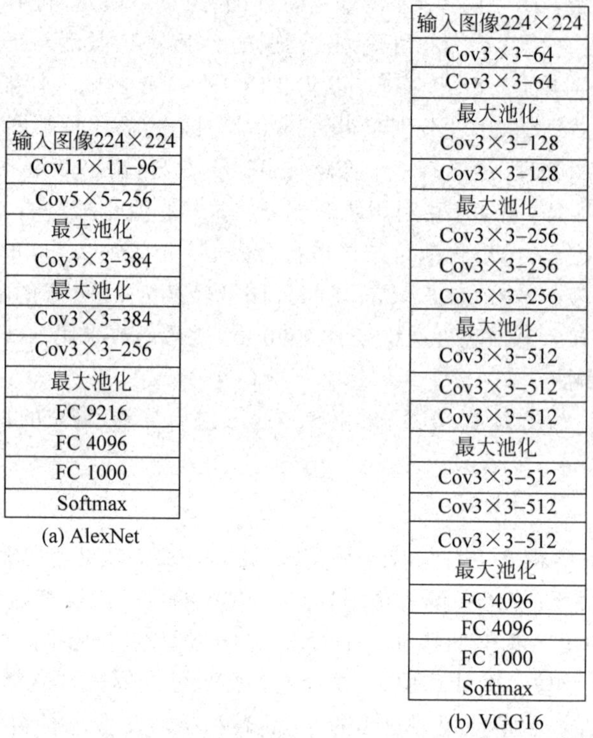

图 5-6 AlexNet 与 VGG16 网络卷积运算对比

(4) 最大池化：利用步长为 2、2×2 的池化核进行池化操作，输出 56×56×128 的特征图。

(5) 卷积：利用 256 组 3×3×128、256 组 3×3×256、256 组 3×3×256 的卷积核进行三次卷积，经 ReLU 激活，输出 56×56×256 的特征图。

表 5-3 不同 VGG 模型参数配置表

A	A-LRN	B	C	D	E
11 layers	11 layers	13 layers	16 layers	16 layers	19 layers
输入图像 224×224					
Cov3×3－64	Cov3×3－64 LRN	Cov3×3－64 Cov3×3－64	Cov3×3－64 Cov3×3－64	Cov3×3－64 Cov3×3－64	Cov3×3－64 Cov3×3－64
最大池化					
Cov3×3－128	Cov3×3－128	Cov3×3－128 Cov3×3－128	Cov3×3－128 Cov3×3－128	Cov3×3－128 Cov3×3－128	Cov3×3－128 Cov3×3－128
最大池化					
Cov3×3－256 Cov3×3－256	Cov3×3－256 Cov3×3－256	Cov3×3－256 Cov3×3－256	Cov3×3－256 Cov3×3－256 Cov3×3－512	Cov3×3－256 Cov3×3－256 Cov3×3－256	Cov3×3－256 Cov3×3－256 Cov3×3－256 Cov3×3－256

续表

A	A-LRN	B	C	D	E
11 layers	11 layers	13 layers	16 layers	16 layers	19 layers
最大池化					
Cov3×3－512 Cov3×3－512	Cov3×3－512 Cov3×3－512	Cov3×3－512 Cov3×3－512	Cov3×3－512 Cov3×3－512 Cov3×3－512	Cov3×3－512 Cov3×3－512 Cov3×3－512	Cov3×3－512 Cov3×3－512 Cov3×3－512 Cov3×3－512
最大池化					
Cov3×3－512 Cov3×3－512	Cov3×3－512 Cov3×3－512	Cov3×3－512 Cov3×3－512	Cov3×3－512 Cov3×3－512 Cov3×3－512	Cov3×3－512 Cov3×3－512 Cov3×3－512	Cov3×3－512 Cov3×3－512 Cov3×3－512 Cov3×3－512
最大池化					
FC 4096					
FC 4096					
FC 1000					
Softmax					

(6) 最大池化：利用步长为 2、2×2 的池化核对特征图进行池化操作，输出 28×28×256 的特征图。

(7) 卷积：利用 512 组 3×3×256、512 组 3×3×512、512 组 3×3×512 的卷积核对输入进行三次卷积，经 ReLU 激活，输出 28×28×512 的特征图。

(8) 最大池化：利用步长为 2、2×2 的池化核对特征图进行池化操作，输出 14×14×512 的特征图。

(9) 卷积：利用 512 组 3×3×512、512 组 3×3×512、512 组 3×3×512 的卷积核对输入特征图进行三次卷积，并经 ReLU 激活，输出 14×14×512 的特征图。

(10) 最大池化：利用步长为 2、2×2 的池化核对特征图进行池化操作，输出 7×7×512 的特征图。

(11) 特征图展开：将二维输入特征图转换为一维向量模式 7×7×512＝25088。

(12) 全连接：构造隐层单元数为 4096 的双隐层全连接网络，输出层为具有 ReLU 激活的 1000 个节点的输出神经元。

(13) 最后利用 Softmax 输出 1000 个预测结果，网络结构图如图 5-7 所示。

5.1.2 卷积网络拓宽

1. GoogleNet 网络

深度学习在图像和视频内容分类等领域取得了极大的成功。很多在这之前对深度学习和神经网络都保持怀疑态度的人，都开始对深度学习产生兴趣。深度学习使得神经网络不再是海市蜃楼、花拳绣腿，而是变得越来越实用。谷歌、百度、阿里、华为等科技巨头都已经在深度学习领域开始布局，成立了各种各样的人工智能实验室。

2014 年，在谷歌工作的 Christian Szegedy 为了找到一个能有效地减少计算资源的深度

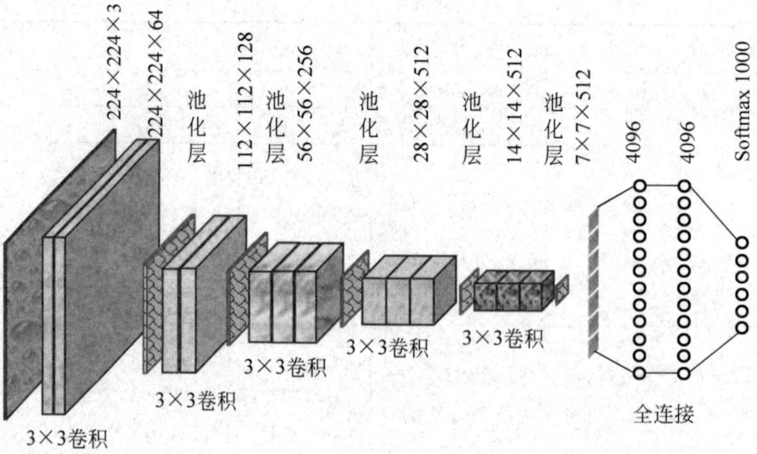

图 5-7　VGG16 结构图

神经网络结构,提出了 GoogleNet(Inception V1)。如何才能减少深度神经网络的计算量,同时获得比较好的预测性能?即使不能两全其美,退而求其次也是个不错的选择,即在相同的计算成本下,能够更好地提升网络性能。于是 Christian 和他的团队从增加网络宽度的思路构造了 GoogleNet 网络,网络由 Inception 模块组成。GoogleNet 主要围绕两个思路进行网络设计。

(1) 深度:层数更深,利用 Inception 模块(如图 5-8),网络达到 22 层的深度,为了避免梯度消失问题,GoogleNet 巧妙地在不同深度处增加了两个损失来避免梯度回传消失的现象。

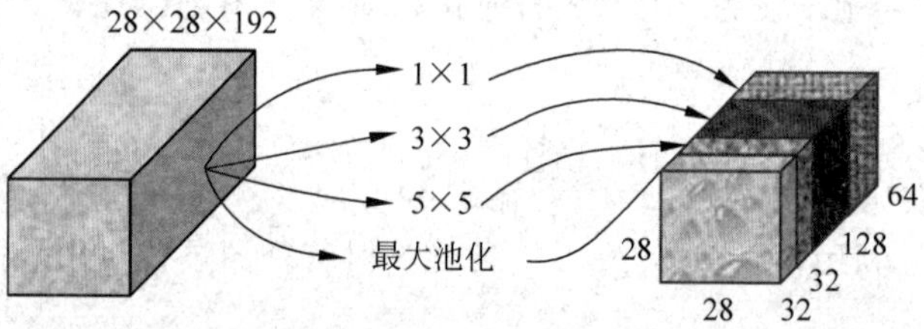

图 5-8　原始 Inception module V1

(2) 宽度:采用了 1×1、3×3、5×5 多种卷积核以及直接最大池化对输入特征图进行处理,但是如果简单地将这些应用到特征图上,组合起来的特征图厚度将会很大。GoogleNet 为了避免这一现象,在 3×3 卷积前、5×5 卷积前及最大池化后分别加入了 1×1 的卷积核,以起到降低特征图厚度的作用,最终的 Inception 模块如图 5-9 所示。

Inception 模块具有并联的四路计算支路,分别为单独的 1×1 卷积、1×1 串联 3×3 卷积、1×1 串联 5×5 卷积、池化后 1×1 卷积。不同的卷积结构可以提取不同的特征,然后将特征组合在一起输出。1×1、3×3、5×5 等不同尺寸的卷积核,增加了特征提取面积的多样性,从而减少过拟合。

在 Inception 模块中创新性地使用了 1×1 卷积核来减少后续并行操作的特征数量,这个思想被称为瓶颈层。虽然操作减少,但网络并没有失去这一层特征。实际上,瓶颈层在 ImageNet 数据集上表现非常出色,并且在后续的神经卷积网络架构中经常被采用,例如

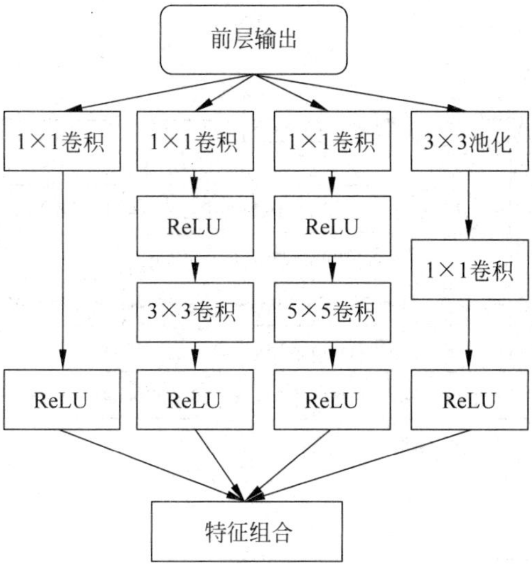

图 5-9 改进后的 Inception module V1

ResNet。瓶颈层成功的原因是输入特征是相关的，因此适当地与 1×1 卷积组合可以去除冗余信息。假设输入 256 个特征图，256 个特征图输出，若 Inception 层只执行 3×3 的卷积，那么就需要进行 256×256×3×3＝589824 的卷积操作，这些计算开销还是很大的。瓶颈层的思想是先减少特征图的数量，如首先执行 64 组 256×1×1 卷积，得到 64 张特征图，然后在所有瓶颈层的分支上对 64 张特征图进行 3×3 常规卷积，最后再使用 256 组 64×1×1 卷积核进行卷积，操作量为：64×256×1×1＝16384、64×64×3×3＝36864、256×64×1×1＝16384，总共约 70000。而没有采用瓶颈层时操作量有近 600000，是采用瓶颈层时近 10 倍的运算量。GoogleNet 网络如图 5-10 所示。

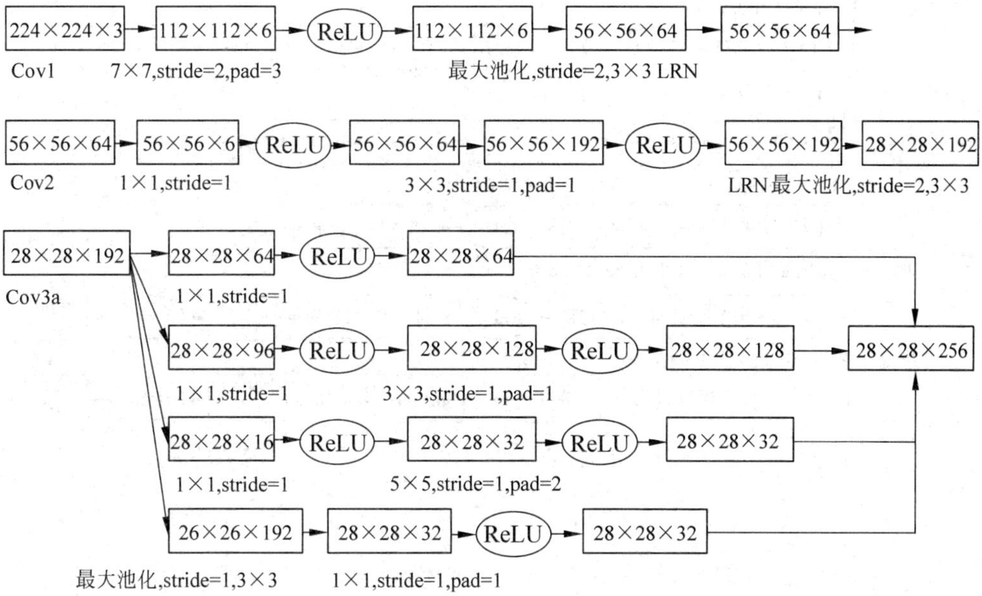

图 5-10 GoogleNet 网络

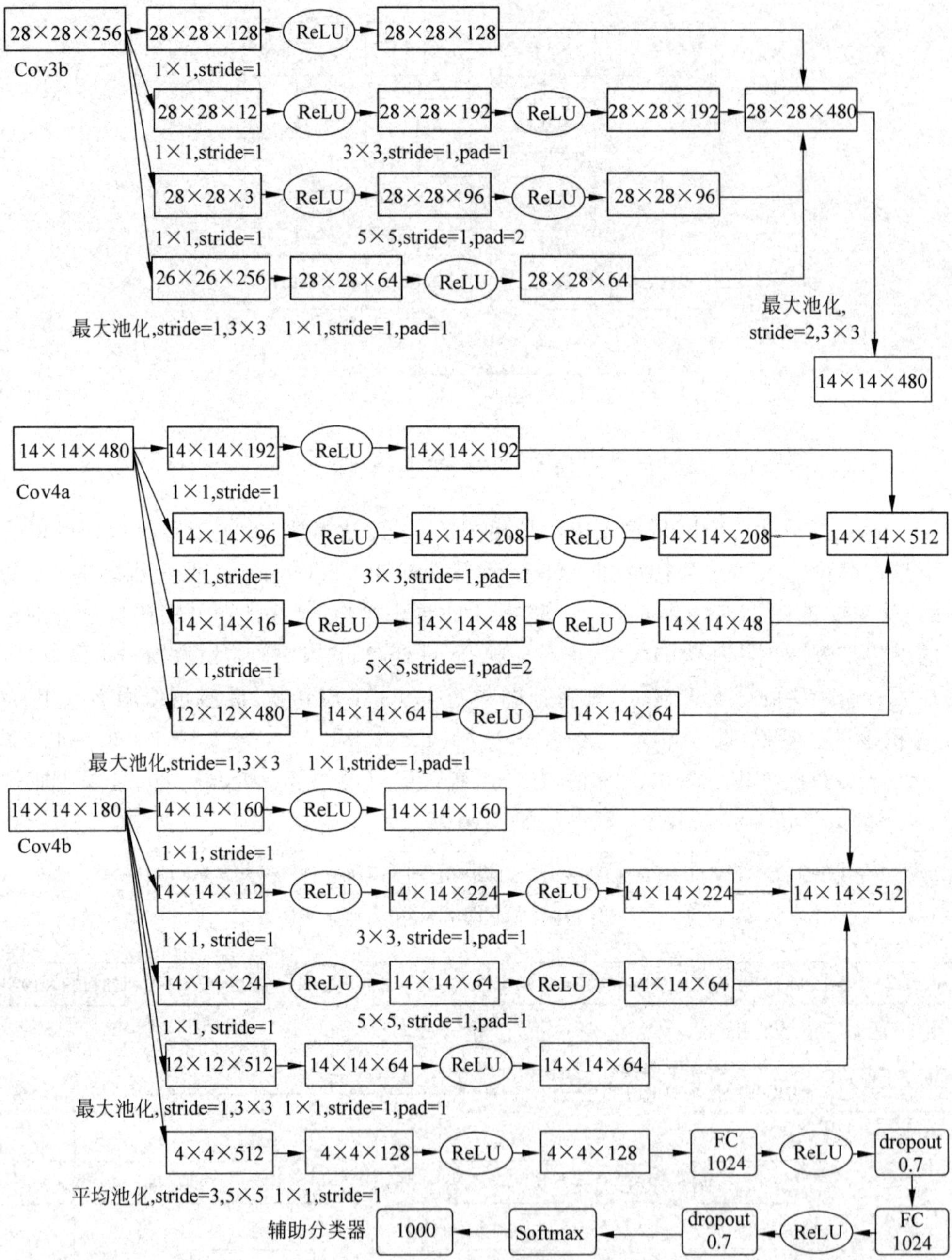
28×28×256
Cov3b
28×28×128
ReLU
28×28×128
1×1,stride=1
28×28×12
ReLU
28×28×192
ReLU
28×28×192
28×28×480
1×1,stride=1
3×3,stride=1,pad=1
28×28×3
ReLU
28×28×96
ReLU
28×28×96
1×1,stride=1
5×5,stride=1,pad=2
26×26×256
28×28×64
ReLU
28×28×64
最大池化,stride=1,3×3
1×1,stride=1,pad=1
最大池化,
stride=2,3×3
14×14×480
14×14×480
Cov4a
14×14×192
ReLU
14×14×192
1×1,stride=1
14×14×96
ReLU
14×14×208
ReLU
14×14×208
14×14×512
1×1,stride=1
3×3,stride=1,pad=1
14×14×16
ReLU
14×14×48
ReLU
14×14×48
1×1,stride=1
5×5,stride=1,pad=2
12×12×480
14×14×64
ReLU
14×14×64
最大池化,stride=1,3×3
1×1,stride=1,pad=1
14×14×180
Cov4b
14×14×160
ReLU
14×14×160
1×1, stride=1
14×14×112
ReLU
14×14×224
ReLU
14×14×224
14×14×512
1×1, stride=1
3×3, stride=1,pad=1
14×14×24
ReLU
14×14×64
ReLU
14×14×64
1×1, stride=1
5×5, stride=1,pad=1
12×12×512
14×14×64
ReLU
14×14×64
最大池化,stride=1,3×3
1×1,stride=1,pad=1
4×4×512
4×4×128
ReLU
4×4×128
FC
1024
ReLU
dropout
0.7
平均池化,stride=3,5×5
1×1,stride=1
辅助分类器
1000
Softmax
dropout
0.7
ReLU
FC
1024

图 5-10 （续）

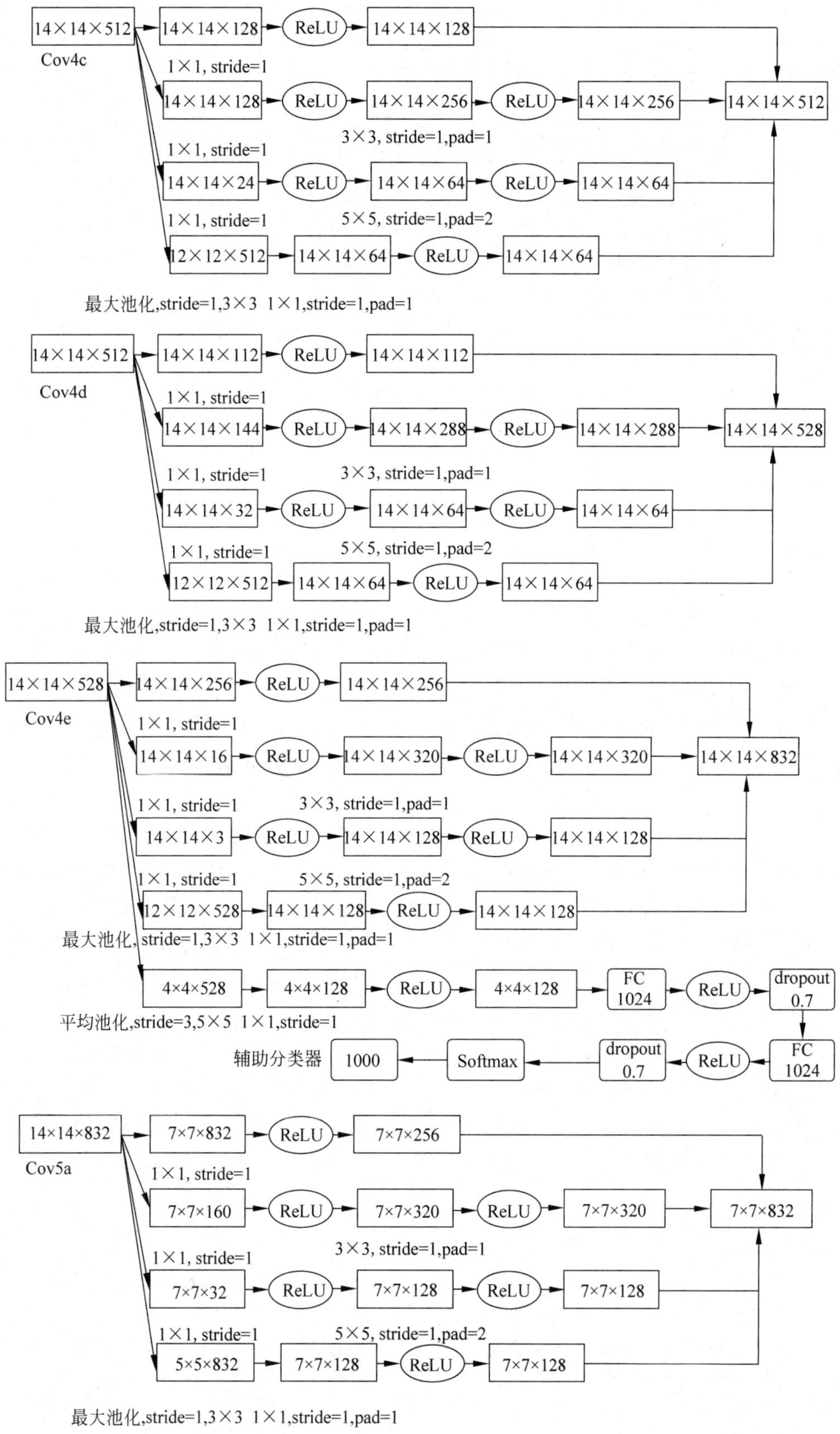
14×14×512
Cov4c
14×14×128
ReLU
14×14×128
1×1, stride=1
14×14×128
ReLU
14×14×256
ReLU
14×14×256
14×14×512
3×3, stride=1,pad=1
1×1, stride=1
14×14×24
ReLU
14×14×64
ReLU
14×14×64
1×1, stride=1
5×5, stride=1,pad=2
12×12×512
14×14×64
ReLU
14×14×64
最大池化,stride=1,3×3 1×1,stride=1,pad=1
14×14×512
Cov4d
14×14×112
ReLU
14×14×112
1×1, stride=1
14×14×144
ReLU
14×14×288
ReLU
14×14×288
14×14×528
1×1, stride=1
3×3, stride=1,pad=1
14×14×32
ReLU
14×14×64
ReLU
14×14×64
1×1, stride=1
5×5, stride=1,pad=2
12×12×512
14×14×64
ReLU
14×14×64
最大池化,stride=1,3×3 1×1,stride=1,pad=1
14×14×528
Cov4e
14×14×256
ReLU
14×14×256
1×1, stride=1
14×14×16
ReLU
14×14×320
ReLU
14×14×320
14×14×832
1×1, stride=1
3×3, stride=1,pad=1
14×14×3
ReLU
14×14×128
ReLU
14×14×128
1×1, stride=1
5×5, stride=1,pad=2
12×12×528
14×14×128
ReLU
14×14×128
最大池化, stride=1,3×3 1×1,stride=1,pad=1
4×4×528
4×4×128
ReLU
4×4×128
FC 1024
ReLU
dropout 0.7
平均池化,stride=3,5×5 1×1,stride=1
辅助分类器
1000
Softmax
dropout 0.7
ReLU
FC 1024
14×14×832
Cov5a
7×7×832
ReLU
7×7×256
1×1, stride=1
7×7×160
ReLU
7×7×320
ReLU
7×7×320
7×7×832
1×1, stride=1
3×3, stride=1,pad=1
7×7×32
ReLU
7×7×128
ReLU
7×7×128
1×1, stride=1
5×5, stride=1,pad=2
5×5×832
7×7×128
ReLU
7×7×128
最大池化,stride=1,3×3 1×1,stride=1,pad=1

图 5-10 （续）

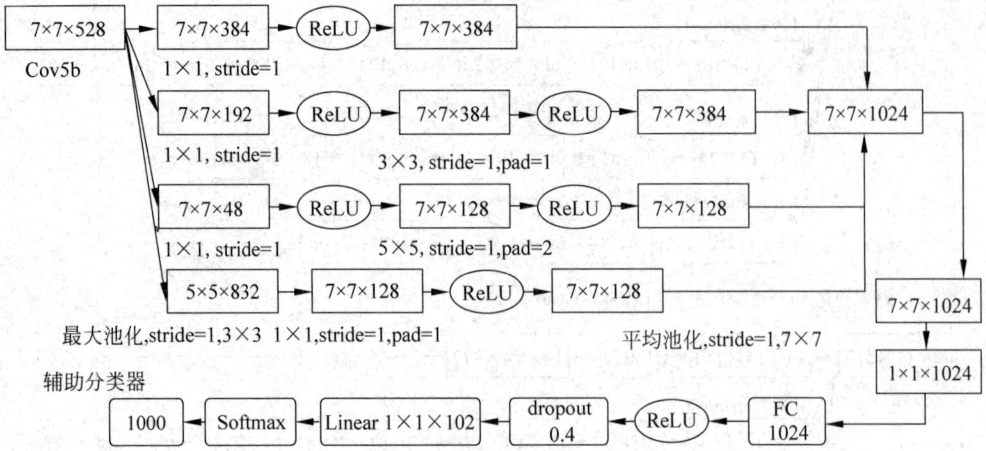

图 5-10 （续）

2. Inception V2 & V3 网络

2015 年 2 月，Christian 团队又提出了 GoogleNet 的改进版 Inception V2 网络，该网络在原有 GoogleNet 网络中加入批归一化层。批归一化层计算输出所有特征图的平均值和标准差，并使用这些值对其响应进行归一化。这对于"白化"数据非常有效，使得所有神经层响应具有相同范围，并且具有零均值的特性。每一层网络不必学习输入数据的偏移，因此网络可以专注于如何最好地组合特征，这有助于网络的训练；同时模型参考了 VGG 的设计思路，使用了两个 3×3 卷积核串联代替 5×5 卷积核，减小了计算量。Inception V2 模块如图 5-11 所示。

2015 年 12 月，谷歌又提出了 Inception V3 模块和相应的网络架构，使用 1×3 和 3×1 的非对称卷积来代替一个 3×3 的卷积，如图 5-12、图 5-13 所示，在进一步降低了参数的同时，提高了卷积的多样性，并且更好地解释了 GoogleNet 通过平衡深度和宽度构建网络的思想。网络架构最后的输出还是与 GoogleNet 一样，使用 Softmax 层作为输出分类器。

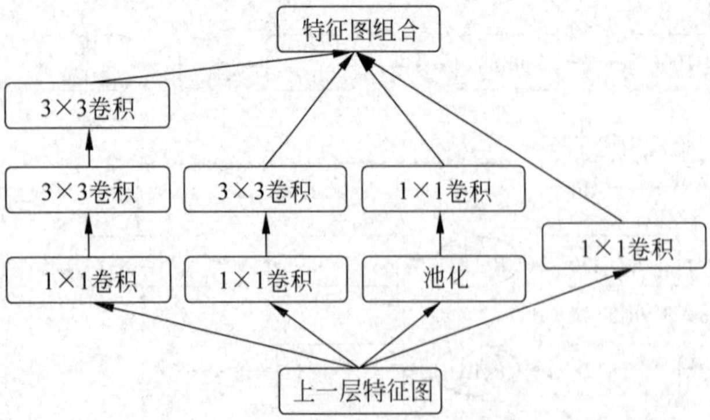

图 5-11 Inception V2 module

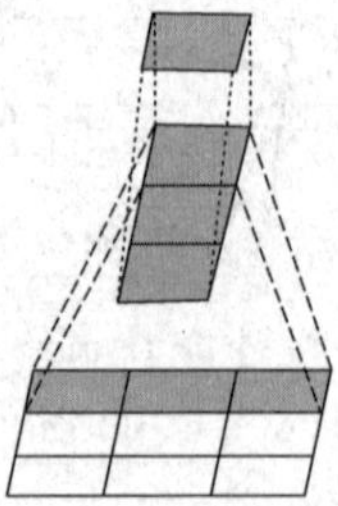

图 5-12 1×3 与 3×1 的卷积效果

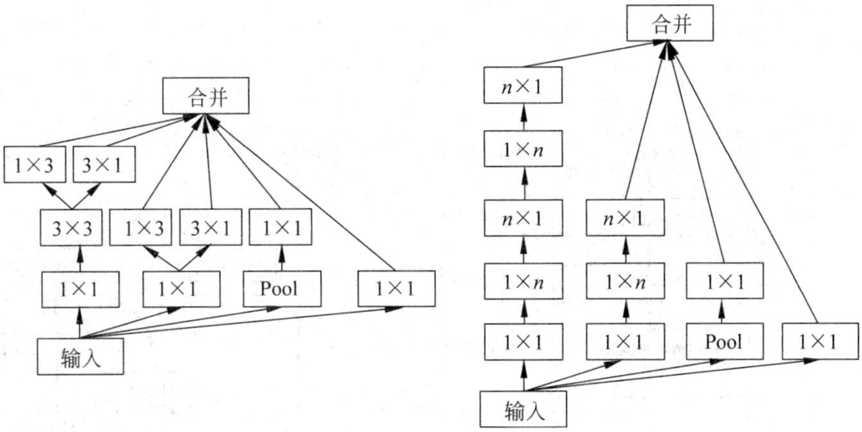

图 5-13 Inception V3

随着 ResNet 的提出，谷歌在 Inception V3 的基础上，引入了残差结构，并修改 Inception 模块，提出了 Inception V4 网络架构，如图 5-14 所示。通过残差结构的引入，进一步提升了网络的性能。

5.1.3 残差网络

Inception 网络架构并没有解决深度网络难以训练、梯度传输容易消失的问题。2015 年 12 月何恺明等人提出了残差网络架构，在模型中采用了残差连接的方式构建网络，并赢得了 2015 年 ILSVRC 挑战赛冠军，将错误率降到了 3.57%，远远低于 5.1%的人眼识别错误率。ResNet 是近年来 CNN 发展中最为重要的一个网络结构，后面众多的模型都是基于 ResNet 的思想进行的网络设计。

常规网络需要学习输入输出完整的重构映射，创建输出。当网络所学习的模型过于复杂时，网络难以精确重构其输入输出映射。直连结构的引入，使得网络只需要学习输出和输入的差值即可，将绝对量学习转换为相对量学习，使得网络易于训练，因此被称为残差网络。通过引入残差、identity 恒等映射，为梯度的反传提供了一个高速通道，如图 5-15 所示，在避免了梯度消失问题的同时，也使得网络更加容易训练，研究人员也因此可以设计更深的网络，提升网络的复杂映射能力。由于绕过 2 层可以看作是在网络中增加一个小分类器，因此残差模块中只有单层网络的话实际上并没有太多的帮助。虽然看上去好像并没有什么优势，但是通过这种架构的设计，最后实现了超过 1000 层神经网络的训练。VGG19 拥有 190 万个参数，而 34 层 ResNet 却只有 36 万参数。

ResNet 首先使用一个 7×7 大小的卷积核对输入进行卷积，然后进行池化操作。残差网络提出了基线块和瓶颈块两种残差单元。基线块包含两组 3×3 的卷积，卷积中使用了批归一化和 ReLU 激活函数。瓶颈块包括三个堆叠的部分，采用 1×1、3×3 和 1×1 的卷积代替了基线块的设计：两个 1×1 的卷积操作被用来减少和恢复维度，输出特征数为原来的 1/4，这使得中间的 3×3 的卷积可以在一个密度相对较低的特征向量上进行操作；然后再次使用 1×1 的卷积核，使输出的特征与输入的特征图数量相同。瓶颈块能够大量地降低计算量，但是却保留了丰富的高维特征信息。此外，每次卷积之后、每个非线性 ReLU 之前都应

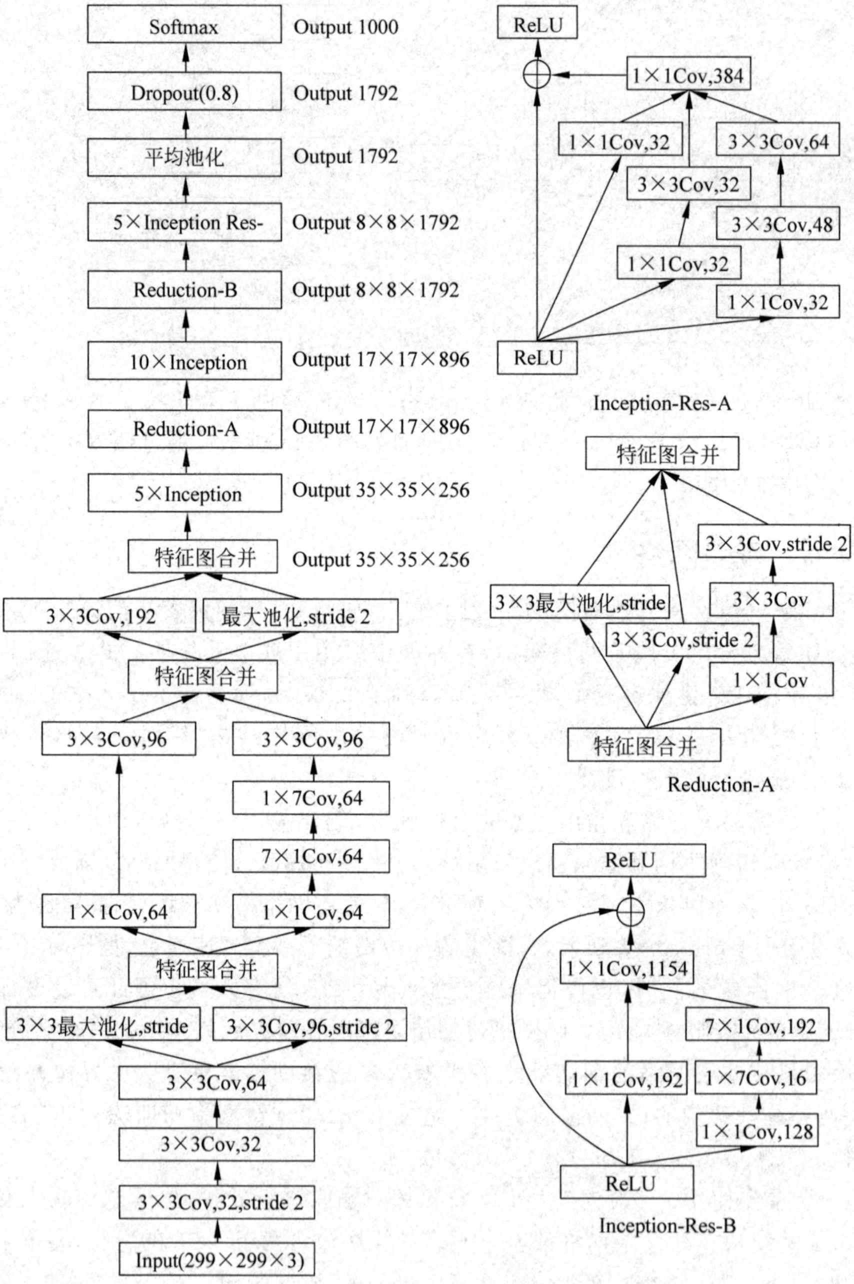

图 5-14　Inception V4

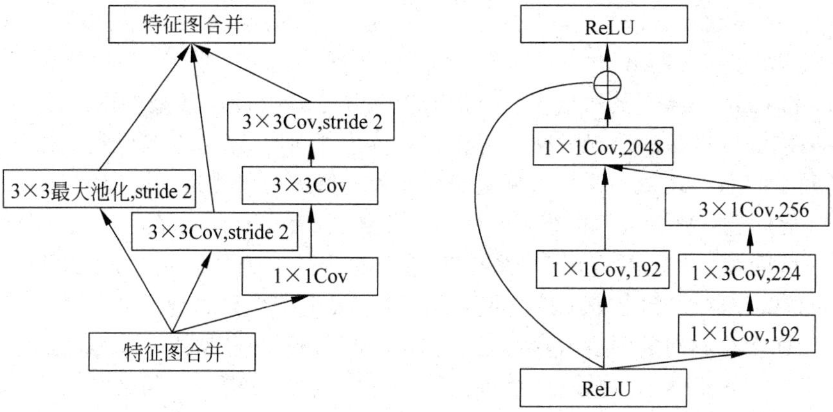

Reduction-B　　Inception-Res-C

图 5-14 （续）

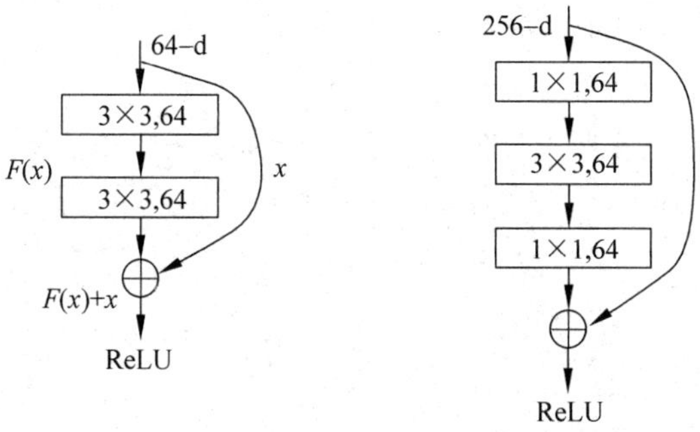

图 5-15 残差模块(左：基线块；右：瓶颈块)

用了批归一化操作。网络最后采用一个池化层连接 Softmax 分类器，如图 5-16 所示。

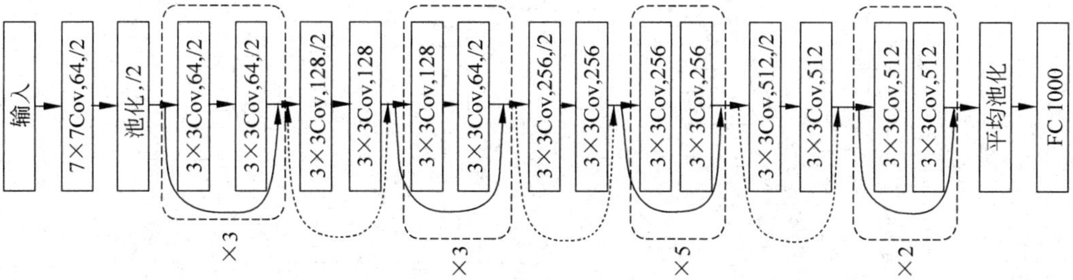

图 5-16 残差网络结构

在 ResNet 中，采用直连绕过两层的方式构造残差模块，并且大规模地在网络中应用这种模式，网络层数由 GoogleNet 的 22 层到了 ResNet 的 50 层、152 层、1000 层等，构造了更深的神经网络模型，为应用问题的解决奠定了基础。

5.2 轻量化网络

神经网络层数越深，网络所具有的非线性映射学习能力也就越强。为了获得更好的性能，神经网络的层数不断增加，从 7 层 AlexNet 发展到 16 层 VGG 网络，再从 16 层 VGG 网络到 22 层 GoogleNet 网络，再从 22 层 GoogleNet 网络到 152 层 ResNet 网络，还有上千层的 ResNet 和 DenseNet。虽然利用了巧妙的训练方法并设计了新型的网络架构，克服了传统网络在网络深度极深的情况下梯度无法有效传输等问题，网络性能得到了提高，但随之而来的就是效率问题。效率问题是指模型的存储和模型进行预测推理的速度问题。

(1) 存储问题：数百层的网络具有大量的权值，保存大量的权值需要大量存储空间；

(2) 速度问题：在实际应用中，系统响应要求往往是毫秒级别，为了达到实际应用标准，要么提高处理器性能(依靠 CPU 速度的提升)，要么减少计算量。

减少计算量有不同的手段，包括知识蒸馏法、低秩剪枝、模型压缩等方法，即在已经训练好的模型上进行知识蒸馏、剪枝、压缩等操作，使得网络携带更少的网络参数，从而解决内存问题，同时也可以解决速度问题。另外一种方式是直接设计轻量化的网络结构，主要思想在于设计更高效的“网络计算方式”(主要针对卷积)，从而在降低网络参数量或加快运算速度的同时，不损失网络性能。轻量化模型的设计主要通过减少计算量、缩减网络参数、简化底层设计等方式来实现网络效率的提升。

1. SqueezeNet

SqueezeNet 由伯克利和斯坦福的研究人员合作发表于 ICLR-2017。在 SqueezeNet 中提出了 fire module，由 squeeze 层与 expand 层组成，如图 5-17 所示。

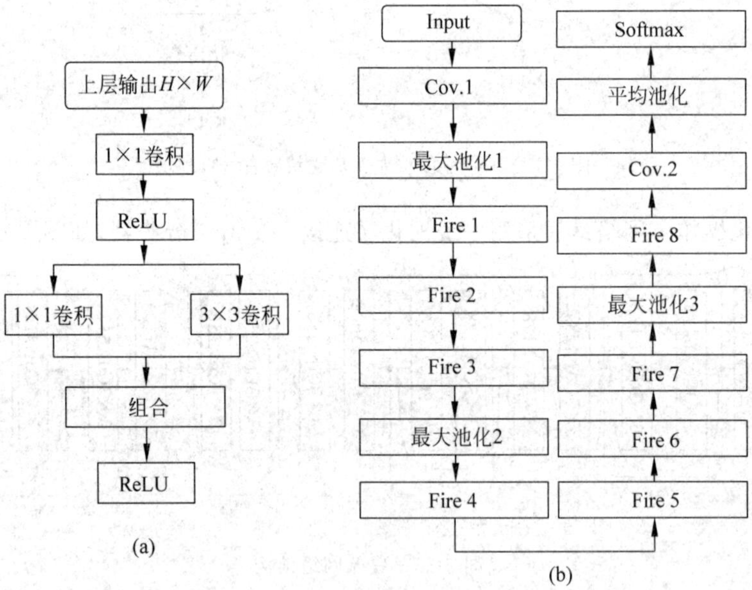

图 5-17 SqueezeNet 网络

(a) Fire module; (b) SqueezeNet

SqueezeNet 核心思想是利用 squeeze 层的 1×1 卷积减少特征图的数量；expand 层分别利用 1×1 和 3×3 卷积对输入进行卷积处理，然后组合特征图。网络结构设计思想与 VGG 类似，堆叠地使用卷积操作，只不过采用不同的堆叠方式。

2. MobileNet

MobileNet 由 Google 团队在 CVPR2017 上提出，采用深度可分离的卷积方式代替传统卷积，以减少网络参数，如图 5-18、图 5-19 所示为传统卷积与深度可分离卷积过程示意图。深度可分离卷积与组卷积类似，利用一个卷积核负责一个通道的特征提取。MobileNet 首先利用深度可分离卷积对输入进行组卷积处理，即一个卷积核负责一个通道，一个通道只被一个卷积核卷积；然后，利用 1×1 点卷积将深度可分离卷积得到的特征图再“串”起来，产生输出特征图。MobileNet 与 GoogleNet 相比，虽然具有相同量级的参数，但是在运算量上却小于 GoogleNet 一个量级，这得益于深度可分离卷积操作。在相同的权值参数量的情况下，相较于标准卷积操作，深度可分离卷积操作可以减少数倍的计算量，从而达到提升网络运算速度的目的。但是采用深度可分离卷积会产生“信息流通性不畅”的问题，即输出的特征图仅包含各自输入通道特征图的特征，采用 1×1 点卷积就是为了解决这个问题。

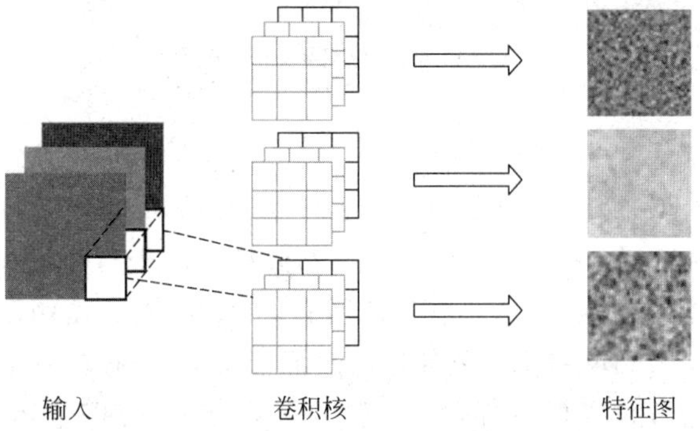

图 5-18　常规卷积过程

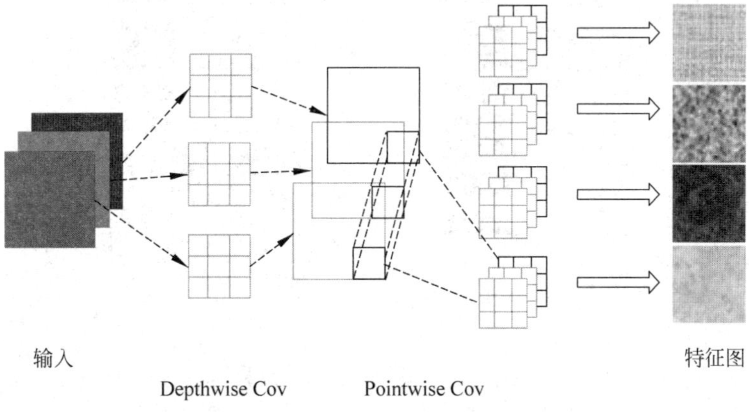

图 5-19　Depth-wise 卷积过程

MobileNet V2 提出了线性瓶颈。由于 ReLU 会破坏低维空间的数据信息，而对高维空间影响较少，因此，在低维空间中使用线性激活函数代替 ReLU，避免非线性操作破坏过多的低维空间信息。MobileNet V2 在深度可分离卷积前添加 1×1 点卷积层，如图 5-20 所示。添加了 1×1 点卷积之后，深度可分离卷积的卷积核数量取决于之前的 1×1 点卷积的通道数，而此时通道数是可以任意调整的，因此解除了常规卷积对卷积核个数的限制。另外，MobileNet V2 在特定的模块中加入了残差连接，但不同的是 ResNet 中的瓶颈层是通过 1×1 卷积层进行降维操作，而 MobileNet V2 的 1×1 卷积层是升维处理。这是由于 MobileNet 使用了深度可分离卷积，参数量已经极少，如果进行降维操作，泛化能力将不足。

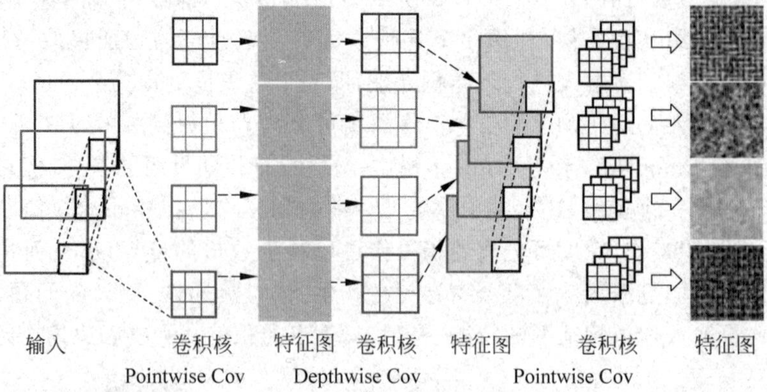

图 5-20 MobileNet V2 卷积模块

3. ShuffleNet

ShuffleNet 是由 Face++团队在 2017 年提出的，晚于 MobileNet 两个月公开。Shuffle 实质就是指通道混合操作，即将各通道部分特征图进行有序地打乱，构成新的特征图，以解决组卷积带来的“信息流通不畅”的问题。MobileNet 使用了 1×1 点卷积来解决这个问题。因此，不是什么网络都需要使用通道混合操作，只有在采用类似组卷积操作的前提下，才需要使用通道混合操作，如图 5-21 所示。ShuffleNet 网络结构继承了“残差网络”的设计思想，并在此基础上做出了一系列改进，以提升模型的效率。

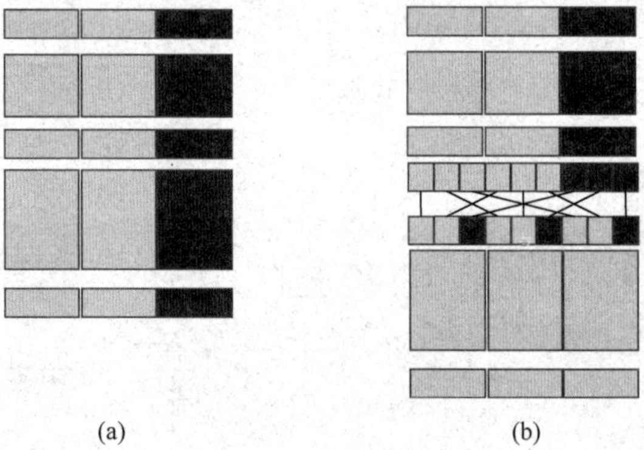

图 5-21 通道混合操作过程

(a) 组卷积；(b) 通道混合

首先，使用逐通道卷积替换原有的 3×3 卷积，降低卷积操作提取空间特征的复杂度，如图 5-22(a)的模块 1 所示；将原结构中 3×3 卷积前后两个 1×1 逐点卷积分组化，并在两层之间添加通道重排操作，进一步降低卷积运算的跨通道计算量，构造如图 5-22(b)模块 2 所示的结构单元；图 5-22(c)模块 3 的结构单元主要用于特征图的降采样。

4. GhostNet

MobileNet、ShuffleNet 提出了深度可分离卷积、通道混合等操作，用来解决组卷积类似操作造成的“信息流通不畅”问题，但是引入的 1×1 卷积依然会产生一定的计算量。根据卷积计算量计算公式 $n\times h\times w\times c\times k\times k$，可以发现，由于 c 和 n 值都较大，会导致卷积计算

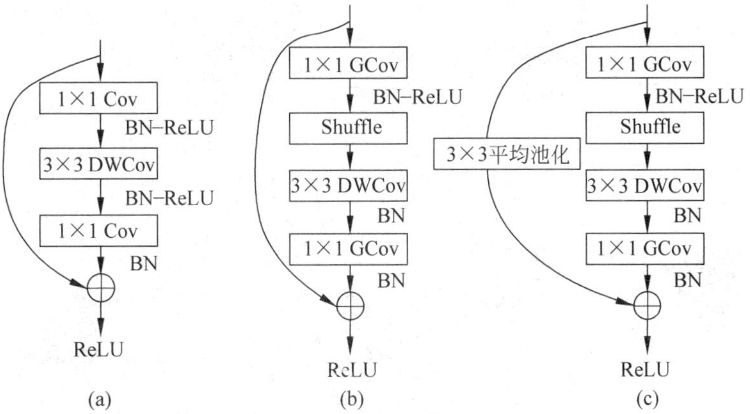

图 5-22 ShufleNet 模块

(a) 模块 1；(b) 模块 2；(c) 模块 3

量较大。但观察卷积输出的特征图可以发现，其中包含一些相似、具有冗余性的特征图，这些特征图可以通过简单的线性变换进行互相转化。基于此思想，华为诺亚方舟实验室在 CVPR2020 上提出了 GhostNet 网络。相比于传统的卷积，GhostNet 分两步进行网络信息处理：首先，通过普通卷积运算获得输入图像特征图，但是严格控制卷积运算的数量；然后运用一系列简单的线性运算生成更多的特征图，如图 5-23 所示，将不同的特征图组合到一起，组合成新的特征图集。

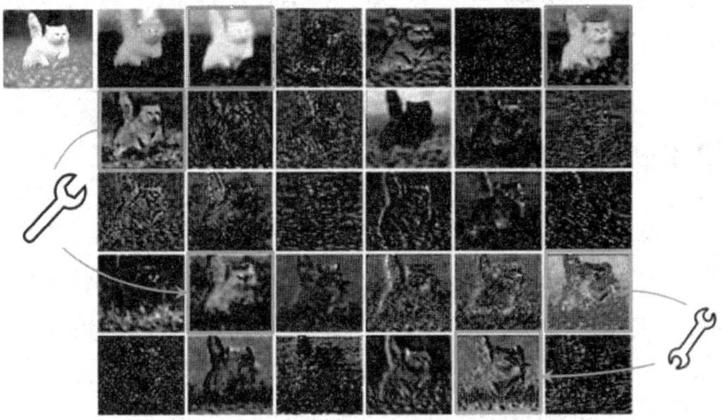

图 5-23 输出特征图线性变换原理

图 5-24 所示为 Ghost 模块与普通卷积模块对比。Ghost 模块与普通卷积神经网络相比，在不更改输出特征图大小的情况下，Ghost 模块降低了网络的总参数量和计算复杂度。基于 Ghost 模块建立的神经网络架构称为 GhostNet。

5. 轻量化设计技巧

分析几种典型的轻量化网络及实现技巧可以发现，网络轻量化主要得益于深度可分离卷积，因此可以采用深度可分离卷积来设计新的轻量化网络。但要注意"信息流通不畅"问题。MobileNet 和 ShuffleNet 分别采用 1×1 点卷积和通道混合策略解决"信息流通不畅"问题。MobileNet 相较于 ShuffleNet 使用了更多的卷积，计算量和参数量上是劣势，但是增加了非线性层数，理论上提取的特征更抽象、更高级；ShuffleNet 则省去了 1×1 点卷积，采

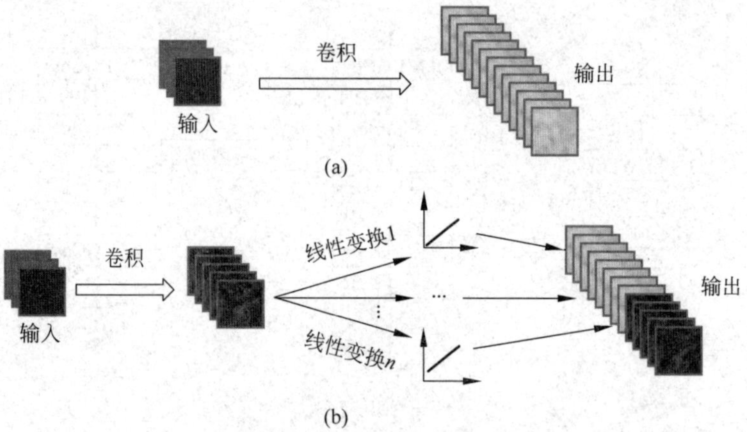

图 5-24　GhostNet 原理

(a) 常规卷积输出；(b) Ghost 模块原理

用通道混合操作，简单明了地省去了卷积步骤，减少了参数量。表 5-4 所示为三种网络的轻量化技巧对比。

表 5-4　轻量化技巧对比

网络	实现轻量化技巧
SqueezeNet	1×1 卷积核"压缩"特征图数量
MobileNet	Depth-wise 卷积
ShuffleNet	Depth-wise 卷积

5.3　卷积操作模式设计

自 2012 年 AlexNet 的成功应用，卷积神经网络引起了众多学者的关注。至今科学家们已提出各种各样的 CNN 模型，网络模型深度逐渐加深，准确率不断提升，轻量化模型不断涌现，同时卷积方式也在不断发生变化。

1. 多通道卷积

多通道卷积是卷积网络常用的卷积处理方法，每个通道对应一个卷积核，特征图是由多个通道的卷积结果叠加而成，然后再经过激活函数，得到卷积特征，如图 5-25 所示。

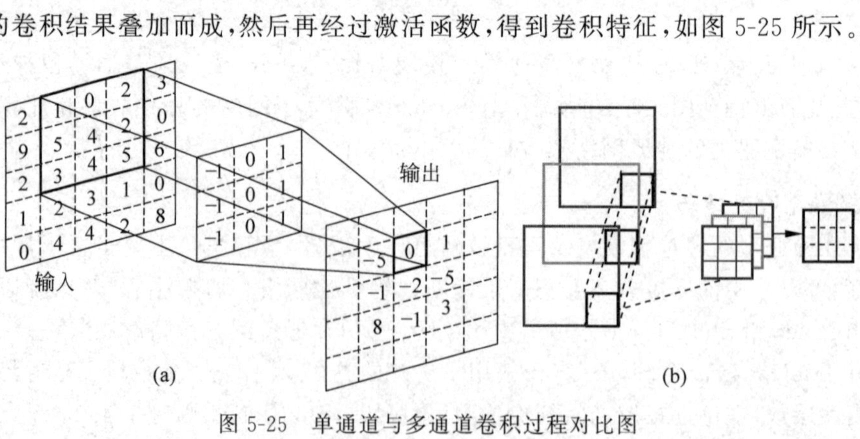

图 5-25　单通道与多通道卷积过程对比图

(a) 单通道卷积；(b) 多通道卷积

RGB 彩色图像具有红绿蓝三个通道，因此输入数据的维度为（长，宽，通道）。例如，输入图片是三维的，输入一幅 8×8 的 RGB 图片，其维度为(8,8,3)，此时卷积核的维度为(3,3,3)，最后一维与输入通道数一致。此时的卷积运算，每个输入通道与对应的卷积核通道进行卷积，然后将三个通道所得的特征图再进行叠加，也就是之前是 9 个像素乘积的和，现在是 27 个像素乘积的和。因此，输出的维度并不会变化，还是一个 6×6 的特征图。但是，通常情况下会使用多组卷积核对输入进行卷积，若同时使用 4 组卷积核，那么输出的维度为(6,6,4)。图 5-26 所示为多通道卷积过程，假设输入维度为(8,8,3) 的图片，4 组卷积核即为第一层神经网络的参数，维度为(3,3,3,4)，其中 4 代表 4 组卷积核，输出是维度为(6,6,4)的特征图，卷积层后通过一个激活函数对特征图进行激活，得到最终维度为(6,6,4)的特征图。

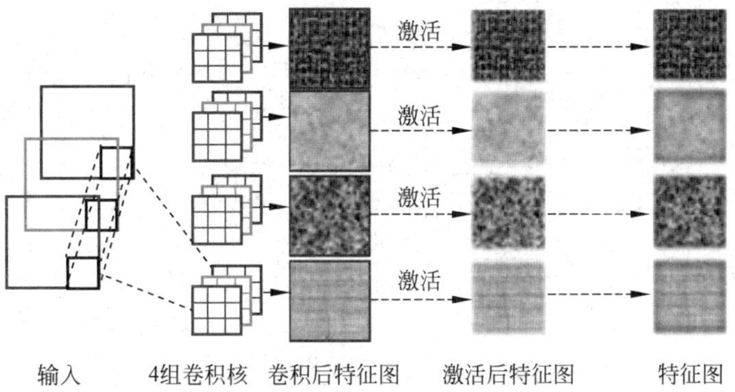

图 5-26 包含激活函数的多通道卷积过程

2. 分组卷积

根据多输入通道卷积的工作原理，卷积核通道数量与输入通道数量相匹配，而输出特征图的数量由卷积核组数决定。为了降低计算量，分组卷积将大量输入通道的卷积过程进行切分，如图 5-27 所示。

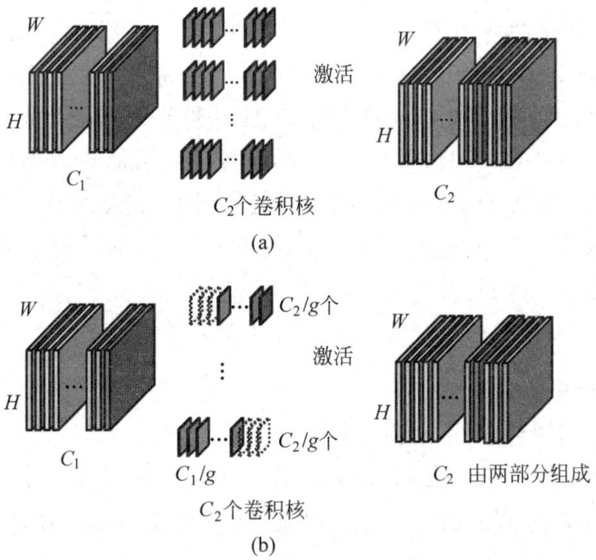

图 5-27 多通道卷积与分组卷积

(a) 多通道卷积；(b) 分组卷积

对于图 5-27 中多通道卷积，其参数量为 $H_1 \times W_1 \times c_1 \times c_2$。而采用分组卷积方式后，输入通道被切分，后续卷积核只对相应的输入通道而非全体输入通道进行卷积，因此卷积计算量由原始的 $H_1 \times W_1 \times c_1 \times c_2$ 转换为 $g \times \left(\frac{c_1}{g} \times \frac{c_2}{g} \times H_1 \times W_1\right) = \frac{1}{g} \times (H_1 \times W_1 \times c_1 \times c_2)$ 的计算量。因此，分组卷积能够有效地降低计算量。

卷积只能在同一设备上进行吗？分组卷积最早在 AlexNet 中出现，由于当时的硬件资源有限，训练 AlexNet 时卷积操作不能全部放在同一个 GPU 处理，因此将特征图分配给多个 GPU 分别进行处理，最后把多个 GPU 的结果进行融合，如图 5-28 所示。

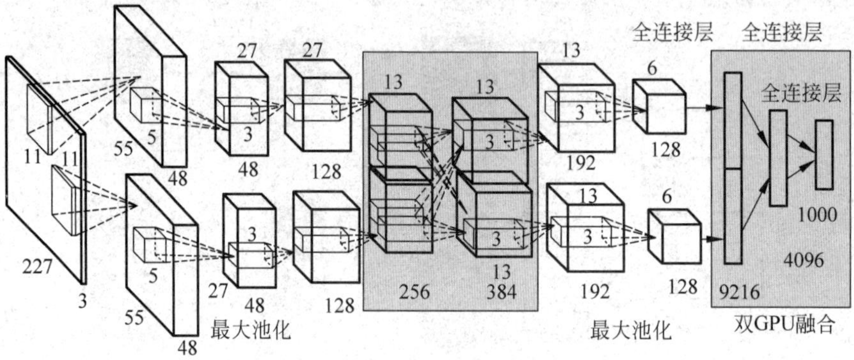

图 5-28　AlexNet 网络结构图

分组卷积的思想对后续卷积网络架构的设计影响深远，当前一些轻量级的网络，都用到了分组卷积的操作，以节省计算量。分组卷积将计算量分配到不同的 GPU 上，降低了每个 GPU 的计算量。

3. 小卷积核堆叠

卷积核的尺度多大合适？早期学者主要采用较大的卷积核，从而利用较大的感受野，获得更好的特征。AlexNet 中使用了 11×11、5×5 等较大的卷积核。大的卷积核会导致计算量增大，不利于模型深度的增加，计算性能也会降低。于是在 VGG、Inception 网络中，利用 2 个 3×3 卷积核的组合替代 1 个 5×5 卷积核，具有相同的特征提取效果，同时参数量由 5×5×1+1 被降低为 3×3×2+1，因此 3×3 卷积核在后续的卷积模型中被广泛使用。随着计算机硬件性能的不断提升，尤其是 GPU 性能的提升，清华大学、旷视科技等大学与机构的研究者在 CVPR 2022 上的汇报中指出，CNN 中卷积核的尺度是一个非常重要但总是被人忽略的设计维度，并分别对具有 31×31、29×29、27×27、25×25、13×13 尺度卷积核的网络进行了研究，研究发现卷积核越大提升网络性能越明显。

4. 并联多尺寸卷积核

传统的层叠式卷积网络，基本上都是卷积层的堆叠，每层使用一种尺寸的卷积核，例如 VGG 结构中使用了大量的 3×3 卷积核，如图 5-29 所示。事实上，同一卷积层可以分别使用多个不同尺寸的卷积核，以获得不同尺度的特征，再将这些特征合并起来，得到的特征往往比使用单一卷积核卷积得到的特征要好。谷歌的 GoogleNet，或者说 Inception 系列的网络结构，都使用了多卷积核并联的结构，如图 5-30 所示。

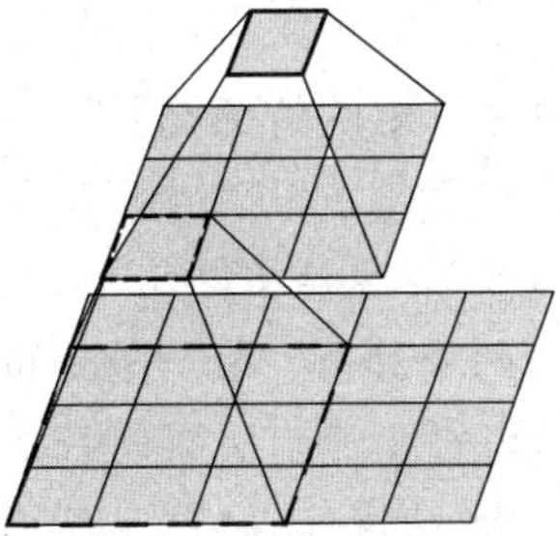

图 5-29 卷积过程图

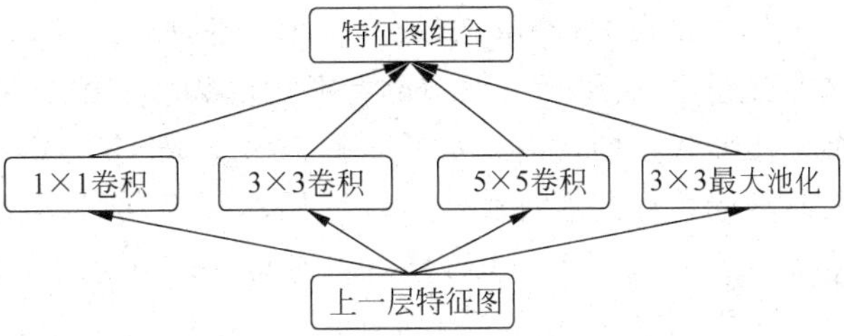

图 5-30 最初版本的 Inception 结构图

输入特征图分别经过 1×1、3×3、5×5 卷积核的处理，得出的特征再组合起来，获得多维度的特征信息。但这种结构会导致参数及计算量过大，如此庞大的计算量会降低模型效率，因此后续研究中使用了 1×1 的点卷积结构进行处理。

5. 瓶颈层的使用

为了降低计算量及参数量，GoogleNet 团队在设计 Inception 架构时，将 1×1 卷积操作加入到 Inception 结构中，以降低特征通道数量，如图 5-31 所示。

图 5-32 对比了传统卷积与 1×1 卷积操作中网络的参数量。假设输入特征图的通道数为 256，要求输出通道数仍然是 256，中间进行 3×3 卷积，产生 64 通道特征。两种卷积方式操作过程如下：

(1) 在传统卷积(图 5-32(a))中，需要使用 64 组 3×3×256 的卷积操作，方可产生 64 通道特征信息，最后经过 256 组 3×3×64 的卷积操作，得到 256 通道输出特征图，参数量为：64×3×3×256+256×3×3×64=294912。

(2) 在 1×1 的卷积操作(图 5-32(b))中，256 通道的输入先经过 64 组 1×1×256 的卷积操作，生成 64 通道特征图，再经过 64 组 3×3×64 的卷积操作，产生 64 通道特征图，最后经过 256 组 1×1×64 的卷积层，输出 256 通道特征图，参数量为：64×1×1×256+64×3×3×64 +256×1×1×64=69632。这一操作有效地降低了参数量。1×1 卷积核也被认为是影响深远的操作，在后续大型的网络设计中，为了降低参数量都会使用 1×1 卷积核。

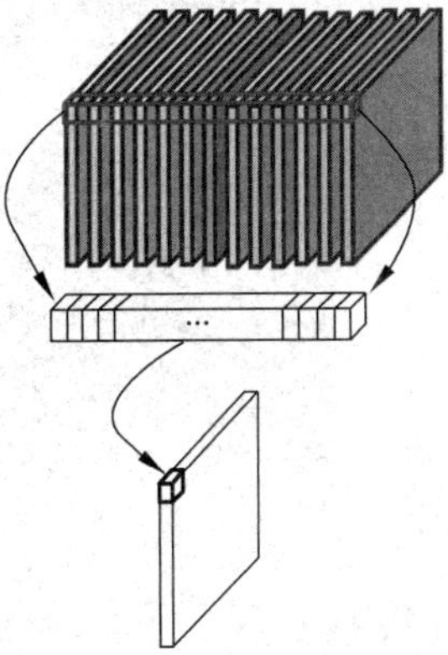

图 5-31 加入 1×1 卷积的 Inception 结构图

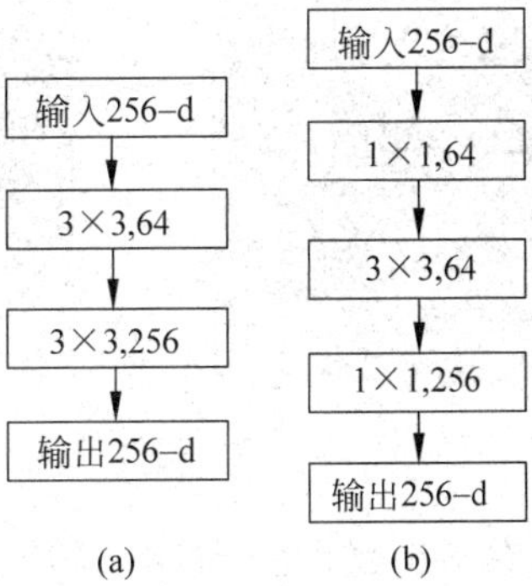

图 5-32 不同卷积对比

(a) 传统卷积；(b) 1×1 卷积

6. 具有权重的通道特征

无论是在 Inception、DenseNet 或者是 ShuffleNet 中，所有通道产生的特征都是不分权重直接组合的，那所有通道的特征对模型的作用是相等的吗？显然不是。SENet 正是基于此思想而提出的，并在 2017 年的 ImageNet 分类赛中获得冠军。在常规卷积网络中，前后层特征的传递具有直通性。但在 SENet 中，前后层特征传递分为两条路线：第一条是特征直接传递路线；第二条路线首先对特征进行全局平均池化操作，将每个通道 2 维特征图压缩成 1 维信息，从而得到特征通道对应的向量化表示，然后再进行激活操作，将这 1 列通道特征向量输入 2 个具有 Sigmoid 激活的全连接层，建模出特征通道间的相关性，得到每个通道对应的权重。这些权重与第一条直通的特征信息进行乘法运算，这样就完成了特征通道的权重分配，如图 5-33 所示。

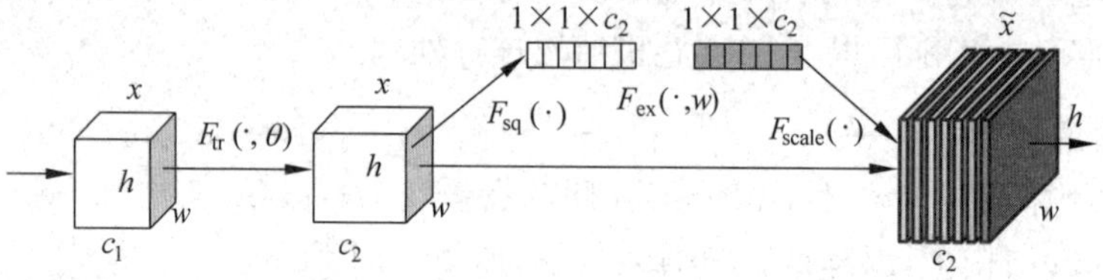

图 5-33 SEnet 结构

7. 可变形卷积核

传统的卷积核通常都是正方形或长方形，每次输入不同的图像数据时，卷积计算的位置固定不变，即使是空洞卷积/转置卷积，0 填充的位置也都是事先确定好的。但可变形卷积是一种不同形式的卷积计算模式，该模式中卷积核的形状是可以变化的，变形的卷积核可以关注感兴趣的图像区域，这样卷积出来的特征信息更佳，如图 5-34 所示。

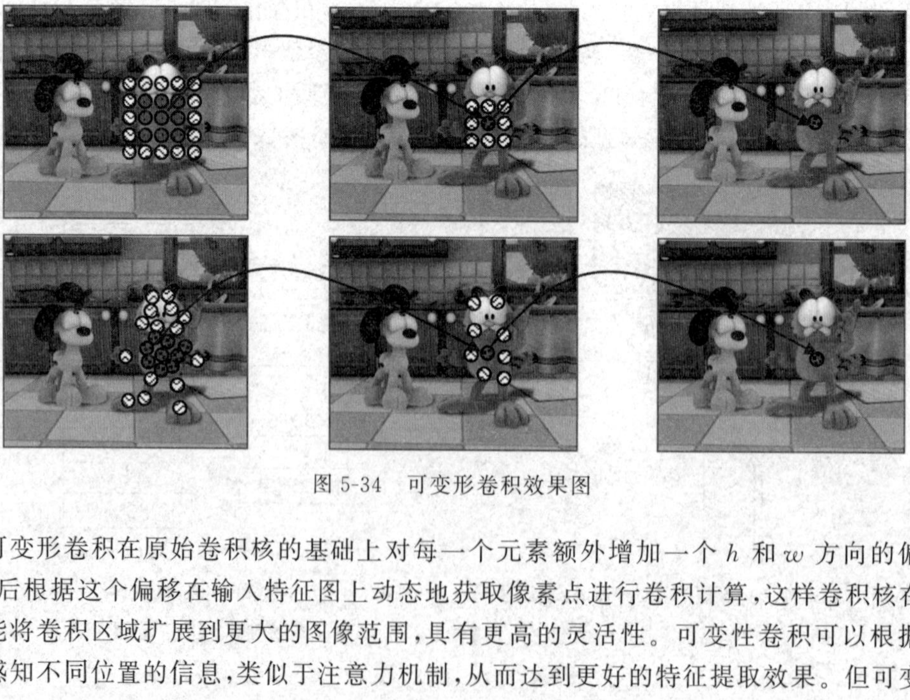

图 5-34 可变形卷积效果图

可变形卷积在原始卷积核的基础上对每一个元素额外增加一个 h 和 w 方向的偏移参数，然后根据这个偏移在输入特征图上动态地获取像素点进行卷积计算，这样卷积核在计算中就能将卷积区域扩展到更大的图像范围，具有更高的灵活性。可变性卷积可以根据输入图像感知不同位置的信息，类似于注意力机制，从而达到更好的特征提取效果。但可变形卷积与传统卷积相比增加了一定的计算量和实现难度，如下式所示：

$$y(p_0)=\sum_{p_n \in R} w(p_n)\cdot x(p_0+p_n+\Delta p_n) \tag{5-1}$$

其中 R 表示卷积核对应图像中像素位置的集合，$w(p_n)$表示卷积核 p_n 位置的权值，p_n 表示权值对应的坐标，$p_0+p_n+\Delta p_n$ 表示采样点坐标。由于 Δp_n 为小数，因此采样坐标也变成了小数坐标，导致 $x(p_0+p_n+\Delta p_n)$对应到输入特征图上无像素值，因此需要使用双线性插值，获得 $p=p_0+p_n+\Delta p_n$ 在输入特征图上的像素值 $x(p_0+p_n+\Delta p_n)$，再与卷积核进行卷积运算。

在实际操作时，可变形卷积并不是真正地将卷积核进行偏移，而是采用相对偏移的方式实现卷积核的偏移，即卷积核不变，将原始卷积核对应输入图片的像素位置经过偏移，获取偏移后的像素重新整合，与卷积核进行卷积运算。因此，可变形卷积在原始卷积核的基础上增加一层偏移量参数，通过偏移量参数学习获得卷积核在卷积运算中对应像素的位置偏移量，从而实现可变形卷积。可变形卷积网络具有两条信息流，一条是标准的 3×3 卷积操作，另一条也是具有相同步长的 3×3 卷积操作：通过卷积获得与输入尺寸相同的 2 通道的偏移场，代表在 h 和 w 方向上二维的偏移量，如图 5-35 中的箭头所示；获得常规卷积核卷积计算区域（圆圈像素区域）对应的偏移量，将原位置信息（圆圈位置）加上偏移量得到偏移后的位置信息，通过双线性插值得到最终需要卷积的像素点；最后使用 3×3 的卷积核与这偏移后确定的 9 个像素信息进行卷积，产生卷积输出，如图 5-35 所示。

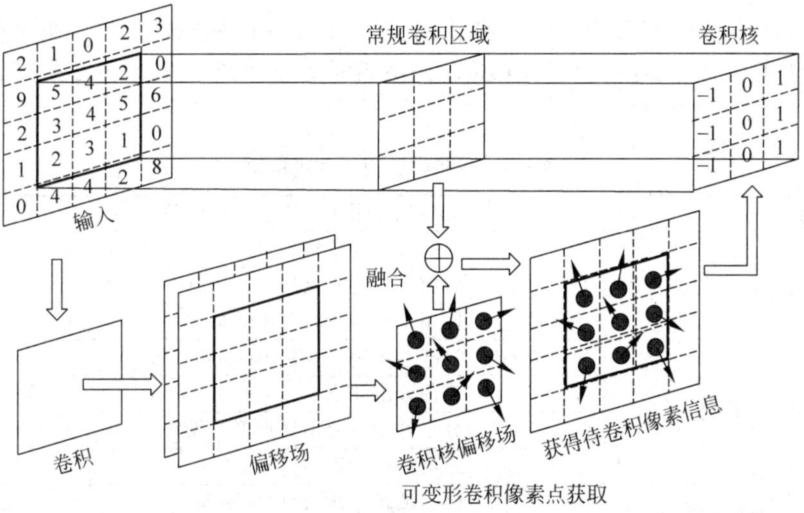

图 5-35　可变形卷积网络原理图

8. 空洞卷积

空洞卷积是针对图像语义分割问题中下采样会降低图像分辨率、丢失图像信息而提出的一种卷积方式。通过间隔取值扩大感受野，其中扩张率定义了间隔的大小，标准卷积相当于扩张率为 1 的空洞卷积。图 5-36 展示的是扩张率为 2 的空洞卷积计算过程，可以看出 3×3 的卷积核可以感知标准的 5×5 卷积核的范围。另一种思路是先对 3×3 的卷积核间隔补 0，使它变成 5×5 的卷积核，然后再执行标准卷积的操作，其效果是类似的，只是看待问题的角度不同。图 5-36 所示的卷积计算过程可以理解为卷积核大小为 3×3，在采样图像像素时采用了间隔采样的方式；也可将其理解为 3×3 的卷积核被扩展为 5×5 进行卷积运算，其余点权重为 0。无论哪种方式卷积核的感知区域都更大了。

9. 转置卷积

转置卷积又称反卷积，它与空洞卷积的思路正好相反，是为上采样而设计的，常应用于语义分割当中。转置卷积的计算过程与空洞卷积不同：首先对输入的特征图进行间隔补 0，即扩大输入特征图尺度，卷积核不变；然后使用标准的卷积进行计算，从而得到尺寸较大的特征输出图。整体过程如图 5-37 所示。

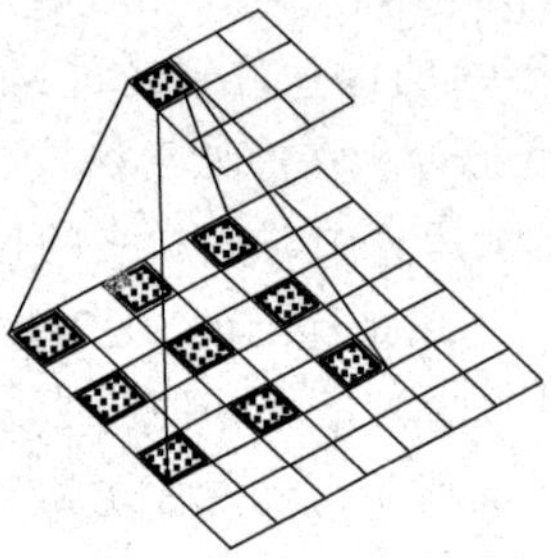

图 5-36 空洞卷积

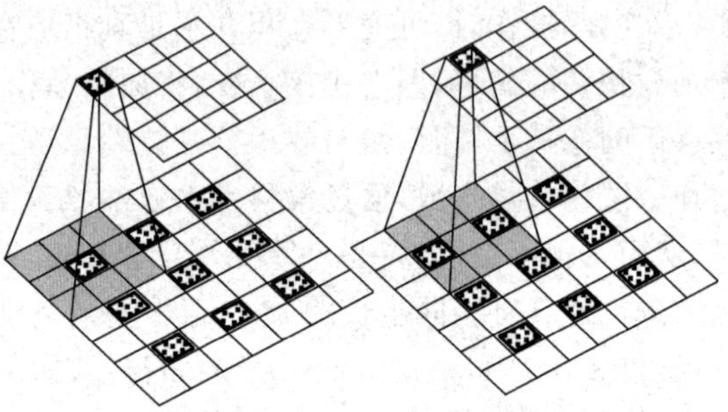

图 5-37 转置卷积

10. 启发与思考

随着深度学习技术的发展，卷积神经网络的设计采用了各种改进措施，越来越多的卷积神经网络模型被提出，从巨型网络到轻量化网络不断演变，模型准确率也越来越高，如表 5-5 所示。

表 5-5 卷积神经网络改进措施

卷积网络改进方法	卷积核	大卷积核用多个小卷积核代替
		单一尺寸卷积核用多尺寸卷积核代替
		固定形状卷积核趋于使用可变形卷积核
		使用 1×1 卷积核（瓶颈结构）
	卷积通道	标准卷积用 depthwise 卷积代替
		使用分组卷积
		分组卷积前使用通道混合操作
		通道加权计算
	卷积层连接	使用跳跃连接，让模型更深
		每一层都融合其他层的特征，如 DenseNet

当前部分网络模型精度已可满足应用需求，因此工业界追求的重点已经不再只是准确率的提升，而是转向速度与准确率的平衡发展，希望能够找到既快又准的深度网络模型。因此，卷积神经网络从最初的 AlexNet、VGG 模型，发展到体积较小的 Inception、ResNet 系列模型，以及为了满足应用的需求相继提出了 Mobilenet、ShuffleNet（体积降低到 0.5MB）等轻量化模型。可以看出，卷积网络的发展趋势逐渐由理论研究转向实用化发展。

5.4 全卷积网络

2014 年，Long 等人提出了全卷积网络(fully convolutional networks，FCN)，通过卷积与反卷积(转置卷积)结构，可以将任意大小的图像端到端地产生相同尺寸的特征图像，特征图信息包含图像分割所需的分类信息，如图 5-38 所示。FCN 通过将常见的卷积网络架构，如 AlexNet、VGG16 等的全连接层转换为 1×1 卷积形式，使全部网络由卷积结构组成，这样网络可以接收任意尺寸图片的输入。通过多层卷积后，使得待分割类别数与特征图通道数相同，再利用 32 倍的反卷积得到与输入图像同样大小的输出图像，输出特征图每个像素点的多通道信息为输入图像对应像素点的类别信息。由于经过多层卷积得到的最终特征图丢失了原图的部分细节信息，因此直接利用 32 倍的上采样将特征图恢复至原图尺寸时，得到的输出图像精细度较低，加入跳跃连接可以有效提升上采样输出的精细度，即在上采样的过程中，利用跳跃连接的方式融合池化 3、池化 4、池化 5 层的特征，提高分割的细节精度。对于 32 倍上采样，直接对第 5 次池化结果信息进行 32 倍上采样生成特征图，再对特征图每个点进行 Softmax 分类预测，从而获得 32 倍上采样分割图；对于 16 倍上采样，首先对第 5 次池化结果进行 2 倍上采样，再与第 4 次池化所得特征图逐点相加，然后对相加的结果进行 16 倍上采样，并利用 Softmax 分类预测，获得 16 倍上采样分割图；对于 8 倍上采样，首先将 16 倍上采样前的特征图进行 2 倍上采样，然后与第 3 次池化的特征图逐点相加，即进行更多次特征融合，最后进行 8 倍上采样，并利用 Softmax 分类预测，获得 8 倍上采样分割图。融合的特征信息越多，图像细节分割越理想。

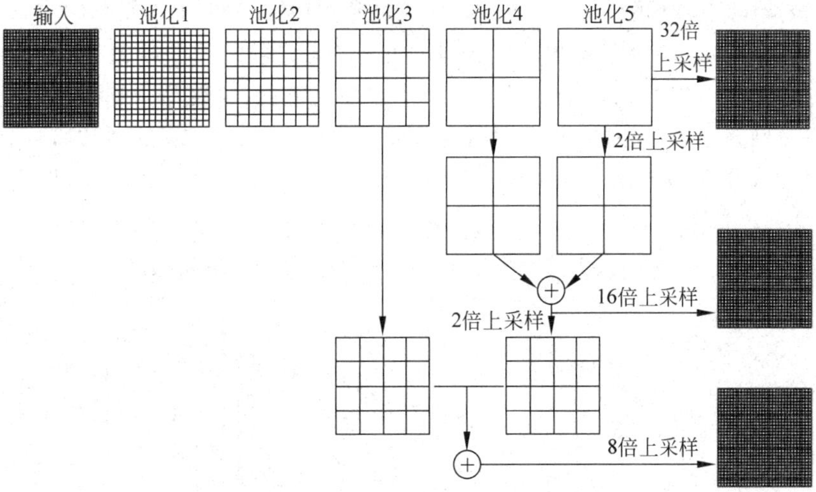

图 5-38 FCN 网络图像分割示意图

1. CNN 网络

常规卷积神经网络利用多层卷积、池化等操作提取图像特征，然后再利用全连接网络进行分类处理，网络架构如图 5-39 所示。假如输入图像尺寸为 14×14×3 的彩色图，输入图像首先经过 5×5×3×16 的卷积操作，卷积层的输出通道数为 16，得到 10×10×16 的一组特征图；然后经过 2×2 的池化层，得到 5×5×16 的特征图；接着将特征图展开为一维向量,作为全连接神经网络的输入信息,输入两个具有 50 个神经元的全连接层,最后输出分类结果。由于全连接层中输入层神经元的个数是固定,在反向推导卷积层输入的尺寸时,输入图像尺寸必须是固定的。

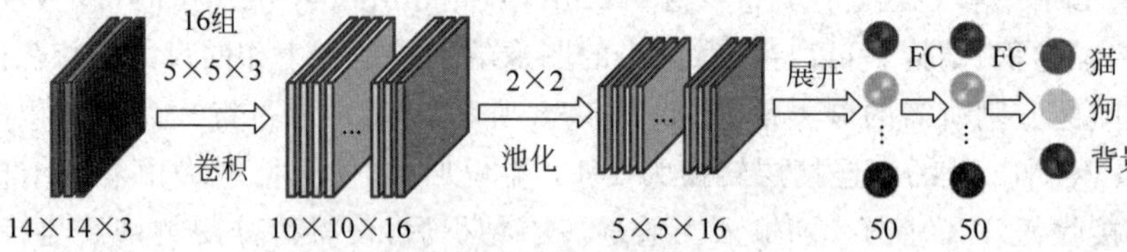

图 5-39 常规卷积网络结构

2. FCN 网络

全卷积神经网络,顾名思义该网络中全是卷积层连接,无全连接层,如图 5-40 所示。

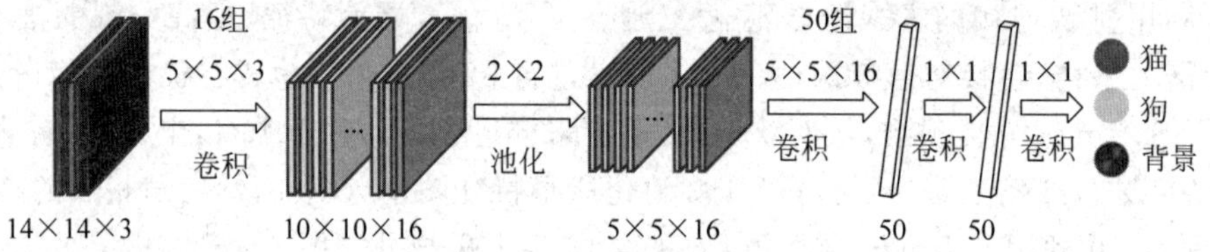

图 5-40 FCN 网络结构

FCN 网络在特征提取时与 CNN 是类似的,但是不同于 CNN 网络将输出特征图展开并输入全连接层,FCN 网络将第一层全连接网络转换成一个卷积核尺寸为 5×5×16、组数为 50 的卷积操作进行处理(5×5×16×50),经过卷积后网络的输出为 1×1×50,其效果等同于 50 个输入神经元的全连接操作。换句话说,将滤波器的尺寸设置为输入数据体的尺寸,可得到 1×1×n 的输出,这个结果与传统全连接层类似,这就是全连接层转化为卷积层的过程。对于网络全连接层的 50 个神经元,可将其视为 1×1×50 的通道特征,利用 50 组 1×1×50 卷积,可将其转化为 1×1×50 的输出,即可完成全连接层向卷积层的转化,如图 5-41 所示。

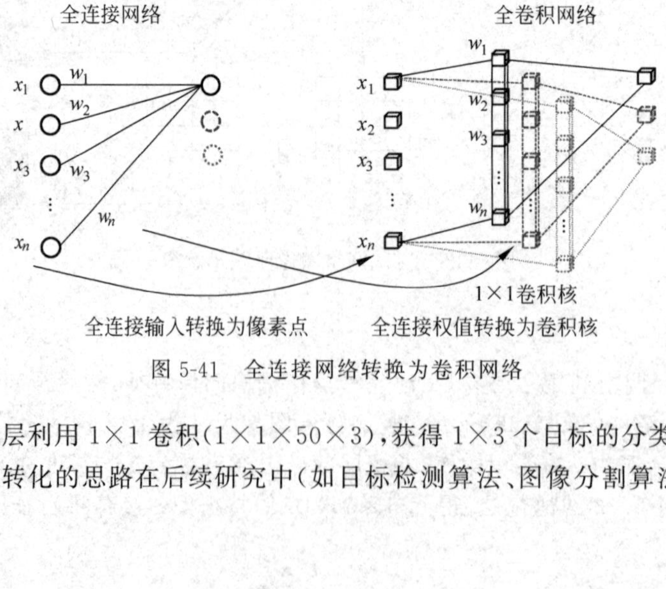

图 5-41 全连接网络转换为卷积网络

最后的分类层利用 1×1 卷积(1×1×50×3),获得 1×3 个目标的分类概率生成。全连接层与卷积层互转化的思路在后续研究中(如目标检测算法、图像分割算法)得到了广泛的应用。

全卷积网络和 CNN 网络的主要区别在于，FCN 将 CNN 中的全连接层转化为卷积操作。全连接转化为卷积操作后，由于没有了全连接层的输入层神经元个数的限制，所以卷积层可以接受不同尺寸的输入图像，即卷积层前输入信息维度可变长，因此不要求训练图像和测试图像尺寸一致。如果输入尺寸与训练时尺寸不一致，网络输出的特征图尺寸也是不同的。FCN 如何理解网络的输出？将大一点的图像输入网络会得到什么样的结果？如图 5-42 所示为 FCN 不同尺寸的输入变化。输入尺寸由原来的 14×14×3 变成了 16×16×3，经过 5×5×3×16 的卷积(无填充)操作后，得到一组 12×12×16 的特征图；然后经过 2×2 的池化后，得到尺寸缩小到原来的一半 6×6×16 的特征图；再经过 5×5×16×50 的卷积后，输出特征图尺寸为 2×2×50；接着再进行 1×1×50×50 的卷积操作(类似全连接操作)，最后再进行 1×1×50×3 的卷积操作，得到一组 2×2×3 的输出结果。该 2×2×3 的输出结果，就代表最前面 16×16 图像区域的分类情况，然而输出是 2×2，如何与输入图像对应？每个像素对应输入图像的哪个区域？

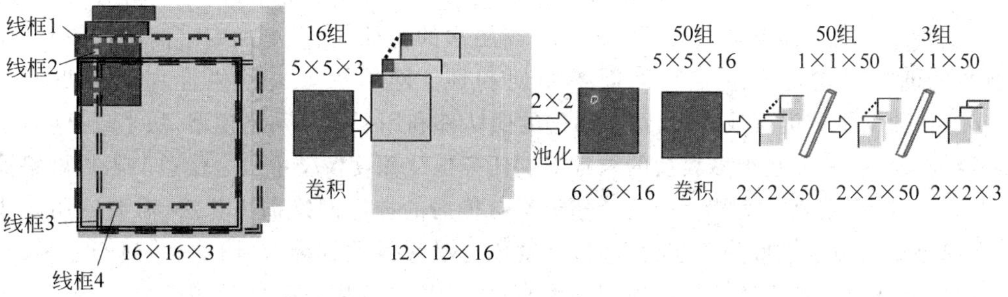

图 5-42　FCN 不同尺寸的输入变化

对于尺寸为 14×14 的输入图像，根据卷积池化反推，最后的输出 1×1 代表输入图像的分类结果。对于 16×16 的输入图像，根据卷积核的作用范围可以推出，最后输出 2×2 特征图左上角的像素输出代表 16×16 输入图像中 14×14 的线框①区域，依次类推，右上角的像素输出代表 16×16 中 14×14 的线框②区域，左下角的像素输出代表 16×16 中 14×14 的线框③区域，右下角的像素输出代表 16×16 中 14×14 的线框④区域，即输出像素的每个值代表了输入图像中一个区域的分类情况。如果这是一个猫、狗和背景的三分类任务，最后输出的图像大小为 2×2×3，为每一个不同区域的目标分类情况。以输出图像左上角像素点为例，该点深度为 3，对应输入图像 14×14 的线框①区域，该点的 3 个值反映了输入图像的区域分类为猫、狗还是背景的得分情况。FCN 利用了输出结果和输入图像的对应关系，直接给出了输入图像相应区域的分类情况，取消了传统目标检测中的滑动窗口选取候选框的过程。FCN 输出结果的每个像素点值映射到输入图像上固定的感受野窗口，即检测窗口是固定的。虽然这种方式的检测效果不理想，但是速度却得到了很大的提升，同时可以输入任意尺寸的图片，这也为目标检测提供了一种新的思路。

第 6 章课件

第6章

深度残差网络

6.1 概述

深度卷积神经网络在图像处理领域,引发了一系列突破。通过改变卷积网络层叠的数量(深度),卷积网络能够自然地整合低、中、高层次的特征,获得更加丰富的特征信息,同时端到端的训练方式也增加了网络训练的便利性。网络深度对网络性能至关重要。在ImageNet数据集分类挑战赛中,结果领先的团队都利用了深层网络模型,从16层网络不断发展至30层网络,而且很多典型的视觉识别任务也从深度模型中大大受益。阻碍网络深度增加的一大障碍就是梯度消失问题。基于反向传播的神经网络训练算法,需要使用链式法则,在误差反向传播求取隐含层梯度时,梯度值与激活函数的导数进行一系列的连乘,导致较低隐含层获得的梯度修正量出现剧烈地衰减,这也是梯度消失的根源。由于Sigmoid激活函数的导数小于1,因此后来的深度网络大多使用ReLU类激活函数来缓解这个问题,但即使是使用了ReLU类激活函数,也很难避免在极深条件下成百上千次的连乘带来的梯度消失。深度网络另一个更加难以处理的问题是网络退化问题:随着网络深度的增加,精准度开始出现饱和,网络性能迅速下降。而精准度的下降并不是由于网络过拟合等问题造成的,退化的网络比稍浅网络的错误率更高,并且在增加更多层数时,会造成更高的训练误差。这一问题并不符合常理,如果存在某个 L 层的网络 f 是当前最优的网络,则可以构造一个更深的网络,其最后几层仅是该网络最后层输出的恒等映射,即可取得与最优网络一致的结果。总而言之,与浅层网络相比,按常理更深的网络表现不应该更差,但事实却相反,这便是网络退化问题。深度残差网络于2015年被何恺明等人提出,这种结构从根源上杜绝了梯度消失问题,也克服了深度神经网络的退化问题。深度残差网络在众多比赛中表现优越,最终获得了CVPR 2016年的Best Paper Award。

6.2 残差网络结构

如果认为神经网络是一种复杂函数映射,那么网络训练的目的就是学习恒等映射函数。但利用多层网络去拟合一个潜在的复杂恒等映射函数 $H(\boldsymbol{x})=\boldsymbol{x}$ 是非常困难的,这也是深层网络难以训练的原因。但如果将网络设计为 $H(\boldsymbol{x})=F(\boldsymbol{x})+\boldsymbol{x}$,此时利用 $F(\boldsymbol{x})=H(\boldsymbol{x})-\boldsymbol{x}$ 将问题转换为一个残差函数,只要 $F(\boldsymbol{x})=0$ 就构成恒等映射 $H(\boldsymbol{x})=\boldsymbol{x}$。网络拟合残差更加容易，这样一来，就得到一种全新的网络结构——残差结构单元，如图 6-1 所示。

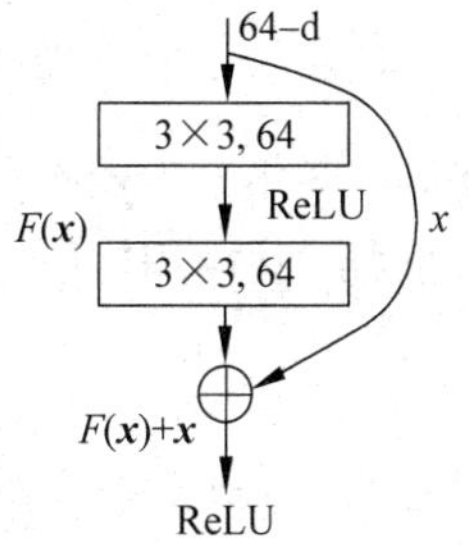

图 6-1 残差结构单元示意图

残差单元的输出由多个卷积层级联的输出与输入的加和构成（保证卷积层输出和输入元素维度相同），经过 ReLU 激活后得到单元输出。将这种结构级联起来，就得到了残差网络。之所以起名“残差”网络，是因为假设网络要学习的映射是 $H(\boldsymbol{x})$，由于图中跳跃连接跨过了多层网络，相当于拟合的是 $F(\boldsymbol{x})=H(\boldsymbol{x})-\boldsymbol{x}$，这就是残差概念的来源。这种网络结构打破了传统神经网络 $n-1$ 层的输出只能作为第 n 层输入的惯例，使某一层的输出可以直接跨过多层作为后面某一层的输入。残差网络具有以下几个特点：

(1) 网络较“瘦”，控制了参数数量；

(2) 存在明显层级，特征图个数逐层递进，保证了输出特征表达能力；

(3) 使用了较少的池化层，提高了传播效率；

(4) 没有使用 Dropout，利用 BN 和全局平均池化进行正则化，加快了训练速度；

(5) 层数较高时减少了 3×3 卷积个数，并用 1×1 瓶颈层控制了 3×3 卷积的输入输出特征图数量；

(6) 输入信息可以由任意低层直接传播至高层，一定程度上解决了网络退化问题。

对每一个残差模块可由下式表示：

$$\boldsymbol{y}=\boldsymbol{x}+F(\boldsymbol{x},\boldsymbol{w}) \tag{6-1}$$

其中，$\boldsymbol{x}$ 和 $\boldsymbol{y}$ 是残差模块的输入和输出向量，函数 $F(\boldsymbol{x},\boldsymbol{w})$ 代表学习的残差函数。图 6-1 所示残差模块中有两个卷积层，$F=\boldsymbol{w}_2(\boldsymbol{w}_1\boldsymbol{x})$ 中使用 ReLU 激活函数，为了简单起见上面的符号采用了全连接的表达方式，但同样适用于卷积层。$F(\boldsymbol{x})+\boldsymbol{x}$ 的操作是由跳跃连接与残差叠加完成的，图 6-1 中的跳跃连接，没有额外的参数和复杂的计算，这在实践中极具吸引力。与常规网络相比，在具有相同数量的参数、深度、宽度和计算成本时，网络性能却更佳。函数 $\boldsymbol{F}(\boldsymbol{x},\boldsymbol{w})$ 可以代表多个卷积层。在式(6-1)中 $\boldsymbol{x}$ 和 $F(\boldsymbol{x},\boldsymbol{w})$ 的维度大小必须相同。如果不同，可以在式(6-1)中使用一个正方形线性投影转换矩阵 $\boldsymbol{w}_{\mathrm{T}}$，进行维度匹配：

$$\boldsymbol{y}=\boldsymbol{w}_{\mathrm{T}}\boldsymbol{x}+F(\boldsymbol{x},\boldsymbol{w}) \tag{6-2}$$

但实验表明，身份映射足以解决精准度下降问题，因此只有在匹配维度时，才会使用 $\boldsymbol{w}_{\mathrm{T}}$。如不使用维度转换模式，也可采用 1×1 卷积方式实现维度匹配，如图 6-2 所示。

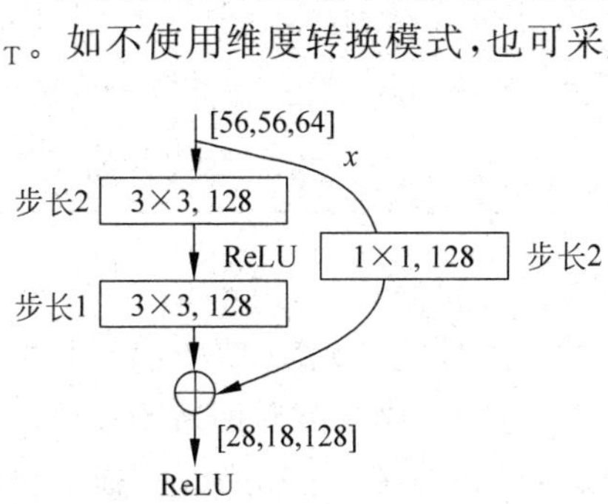

图 6-2 基于卷积的维度匹配模式

残差函数 F 的形式是灵活的，可以使用一个有两层、三层或者更多层的函数 F。但如果 F 仅仅只有单层，式(6-1)就类似于线性变换层 $\boldsymbol{y}=\boldsymbol{w}_1\boldsymbol{x}+\boldsymbol{x}$，没有明显的优势。当多个残差模块堆叠时，每个残差单元结构之间经过一个激活函数，并且残差模块的输入 $\boldsymbol{x}_l$ 与输出 $H(\boldsymbol{x}_l)$ 等价，前一残差模块的输出为后一残差模块的输入，即 $\boldsymbol{x}_{l+1}=\boldsymbol{y}_l$，$\boldsymbol{y}_l$ 为第 l 个残差单元的输出，从而可以递推得到

$$x_L = x_l + \sum_{i=l}^{L-1} F(x_i, w_i) \tag{6-3}$$

其中，x_l 是第 l 个残差单元的输入，也就是说，第 L 个残差单元的输入可以表示为初始残差单元的输入和其中间所有复杂映射之和。设损失函数为 E，网络梯度传播可表达为

$$\frac{\partial E}{\partial x_l} = \frac{\partial E}{\partial x_L}\frac{\partial x_L}{\partial x_l} = \frac{\partial E}{\partial x_L}\left[1 + \frac{\partial}{\partial x_l}\sum_{i=l}^{L-1} F(x_i, w_i)\right] \tag{6-4}$$

显然，这里不存在由于网络结构级联所产生的梯度连乘问题，误差信号可以直接传播至低层，也就是说，梯度消失的根源已不存在。但需要注意的是，这里的前提条件是 $H(x_l)=x_l$、$x_{l+1}=y_l$，一旦打破此条件，上式则不成立，其中 $H(x_l)=x_l$ 是残差网络遵守的条件。

在层数较浅时，残差网络并未表现出更多的优势。在增加一定层数后，残差网络性能有了一定程度的提升，并未出现网络退化问题，有着更低的收敛损失，同时也没有产生过拟合。因此，残差网络需要配合较深的深度才能发挥其结构优势，与“平整”网络拉开性能差距。残差网络的性能随着网络层数的提升而提升，较深的深度使其性能普遍高于此前的各类优秀模型。由于跳跃连接结构的存在，残差网络的实际有效层数要比全部层数少，这也是网络为什么在较深的深度下仍可以保持并提升性能，且没有过多增加训练难度的原因。典型的残差网络结构如表 6-1 所示。

表 6-1　典型的残差网络结构

层名	输出尺寸	18 层	34 层	50 层	101 层	152 层
卷积 1	112×112	7×7,64,stride=2				
卷积 2	56×56	3×3 最大池化,stride=2				
		$\begin{bmatrix}3\times3,64\\3\times3,64\end{bmatrix}\times2$	$\begin{bmatrix}3\times3,64\\3\times3,64\end{bmatrix}\times3$	$\begin{bmatrix}1\times1,64\\3\times3,64\\1\times1,256\end{bmatrix}\times3$	$\begin{bmatrix}1\times1,64\\3\times3,64\\1\times1,256\end{bmatrix}\times3$	$\begin{bmatrix}1\times1,64\\3\times3,64\\1\times1,256\end{bmatrix}\times3$
卷积 3	28×28	$\begin{bmatrix}3\times3,128\\3\times3,128\end{bmatrix}\times2$	$\begin{bmatrix}3\times3,128\\3\times3,128\end{bmatrix}\times4$	$\begin{bmatrix}1\times1,128\\3\times3,128\\1\times1,512\end{bmatrix}\times4$	$\begin{bmatrix}1\times1,128\\3\times3,128\\1\times1,512\end{bmatrix}\times4$	$\begin{bmatrix}1\times1,128\\3\times3,128\\1\times1,512\end{bmatrix}\times8$
卷积 4	14×14	$\begin{bmatrix}3\times3,256\\3\times3,256\end{bmatrix}\times2$	$\begin{bmatrix}3\times3,256\\3\times3,256\end{bmatrix}\times6$	$\begin{bmatrix}1\times1,256\\3\times3,256\\1\times1,1024\end{bmatrix}\times6$	$\begin{bmatrix}1\times1,256\\3\times3,256\\1\times1,1024\end{bmatrix}\times23$	$\begin{bmatrix}1\times1,256\\3\times3,256\\1\times1,1024\end{bmatrix}\times36$
平均池化	7×7	$\begin{bmatrix}3\times3,512\\3\times3,512\end{bmatrix}\times2$	$\begin{bmatrix}3\times3,512\\3\times3,512\end{bmatrix}\times3$	$\begin{bmatrix}1\times1,512\\3\times3,512\\1\times1,2048\end{bmatrix}\times3$	$\begin{bmatrix}1\times1,512\\3\times3,512\\1\times1,2048\end{bmatrix}\times3$	$\begin{bmatrix}1\times1,512\\3\times3,512\\1\times1,2048\end{bmatrix}\times3$
	1×1	平均池化,100-D FC,Softmax				
FLOPs		1.8×10^9	3.6×10^9	3.8×10^9	7.6×10^9	11.3×10^9

何恺明等人基于深度残差结构，进一步设计了更深的残差网络模型，用于 Cifar-10 数据集上的分类任务，110 层以下的残差网络均表现出较强的分类性能，如表 6-2 所示。但在使用 1202 层残差网络模型时，网络分类性能出现了退化，甚至不如 32 层残差网络的表现。由于 Cifar-10 数据集尺寸和规模相对较小，此处 1202 层模型也并未使用 Dropout 等强正则化手段，1202 层的网络可能已产生过拟合，但也不能排除此时的残差网络出现了与“平整”网络类似的网络退化问题，导致性能下降。

表 6-2 Cifar-10 数据集上残差网络和其他网络分类测试错误率对比

模型	Highway	Highway	ResNet	ResNet	ResNet	ResNet	ResNet	ResNet
层数	119	32	20	32	44	56	101	1202
参数量	2.3M	1.25M	0.27M	0.46M	0.66M	0.85M	1.7M	19.4M
错误率	7.54%	8.8%	8.75%	7.51%	7.17%	6.97%	6.43%	7.93%

图 6-3 所示为 34 层常规卷积网络与 34 层及 50 层残差网络结构对比图。

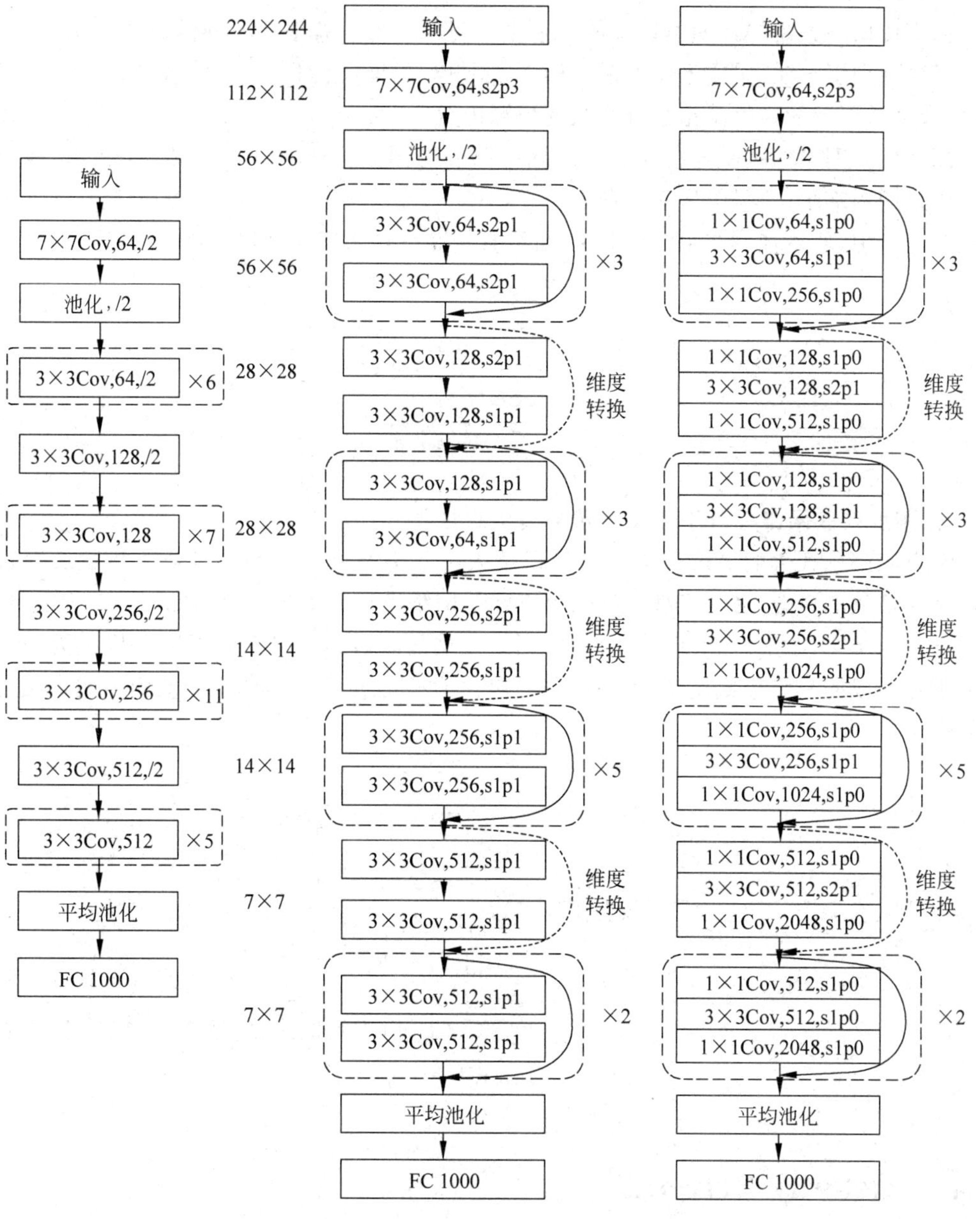

(a) (b) (c)

图 6-3 34 层常规卷积网络与 34 层及 50 层残差网络结构对比

(a) 34 层卷积网络；(b) 34 层残差网络；(c) 50 层残差网络

6.3 残差网络讨论

为什么深度残差网络表现优异？残差网络解决了极深条件下深度卷积神经网络性能退化的问题，分类性能表现出色。残差网络的广泛使用，已推进基于深度卷积网络的各类计算机视觉任务性能的提高。

1. 梯度传播

梯度传播一直是神经网络训练的一个主要问题。虽然有很多不同的解决方案，比如早期的逐层预训练方法、采用不同的激活函数、批归一化等，也取得了不错效果。但在深层网络中，梯度随层数的递增呈指数级衰减的根源仍然存在。

深度残差网络的跳跃连接使得低层网络部分得到充分地训练。如图 6-4 所示，残差网络不像早期网络结构那样，所有梯度需要先经过 $f_2(\cdot)$与 $f_3(\cdot)$，才能够传递到 $f_1(\cdot)$。在残差网络中，非线性网络部分 $f_1(\cdot)$可以直接获得输出层梯度，从而优化网络。

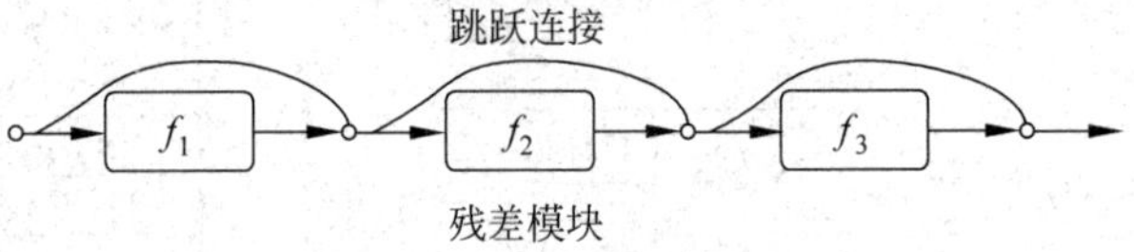

图 6-4 残差传输示意图

2. 深度残差网络等价于多浅层网络模型的融合

来自康奈尔大学的 Andreas Veit 等研究人员认为深度残差网络等价于指数级数目的浅层网络模型的融合，即深度残差网络是多浅层网络模型的集成学习。如图 6-5 所示，一个 K 层的深度残差网络，等价于 2^K 个浅层网络模型的融合。这样残差网络可以视为一系列路径组合而成的一个集成模型，不同的路径包含了不同的网络子集，并且具有一定的独立性与冗余性。

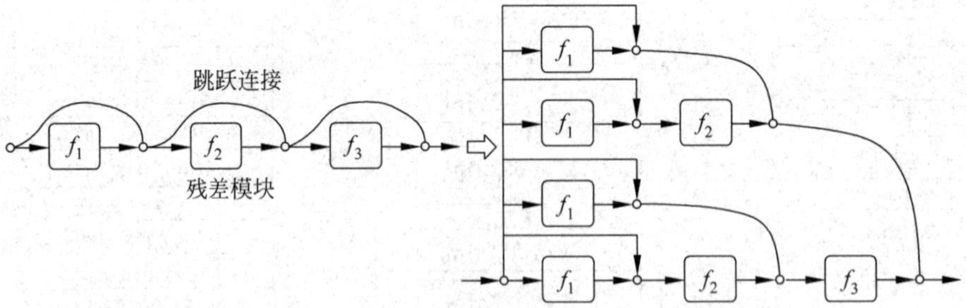

图 6-5 残差网络等价网络

6.4 Highway Network

残差网络实际上是 Highway Network 的一个特例。所谓 Highway Network，就是输入某一层网络的数据一部分经过非线性变换，而另一部分直接跨越该网络不做任何处理，就像走在高速公路上一样，而需要非线性变换的数据量以及可以直接跨越的数据量，是由一个权值矩阵和输入数据共同决定的。下面是 Highway Network 的构造公式：

$$\boldsymbol{y}=H(\boldsymbol{x},\boldsymbol{w}_{\mathrm{H}})\cdot T(\boldsymbol{x},\boldsymbol{w}_{\mathrm{T}})+\boldsymbol{x}\cdot C(\boldsymbol{x},\boldsymbol{w}_{\mathrm{C}}) \tag{6-5}$$

式中，$\boldsymbol{y}$ 为输出向量，两部分参与计算。T 称为转换门 transform gate，C 被称为进位门 carry gate。T 和 C 的激活函数都是 Sigmoid 函数。$T(\boldsymbol{x},\boldsymbol{w}_{\mathrm{T}})$的计算结果是一个向量$(a_1, a_2,\cdots,a_n)$，其中每个数字都是(0,1)之间的浮点数，代表 $\boldsymbol{y}$ 中由 $\boldsymbol{x}$ 变化后的内容所占的比例；$C(\boldsymbol{x},\boldsymbol{w}_{\mathrm{C}})$的计算结果也是一个向量$(a_1,a_2,\cdots,a_n)$，其中每个数字也都是(0,1)之间的浮点数，代表 $\boldsymbol{y}$ 中由 $\boldsymbol{x}$ 本身内容所占的比例。为了简便起见，有时候令 $C(\boldsymbol{x},\boldsymbol{w}_{\mathrm{C}})=1-T(\boldsymbol{x},\boldsymbol{w}_{\mathrm{T}})$，1 代表了维度和 $T(\boldsymbol{x},\boldsymbol{w}_{\mathrm{T}})$一样长的向量，需要注意的是，由于是点乘运算，当计算上式之后，$\boldsymbol{x}$、$\boldsymbol{y}$、$H(\boldsymbol{x},\boldsymbol{w}_{\mathrm{H}})$、$T(\boldsymbol{x},\boldsymbol{w}_{\mathrm{T}})$必须是同样的维度。如果想更改 $\boldsymbol{x}$ 的维度由 A 变成 B，一种方法是采用 zero-padding 和下采样的方法，另一种方法是引入一个维度变换矩阵，每次都乘上这个矩阵。Highway Network 的解决方案空间包含 ResNet，它至少应该表现得跟 ResNet 一样好才对，但实验表明，Highway Network 的性能不如 ResNet。这表明，与保持这些梯度相比，Highway Network 追求更大的解决方案空间。

6.5　残差网络变体

6.5.1　Wide Residual Network

随着残差网络的不断发展，不同的残差模块被设计出来，如图 6-6 所示。虽然网络不断向更深层发展，但有时候为了少量的精度提升，需要将网络层数翻倍，这样减少了特征的重用，也降低了训练速度。图 6-6 中(a)、(b)是何恺明等人提出的两种残差网络模块，(b)模块更节省资源，(c)使用了 dropout 策略，防止过拟合。对于图 6-6(a)的残差模块，通过 3 种简单途径对残差模块进行改进：①增加更多卷积层；②加宽；③增加卷积层的滤波器大小(卷积核尺寸)。

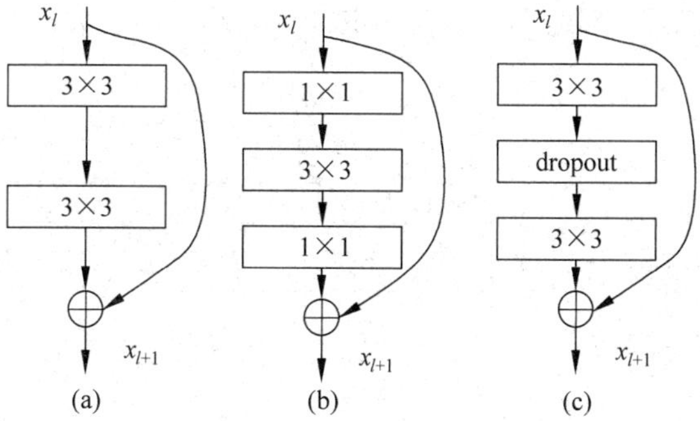

图 6-6　不同的残差模块图

(a) 残差模块 1；(b) 残差模块 2；(c) 残差模块 3

宽度残差网络(wide residual network，WRN)从网络"宽度"入手，构造新的残差模块，提升残差网络性能。WRN 网络结构如表 6-3 所示，小的滤波器更加高效，因此网络采用 3×3 的卷积核。网络超参数包括卷积层数以及网络宽度放大倍数 N。网络参数量随着深度的增加呈线性增长,但随着宽度的变化却是平方增长。虽然 WRN 网络增加了网络卷积运算的数量以及参数数量,但卷积运算更适合 GPU 加速。参数量的增加需要使用正则化方法减少过拟合,何恺明等人使用了批归一化方法,但由于这种方法需要更多的数据扩增,于是增加了 dropout 策略降低过拟合风险。通过研究发现 WRN 40-4 与 ResNet-1001 结果相似,参数量相似,但是前者训练速度快 8 倍。因此,增加深度和宽度都能够提高网络性能,但参数过多时需要采取措施防止网络发生过拟合,在相同参数量时,较宽的网络比较深的网络易训练。

表 6-3 WRN 结构

Group name	输出尺寸	模块类型＝B(3,3)
Cov1	32×32	[3×3,16]
Cov2	32×32	$\begin{bmatrix}3\times3,16\times k\\3\times3,16\times k\end{bmatrix}\times N$
Cov3	16×16	$\begin{bmatrix}3\times3,32\times k\\3\times3,32\times k\end{bmatrix}\times N$
Cov4	8×8	$\begin{bmatrix}3\times3,64\times k\\3\times3,64\times k\end{bmatrix}\times N$
平均池化	1×1	[8×8]

6.5.2 ResNeXt

2017 年 2 月,已经加入 Facebook 的何恺明和 S. Xie 等人对 ResNet 进行升级,提出一种名为 ResNeXt 的残差网络变体,提出了神经网络在“深度”和“宽度”之外的新维度。ResNeXt 与 GoogleNet 的 Inception 模块类似,区别在于 ResNeXt 变体中,不同路径的输出通过相加在一起实现合并,而在 GoogleNet 中不同路径的输出是深度连结在一起的;另一个区别是,GoogleNet 中每个路径彼此的卷积操作不同(1×1、3×3 和 5×5 卷积),而在 ResNeXt 架构中,所有路径共享相同的拓扑,但由于初始化时权值不同,因此可训练得到不同的特征提取器。图 6-7(a)为传统残差模块,图 6-7(b)为 ResNeXt 构建的基数为 32 的残差模块。

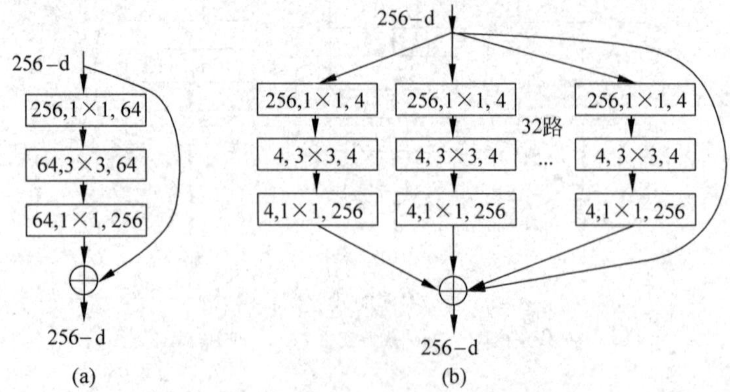

图 6-7 ResNeXt 残差网络变体构建模块

(a) 传统残差模块;(b) ResNeXt 残差模块

ResNeXt 引入了一个被称为"基数"的超参数,即独立路径的数量,以提供一种新方式来调整模型容量。通过增加"基数"来提高准确度相比让网络加深或扩大来提高准确度更为有效。基数是衡量神经网络在深度和宽度之外的另一个重要因素。与 Inception 相比,这种新的架构更容易适应新的数据集/任务,因为网络结构较为简单,而且需要微调的超参数只有一个,而 Inception 有许多超参数(如每个路径的卷积层卷积核的大小)需要微调。ResNeXt 残差模块有三种对等形式,如图 6-8 所示。

在实践中,通常采用逐点分组卷积对输入特征图进行卷积,其输出被深度级联然后再进行 1×1 的卷积。在 ImageNet-1K 数据集上,即使在保持复杂性限制条件下,增加基数也能够提高分类精度。此外,当增加容量时,增加基数比增加深度更加有效。ResNeXt 在 2016 年的 ImageNet 竞赛中获得了第二名。

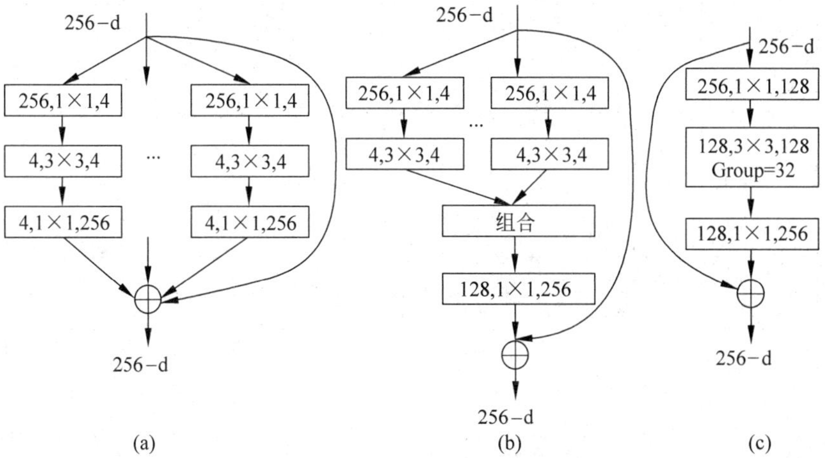

图 6-8 三种对等形式的残差模块

(a) 残差模块 1;(b) 残差模块 2;(c) 残差模块 3

6.5.3 DenseNet

在 2016 年,康奈尔大学的黄高和清华大学的刘壮等人提出一种称为 DenseNet 的残差网络新架构,如图 6-9 所示。残差网络利用残差结构进行网络设计,不同于残差网络将输出与输入相加,形成一个残差结构,DenseNet 将输出与输入并联,使得网络的每一层都能直接得到之前所有层的输出,同时进一步利用跳跃连接将所有层直接连接在一起。在这个新架构中,每层的输入由所有前面的层的特征映射(特征图)组成,其输出传递给每个后续的层。

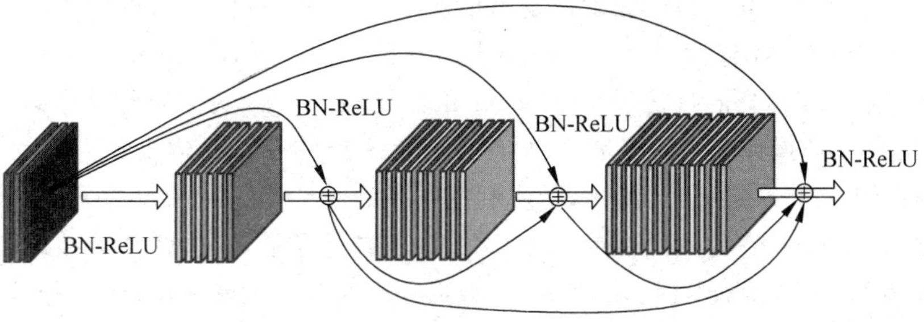

图 6-9 DenseNet 模型图

这种架构除了可以应对梯度消失问题外，还可以鼓励特征的重用，从而使得网络具有更高的参数效率。残差网络的残差模块输出被添加到下一个模块，如果两层的特征映射具有不同的分布，这可能会阻碍信息流动。因此，级联特征映射可以保留所有的特征映射并增加输出的方差，从而鼓励特征重新利用。通常使用增长率(k)这一个超参数来防止网络生长过宽，并使用 1×1 的瓶颈层来减少 3×3 卷积之前的特征映射数量。表 6-4 所示为不同深度的 DenseNet 网络构成情况。

表 6-4　不同深度的 DenseNet 网络架构

层数	输出尺寸	DenseNet-121 (k=32)	DenseNet-169 (k=32)	DenseNet-201 (k=32)	DenseNet-161 (k=48)
Cov	112×112	7×7 cov，stride=2			
Pooling	56×56	3×3 最大池化，stride=2			
Dense1	56×56	$\begin{bmatrix}1\times1\text{cov}\\3\times3\text{cov}\end{bmatrix}\times6$			
Transition1	56×56	1×1 cov			
	28×28	2×2 平均池化，stride=2			
Dense2	28×28	$\begin{bmatrix}1\times1\text{cov}\\3\times3\text{cov}\end{bmatrix}\times12$			
Transition2	28×28	1×1 cov			
	14×14	2×2 平均池化，stride=2			
Dense3	14×14	$\begin{bmatrix}1\times1\text{cov}\\3\times3\text{cov}\end{bmatrix}\times24$	$\begin{bmatrix}1\times1\text{cov}\\3\times3\text{cov}\end{bmatrix}\times32$	$\begin{bmatrix}1\times1\text{cov}\\3\times3\text{cov}\end{bmatrix}\times48$	$\begin{bmatrix}1\times1\text{cov}\\3\times3\text{cov}\end{bmatrix}\times36$
Transition3	14×14	1×1 cov			
	7×7	2×2 平均池化，stride=2			
Dense4	7×7	$\begin{bmatrix}1\times1\text{cov}\\3\times3\text{cov}\end{bmatrix}\times16$	$\begin{bmatrix}1\times1\text{cov}\\3\times3\text{cov}\end{bmatrix}\times32$	$\begin{bmatrix}1\times1\text{cov}\\3\times3\text{cov}\end{bmatrix}\times24$	
Classification layer	1×1	7×7 global 平均池化			
	—	1000－D FC，Softmax			

6.5.4 DPN

2017 年，颜水成团队结合 ResNeXt 和 DenseNet 两者的优点，提出一类双通道网络(dual path network，DPN)，夺得 ImageNet-1K 分类任务冠军。该网络不仅提高了准确率，还将 200 层 ResNet 的计算量降低了 57%，相比当时最好的 ResNeXt(64×4d)的计算量降低了 25%。131 层的 DPN 成为新的最佳单模型，并在实测中提速约 300%。其双通道的核心思想是：将 ResNeXt 作为一个路径用于重复利用公共特征，将 DenseNet 网络模式作为另一个路径，用于探索新的特征，但 ResNeXt 路径与 DenseNet 路径利用共享的卷积核进行操作。DPN 的具体操作如下：首先，原始输入或上一层的双路径输出作为输入，两条路径分别利用共享的 1×1 卷积进行处理，随后利用共享的 3×3 卷积处理(为了提升性能，使用了分组卷积的方式)；最后再利用共享的 1×1 卷积进行通道调整，两条路径得到的特征进行整合，获得最终的特征通道后将其分配给 ResNeXt 与 DenseNet 路径部分。由于 DenseNet 路径部分会不断积累特征通道，因此 DenseNet 路径部分分配通道数较少，而

ResNeXt 路径部分分配的通道数较多。表 6-5 为 DPN 网络与其他残差网络结构的对比。

表 6-5 DPN 网络与其他残差网络结构对比

Stage	输出尺寸	DenseNet-161 (k=48)	ResNeXt-101 (32×4d)	ResNeXt-101 (64×4d)	DPN-92 (32×3d)	DPN-98 (40×4d)
Cov1	112×112	7×7, 96, stride=2	7×7, 64, stride=2	7×7, 64, stride=2	7×7, 64, stride=2	7×7,96, stride=2
Cov2	56×56	7×7, 96, stride=2	7×7, 64, stride=2	7×7, 64, stride=2	7×7, 64, stride=2	7×7,96, stride=2
		[1×1 192 3×3 48] ×6	[1×1 128 3×3 128 1×1 256] ×3,G=32	[1×1 128 3×3 128 1×1 256] ×3,G=64	[1×1 128 3×3 128 1×1 256(+16)] ×3,G=32	[1×1 128 3×3 128 1×1 256(+16)] ×3,G=40
Cov3	28×28	[1×1 192 3×3 48] ×12	[1×1 256 3×3 256 1×1 512] ×4,G=32	[1×1 512 3×3 512 1×1 512] ×4,G=64	[1×1 192 3×3 192 1×1 512(+32)] ×4,G=32	[1×1 320 3×3 320 1×1 512(+32)] ×6,G=40
Cov4	14×14	[1×1 192 3×3 48] ×36	[1×1 512 3×3 512 1×1 1024] ×23,G=32	[1×1 1024 3×3 1024 1×1 1024] ×23,G=64	[1×1 384 3×3 384 1×1 1024(+24)] ×20,G=32	[1×1 640 3×3 640 1×1 1024(+32)] ×20,G=40
Cov5	7×7	[1×1 192 3×3 48] ×24	[1×1 1024 3×3 1024 1×1 2048] ×3,G=32	[1×1 2048 3×3 2048 1×1 2048] ×3,G=64	[1×1 768 3×3 768 1×1 2048(+128)] ×3,G=32	[1×1 1280 3×3 1280 1×1 2048(+128)] ×3,G=40
	1×1	Global average pooling, 100-D FC, Softmax	Global average pooling, 100-D FC, Softmax	Global average pooling, 100-D FC, Softmax	Global average pooling, 100-D FC, Softmax	Global average pooling, 100-D FC, Softmax
Parameters		28.9×10^6	44.3×10^6	83.7×10^6	37.8×10^6	61.7×10^6
FLOPs		7.7×10^9	8.0×10^9	15.5×10^9	6.5×10^9	11.7×10^9

第 7 章课件

第7章

目标检测算法

目标检测，也被称为目标提取，是视觉感知中一种典型的任务。目标检测是指在给定的图片中框取物体所在的位置，并标注出物体类别的过程。因此，目标检测是解决图像中物体在哪里以及是什么的问题，尤其是在复杂场景中，需要对多个目标进行实时处理时，目标自动提取和识别就显得尤为重要。但是，在实际图片中，物体的尺寸变化范围很大，物体摆放的角度、姿态，在图片中的位置都有所区别，物体之间可能还存在遮挡现象，这使得目标检测任务变得更加难以处理。随着计算机技术的发展和计算机视觉原理的广泛应用，利用计算机图像处理技术对目标进行实时检测的研究越来越热门，并在自动驾驶、智能化交通系统、智能监控系统、军事目标检测及医学导航手术中手术器械定位等方面具有广泛的应用需求。基于卷积网络的目标检测算法是深度神经网络在计算机视觉领域的成功应用之一，具有重要的应用价值。

7.1 传统目标检测方法

传统目标检测主要利用区域选择的方法获取候选窗口，如穷举法，采用不同尺寸大小、不同长宽比的滑动窗口对图像进行遍历，获得目标窗口，但时间复杂度较高；然后利用SIFT、HOG 等特征提取方法提取具有一定鲁棒性的图像特征信息（但由于形态多样性、光照变化多变性、背景多样性等特点，提取特征的鲁棒性较差）；最利用 SVM、Adaboost 等分类器对输入的特征进行分类。传统目标检测过程如图 7-1 所示。

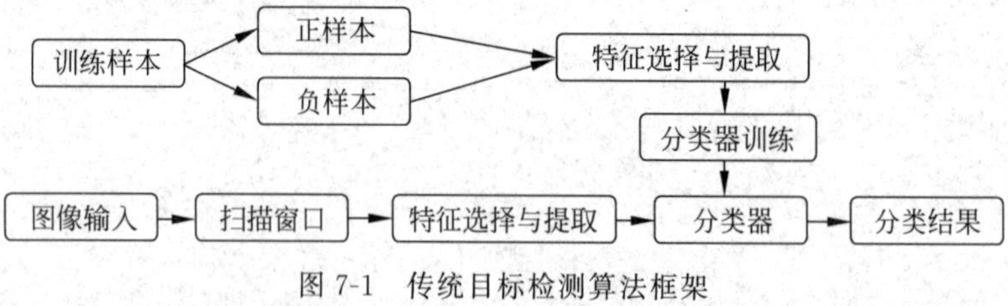

图 7-1　传统目标检测算法框架

传统目标检测算法通常分为以下几个步骤：

1）训练样本的创建

训练样本应包括正样本和负样本。其中正样本是指包含待检目标的样本（例如人脸或汽车等），负样本是指不包含目标的任意图片（如背景等），所有的样本图片都被归一化为同样的尺寸大小，例如 20×20 的像素大小。

2）特征提取

由于图像所具有的数据量非常大。例如，一幅文字图像可以包含几千个文本数据，一个心电图波形可能包含几千个数据。为了有效地实现分类识别，就需要对原始数据进行变换，得到最能反映分类本质的特征信息，这就是特征选择与提取的过程。通常将原始数据构成的空间称为测量空间，将进行分类识别的空间称为特征空间，通过变换可以将测量空间中维数较高的模式变换为特征空间中维数较低的表示模式，便于后续分类识别的实施。当前已有多种特征提取方法，如 Haar 特征、LBP 特征、HOG 特征和 SIFT 特征等，每种方法各有千秋，根据要检测的目标情况而定，例如：对于拳头的检测，由于纹理特征明显，Haar 特征、LBP 特征（目前有将其和 HOG 结合）方法更加有效；对于手掌的检测，由于其轮廓特征明显，HOG 特征（行人检测一般用这个）会更加理想。

3）分类器训练

模式分类已被应用于众多领域，例如图像、语音识别等等，分类器是指将待分类对象划归为某一类而使用的分类装置或数学模型。例如：人脑本身就是一个复杂的分类器（只是它强大到超乎想象而已），人对事物的识别本身也是一个分类的过程。对于简单的二分类问题来说，人在成长或者学习的过程中，会通过观察 A 类事物的多个具体事例来获得对 A 类事物的性质和特点，当遇到新的事物时，人脑会根据这个事物的特征是否符合 A 类事物的性质与特点，从而判断其为 A 类或者非 A 类。分类器的训练可以理解为，分类器通过对正样本和负样本的观察与学习，使其具有对该目标的检测能力。早期比较盛行的有 SVM 支持向量机、AdaBoost 算法等，其中行人检测一般采用 HOG 特征与 SVM 分类器组合的方法，而 OpenCV 中人脸检测一般采用 Haar 特征与 AdaBoost 分类器组合的方法，拳头检测一般采用 LBP 特征与 AdaBoost 分类器组合的方法。

利用数学方式对分类器进行表达，分类器就是一个 $y=f(x)$ 的函数，x 是某个事物的特征，y 是类别。它的数学模型又是什么呢？一次函数 $y=kx+b$？高次函数？还是更复杂的函数？首先，需要确定分类器模型，确定模型后，模型具有众多参数。例如一次函数 $y=kx+b$ 的参数 k 和 b、高斯函数的均值和方差等，这些参数可以通过最小化分类误差、最小化惩罚等方法来确定。分类器的训练就是寻找这些参数的最优值，使分类器达到最好的分类效果。另外，为了提高分类器检测的准确率，训练样本一般具有较多数据，然后每个样本又提取了众多特征，这样就可以产生很多的训练数据，用于网络的训练，因此训练的过程一般比较耗时。

4）利用分类器进行目标检测

通过样本数据训练得到分类器后，就可以利用分类器对输入的图像进行分类，也就是检测图像中是否存在待检测的目标。因此，目标检测过程就是使用一个扫描子窗口在待检测的图像中不断地滑动，子窗口每到一个位置，就会提取该区域的特征，然后使用训练好的分类器对该特征进行分类，判定该区域是否存在目标。由于目标在图像中的大小可能与训练分类器时使用的样本图片大小不同，因此需要对扫描的子窗口或者图像进行缩放操作，使其与样本图像大小相匹配。

5）分类器的学习和改进

在样本数量较多、特征选取和分类器算法都比较好的情况下，分类器的检测准确度会比较高,但也会有误检的情况。通过加入学习或者自适应机制,可以提高分类器检测的准确率,即当图像被分类错误时,将这张图像及其类别标签放入样本库,对分类器进行强化训练。

传统目标检测方法的主要问题在于:基于滑动窗口的区域选择策略没有针对性,时间复杂度高,窗口冗余度大;手工设计的特征在多变的目标及场景下鲁棒性差。

7.2 基于深度学习的目标检测方法

随着深度学习技术的兴起,基于深度网络的目标检测算法取得了重大突破,从而逐渐取代了传统的目标检测方法。早期基于深度学习的目标检测算法效果也一直难以突破,直到2013年基于卷积神经网络区域(region-based convolutional neural networks,R-CNN)的目标检测方法被提出。在R-CNN提出之前,已经有很多研究者尝试使用深度学习的方法来进行目标检测,R-CNN是第一个真正具有工业级应用潜力的解决方案。基于R-CNN的研究思路不断发展,先后出现了R-CNN、SPP-Net、Fast R-CNN、Faster R-CNN、R-FCN等研究。这些创新性的工作很多时候是将一些传统视觉领域的方法,如选择性搜索(selective search,SS)和图像金字塔等,与R-CNN框架结合起来,构造新的基于深度学习的目标检测算法。基于深度学习的目标检测方法从不同的角度出发,可以分为不同的类别。如根据算法是否存在候选区域,算法可分为两阶段目标检测算法和一阶段目标检测算法。两阶段目标检测算法先生成候选区,再对候选区进行分类和回归,如R-CNN、SPP-Net、Fast R-CNN、Faster R-CNN等架构。一阶段目标检测算法不对候选区进行提取,直接进行分类和回归,如SSD,Yolo系列,RetinaNet架构等。如图7-2所示为基于候选框的目标识别算法。

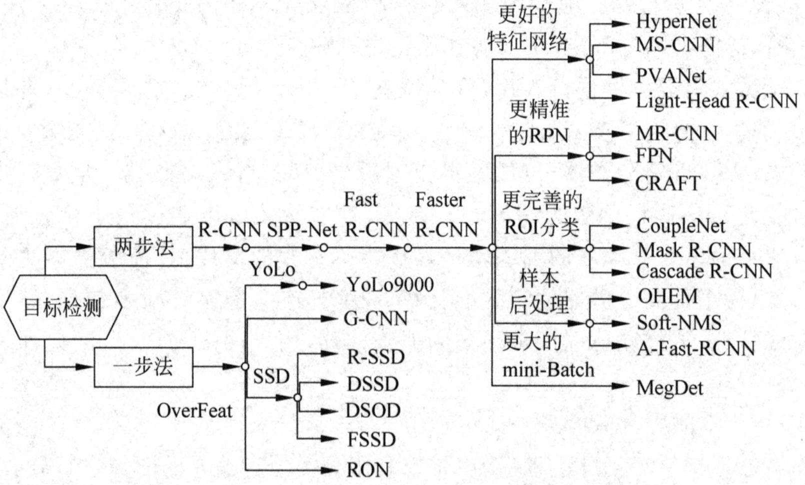

图7-2 基于候选框的目标识别算法

根据是否存在先验框,目标检测算法又可分为基于锚框的目标检测算法和无锚框的目标检测算法。基于锚框的目标检测算法先生成锚框,对锚框进行分类和回归,如R-CNN、Fast R-CNN、Faster R-CNN等框架。基于无锚框的目标检测算法取消了锚框生成机制,基于中心区域和关键点等关键信息实现目标检测,如YOLO、CenterNet、CornerNet、Fcos等算法。

7.2.1 目标检测常用技术

1. IoU 交并比

交并比(intersection over union,IoU),表示两个候选框的相交面积与并集面积之比,用来考察一个候选框和标定框重叠面积,表示了候选框与标签的重叠度,如图 7-3 所示。

如计算矩形框 A、B 的 IoU 重合度:

$$\mathrm{IoU}=S_{A\cap B}/S_{A\cup B} \quad 或 \quad \mathrm{IoU}=S_I/(S_A+S_B-S_I) \tag{7-1}$$

S 表示面积。如果重叠比例大于设定阈值,则认为此候选框为该目标的检测框,否则认为此候选框为背景,不同的 IoU 对比效果如图 7-4 所示。

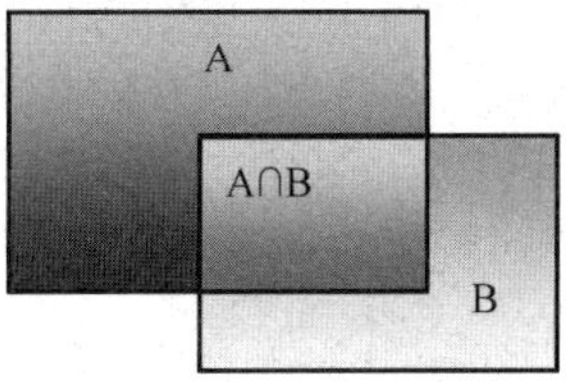

图 7-3 IoU 交并图

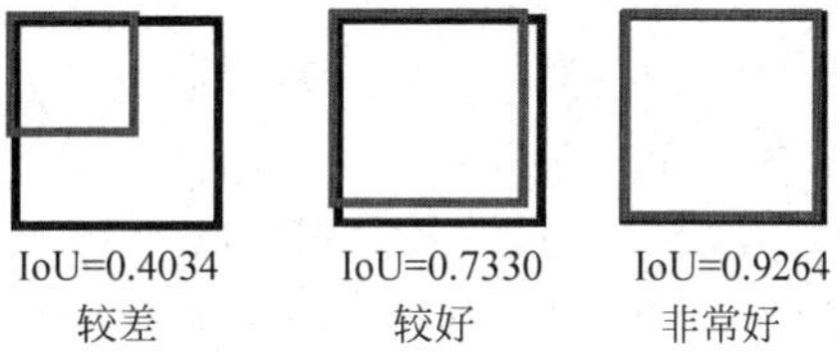

图 7-4 IoU 效果对比

2. 非极大值抑制

在目标检测算法进行目标定位时,算法只是找出了若干矩形框,需要采用相应的方法判别哪些矩形框有用、哪些目标框需要剔除。非极大值抑制(nonmaximum suppression,NMS)就是一种寻找最优矩形框的方法。假设有 6 个矩形框,如图 7-5 所示,根据分类器分类得分对候选框进行从小到大排序为 A、B、C、D、E、F。首先,从最大得分的矩形框 F 开始,分别判断 A~E 与 F 的重叠度 IoU 是否大于某个设定的阈值,如 B、D 与 F 的重叠度超过阈值则丢弃 B、D,并保留并标记第一个矩形框 F;从剩余的矩形框 A、C、E 中,选择概率最大的 E,然后判断 A、C 与 E 的重叠度,重叠度大于一定的阈值则丢弃,并标记 E 是需要保留下来的第二个矩形框;同理,重复上述操作,并找到所有被保留下来的矩形框。通常在 NMS 之前会将得分较低的候选框剔除,如 A 候选框在类别猫的分类得分中会很低,因此 A 候选框在 NMS 之前就会被剔除,而不会保留到最后。

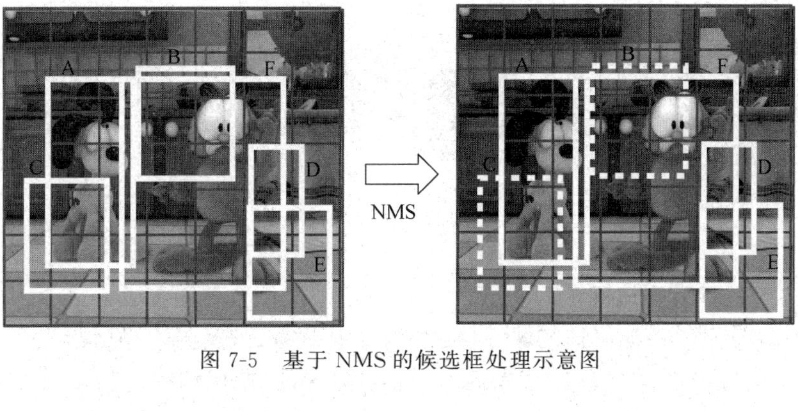

图 7-5 基于 NMS 的候选框处理示意图

3. 选择性搜索

选择性搜索将图像分割成众多图像块，然后使用贪心策略，计算每两个相邻区域的相似度，并根据相似度情况每次合并最相似的两块，每次新产生的图像块包括合并的图像块被保存下来，直到最终只剩下一块完整的图片。这样就得到图像的分层表示，其详细操作步骤如下：

输入：一张图片

步骤 1：利用滑窗方法得到候选的区域集合 $R=\{r_1,r_2,\cdots,r_n\}$

步骤 2：初始化相似集合 $S=\phi$

步骤 3：for each 遍历相邻区域对 (r_i,r_j) do

步骤 4：计算相似度 $s(r_i,r_j)$

步骤 5：$S=S\cup s(r_i,r_j)$ 存储相似度

步骤 6：while $S\neq\phi$ do

步骤 7：从 S 中得到最大的相似度 $s(r_i,r_j)=\max(S)$

步骤 8：合并对应的区域 $r_t=r_i\cup r_j$

步骤 9：移除 r_i 对应的所有相似度 $S=S\backslash s(r_i,r_*)$

步骤 10：移除 r_j 对应的所有相似度 $S=S\backslash s(r_*,r_j)$

步骤 11：计算新集合中所有子集 r_t 对应的相似度集合 S_t

步骤 12：$S=S\cup S_t$

步骤 13：$R=R\cup r_t$ 候选区域 r_t 不断存入 R

步骤 14：$L=R$ 中所有区域对应的边框

输出：候选的目标位置集合 L

7.2.2 R-CNN

2014 年，Ross B. Girshick 在 CVPR2014 上提出 R-CNN 目标检测算法，是 CNN 方法应用到目标检测问题上的一个里程碑。R-CNN 算法借助 CNN 良好的特征提取和分类性能，利用候选区域选择方法，实现深度学习与目标检测问题的转化。R-CNN 算法框架如图 7-6 所示。

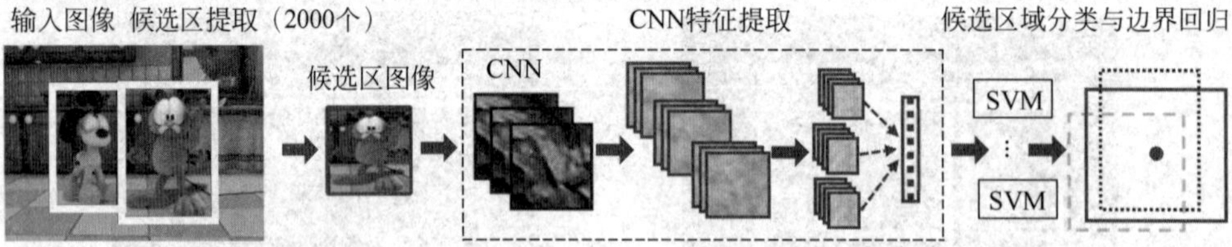

图 7-6 R-CNN 算法框架图

1. R-CNN 目标检测流程

R-CNN 算法主要包含候选区域选择、CNN 特征提取、分类与边界回归三个主要部分：

(1) 候选区域选择：R-CNN 首先输入一张自然图像，使用传统的 selective search 区域提取方法，通过不同宽高的窗口滑动获得潜在的目标图像，提取大约 2000 个候选区域；对

每个候选区域的图像进行拉伸形变，使之成为固定大小的正方形图像，并对提取目标图像进行归一化，然后作为 CNN 的标准输入，如图 7-7(a)所示。

(2) CNN 特征提取：将候选区域图像输入到 CNN 中，CNN 对输入图像进行卷积/池化等操作，得到固定维度的输出；R-CNN 使用 AlexNet 对得到的候选区域的图像进行特征提取，最终生成一个 4096 维的特征向量。AlexNet 网络要求输入的是 227×227 的图像，因此在输入到 AlexNet 之前，需要将候选区域的图像首先进行部分的边缘扩展(16 像素)，然后进行拉伸操作，使得输入的候选区域图像满足 AlexNet 的输入要求。

(3) 分类与边界回归：包含两个步骤。一是利用已训练好的特征分类器，对上一步输出向量进行分类，R-CNN 为每个类别都训练了一个 SVM 线性分类器，在训练/检测的过程中使用这些分类器对每一类别进行二分类；二是通过边界回归得到精确的目标区域，由于实际目标会产生多个子区域，对完成分类的前景目标进行精确定位与合并，避免多个检出，如图 7-7(b)所示，然后利用回归算法对边界进行回归。

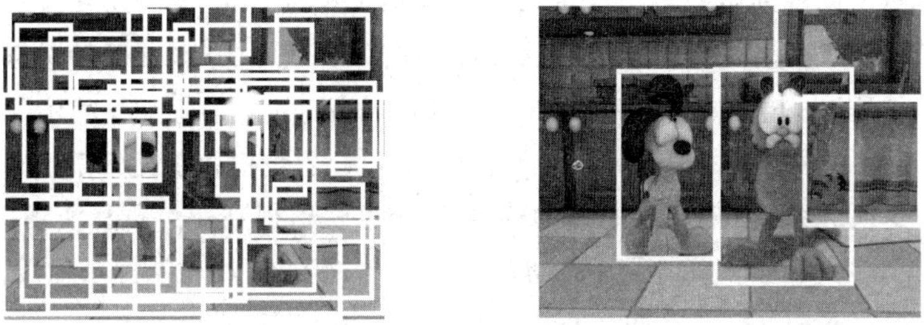
(a) (b)

图 7-7 R-CNN 候选框示意图

(a) 候选区生成；(b) 边界回归

2. R-CNN 网络训练

R-CNN 目标检测模型的训练包括特征提取网络的训练、分类器的训练以及回归模型的训练，步骤如下：

1) ImageNet 预训练

首先，对卷积特征提取网络进行预训练，利用 ImageNet 数据集对 CNN 网络进行预训练。由于 VOC2012 中训练数据相对较少，所以使用 ImageNet 预训练然后再微调效果会更好。在微调阶段，将在 ImageNet 上预训练的网络输出分类从 1000 个调整为 21 个类别(VOC 的 20 类+1 类背景)，然后将所有与标签检测框的 IoU≥0.5 的候选区域归为正类(20 类之一)，其他的全部视为背景类。在训练时使用随机梯度下降法(SGD)进行参数调整，学习率为 0.001，由于在提取的候选区域中背景样本要远远多于正样本，因此在训练的过程中随机选取 32 个正样本和 96 个负样本，利用这种样本选择策略使得正负样本平衡。

2) SVM 分类器训练

SVM 目标分类网络需要进行独立训练。在训练 SVM 分类器过程中，将 IoU 低于 0.3 的候选区域设置为负样本，正样本则是标签对应的图像。每个类别训练一个线性的 SVM 分类器，由于训练图像过多，为了保证训练的效果，在训练的过程中采用了困难样本挖掘方法(通过训练挑出训练集中总是被识别错误的负样本作为训练集)。直接使用 CNN 分类结果进行实验，效果相比 SVM 有所降低：一个主要原因在于 CNN 识别能力较鲁棒，使用 CNN 直接分类结果并不注重精确定位；第二个原因在于 SVM 训练时采用的困难样本比 CNN 中随机选择的样本要好，所以结果会更好。

3）边界框回归

在完成"生成候选区域→CNN 特征提取→SVM 进行分类"以后，为了进一步提高目标定位精度，网络需要进行边界回归处理。边框回归是将候选边框调整至标签边框的一种变换方法。如图 7-8 所示线框 G 为目标的标签边框，线框 P 为提取的前景锚框。即使线框 P 被分类器识别为目标，但由于线框 P 定位不准，线框 P 相当于没有正确地检测出目标。因此，我们希望采用一种方法对线框 P 进行微调，使得前景锚框和标签边框更加接近。

图 7-8　检测框、标签对比图

窗口一般使用四维向量(x,y,w,h)表示，分别表示窗口的中心点坐标和宽高，前面两个变量(x,y)表示候选区域的中心坐标，后面两个变量(w,h)分别表示候选区域的宽和高。边界回归训练过程中，输入数据为 N 个训练对$\{(P_i,G_i)\}_{i=1,2,\cdots,N}$，其中 $P=(P_x,P_y,P_w,P_h)$为候选区域的位置，而$G=(G_x,G_y,G_w,G_h)$表示标签的位置信息。

寻找一种变换关系，使得输入原始的锚框 P 经过映射得到一个跟真实窗口 G 更接近的回归窗口 G'，即：给定 $G=(G_x,G_y,G_w,G_h)$，寻找一种映射 f，使得 $f(P_x,P_y,P_w,P_h)=(G'_x,G'_y,G'_w,G'_h)$，其中$(G'_x,G'_y,G'_w,G'_h)\approx(G_x,G_y,G_w,G_h)$。

那么经过何种变换才能够将图 7-8 中的预测框 P 变换为 G' 呢？一种简单的思路就是通过平移与缩放实现候选框的变换。设计四种坐标映射方法 $d_x(\boldsymbol{P})$、$d_y(\boldsymbol{P})$、$d_w(\boldsymbol{P})$、$d_h(\boldsymbol{P})$，其中前两个表示对候选区域中心坐标的平移变换，后面两个则是对候选区域宽和高的对数空间的变换，从而实现边界框的调整，实质是提供了一种边界框优劣评价与调整手段。通过该变换使得候选框逐渐向标签框靠近，如下式所示：

$$\begin{cases}G'_x=\Delta P_x+P_x=P_w d_x(\boldsymbol{P})+P_x\\G'_y=\Delta P_y+P_y=P_h d_y(\boldsymbol{P})+P_y\\G'_w=P_w\exp(d_w(\boldsymbol{P}))\\G'_h=P_h\exp(d_h(\boldsymbol{P}))\end{cases}\tag{7-2}$$

观察上述需要学习的 $d_x(\boldsymbol{P})$、$d_y(\boldsymbol{P})$、$d_w(\boldsymbol{P})$、$d_h(\boldsymbol{P})$这四个变换，当输入的锚框与标签相差较小时，可以认为这种变换是一种线性变换，那么就可以利用线性回归来建模，对窗口进行微调（注意，只有当锚框和标签比较接近时，才能使用线性回归模型，否则就是复杂的非线性问题）。

如何通过线性回归获得 $d_x(\boldsymbol{P})$、$d_y(\boldsymbol{P})$、$d_w(\boldsymbol{P})$、$d_h(\boldsymbol{P})$？线性回归是指给定输入的特征向量 $\boldsymbol{X}$，学习一组参数 $\boldsymbol{w}$，使得经过线性回归后的值与真实值 $\boldsymbol{G}$ 接近，即 $\boldsymbol{G}=\boldsymbol{wX}$。假设卷积网络对候选区域提取的特征为$\boldsymbol{\Phi}_5(\boldsymbol{P})$，将候选区域特征$\boldsymbol{\Phi}_5(\boldsymbol{P})$作为回归网络输入信息，$d_*(\boldsymbol{P})$表示对候选区域特征进行线性变换操作，$*$ 表示 x、y、w、h，则四种变换的目标函数 $d_*(\boldsymbol{P})=\boldsymbol{w}_*^{\mathrm{T}}\boldsymbol{\Phi}_5(\boldsymbol{P})$，通过该操作将候选框的坐标、宽高变换信息与特征信息相对应。$\boldsymbol{w}$ 是需要学习的参数，$d_*(\boldsymbol{P})$是得到的预测值，也就是每一个变换对应一个目标函数。通过训

练网络的 $\boldsymbol{w}_*^{\mathrm{T}}$，使得特征 $\boldsymbol{\Phi}_5(\boldsymbol{P})$ 最终与 $\boldsymbol{w}_*^{\mathrm{T}}$ 的乘积能够学习到平移和尺度缩放变换，使得预测边界框调整至标签边界框位置。

假设平移和缩放的标签信息为 (t_x,t_y,t_w,t_h)，为了使预测值与真实值 (t_x,t_y,t_w,t_h) 差异最小，回归网络的训练与学习过程需要损失函数提供指导信息，指导预测框不断调整逼近标签边界框位置，使得预测的边界框 P 不断向标签 G 靠近，以获得最优边界框。定义回归优化的损失函数为

$$\begin{aligned} w_* &= \underset{\hat{w}_*}{\operatorname{argmin}} \sum_i^N (t_*^i - d_*(P^i))^2 + \lambda \|\hat{w}_*\|^2 \\ &= \underset{\hat{w}_*}{\operatorname{argmin}} \sum_i^N (t_*^i - \hat{w}_x^{\mathrm{T}} \boldsymbol{\phi}_5(P^i))^2 + \lambda \|\hat{w}_*\|^2 \end{aligned} \tag{7-3}$$

其中，t_*^i 表示学习到的理想平移与缩放变换，即预测框向标签框的平移与缩放变换。这是一个典型的最小二乘问题，设定 $\lambda=1000$。当 P 与 G 相距过远时，通过上面的变换是不能完成候选框的调整的，而相距过远实际上也基本不会是同一物体，因此在训练中，对于 (P,G) 的选择是选择离 G 较近的 P 进行配对，通过计算 P 与 G 的 IoU，选择其值大于 0.6 的候选框，否则抛弃该 P。

对于预测框 P 平移和缩放至标签位置 G 时的平移量 (t_x,t_y) 与尺度因子 (t_w,t_h) 可定义如下：

$$\begin{cases} t_x = (G_x - P_x)/P_w \\ t_y = (G_y - P_y)/P_h \\ t_w = \ln\left(\dfrac{G_w}{P_w}\right) \\ t_h = \ln\left(\dfrac{G_h}{P_h}\right) \end{cases} \tag{7-4}$$

其中，(P_x,P_y,P_w,P_h)、(G_x,G_y,G_w,G_h) 分别表示锚框和标签信息。

3. R-CNN 网络测试

在应用测试阶段，首先使用 selective search 提取测试图像的 2000 个候选区域，然后将所有候选区域图像拉伸至网络要求的输入尺寸，并使用 CNN 进行特征提取，得到固定长度的特征向量。对于每个类别，使用为该类别训练的 SVM 分类器，对每个候选区域图像得到的特征向量进行评价，得到该候选区域的类别概率。注意在这之前应使用 NMS(非最大值抑制)合并重叠区域，具体来说就是对每一类而言，若一个候选区域与另一候选区域的 IoU 大于一定阈值的情况下，保留分类得分值大的候选区域，如图 7-7 所示。

4. R-CNN 存在的问题

R-CNN 的优势在于利用了 CNN 的共享网络参数的特性，降低了网络参数量；CNN 提取图像的特征维度相比之前的方法较低，丰富性更高。但其框架本身也存在诸多问题：

(1) 重复计算：R-CNN 虽然不再是采用穷举法获得候选区域，但依然有 2000 个左右的候选框，每一个候选框需要进行 CNN 特征提取操作，计算量依然很大；另外，多个候选区域对应的图像需要进行存储，用于后续特征提取，会占用较大的磁盘空间。

(2) CNN需要固定输入图像尺寸，因此需要对图像进行缩放和拉伸操作调整图像尺寸；物体截断或拉伸等操作，会导致输入图像部分细节信息丢失。

(3) SVM模型是一种线性模型，在标签数据充足的情况下显然不是最好的选择。

(4) 训练与测试分为多步：区域选择、特征提取、分类与回归都是分立的训练过程，如图7-9所示，中间数据需要单独保存，训练的空间和时间代价高。

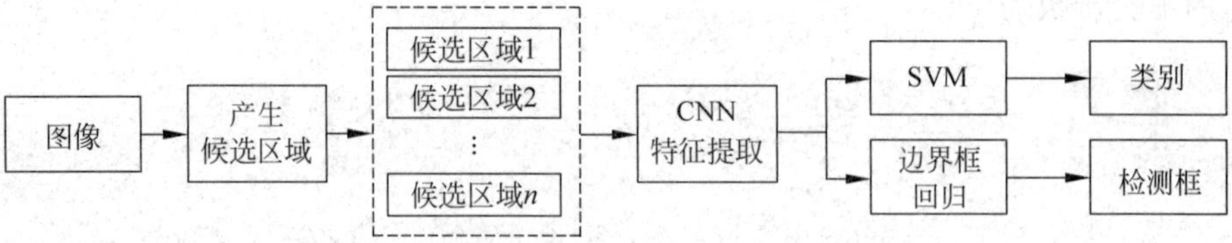

图7-9 R-CNN训练过程示意图

7.2.3 SPP-Net

传统的CNN网络中，卷积层对输入图像大小不作特别要求，但全连接层要求输入图像具有统一尺寸大小。因此，在R-CNN中，对于selective search方法提取的不同大小的候选区域需要先通过裁剪、缩放等操作将候选区域调整为统一的尺寸，然后再利用CNN提取候选区域的特征。因此，R-CNN对图像输入尺寸要求较严格，如何实现任意尺寸图像的输入及处理？另外，在R-CNN中对每一个候选区域独立进行CNN卷积特征提取，特征提取过程是比较耗时的，若能够利用图像整体特征，仅在分类之前进行一次候选区域截取，会减少重复计算。

2015年，何恺明提出了SPP-Net，SPP-Net只对输入图像进行一次卷积处理，从而得到整张图的特征图，通过计算候选框在特征图上对应的映射，获得后续区域特征信息，节省了大量的计算时间，与R-CNN相比提速了一百倍左右。SPP-Net在卷积网络最后一个卷积层与全连接层之间设计了空间金字塔池化层，获得候选区域对应的图像特征后，将其输入到空间金字塔池化层。在空间金字塔池化层中，每一个池化的卷积核会根据特征图输入尺寸调整大小，输出固定尺度的特征信息。因此，网络的输入可以是任意尺度的，从而避免了对候选区域进行缩放、裁剪等操作。总而言之，空间金字塔池化层适用于不同尺寸的输入图像，通过空间金字塔池化层对最后卷积层特征图进行池化操作，并产生固定大小特征图，进而匹配后续的全连接层。由于SPP-Net支持不同尺寸输入图像，因此SPP-Net提取得到的图像特征具有更好的尺度不变性，降低了训练过程中过拟合的可能性，如图7-10所示。

CNN中特征图的宽和高发生变化是因为步长的选取，当步长选择为2时，图像的宽高尺寸会变为原来的一半，因此对于建议区域内的一个点(x,y)，对应的Cov5层上的位置(x',y')，其映射应该满足$(x,y)=(S\times x',S\times y')$的关系，其中$S$为所有层的步长的乘积。而又由于卷积过程中的padding问题，Cov5上的特征会更靠近图像的中心，因此将左上角的像素点进行加1调整为$x'=(x/S)+1$、右下角的像素点进行减1调整为$x'=(x/S)-1$。

1. 空间金字塔池化层原理

在R-CNN中，卷积网络Cov5卷积层后为Pool5池化层；在SPP-Net中，利用空间金字塔池化层替代了Pool5池化层，其目标是使不同大小的输入图像在经过空间金字塔池化

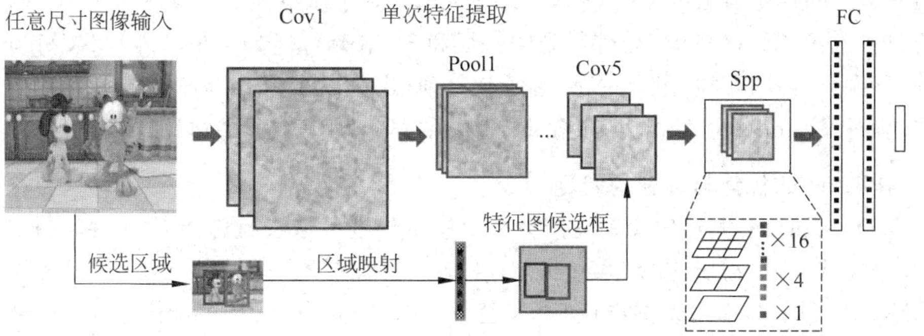

图 7-10　SPP-Net 框架示意图

层后得到相同长度的特征向量，其原理如图 7-11 所示。空间金字塔池化层与池化层类似，首先需要确定最终需要的特征图的尺寸，如 4×4、3×3、2×2、1×1 的特征图等。已知 Cov5 输出的特征图大小(通常设计成便于计算的尺寸，否则在计算时需要进行取整)，例如输出特征图为 12×12，根据输出子块的大小，以及输入的 12×12 特征图，就可以计算出空间金字塔池化的子块大小：将一张图划分为 4×4 个子块，子块大小(12/4)×(12/4)；将一张图划分为 3×3 个子块，子块大小(12/3)×(12/3)；将一张图划分为 2×2 个子块，子块大小(12/2)×(12/2)；将一张图划分为 1×1 个子块，子块大小(12/1)×(12/1)。

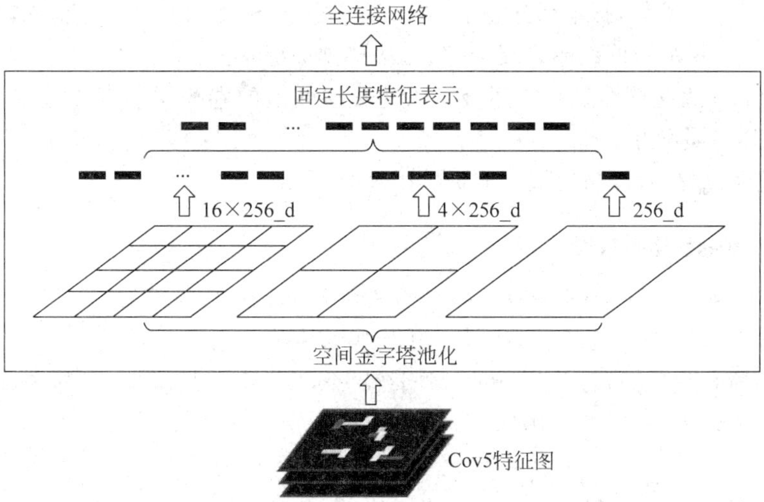

图 7-11　空间金字塔池化层原理图

空间金字塔最大池化层，就是利用上述计算方法计算 Cov5 层输出的特征图中每个特征块的最大值，从而得到池化后的特征信息，实现将一张任意大小的图片转换为一个固定尺度的特征。因此，空间金字塔池化层的最终输出是 256×(4×4＋3×3＋2×2＋1×1)＝256×30 长度的向量。以上 4 种不同刻度的划分，每一种刻度称之为金字塔的一层，每一个图片块大小称之为窗口尺度。SPP 通过 Cov5 卷积层输出特征图的宽高与目标输出的宽高计算空间金字塔池化中不同分辨率子块对应的池化窗口和池化步长的尺寸。因此，在网络训练过程中可以采用固定尺寸的输入图像或是不同尺寸的输入图像两种方式，实现 SPP-Net 的训练。实验结果表明，使用不同尺寸输入图像训练得到的 SPP-Net 效果更好。

SPP-Net 的训练与 R-CNN 类似，训练 SVM 时对于所有候选区域进行严格的标定，然后将所有候选区域经过 CNN 处理得到的特征和 SVM 新标定的结果输入到 SVM 分类器进行训练，得到分类器预测模型。SVM 训练较繁琐，也可以采用 Softmax 层作为 SPP-Net 的分类层，训练 Softmax 分类器。其边界框回归仍然采用 R-CNN 的边界框回归方法。

2. SPP-Net 的优势与存在的问题

R-CNN 在训练和测试时需要对图像中每一个候选区域进行前向 CNN 特征提取，如果是 2000 个候选区域，需要进行 2000 次前向 CNN 特征提取。而 SPP-Net 只需要进行 1 次前向 CNN 特征提取，即对整图进行 CNN 特征提取，得到最后一个卷积层的特征图，然后根据候选框与特征图的映射关系，获取候选区域特征。为了适应不同分辨率的特征图，定义了一种可伸缩的池化层——空间金字塔池化层，无论输入图像分辨率多大，都可以将其划分成 $m\times n$ 个部分，这是 SPP-Net 的第一个显著特征。空间金字塔池化层输入的是 Cov5 卷积层特征图以及特征图候选区域，输出是固定尺寸($m\times n$)的特征；多尺度金字塔特征增加了网络提取特征的鲁棒性；最关键的是 SPP 位于所有的卷积层之后，有效地解决了卷积层的重复计算问题。

总之，SPP-Net 在 R-CNN 的基础上做了实质性的改进，包括取消了裁剪、缩放、图像归一化等操作过程，解决了图像变形导致的信息丢失以及存储问题，并采用空间金字塔池化替换了全连接层前的最后一个池化层。尽管 SPP-Net 贡献很大，但仍然存在很多问题：

(1) 与 R-CNN 类似，提取候选框、计算 CNN 特征、SVM 分类、边界框回归训练过程仍然是独立训练，大量的中间结果需要转存，无法整体训练参数；

(2) SPP-Net 无法同时训练空间金字塔池化层两边的卷积层和全连接层，很大程度上限制了深度 CNN 的效果；

(3) 在整个过程中，候选区域生成仍然很耗时。

7.2.4 Fast R-CNN

2015 年，Ross B. Girshick 在 R-CNN 的基础上提出了 Fast R-CNN 框架，Fast R-CNN 主要对 R-CNN 进行加速，意在构造更快、更准、更鲁棒的目标检测模型。Fast R-CNN 的主要贡献在于将特征提取、目标分类、边框回归统一到了一个框架下面，但其中候选区域生成仍然是独立于系统的，如图 7-12 所示。

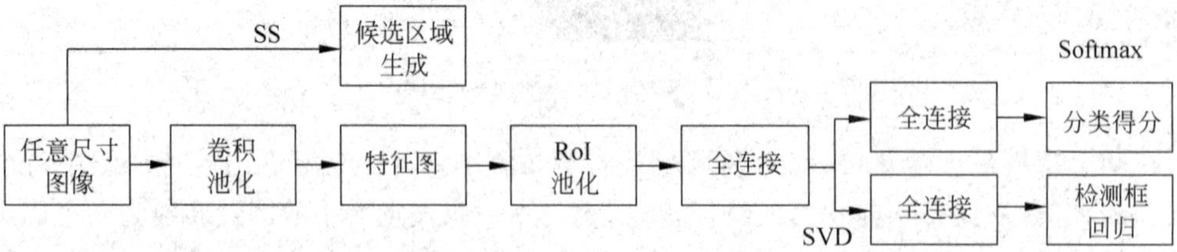

图 7-12　Fast R-CNN 结构图

Fast R-CNN 的改进策略主要包括：

(1) 借鉴 SPP 思路，改进空间金字塔池化层，提出简化版的金字塔池化层感兴趣区域(region of interesting，RoI)，使得网络能够反向传播，解决了 SPP 网络的整体训练问题；采用了与 SPP 不同的候选框映射计算方法将候选框映射到图像特征图中。

（2）构造了多任务损失层，利用 Softmax 分类器代替了 SVM 分类器，证明了 Softmax 分类器比 SVM 分类器具有更好的分类效果；Fast R-CNN 开创性地构造了多任务损失函数，将分类和边框回归损失函数进行合并，将边界回归融入神经网络内部，并与候选区域分类合并为一个多任务模型，通过多任务损失进一步整合深度网络，统一了训练过程，提高了算法准确度。

（3）全连接层通过 SVD 加速，一定程度上提升了网络的运行速度。

Fast R-CNN 通过上述改进策略，网络模型可对所有层参数进行更新，除速度提升外（训练与测试速度是 SPP-Net 的 3～10 倍），还得到了更好的检测效果。Fast R-CNN 网络工作流程如下：

（1）输入测试图像，归一化后直接输入 CNN；

（2）利用选择性搜索算法在图像中提取 2000 个左右的建议窗口；

（3）将整张图片输入 CNN，进行特征提取；

（4）将建议窗口映射到 CNN 最后一层的卷积特征图上；

（5）通过 RoI 池化层使每个建议窗口生成固定尺寸的特征图；

（6）利用 Softmax 分类损失（分类概率）和边框回归损失 Smooth_{L1} 进行网络模型的联合训练。

Fast R-CNN 的两大创新性思想：RoI 池化与多任务损失。RoI 池化实现的是将任意大小的矩形区域通过池化转变为统一尺寸的特征信息。Fast R-CNN 不对每个候选区域图像块进行特征提取，而是将这些候选区域直接映射到特征图中，获得候选区域的特征信息，因此它能显著地减少处理时间。如选择 VGG16 的卷积层 Cov5 来生成 RoI，根据输入图像，将 RoI 映射到特征图对应位置；将特征图对应的区域划分为相同大小的特征块；对每个特征块进行最大池化。若输出特征信息统一尺寸为 $H\times W$，则上一层的任何一个矩形框 RoI 都被平均分割为 $H\times W$ 个小块，每个小块通过最大池化，选出小块中最大值，产生池化后的特征图，候选区域对应的特征图区块信息被用于目标检测任务。因此，无论候选区域对应的特征区域尺寸如何，RoI 池化操作可以将特征图区块转换为统一大小的特征向量，并传输到全连接层进行分类和定位，如图 7-13 所示。

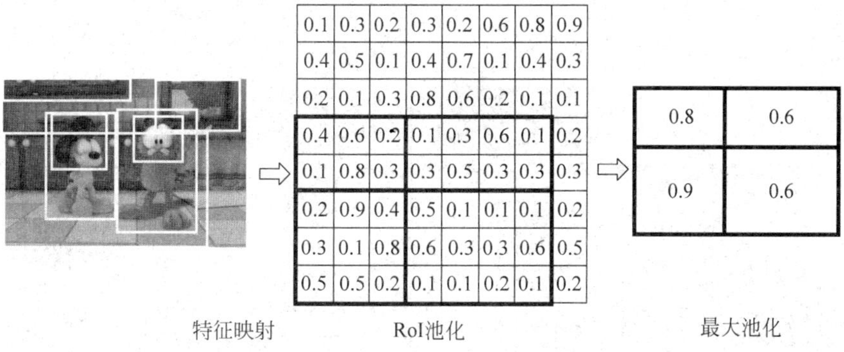

图 7-13　RoI 池化过程示意图

RoI 池化层的输入是 N 个特征图和 R 个 RoI 区域，RoI 是正样本候选框的区域。Fast R-CNN 中的 RoI 层其实是 SPP 池化层的一个简化版，SPP 池化层称为“金字塔”池化，含有多尺度特征信息，每层窗口的分块个数不同，而 Fast R-CNN 中的 RoI 层是单层金字塔，只含有金字塔的一层。RoI 输入是 n 个候选区域在原始图片的坐标张量$[n,r,c,h,w]$，其中(r,c)是某个候选区域左上角的坐标、(h,w)为高与宽。在 RoI 层会根据输入图像的每个候选区域的$[r,c,h,w]$来计算其对应的特征图区域，并且使每个候选区域输出的特性信息尺寸是相同的，因此 RoI 池化层的输出是大小一致的最大池化特征映射$(H'\times W'\times n)$，每个候选区域池化后对应的特征信息最终连接到 FC 层。

如图像的尺寸为(600,800)，在经过一系列的卷积以及池化操作之后，在某一层中得到的特征图尺寸为(38,50)，根据输入图像尺寸与特征图尺寸，可得空间尺寸系数 spatial_scale=round(38/600)≈round(50/800)=0.0625。若在原图中 RoI 位置为(30,40,200,400)，则特征图中对应的 RoI 区域坐标以及尺寸信息[RoI_start_w，RoI_start_h，RoI_end_w，RoI_end_h]为

$$\begin{cases}\mathrm{RoI}_{\mathrm{start}_w}=\mathrm{round}(30\times \mathrm{spatial}_{\mathrm{scale}})=2\\ \mathrm{RoI}_{\mathrm{start}_h}=\mathrm{round}(40\times \mathrm{spatial}_{\mathrm{scale}})=3\\ \mathrm{RoI}_{\mathrm{end}_w}=\mathrm{round}(200\times \mathrm{spatial}_{\mathrm{scale}})=13\\ \mathrm{RoI}_{\mathrm{end}_h}=\mathrm{round}(400\times \mathrm{spatial}_{\mathrm{scale}})=25\end{cases}$$

因此，原图中(30,40,200,400)的 RoI 位置在特征图中的对应区域为[2,3,13,25]。

在网络训练时，误差是如何在可伸缩池化 RoI 层中传导的呢？设 x_i 为输入层的节点，y_j 为输出层的节点，根据链式求导法则，对于 $y_j=\max(x_i)$的传统最大池化的映射公式：

$$\frac{\partial L}{\partial x_i}=\begin{cases}0, & \sigma(i,j)=0\\ \dfrac{\partial L}{\partial y_i}, & \sigma(i,j)=1\end{cases} \tag{7-5}$$

其中，$\sigma(i,j)$为判别函数，其值为 1 时表示当前网格为最大值，为 0 时表示被丢弃，误差不需要回传，即对应权值不需要更新。

但由于 Fast R-CNN 的输入 x_i 可能包含于多个候选区域，如图 7-14 所示，因此对于输入 x_i 的误差传递可扩展表示为

$$\frac{\partial L}{\partial x_i}=\sum_{r,j}\delta(i,r,j)\,\frac{\partial L}{\partial y_{r,j}} \tag{7-6}$$

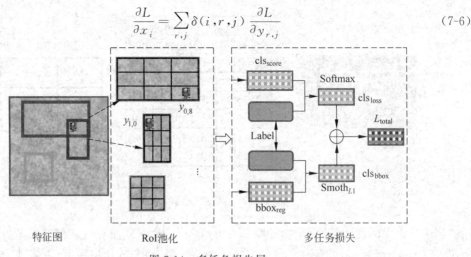

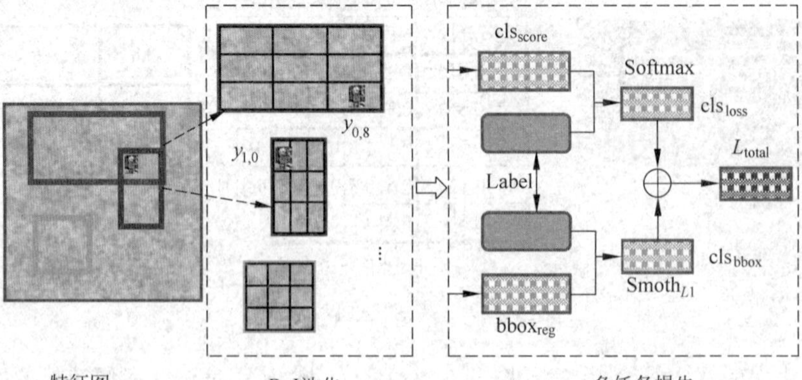

图 7-14 多任务损失层

(i,r,j)表示 x_i 在第 r 个框的第 j 个节点是否被选中为最大值(对应图 7-14 中 $y_{0,8}$ 和 $y_{1,0}$)，x_i 参数在训练时受后面梯度误差之和的影响。另外，实际实现时通常采用最大池化，具体每个网格中哪个点的值最大，在前向计算过程中就已经记录在变量中，因此在误差反传过程中可直接使用。

多任务损失层(全连接层)是 Fast R-CNN 的第二个核心思路，如图 7-14 所示。其中 cls_score 用于判断分类，bbox_reg 用于计算边框回归。由网络结构可知，输出构造了一个多任务损失来衡量两个输出和真实值的差异，包含 Softmax 分类和边界框两个部分：

(1) cls_score 分类层：用于判别候选框目标分类，输出 $m+1$ 维数组 $\boldsymbol{p}$，表示候选框内目标属于 m 类和背景的概率，每个 RoI 输出的离散型概率分布为

$$\boldsymbol{p}=(p_0,p_1,\cdots,p_k,\cdots,p_m) \tag{7-7}$$

通常，$\boldsymbol{p}$ 由具有 $m+1$ 个输出神经元的全连接层利用 Softmax 计算得出。

分类损失 cls_loss 由该候选框的真实类别 k 所对应的分类概率负对数决定：

$$L_{\text{cls}}(p,k)=-\log p_k \tag{7-8}$$

(2) bbox_prdict 边界框回归层：用于调整候选区域的位置，输出为 $4\times K$ 维数组的边界框回归变换 $\boldsymbol{d}$，表示该候选区域属于 k 类时对应的位移参数 $\boldsymbol{d}^k=(d_x^k,d_y^k,d_w^k,d_h^k)$，$k$ 表示类别的索引，d_x^k，d_y^k 是指相对于目标候选区域尺度不变的平移，d_w^k，d_h^k 是指对数空间中相对于目标候选区域宽与高的缩放。边框损失函数是比较预测平移缩放参数 $\boldsymbol{d}^k=(d_x^k,d_y^k,d_w^k,d_h^k)$与对应的真实平移缩放参数 $\boldsymbol{t}^k=(t_x^k,t_y^k,t_w^k,t_h^k)$的差别，评估检测框的定位准确情况：

$$L_{\text{loc}}(\boldsymbol{t}^k,\boldsymbol{d}^k)=\sum_{i\in x,y,w,h}\text{smooth}_{L1}(t_*^i-d_*^i) \tag{7-9}$$

其中，$t_x^k=(G_x-P_x)/P_w$、$t_y^k=(G_y-P_y)/P_h$、$t_w^k=\ln(G_w/P_w)$、$t_h^k=\ln(G_h/P_h)$，表示将预测框调整为标签框时对应的变换。

$$\text{smooth}_{L1}(x)=\begin{cases}0.5x^2, & |x|<1\\ |x|-0.5, & |x|\geqslant 1\end{cases} \tag{7-10}$$

因此，网络的总损失为两者加权和：

$$L(\boldsymbol{p},\boldsymbol{k},\boldsymbol{t},\boldsymbol{d}^k)=L_{\text{cls}}(\boldsymbol{p},\boldsymbol{k})+\lambda L_{\text{loc}}(\boldsymbol{t},\boldsymbol{d}^k) \tag{7-11}$$

其中，$\boldsymbol{p}$ 是输出的预测分类 k 为真实分类的概率，$\boldsymbol{d}^k$ 是一个长度为 4 的数组，代表预测的边界框的位置变换，$\boldsymbol{t}$ 为真实的边界框位置变换，λ 为正则项，如果分类为前景取为 1。由于背景的特殊性，如果分类为背景则不考虑定位损失，即当 k 为背景时，λ 被设为 0，损失仅计算 L_{cls}，否则为 1。边界框的回归采用了 smooth_{L1} 损失，没有采用 L2 损失，之所以不采用 L2 是为了避免 x 较大时损失过大，造成训练不稳定。Fast R-CNN 数据结构如图 7-15 所示。

SPP-Net 之所以不能微调 SPP 层之前的网络，是因为每次 SGD 中包含了不同图像的样本，反向传播需要计算每个 RoI 感受野的卷积层(通常会覆盖整个图像)，这样会导致梯度涣散。针对这个问题，Fast R-CNN 提出层次取样的方法：首先取样 N 个图像，对每张图像取 R/N 个 RoI(R 为全部 RoI 数量)，同一图像的 RoI 共享计算和内存。此外 Fast R-CNN 在一次微调中同时优化了 Softmax 分类器和边界框回归。

Fast R-CNN 相比于 R-CNN、SPP-Net 取得了非常大的进步：通过在特征图上映射候

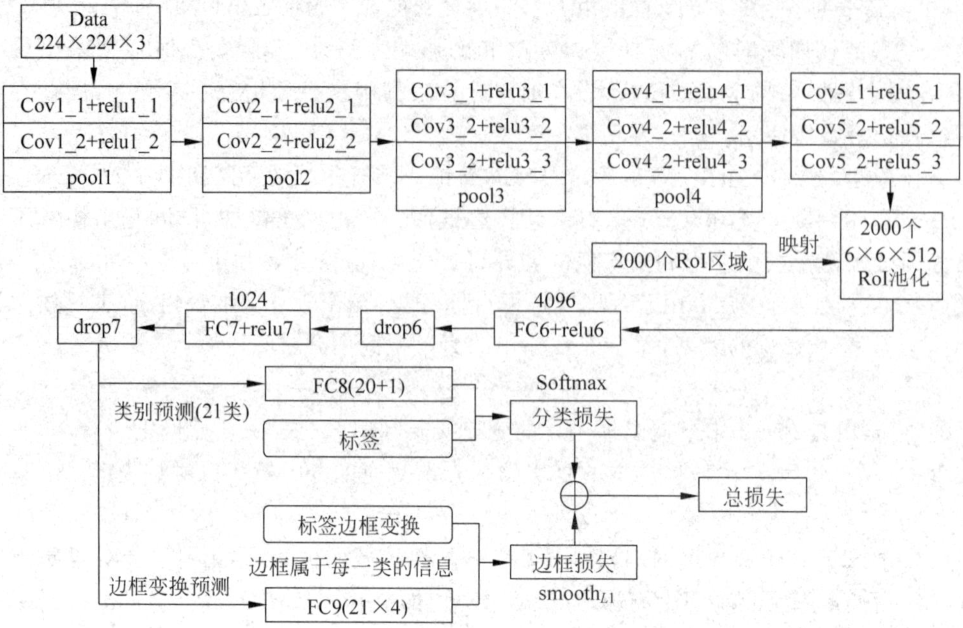

图 7-15　Fast R-CNN 数据结构图

选区域的方式，避免了 CNN 重复提取候选区域特征的问题；通过引入 RoI 池化层解决了空间金字塔两侧无法统一训练的问题；利用分类损失与边框回归损失构造多任务训练框架，使得模型可以同时利用分类与回归信息来更新网络参数；框架除了耗时的候选区域生成模块无法参与网络整体训练，其他部分实现了端到端的训练模式，避免了存储和读取大量中间特征。

7.2.5　Faster R-CNN

Fast R-CNN 依赖于外部算法生成候选区域，无法实现网络完全的端到端训练，并且候选区域的提取算法需要在 CPU 上运行，无法进行加速，运行速度较慢。例如在测试中的算法，Fast R-CNN 需要 2.3 秒来对一张输入图像进行目标检测，其中 2 秒的时间都是耗费在生成 2000 个 RoI 的过程中。经过 R-CNN 和 Fast R-CNN 的积淀，Ross B. Girshick 在 2016 年提出了新的目标检测模型——Faster R-CNN，在框架中引入了候选区域生成网络(region proposal network，RPN)，网络自动生成 RoI 区域的效率更高。Faster R-CNN 网络主要由骨干卷积网络、RPN 网络、RoI 池化以及输出部分构成，如图 7-16 所示。模型将特征提取、建议框生成、边界框回归、分类任务等功能完全整合在一个网络模型中，实现网络的端到端训练，使得网络综合性能有了较大的提高，在检测速度提升方面尤为明显。

Faster R-CNN 网络工作流程包括以下步骤：首先，图像输入到骨干网络中，利用 CNN 提取输入图像特征；其次，RPN 网络利用已产生的特征图，经过 3×3 卷积操作及 1×1 卷积操作后，分别生成前景锚框与边界框回归偏移量，然后计算出候选区域，每张图片生成 300 个建议窗口，利用 RPN 网络生成候选区域坐标信息，将建议窗口映射到 CNN 的最后一层卷积特征图中，获取候选区域对应的特征信息，通过 RoI 池化层将每个 RoI 区域生成固定尺寸的特征向量；最后，利用 Softmax 损失(分类概率)和 smooth$_{L1}$ 损失(边框回归)对网络进行联合训练。

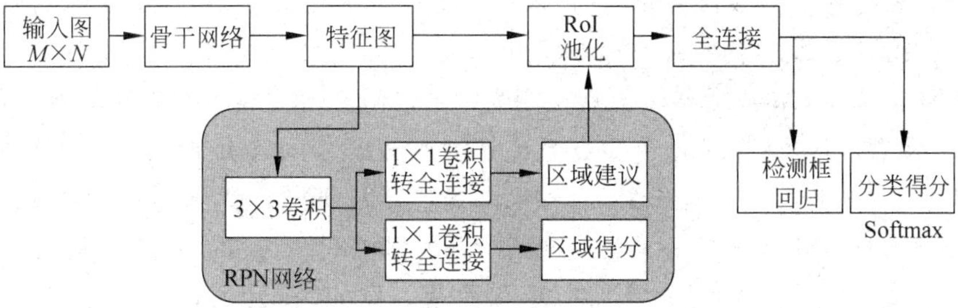

图 7-16 Faster R-CNN 网络结构

1. 骨干卷积网络

基于 VGG16 模型为骨干网络的 Faster R-CNN 网络结构如图 7-17 所示，对于一幅任意大小的 $P\times Q$ 图像，为了便于后续特征图的反向映射，首先将图像缩放至固定大小 $M\times N$（如 16 的倍数），然后将 $M\times N$ 图像输入骨干网络中，VGG16 网络模型包括 13 个卷积层、13 个激活层、4 个池化层，网络经过相关操作处理后，提取图像的特征。

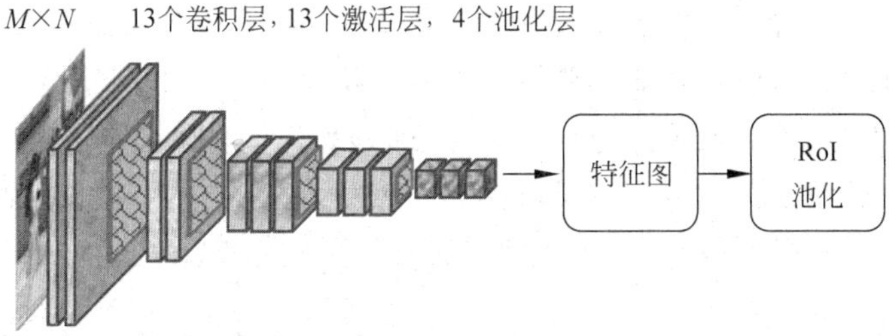

图 7-17 Faster R-CNN 骨干网络

在 Faster R-CNN 卷积层中，对所有的卷积操作都做了扩边处理（padding=1，即图像周边填充一圈 0），使得原图尺寸变为 $(M+2)\times(N+2)$，因此对输入进行 3×3 卷积后的特征图尺寸与输入图像尺寸一致；由于池化层核心为 2×2、步长为 2，因此卷积后的特征图每经过一次池化操作，特征图尺寸变为原来的 1/2。综上所述，在网络卷积过程中，卷积层和激活层不改变输入输出尺寸大小，经过池化层后，输出长宽变为输入的 1/2。正是由于这种设置方式，使得特征图与输入图像之间具有明确的映射关系。

2. 区域生成网络

传统的目标检测方法在生成候选框时都比较耗时。如 OpenCV adaboost 使用滑动窗口加图像金字塔方法生成检测框；R-CNN 使用选择性搜索方法生成检测框，选择性搜索方法效率较低。改进边界框算法可提升候选框生成效率。尽管候选框的生成效率在不断提升，但仍然需要耗费大量的时间，并且无法融入到网络训练中。此外，候选框的生成不一定要在原图上进行，在特征图上同样可以进行提取，低分辨率特征图意味着更少的计算量。基于这些假设，学者们提出了区域生成网络 RPN。

Faster R-CNN 通过添加额外的 RPN 分支网络，替换选择性搜索方法产生建议窗口，将候选框的生成合并到深度网络中，这正是 Faster R-CNN 里程碑式的贡献。Faster R-CNN 不会随机地创建边界框，而是利用卷积网络自行生成建议框信息，并且和目标检测网络共享骨干卷积网络，将建议框数目从原有的约 2000 个减少为约 300 个，且建议框的质量也有了本质的提高，提升了目标检测算法的效率和性能。

RPN 网络以骨干卷积网络输出特征图为输入，经过 3×3 卷积产生新的特征图，以该特征图的每个像素点作为锚点，每个锚点生成 9 种候选窗口，9 个矩形共有 3 种形状，长宽比大约为 1∶1、1∶2、2∶1 三种，如图 7-18 所示，锚点形成不同尺度与长宽比的边界框。尺度与长宽比是精心挑选的，具有多样性，可覆盖不同比例和长宽比的目标，这样可以更好地指导初始训练，该策略使早期训练更加稳定和简便。例如，初始窗口包含 128×128、256×256、512×512 三种面积，每种面积又包含 1∶1、1∶2、2∶1 三种长宽比。锚框的尺寸可根据输入图像进行设置，例如对于 800×600($M=800$，$N=600$)输入图像，长宽比 1∶2 的锚框中最大为 352×704，长宽比 2∶1 中最大为 736×384，基本覆盖了 800×600 的各个尺度和形状。实际上锚框是一种多尺度的检测方法，使用这 9 种锚框就可以遍历特征图的整个区域，如图 7-19 所示。但每一个像素点设置的 9 种锚框作为初始的检测框并不是完全准确的，在后续的检测框回归中可以修正检测框的位置，得到更准确的检测区域。RPN 输出前景与背景的分类，但这一分类并不是判定前景是哪一类目标，而是判断该区域是否存在目标。通过输出一个预测值 p，判断预测值是否大于设定的阈值，如 0.5；如果 $p>0.5$，则认为这个区域中可能存在目标，具体是哪一类现在还不清楚。这样网络就可以将可能含有物体的区域选取出来，这些区域被称为 RoI 区域，即感兴趣的区域。对于每一个候选区域，利用两个全连接层分别对每个候选框进行目标分类和边框回归，并结合分类概率值进行候选框选择，保留约 300 个候选框，然后利用网络进行候选框修正。

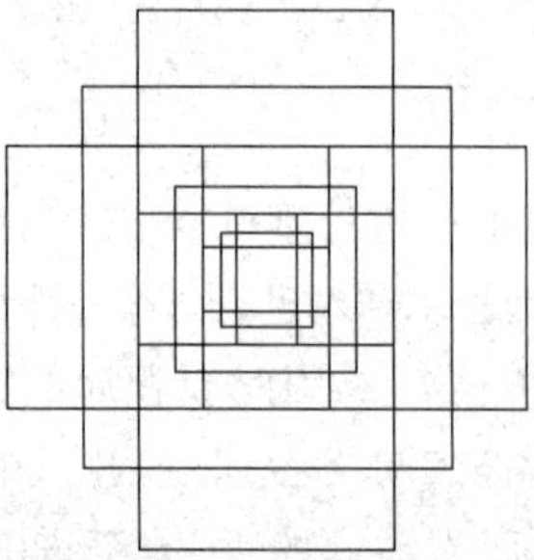

图 7-18　9 种不同锚框示意图

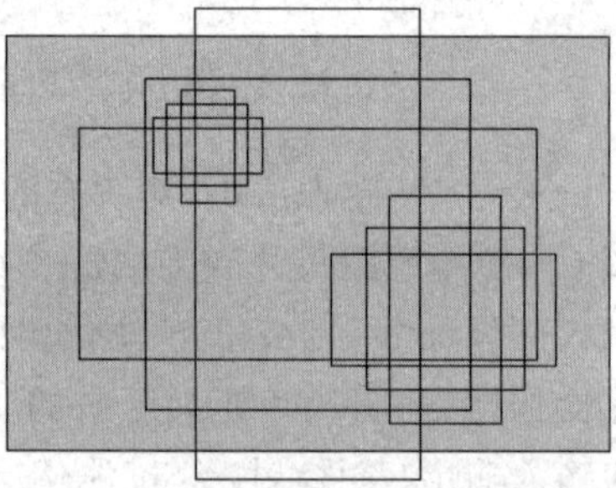

图 7-19　不同锚点产生锚框示意图

Faster R-CNN 利用 RPN 网络直接生成检测框，这也是 Faster R-CNN 的优势，能极大地提升检测框的生成速度与性能。RPN 如何将候选框的生成转化为神经网络输出问题？RPN 网络是具有多分支的卷积结构，输入特征图首先经过 3×3 的卷积层产生新的特征图，如图 7-20 所示。RPN 网络利用了卷积与全连接网络互转换原理，在 RPN 网络中增加了 2 个 1×1 的卷积层，新的特征图分别输入两个 1×1 的卷积支路，第一个 1×1 的卷积层解决了前后景的分类问题，第二个 1×1 的卷积层解决了边框修正的预测问题。因此，RPN 网络通过构造为全卷积网络，将输入的特征图经过转换后用于分类与回归任务，并可以端到端地训练建议框生成网络。

因此，综合骨干卷积网络与 RPN 网络，Faster R-CNN 网络的信息处理流程如下：

(1) 利用骨干卷积网络对输入图像进行特征提取(骨干卷积网络可根据任务需求进行

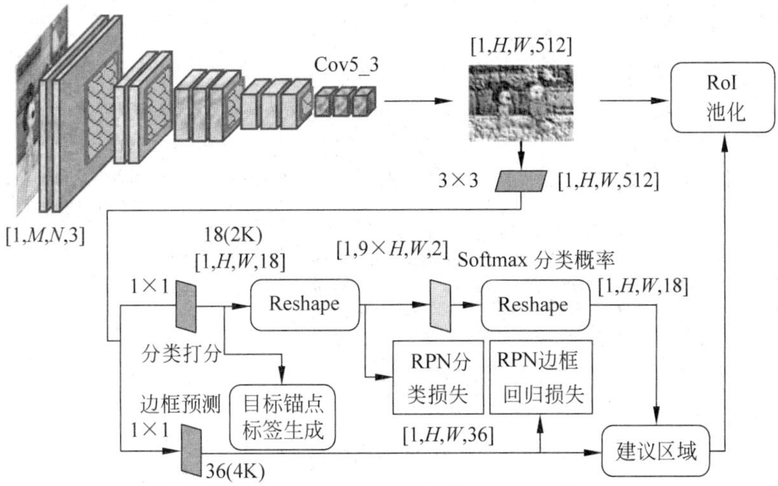

图 7-20 RPN 网络信息处理示意图

自由设计)，输出图像特征供 RPN 网络使用，RPN 网络为全卷积网络，因此其输入可以是任意尺寸的特征图像，假设骨干卷积网络最后一个卷积层的特征图的维度为 13×13×512。

(2) RPN 网络主支路的卷积核大小为 3×3，为保证输入维度不变，采用 3×3×512×512 的一个 4 维的卷积核，设置 padding 参数，产生的特征图尺寸不变、厚度不变，同时每个点又融合了周围 3×3 的空间信息(包括深度)。

(3) 假定每一个中心点(锚点)存在 k(如 $k=9$)个检测框，对于 RPN 新生成的特征图，每一个相同位置的像素点将会有 512 维信息，利用 18 组 1×1×512 的卷积核对新的特征图进行卷积，卷积后输出特征图尺寸不变，但通道数变为 18，18 个通道相同位置的像素点信息表示该像素点位置对应的 9 个锚框的前景分数和背景分数，如图 7-21 所示。而 1×1×512×18 的卷积实质是将卷积网络转化为全连接网络，从而得到分类层，用于判定该候选区域是前景还是背景。因此，全连接只是卷积操作的一种特殊情况，即当卷积核大小与图片大小相同的时候，卷积就是全连接。

(4) 回归层采用了类似的处理方式，利用 36 组 1×1×512 的卷积核，实现卷积网络与全连接网络的转换。卷积输出 36 个通道信息，因为每个锚点对应 9 个锚框，每个锚框具有 4 个偏移量[x,y,w,h]，因此每个锚点具有 9×4=36 维信息，即回归层输出的是 9 个锚框的 36 个偏移量，用于预测建议框的中心锚点对应的坐标 x,y 和宽高 w,h(只有在分类中是前景时才会进行偏移量预测)，如图 7-21 所示。

(5) 分类层与回归层分别输入各自的损失函数，计算损失函数的值，同时根据求导结果，给出反向传播的数据。

最后的建议框生成会剔除太小和超出边界的建议框，同时综合前景锚框与检测框回归偏移量信息，获取较准确的检测框，完成目标的定位。由于每个像素点有 k 个锚框，使用全部像素点对应的锚框来训练网络，数据量较大，训练时会随机选取合适数量的锚框用于网络训练。在训练 RPN 网络时，一个批处理是由一幅图像中任意选取的 256 个候选区域组成，其中正负样本的比例为 1∶1。如果正样本不足 128，其余部分采用负样本进行补充，以获得 256 个候选区域用于训练，反之亦然。训练 RPN 时，首先使用 ImageNet 预训练 VGG 共享

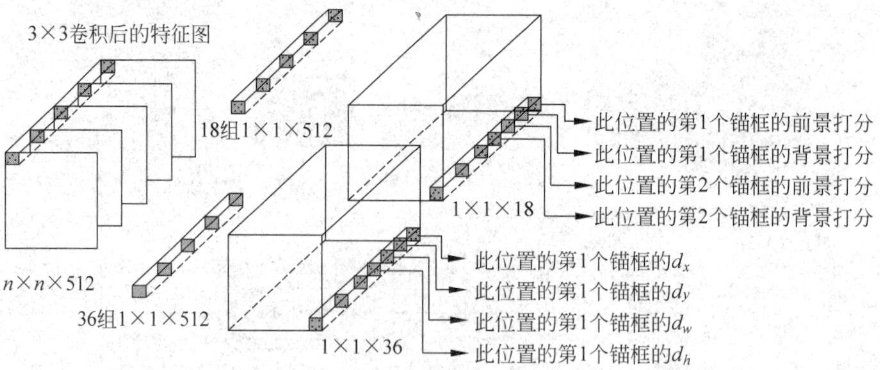

图 7-21 RPN 网络支路信息处理示意图

层的参数,其余参数使用标准差为 0.01 的高斯分布进行初始化。由于 RPN 网络训练是一个多任务的监督学习,所以仍然需要图片的标签信息。

3. RoI 区域生成与池化

为了便于特征图与原图的映射,对于一幅任意大小 $P\times Q$ 图像,在传入 Faster R-CNN 前首先需要调整至固定尺寸 $M\times N$,然后经过骨干卷积网络提取特征,输出特征图尺寸为 $W\times H=(M/2^n)\times(N/2^n)$,其中图像的缩放、池化等相关信息会被保存下来,用于将候选区域映射至特征图中。网络的后续处理包括 RPN 网络生成锚框、Softmax 分类器提取前景锚框、前景锚框边界框回归、生成 RoI 候选区域等处理过程。RoI 候选区域生成综合所有 $(d_x(\mathbf{A}),d_y(\mathbf{A}),d_w(\mathbf{A}),d_h(\mathbf{A}))$ 变换量和前景锚框,计算出精准的候选区域,送入后续 RoI 池化层,具体步骤如下:

(1) 利用 RPN 网络生成锚框,并对所有的锚框做边框回归(注意这里的锚框生成顺序与 RPN 网络训练时锚框生成过程完全一致)。

(2) 根据输入的前景 Softmax 分类概率由大到小排序锚框,提取排序靠前的 RPN 网络修正位置后的前景锚框(如 6000 个)。

(3) 利用图像在缩放以及池化过程中的信息,将锚框映射至原图(此时原图是指 $M\times N$ 的输入图像),判断前景锚框是否大范围超过边界,剔除严重超出边界的前景锚框。

(4) 进行 NMS 处理,使用 NMS 算法排除重叠的候选区域(如阈值为 0.7)。

(5) 再次按照 NMS 处理后的前景 Softmax 分类概率由大到小排序前景锚框,提取前 300 个结果作为候选区域,输出 RoI 候选区域(x_1,y_1,x_2,y_2)。

RoI 池化层的输入包含原始特征图以及 RPN 输出的大小各不相同的 RoI 候选区域边界框。RoI 池化层利用 RPN 网络发送的候选区域特征,提取具有相同维度的候选区域特征,作为后续全连接网络的输入,用于 Softmax 分类与边界框回归。因此,RoI 池化主要完成两部分工作:第一是利用收集的 RoI 候选区域,提取候选区域特征图,送入后续网络;第二是为了满足全连接层的输入需求,利用 RoI 池化提取候选区特征向量。为何需要 RoI 池化?对于传统的 CNN,如 AlexNet、VGG 等,当网络结构确定后,网络输入的图像尺寸必须是固定值,同时网络输出也是固定大小的向量或矩阵。如果输入图像大小不定,网络就难以处理,需要对图像进行裁剪或将图像缩放成需要的尺寸后方可传入网络。裁剪后的图像破坏了图像的完整结构,而缩放后的图像破坏了图像的原始形状信息。RPN 网络生成的候选区域大小形状各不相同,同样存在上述问题。所以 Faster R-CNN 采用了 RoI 池化,解决候选区域尺寸不一致的问题,RoI 池化将每个 RoI 对应的特征图转化为固定长度的向量信息,用于后续的分类和回归任务。

4. 分类与边框回归

Faster R-CNN 也是一个包含分类与边框回归的多任务框架。Faster R-CNN 分类网络部分利用 RoI 候选区域特征图产生的特征向量作为输入,通过全连接层与 Softmax 计算每个 RoI 候选区域具体属于哪个类别,如人、车、电视等,共 C+1 类(包含 1 类背景),输出分类概率向量;同理,利用边界框回归方法,获得每个候选区域的位置偏移量,用于回归更加精确的目标检测框。RoI 边框修正是对于非背景的 RoI 进行修正,对于类别标签为背景的 RoI 区域,则不进行 RoI 边框回归。

边框回归是将候选边框调整至标签边框的一种变换方法,与 R-CNN 采用类似的处理手段,寻找一种变换关系 $d_x(\boldsymbol{P})$、$d_y(\boldsymbol{P})$、$d_w(\boldsymbol{P})$、$d_h(\boldsymbol{P})$,使得输入的锚框 P 经过映射得到一个跟真实窗口 G 更接近的回归窗口 G'。设某个锚框对应的特征图提取的特征向量为 $\boldsymbol{\Phi}$,则目标函数 $d_*(\boldsymbol{P})=\boldsymbol{w}_*^{\mathrm{T}}\boldsymbol{\Phi}(\boldsymbol{P})$。综合分类与边框回归部分,可得 RPN 网络的损失函数如下:

$$L(\{p_i\},d_*(\boldsymbol{P}^i))=\frac{1}{N_{\mathrm{cls}}}\sum_i L_{\mathrm{cls}}(p_i,p_i^*)+\lambda\frac{1}{N_{\mathrm{reg}}}\sum_i p_i^* L_{\mathrm{reg}}(t_*^i,d_*(\boldsymbol{P}^i)) \tag{7-12}$$

分类与回归层的输入由$\{p_i\}$与 $d_*(\boldsymbol{P}^i)$组成,总损失分别由分类损失 L_{cls} 和回归损失 L_{reg} 以及一个平衡权重 λ 与归一化组成。由于在实际过程中,N_{cls} 和 N_{reg} 差距过大,采用参数令 λ 平衡二者,如令 $\lambda=10$,cls 项的归一化值为 mini-batch 的大小,即 $N_{\mathrm{cls}}=256$,reg 项的归一化值为锚框的数量,即 $N_{\mathrm{reg}}\sim2400$,这样 cls 与 reg 项值的大小是平衡的。其中,p_i 为锚框预测为目标的概率;p_i^* 为标签,正样本时值为 1,负样本时值为 0;$p_i^* L_{\mathrm{reg}}$ 意味着只有前景锚框($p_i^*=1$)采用回归损失,其他情况 $p_i^*=0$,不进行边框回归;$t_i=[t_x,t_y,t_w,t_h]$是一个向量,表示预测的建议框调整至标签框的 4 个变换参数。$L_{\mathrm{cls}}(p_i,p_i^*)$表示两个类别(目标与非目标)的对数损失:

$$L_{\mathrm{cls}}(p_i,p_i^*)=-\log[p_i^* p_i+(1-p_i^*)(1-p_i)] \tag{7-13}$$

$L_{\mathrm{reg}}(t_*^i,d_*(\boldsymbol{P}^i))$表示回归损失:

$$L_{\mathrm{reg}}(t_*^i,d_*(\boldsymbol{P}^i))=\mathrm{smooth}_{L1}(t_*^i-d_*(\boldsymbol{P}^i)) \tag{7-14}$$

其中,$\mathrm{smooth}_{L1}(x)=\begin{cases}0.5x^2, & |x|<1\\ |x|-0.5, & |x|\geqslant 1\end{cases}$。

回归损失的计算需要锚框对应的标签和预测信息,RPN 网络预测出的建议框的中心位置坐标和宽高为(P_x,P_y)与(P_w,P_h),每个锚点对应 9 种不同尺度和比例锚框建议框的中心点位置坐标和宽高;(G_x,G_y)和(G_w,G_h)为标签对应中心点位置坐标和宽高。因此,$t_x=(G_x-P_x)/P_w$、$t_y=(G_y-P_y)/P_h$、$t_w=\ln(G_w/P_w)$、$t_h=\ln(G_h/P_h)$。

5. Faster R-CNN 训练

Faster R-CNN 网络实质是由 Fast R-CNN 网络与 RPN 网络构成,两种网络共享卷积层，通过使用交替训练方式实现网络的训练。交替训练方式，一方面可以降低计算量，另一方面可以提升网络的训练效率。Fast R-CNN 网络与 RPN 网络交替训练步骤如下：

（1）训练 RPN 网络，利用 ImageNet 预训练的模型初始化骨干卷积网络的“卷积层”，生成 RPN 网络输入特征图“特征图 2”，用于 RPN 生成 RoI 候选区域，利用候选区域分类与边界框回归损失端到端地微调网络，得到新的卷积层参数，如图 7-22 所示；

（2）同样由 ImageNet 预训练的模型初始化骨干卷积网络的“卷积层”，利用第一步的 RPN 网络生成的 RoI 候选区域作为候选检测框，并传输至“RoI 池化”，利用目标分类损失与边界回归损失训练一个单独的检测网络，得到新的卷积层参数；

（3）利用(2)的检测模型的卷积层参数初始化 RPN 的共享卷积层，固定卷积层参数，再次对 RPN 进行训练，并且只微调 RPN 独有的层，现在两个网络已共享卷积层；

（4）由(3)的 RPN 模型初始化目标检测网络，输入数据为(3)生成的 RoI 候选区域，保持共享的卷积层固定，微调目标检测网络的 FC 层。这样，两个网络共享相同的卷积层，构成一个统一的网络。

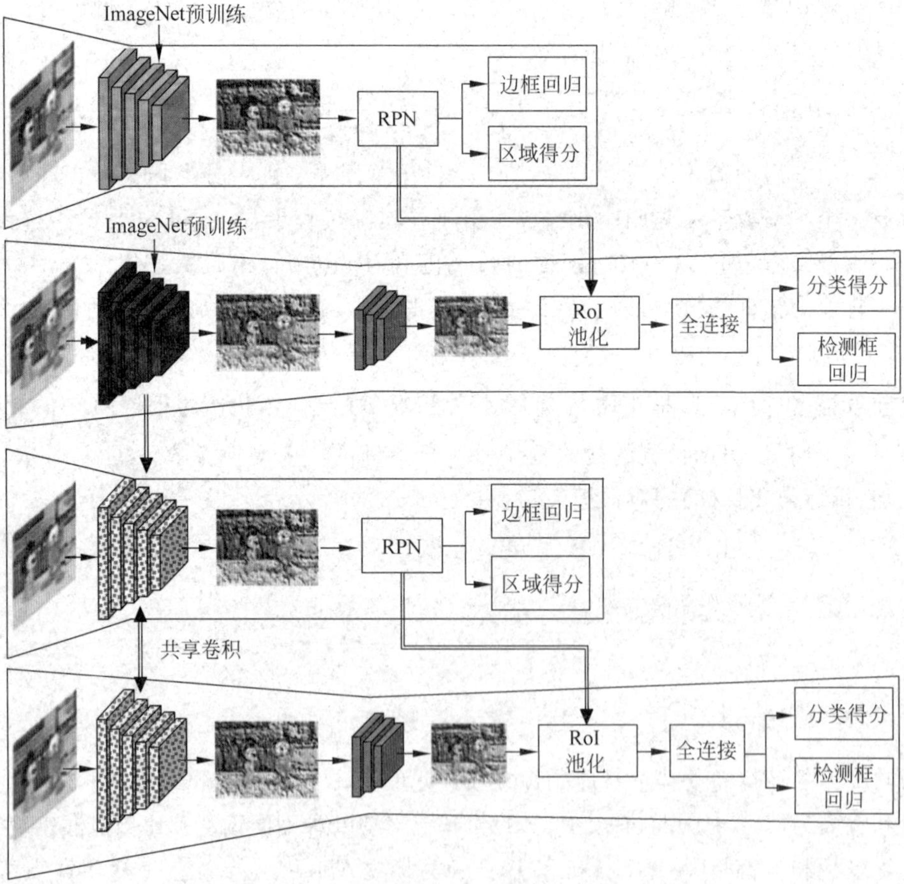

图 7-22 RPN 网络、Fast R-CNN 网络交替训练

在 RPN 网络独立训练时，需要构造目标正负样本集用于网络训练。在样本集构造时涉及到候选框的选取，目标正负样本通过比较锚框与标签框之间的重叠情况，决定哪些锚框

是前景、哪些是背景，为每个锚框赋予前景或背景的标签。首先，丢弃跨越边界的边界框；如果边界框与标签的 IoU>0.7，标记为正样本。事实上，基于上述规则基本上可以找到足够的正样本，但是对于一些极端情况，例如所有的锚框与标签的 IoU≤0.7，选取锚框与标签的 IoU 值最大的候选区域作为正样本。如果锚框与标签的 IoU<0.3，标记为负样本；剩下的既不是正样本也不是负样本，不用于最终训练。当有了锚框标签以后，就可以对 RPN 网络进行训练。在训练中，与样本重叠区域大于等于 0.7 的锚框标记为前景，重叠区域小于 0.3 的标记为背景。选定最终的 256 个样本，其中正样本最多为 128 个，不够的用负样本补齐，一般情况下正负样本各 128 个。构造了训练数据集后，即可利用分类损失与边框回归损失对 RPN 网络进行训练。

RPN 在自身训练的同时，还会为 RoIHead 提供候选区域：

(1) 首先通过 RPN 生成约 20000 个锚框(40×60×9)，计算每个锚框的前景概率与位置信息；

(2) 根据前景分数从高到低排序，选取前 12000 个候选区域；

(3) 利用回归的位置参数修正 12000 个锚框；

(4) 利用图像在缩放以及池化过程中的信息，将锚框映射到原图，对超出边界锚框进行裁剪，使得该候选区域不超过图像范围；

(5) 忽略掉长度或者宽度太小的候选区域；

(6) 使用阈值为 0.7 的 NMS 算法排除掉重叠的候选区域；

(7) 针对上一步剩余的候选区域，选取前 2000 个作为 RoI 候选区域。

注意：*在测试及应用时，为了提高处理速度，12000 和 2000 分别设置为 6000 和 300。*

RPN 网络生成 2000 个候选框送入 RoIHead 部分，但 RoIHead 只使用部分区域，如训练样本数量设为 128：选择 RoI 和标签框的 IoU 大于 0.5，作为正样本，如 32 个；选择 RoI 和标签框的 IoU 小于 0(或 0.1)，作为负样本，如 96 个；对选择的 128 个样本根据标签进行标准化处理(减均值除标准差)。选择了对应的 RoI 样本后，利用 RoI 池化输出候选区域特征，通过全连接层 FC21 与 Softmax 计算 RoI 候选区域类别概率。同理，利用全连接网络 FC84 及边界框回归方法，获得候选区域的位置偏移量，用于回归更加精确的目标检测框。回归损失只计算该锚框为正样本且正确类别对应参数的回归损失，其余不参与计算。

Faster R-CNN 实现了端到端的检测，并且几乎达到了效果上的最优，但速度仍需改进，表 7-1 为基于 R-CNN 的几种算法的对比。

表 7-1 几种目标检测方法对比

方法	模型构成	贡献	缺点
R-CNN	① SS 提取候选区； ② CNN 提取特征； ③ SVM 分类； ④ 边框回归	将候选区与 CNN 结合，并构造了基于卷积输出特征的边框回归策略，为后续算法的边框回归奠定了基础	① 每个候选区都要 CNN 特征提取； ② 训练步骤繁琐(微调网络+训练 SVM+训练边框)； ③ 训练速度慢，占用大量空间

续表

方 法	模型构成	贡 献	缺 点
SPP-Net	① SS提取候选区； ② CNN提取特征； ③ 空间金字塔池化； ④ SVM分类； ⑤ 边框回归	将候选区与CNN结合；基于卷积输出特征的边框回归策略；将候选框与特征图映射；提出了空间金字塔池化	① 依旧采用SS提取候选区； ② 训练步骤繁琐； ③ 空间金字塔两侧无法同时训练
Fast R-CNN	① SS提取候选区； ② CNN提取特征； ③ RoI池化； ④ Softmax分类； ⑤ 多任务损失函数	提出了RoI池化；采用多任务损失函数，将边框回归纳入到CNN网络训练中；构造了部分模型的端到端训练	① 依旧采用SS提取候选区； ② 无法满足实时应用，没有真正实现完善的端到端训练； ③ 利用了GPU，但是区域建议方法是在CPU上实现
Faster R-CNN	① RPN提取RP； ② CNN提取特征； ③ RoI池化； ④ Softmax分类； ⑤ 多任务损失函数	提出了建议框生成网络RPN；构造了较完善的端到端的目标检测框架；提高了检测精度和速度	① 无法达到实时检测目标； ② 获取候选区域并对每个候选区域分类计算量较大

Fast R-CNN 网络整体训练示意图如图 7-23 所示。

7.2.6 YOLO

2016 年，一种具有实时目标检测能力的目标检测框架 YOLO 被提出，YOLO 是由"You Only Look Once"每个单词的首字母组成。YOLO 将物体检测问题转换为一个纯回归问题求解，基于一个单独的端到端网络，完成从原始图像的输入到物体位置和类别的输出。图 7-24 为 YOLO 与 R-CNN、Fast R-CNN 及 Faster R-CNN 网络设计的对比图。

YOLO 将物体检测转换为一个回归问题进行求解，网络直接进行整图回归，输入图像经过一次推断，便能得到图像中所有物体的位置和其所属类别及相应的置信概率。而 R-CNN、Fast R-CNN、Faster R-CNN 将目标检测分为目标分类问题与边界回归问题两部分求解。YOLO 训练和检测均是在一个单独网络中进行。YOLO 没有显式的求取候选区域的过程。而 R-CNN/Fast R-CNN 采用独立于网络之外的 selective search 方法求取候选框，因此训练过程被分成多个模块进行。Faster R-CNN 使用 RPN 网络替代 R-CNN/Fast R-CNN 的 selective search 模块，将 RPN 集成到 Fast R-CNN 检测网络中，自动生成候选区域，得到一个统一的检测网络。尽管 RPN 与 Fast R-CNN 共享卷积层，但是在模型训练过程中，需要反复交替训练 RPN 网络和 Fast R-CNN 网络。

YOLO 检测网络包括 24 个卷积层和 2 个全连接层，如表 7-2 所示。卷积层用来提取图像特征，全连接层用来预测目标位置和类别的概率值。YOLO 网络借鉴了 VGG 网络结构，不同的是，为了跨通道信息整合 YOLO 加入了 1×1 卷积层，使用 1×1 卷积与 3×3 卷积反复迭代构造卷积网络。最后 2 层全连接层将卷积网络转换为全连接网络，以及将全连接网络转换为卷积网络，YOLO 网络最后的输出尺度为 7×7×30，表示检测框对应的预测信息。Fast YOLO 是一个更轻量的检测网络，它只有 9 个卷积层和 2 个全连接层，使用 titan x GPU，fast YOLO 可以达到 155fps 的检测速度，但是 MAP 值也从 YOLO 的 63.4%降到了 52.7%，但仍然远高于以往的实时物体检测方法(DPM)的 MAP 值。

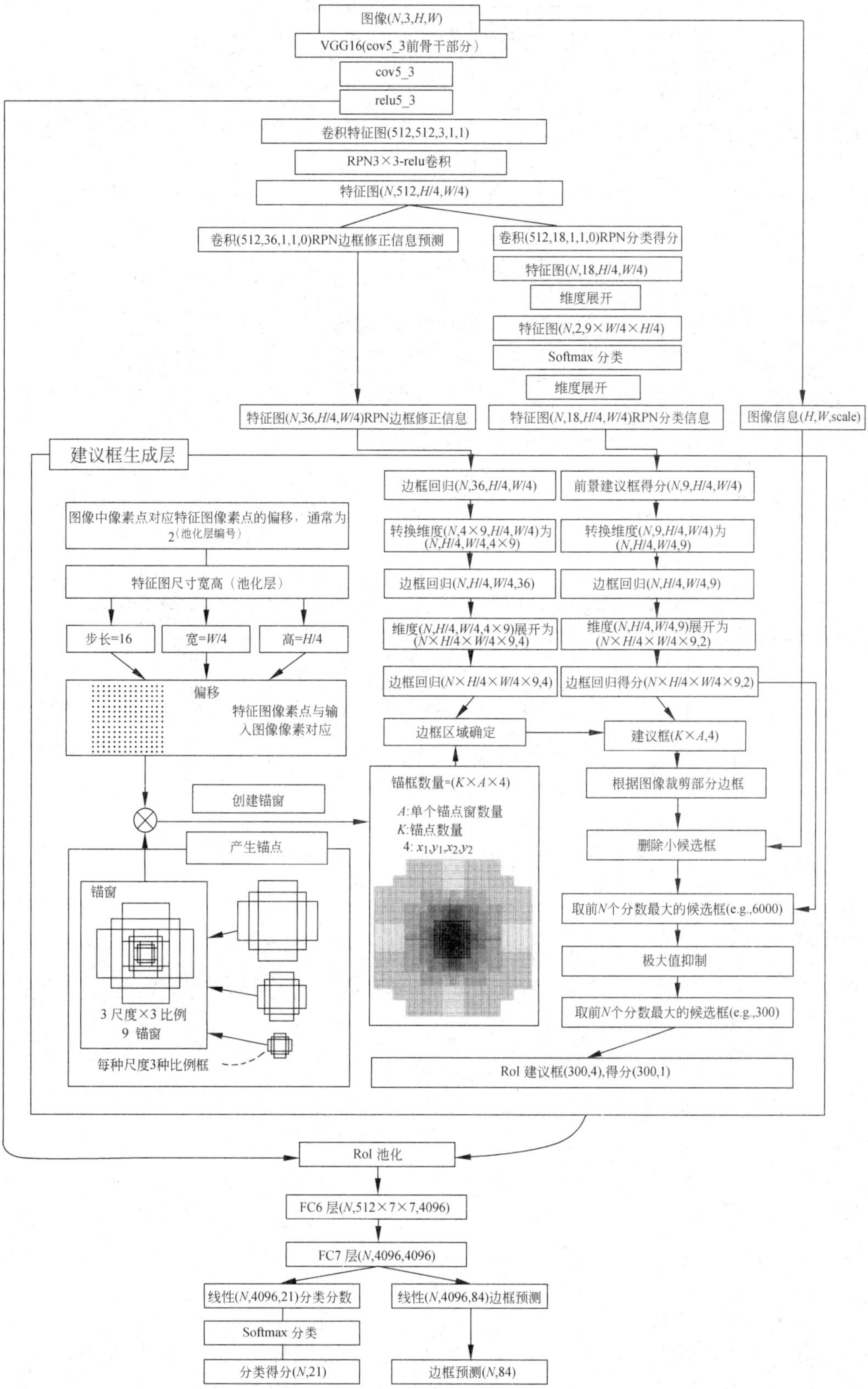

图 7-23　Faster R-CNN 网络整体训练示意图

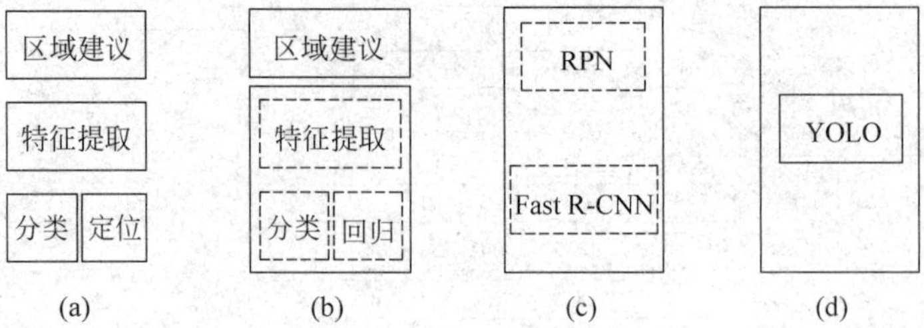

图 7-24 YOLO 与 R-CNN、Fast R-CNN 及 Faster R-CNN 的区别

(a) R-CNN；(b) Fast R-CNN；(c) Faster R-CNN；(d) YOLO

表 7-2 YOLO 网络结构

网络层	卷积核尺寸	步长	特征图维度
卷积层	3×3×64	2	224×224×64
最大池化层	2×2	2	112×112×64
卷积层	3×3×192	—	112×112×192
最大池化层	2×2	2	56×56×192
卷积层	1×1×128	—	56×56×128
	3×3×256	—	56×56×256
	1×1×256	—	56×56×256
	3×3×512	—	56×56×512
最大池化层	2×2	2	28×28×512
卷积层	1×1×256	—	28×28×256
	3×3×512	—	28×28×512
	1×1×256	—	28×28×256
	3×3×512	—	28×28×512
	1×1×256	—	28×28×256
	3×3×512	—	28×28×512
	1×1×512	—	28×28×512
	3×3×1024	—	28×28×1024
最大池化层	2×2	2	14×14×1024
卷积层	1×1×512	—	14×14×512
	3×3×1024	—	14×14×1024
	1×1×512	—	14×14×512
	3×3×1024	—	14×14×1024
	3×3×1024	—	14×14×1024
	3×3×1024	2	7×7×1024
卷积层	3×3×1024	—	7×7×1024
卷积层	3×3×1024	—	7×7×1024
卷积转全连接层	—	—	4096
卷积转全连接层	—	—	7×7×30

1. YOLO 网络结构

YOLO 的核心思想是利用整张图作为网络的输入，直接输出边界框位置和边界框内目标类别信息。YOLO 可以一次性预测多个检测框位置和类别，能够实现端到端的目标检测

和识别,其最大的优势是速度快。YOLO 没有选择滑窗或提取候选区域的方式训练网络,而是直接选用整张图进行模型训练,这样做的好处在于可以更好地区分目标和背景区域。相比之下,采用候选区域训练方式常常把背景区域误检为特定目标。当然,YOLO 在提升检测速度的同时牺牲了一些精度。

YOLO 遵循端到端网络训练和实时检测的设计理念,将一幅图像分割为 $S\times S$ 个网格,如果某个样本目标中心落在对应网格,该网格负责对这个目标位置进行回归。例如,YOLO 算法将图像划分为固定的 7×7 网格,图中目标猫的中心点落入第 4 行第 5 列的格子内,所以这个格子负责预测图像中的目标,如图 7-25 所示。每个网格的预测信息包含目标位置与置信度信息,这些信息被编码为一个向量。例如,每个格子输出 B 个检测框信息(包含目标的矩形区域),以及 C 个物体属于某种类别的概率信息。边界框信息包含 5 个数据值,即边界框的中心点坐标(x,y)、宽高(w,h)和置信度评分,其中(x,y)是指当前格子预测得到的物体边界框的中心位置坐标,(w,h)是边界框的宽度和高度。每个格子能够生成多个检测框,如图 7-26 所示,但是在训练时,希望一个检测框预测器来负责一个目标,因此根据边界框与标签的 IoU 来选取最合适的边界框作为预测框。网络输出层即为每个网格的对应结果,由此实现端到端的训练。

图 7-25 图像分割为网格

图 7-26 每个格子生成不同的矩形框

YOLO 网络输出层为全连接层,因此在检测时,YOLO 训练模型只支持与训练图像相同的输入分辨率。假设,YOLO 输入图像分辨率为 448×448、$S=7$、$B=2$,即将输入图像划分为 7×7 网格($S=7$),每个网格预测 2 个边界框($B=2$);采用 VOC 20 类标注物体作为训练数据,有 20 类待检测的目标,即 $C=20$。YOLO 网络最终的全连接层输出维度为 $S\times S\times(B\times 5+C)$,因此最终全连接层输出向量为 $7\times 7\times(2\times 5+20)=1470$ 维,利用全连接层与卷积层转换方法,将全连接模式转换为多通道特征图模式,如图 7-27 所示,从而完成全连接输出与检测和识别任务的匹配。

YOLO 目标检测架构图如图 7-28 所示。

卷积网络最后一层特征图输出为 7×7×30 的维度。原图 7×7 网格中的每个网络位置具有 1×1×30 维度的信息,其中包含 2 个边界框的预测信息和目标类别预测信息,如图 7-29 所示。

每个边界框要预测 5 个值(x_{center},y_{center},w,h,$confidence$),2 个边界框共 10 个值,对应 1×1×30 维度特征向量中的前 10 维。其中,(x_{center},y_{center})为边界框中心位置相对于当

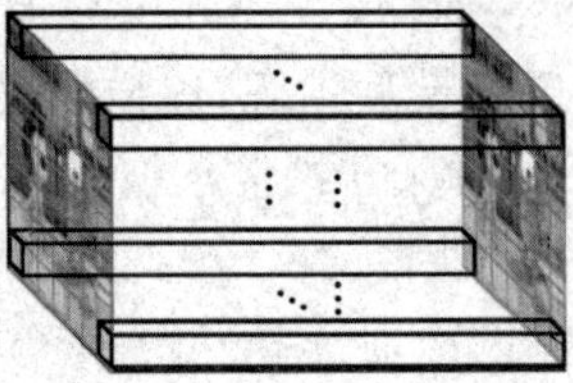

图 7-27　全连接层输出特征向量结构图

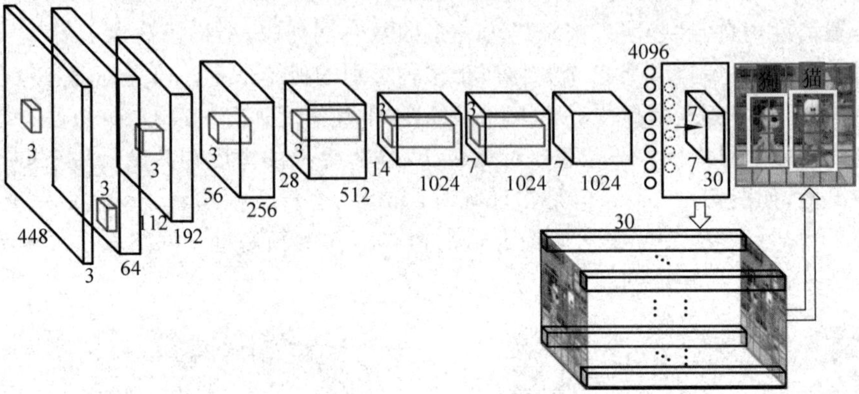

图 7-28　YOLO 目标检测架构图

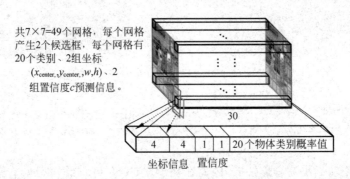

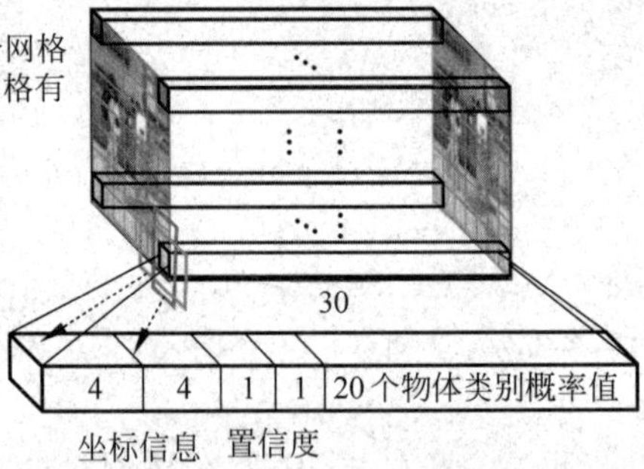

图 7-29　YOLO 候选框对应的信息结构

前格子位置的偏移值(当前格子负责的目标)，归一化到[0,1]区间；(w,h)利用图像的宽和高归一化到[0,1]区间；每个边界框除了要回归自身的位置之外，还要预测一个置信度值 *confidence*，*confidence* 置信度反映当前边界框是否包含目标以及目标位置的准确性，其计算方式如下：

$$confidence = P_r(\text{Object}) * \text{IoU}_{\text{pred}}^{\text{truth}} \tag{7-15}$$

其中，如果有边界框标签(人工标记的物体)落在一个网格内，则 $P_r(\text{object})=1$，否则取 $P_r(\text{object})=0$；第二项是预测的边界框和实际的边界框标签之间的 IoU 值，IoU 预测边界框与物体真实区域的交集面积(以像素为单位，用真实区域的像素面积归一化到[0,1]区间)，表示预测的准确度。如果存在物体，则根据预测的边界框和真实的边界框计算 IoU，同时预测存在物体的情况下该物体属于某一类的后验概率 $P_r(\text{Class}_i \mid \text{Object})$。假定一共有

C 类物体，那么每一个网格只预测一次 C 类物体的条件概率 $P_r(\text{Class}_i \mid \text{Object})$，$i=1,2,\cdots,C$；每一个网格预测 B 个边界框的位置，即这 B 个边界框共享一套条件类概率 $P_r(\text{Class}_i \mid \text{Object})$，$i=1,2,\cdots,C$。计算得到的 $P_r(\text{Class}_i \mid \text{Object})$，在测试时可以计算某个边界框类相关置信度：$P_r(\text{Class}_i \mid \text{Object}) P_r(\text{Object}) * \text{IoU}_{\text{pred}}^{\text{truth}} = P_r(\text{Class}_i) * \text{IoU}_{\text{pred}}^{\text{truth}}$。虽然每个格子可以预测 B 个边界框，但是最终只选择 IoU 最高的边界框作为目标检测输出，即每个格子最多只预测出一个物体。当物体占画面比例较小，如图像中包含人群等密集目标时，每个格子虽然包含多个物体，但只能检测出其中一个，这也是 YOLO 早期版本的一个缺陷。

每个网格除了预测边界框信息，还要预测类别信息，对于 VOC 数据集有 20 类目标。目标类别信息是针对每个网格的，在输出信息中分类信息为 20 维的目标分类概率。因此，每个网格要预测 2 个边界框和 20 个类别概率，输出一个 30 维的向量。而 *confidence* 信息是针对每个边界框的前景与背景的预测置信度，因此在进行目标分类时，需要根据预测框的前景与背景预测概率，当检测框内包含物体时预测目标的分类计算才具有意义，如图 7-30 所示。

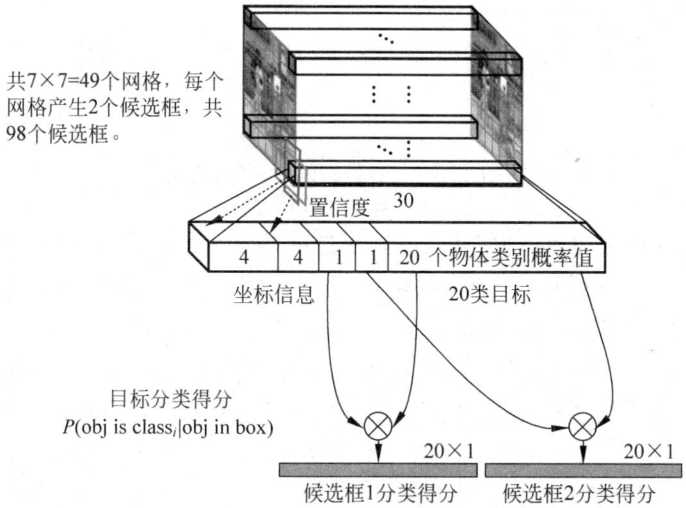

图 7-30 每个网格对应类别概率信息计算

根据计算得到每个检测框的目标分类概率，每个检测框会预测检测框内目标分别属于 20 种目标的概率，构造 98 个候选框的目标分类向量，如图 7-31 所示。

接下来，根据构造的张量信息提取每一类目标在 98 个候选框中的得分情况，如图 7-32 所示。对每个目标类别在 98 个候选框中的得分情况，进行阈值比较、降序排列，对有重叠的候选框使用非极大值抑制(NMS)操作，从众多候选的检测框中找出最后的目标框。

阈值比较主要是将分类得分过低的候选框剔除，如将分类得分小于 0.1 的候选框的得分值赋 0；之后，对某一类别在 98 个候选框的得分情况进行由大到小排序；利用排序后的结果，运用非极大值抑制操作，将重叠区域较大的候选框进行合并处理。非极大值抑制操作过程如下：

(1) 首先，确定目标预测分数最大的候选框；

(2) 将目标预测分数最大的候选框与其他候选框进行比较，如果两者重叠度 IoU>

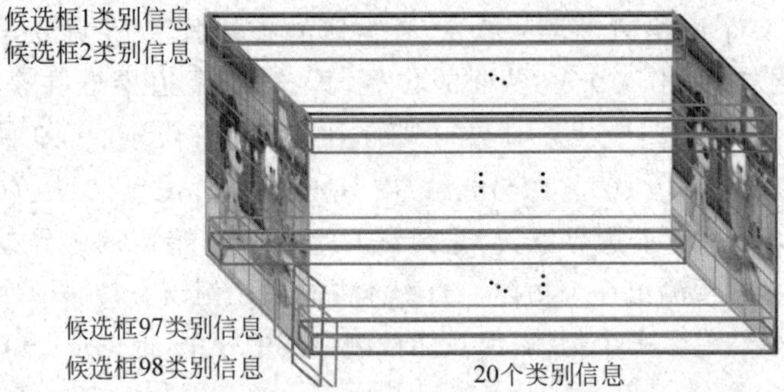

图 7-31 所有网格对应类别概率

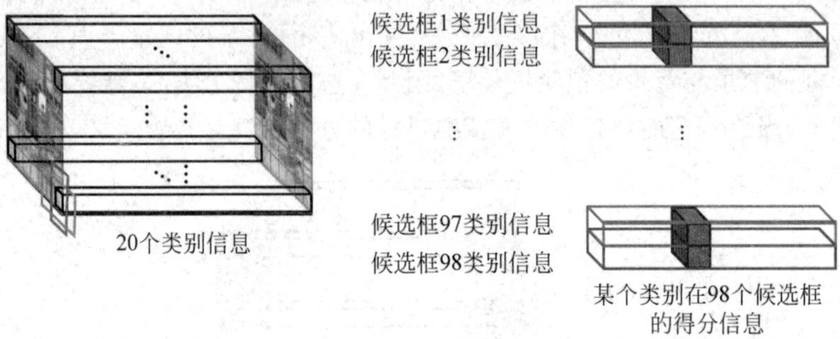

图 7-32 每一类目标在 98 个候选框的得分提取过程示意图

0.5,保留预测概率最大的候选框,将另一个候选框的目标分类预测概率分数置为 0,而对于两者重叠度 IoU≤0.5 的候选框予以保留;

(3) 同理,依次比较剩余的候选框;

(4) 选取当前目标预测分数第二大的候选框进行下一轮比较,直至全部比较完成。

对于图 7-33 的预测结果,第一次比较后,由于候选框 60 和候选框 75 的重叠度大于 0.5,所以将候选框 75 的目标分类预测概率分数置 0。同理,逐次判别剩余的候选框与候选框 60 IoU 参数。由于其他框与候选框 60 的 IoU 不大于 0.5,因此其他框信息保留,如图 7-34 所示。

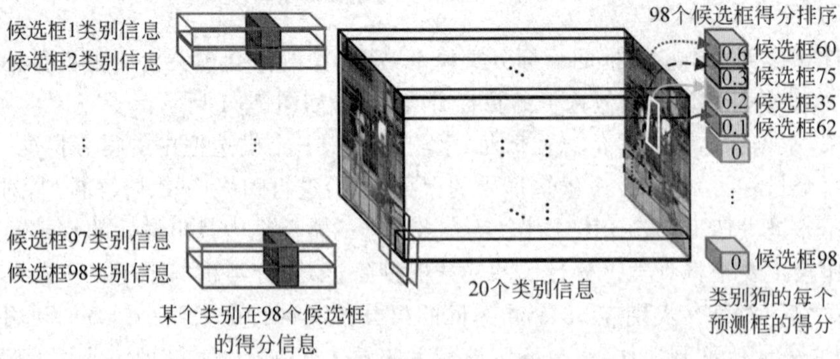

图 7-33 每个候选框对应类别的概率

第二轮比较,选取目标预测分数第二大的候选框(候选框 35)进行非极大值抑制处理。同样的道理,由于候选框 62 与候选框 35 的重叠度大于 0.5,所以将候选框 62 的目标分类

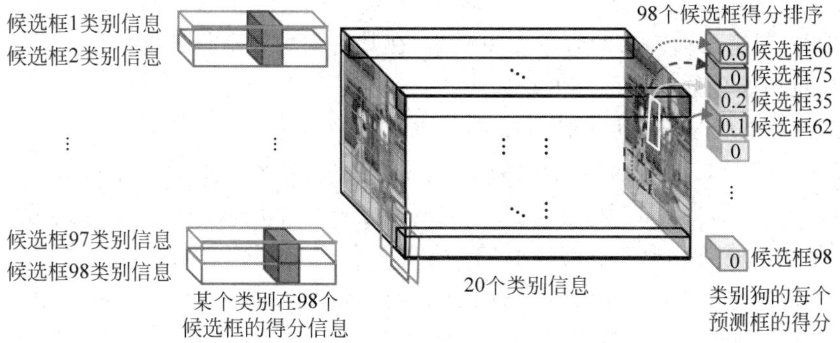

图 7-34 第一轮迭代结果

分数置 0。同理,将剩余候选框与候选框 35 进行非极大值抑制处理,如图 7-35 所示。

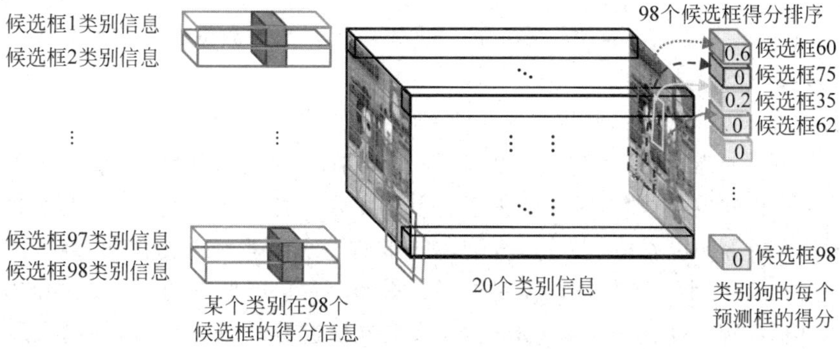

图 7-35 第二轮迭代结果

非极大值抑制循环结束后,很多情况下大部分候选框得分都为 0,只有少数的几个候选框大于 0,如图 7-36 所示。得到最终的候选框类别的分数后,选择对应类别具有最大分类得分的检测框为该类别的目标检测结果,并在输入图像中标出检测框,如图 7-37。

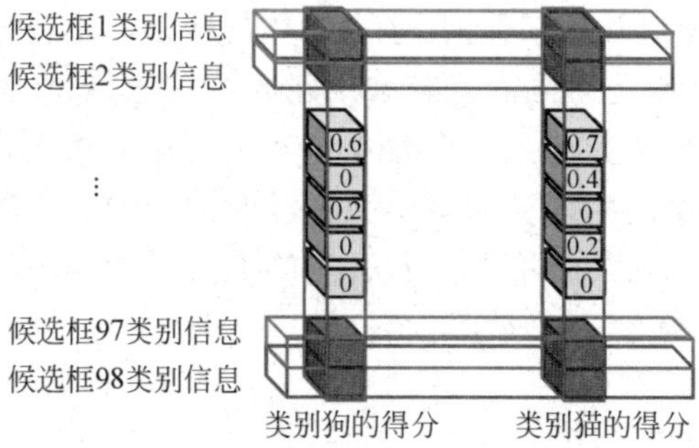

图 7-36 非极大值抑制后信息示意图

图 7-37 已绘制目标检测框的输入图像

2. YOLO 训练

YOLO 网络采用端到端训练模式,其训练步骤如下:

(1) 首先,在 YOLO 骨干卷积网络额外添加一个平均池化层和一个 FC 层,利用 1000 类的 ImageNet 数据集进行网络预训练,网络采用 Leaky ReLU 激活函数,在 ImageNet

2012 数据集上，利用 224×224 的输入图像预训练 YOLO 骨干卷积网络；

(2) 其次，利用预训练好的骨干卷积网络，在其后添加 4 个新的卷积层和 2 个 FC 层，并采用随机参数初始化这些新添加的层；

(3) 在微调新层时，选用 448×448 图像进行网络训练；

(4) 最后一个 FC 层可以预测物体属于不同类别的概率和边界框中心点坐标(x, y)以及宽和高(w, h)。边界框的中心位置坐标是相对于某一个网格的位置坐标进行归一化后的信息，边界框的宽高是相对于图像宽高归一化后的信息，因此 x、y、w、h 均位于[0,1]区间。

YOLO 利用均方误差和做为损失函数来优化模型参数，即计算网络输出的 $S\times S\times(B\times 5+C)$维向量与真实图像对应的 $S\times S\times(B\times 5+C)$维向量的均方和误差。因此，网络训练的整体损失函数包含多个评价指标：

$$loss=\sum_{i=0}^{S^2} coord\_Error + iou\_Error + class\_Error \tag{7-16}$$

其中，$coord\_Error$、iou_Error 和 $class\_Error$ 分别代表预测数据与标定数据之间的坐标误差、IoU 误差和分类误差。

损失函数的设计，需要考虑两个主要的问题：

(1) 对于最后一层维度为 7×7×30 的预测结果，计算预测损失通常会选用平方和误差，而位置误差和分类误差是 1∶1 的关系。平方和误差对于不同大小的边界框的权重是相同的，然而对于相等的误差值，误差对大物体的影响小于误差对小物体的影响，因此大物体误差对检测的影响应小于小物体误差对检测的影响。为了降低不同大小边界框宽高预测的方差，YOLO 将物体大小的信息项(w 和 h)求平方根进行改进，以平衡不同尺度物体对检测的影响。

(2) 整个图被分割为 7×7 的网格，大多数网格实际不包含物体(当物体的中心位于网格内才算包含物体)，如果只计算 $P_r(\text{Class}_i)$，很多网格的分类概率为 0，网格损失呈现出稀疏矩阵的特性，使得损失收敛效果变差，模型不稳定。位置相关误差(坐标、IoU)与分类误差对网络损失的贡献值是不同的，因此 YOLO 在计算损失时，使用 $\lambda_{\text{coord}}=5$ 修正 $coord\_Error$，增加边界框坐标预测的损失权重。在计算 IoU 误差时，包含物体的网格与不包含物体的网格，二者的 IoU 误差对网络损失的贡献值是不同的。若采用相同的权值，那么不包含物体的网格的 $confidence$ 值近似为 0(“包含”是指存在一个物体，它的中心坐标落入到网格内)，放大了包含物体的网格的 $confidence$ 误差在计算网络参数梯度时的影响。为解决这个问题，YOLO 在不包含目标时，使用 $\lambda_{\text{noobj}}=0.5$ 修正 iou_Error，降低边界框分类的损失权重。综上，YOLO 在训练过程中的损失计算如下式所示：

$$\begin{aligned}Loss=&\lambda_{\text{coord}}\sum_{i=0}^{S^2}\sum_{j=0}^{B}1_{ij}^{\text{obj}}((x_i-\hat{x}_i)^2+(y_i-\hat{y}_i)^2)+\lambda_{\text{coord}}\sum_{i=0}^{S^2}\sum_{j=0}^{B}1_{ij}^{\text{obj}}((\sqrt{w_i}-\sqrt{\hat{w}_i})^2+\\&(\sqrt{h_i}-\sqrt{\hat{h}_i})^2)+\sum_{i=0}^{S^2}\sum_{j=0}^{B}1_{ij}^{\text{obj}}(C_i-\hat{C}_i)^2+\lambda_{\text{noobj}}\sum_{i=0}^{S^2}\sum_{j=0}^{B}1_{ij}^{\text{noobj}}(C_i-\hat{C}_i)^2+\\&\sum_{i=0}^{S^2}1_{ij}^{\text{obj}}\sum_{c\in\text{clases}}^{B}(p_i(c)-\hat{p}_i(c))^2\end{aligned} \tag{7-17}$$

损失函数中，只有当某个网格中有目标的时候才对分类错误进行惩罚。操作函数1_{ij}^{obj}

表示第 j 个边界框预测器在第 i 个网格中是否负责这个目标的识别：若目标中心落在网格内，第 i 个网格第 j 个检测框负责该目标；若存在多个，与标签 IoU 最大的检测框负责检测该目标。$1_{ij}^{\text{obj}}(C_i-\hat{C}_i)^2$ 负责计算包含目标的边框的置信度损失；$1_{ij}^{\text{noobj}}(C_i-\hat{C}_i)^2$ 负责计算不包含目标的边界框的置信度损失。同理，只有当某个边界框预测器对某个检测框标签负责的时候，才会对边界框的坐标错误进行惩罚。因此，计算坐标位置与尺度损失分别为 $\sum_{i=0}^{S^2}\sum_{j=0}^{B}1_{ij}^{\text{obj}}[(x_i-\hat{x}_i)^2+(y_i-\hat{y}_i)^2]$ 与 $\sum_{i=0}^{S^2}\sum_{j=0}^{B}1_{ij}^{\text{obj}}\left[(\sqrt{w_i}-\sqrt{\hat{w}_i})^2+(\sqrt{h_i}-\sqrt{\hat{h}_i})^2\right]$。

3. YOLO 与其他目标检测算法对比

选用 PASAL-VOC 图像测试训练得到的 YOLO 网络，每幅图会预测得到 98(7×7×2) 个边界框及相应的类概率。通常一个网格可以直接预测出一个物体对应的边界框，但是对于某些尺寸较大或靠近图像边界的物体，需要多个网格预测的结果通过非极大抑制处理生成。将 YOLO 目标检测与识别方法和其他几种经典方案进行比较如图 7-38 所示。

基于滑窗方式的目标检测方法 DPM，包括特征提取、区域划分、基于高分值区域的边界框预测等独立环节。YOLO 采用端到端的训练方式，将特征提取、候选框预测、非极大抑制及目标识别融合在一起，实现了更快更准的目标检测。

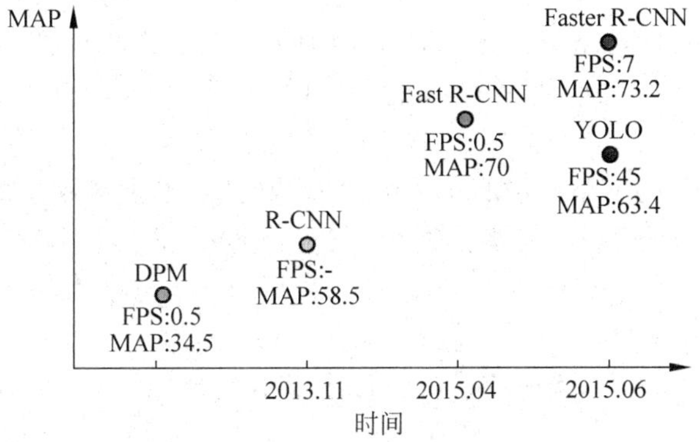

图 7-38 各目标检测算法性能对比

R-CNN 使用选择性搜索方法提取候选区域，然后用 CNN 进行特征提取，最后用 SVM 分类器进行目标分类。YOLO 思想核心与其类似，但是通过共享卷积特征的方式提取候选区域和识别目标；另外，YOLO 利用网格对候选区域进行空间约束，避免在一些区域重复提取候选区域，相较于选择性搜索提取 2000 个候选区域进行 R-CNN 训练，YOLO 只需要提取 98 个候选区域，提升了训练和测试的速度。

Fast R-CNN 和 Faster R-CNN 分别替换了 SVM 训练和选择性搜索候选区域提取方法，在一定程度上提升了训练和测试速度，但其速度依然无法与 YOLO 相比。

YOLO 在目标定位准确度方面不及 Fast R-CNN。但是，YOLO 在定位识别背景时准确率更高，Fast R-CNN 假阳性很高(即认为某个框内是目标，但是实际里面不含任何物体)。由于 YOLO 在目标检测和识别时处理背景部分优势更明显，因此可采用 Fast R-CNN 与 YOLO 结合的目标检测模式，即先用 R-CNN 提取得到一组边界框，然后利用 YOLO 处理图像得到一组边界框，对比这两组边界框是否基本一致，如果一致就利用 YOLO 计算得到的概率对目标进行分类，最终选取二者的相交区域作为边界框区域，从而提高目标检测准确率。虽然 Fast R-CNN 与 YOLO 结合提升了准确率,但是相应的目标检测速度大大降低,因此导致其无法进行实时检测。

YOLO 算法将输入图像划分为 7×7 的网格,回归特征丢失比较严重,缺乏多尺度回归依据;同时 YOLO 对相互靠近的物体或小的群体检测效果不佳,这是由于一个网格中只能预测一个类别;对测试图像中,同一类物体出现不常见的长宽比及其他情况泛化能力偏弱。由于损失函数的问题,损失计算方式无法有效平衡(无论是采用加权或者均差),损失对目标分类、回归的影响,与背景影响一致,部分残差无法有效回传,损失收敛变差,导致模型不稳定。整体来看 YOLO 方法目标定位不够精确,但 YOLO 提出了一个新的目标检测思路——直接回归。

4. YOLO 改进版本

YOLO 算法的最大特性是运行速度快,但是 YOLO 没有使用多尺度特征来进行独立检测,也伴随着识别物体位置精确性差和召回率低等缺点。为了提高 YOLO 的识别准确度,YOLO V2 是在 13×13 的特征图上进行目标检测,对于一些大的目标是足够的,但是对于小物体的检测还需要细粒度的特征。为此 YOLO V2 将浅层和深层两个不同尺寸的特征连接起来,即将 26×26×512 的特征图与 13×13×2048 的特征图连接起来,再在扩展的特征图上进行目标检测,使用一个有 19 层卷积层和 5 个最大池化层的分类模型 Darknet-19 提取特征。类似于 VGG 网络架构,Darknet-19 使用 3×3 的过滤器,每一个池化层之后通道数加倍,在 3×3 卷积层之间使用 1×1 卷积层压缩特征表示。YOLO9000 可以检测 9000 种不同类别的目标。

YOLO V3 采用新的网络架构 Darknet-53 提取特征,整个网络没有池化层,而是在 5 个卷积上定义步长为 2 的下采样,总步长为 32。YOLO V3 是在 3 个不同尺寸的特征图上进行预测的,如果输入图像大小为 416×416,那么特征图大小分别为 13×13、26×26、52×52。一个特征图上的每一个网格预测 3 个候选框,每个边框需要($x, y, w, h, confidence$)五个基本参数,并对每个类别输出一个概率。设特征图大小为 N,对于 COCO 数据集,则每一个特征图需要预测 $N \times N \times (3 \times (4+1+80)) = N \times N \times 255$[预测 3 个候选框的 x, y, w, h, $Confidence$ 以及 80 类类别信息],所以每一个特征图的通道数为 255。在 YOLO V3 中,Darknet-53 只能输出一种尺寸的特征图,为了得到另外两种尺寸的特征图,对前两层的特征图进行上采样,之后将上采样后的特征图和之前的特征图进行连接,如图 7-39 所示,对象分类采用 logistic 取代了 Softmax 分类。

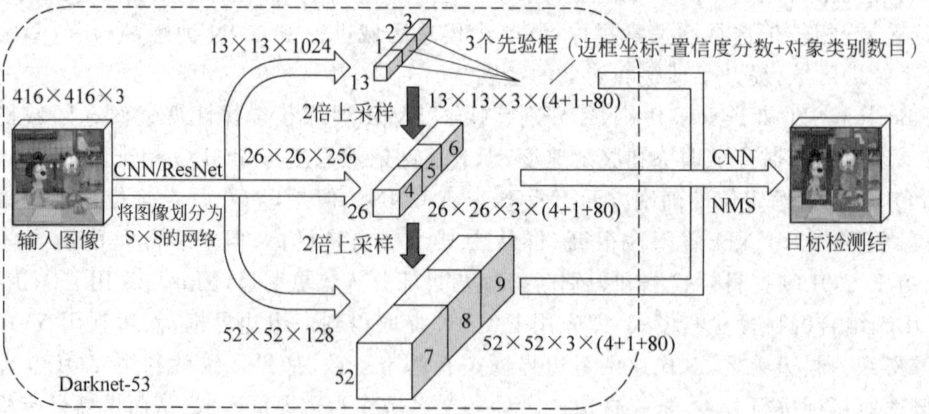

图 7-39 YOLO V3 网络示意图

7.2.7　SSD

基于候选框生成的目标检测算法的目标检测步骤：首先生成一定数量的边界框，然后提取这些边界框对应区域图像的特征信息，之后再利用目标分类器，判断边界框内是否存在目标，以及是什么目标，并对边界框进行回归。这类方法需要较长的计算时间，不利于实时检测。随着实际应用的需求，基于实时检测的目标检测算法逐渐被提出，如 YOLO 算法，但 YOLO 牺牲了检测精度来换取检测效率，如图 7-40 所示。

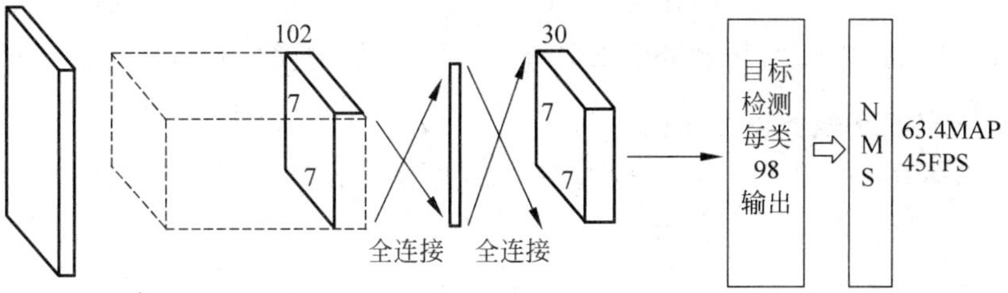

图 7-40　YOLO 结构示意图

一次推断多候选框方法(single shot multi box detector，SSD)是在 2016 年被提出的一种快速目标检测框架，SSD 采用了类似 YOLO 的设计思想，SSD 是对 Faster R-CNN 的 RPN 这一独特步骤的延伸与整合，简化了 Faster R-CNN，如图 7-41 所示。YOLO 本身采用的是一步法，基于最后一个卷积层实现，对目标定位有一定偏差，也容易造成小目标的漏检。而 SSD 借鉴了 Faster R-CNN 的多尺锚框设计机制，在实现 21 类目标分类的同时，还利用了多尺寸特征图进行目标提取，在一定程度上克服了 YOLO 难以检测小目标的问题。

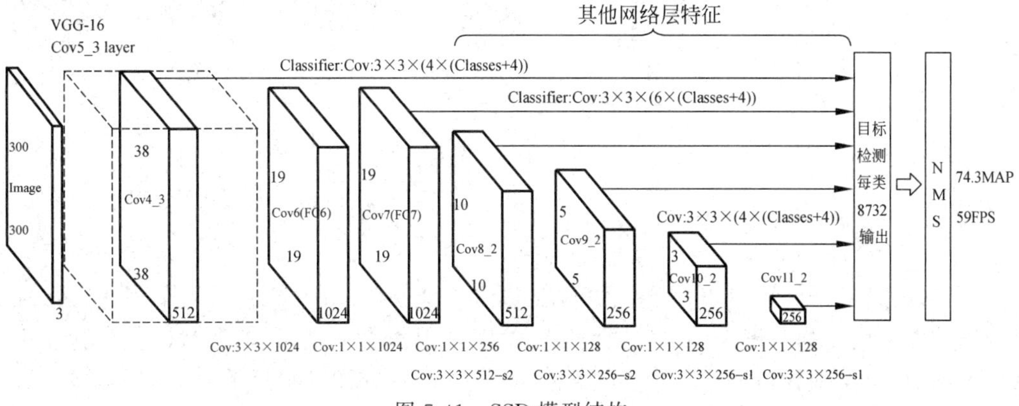

图 7-41　SSD 模型结构

基于多尺度特征的候选区域，SSD 达到了效率与效果的平衡，从运算速度上来看，能达到接近实时的表现，从效果上看，要比 YOLO 更好。在网络训练预测阶段，网络需计算出每一个默认检测框中的物体所属每个类别的得分，如对于 PASCAL VOC 数据集，总共有 21 类(包含背景类)，那么需得出每一个边界框中物体属于这 21 个类别的可能性；同时，要对这些边界框的形状进行微调，以使其符合物体的外接矩形。为了处理相同物体的不同尺寸的情况，SSD 结合了不同分辨率的特征图进行预测。因此，输入一张图像到 SSD 中，SSD 将输出一系列的边界框，这些边界框是在不同层次的特征图上生成的，并且有着不同的纵横比,如分别生成原始输入图像尺度 0.1、0.2、0.37、0.54、0.71、0.88 的锚框,然后通过非极大值抑制(NMS),得到每个目标的位置和标签信息。与基于候选区域生成的目标检测模型相比,SSD 方法取消了候选区域生成、像素重采样或者特征重采样这些阶段,将检测过程整合到一个网络中,便于训练与优化,同时提高检测速度。SSD 既保证了速度,也保证了检测精度,也更容易将检测算法融合到模型中。在 PASCAL VOC、MSCOCO、ILSVRC 数据集上的实验显示,SSD 在保证精度的同时,其速度要优于基于候选区域的目标检测方法。SSD 相比于 YOLO,取得了更高的精度,即使是在输入图像较小的情况下。如输入 300×300 大小的 PASCAL VOC 2007 图像,在 TitanX 上 SSD 以 58 帧的速率,同时取得了 72.1%的 MAP;如输入图像为 500×500,SSD 则取得了 75.1%的 MAP,比 Faster R-CNN 更优。

1. 多尺度特征图检测网络结构

SSD 模型多尺度特征图检测结构如图 7-42 所示。模型选择的特征图尺寸包括 38×38、19×19、10×10、5×5、3×3、1×1。

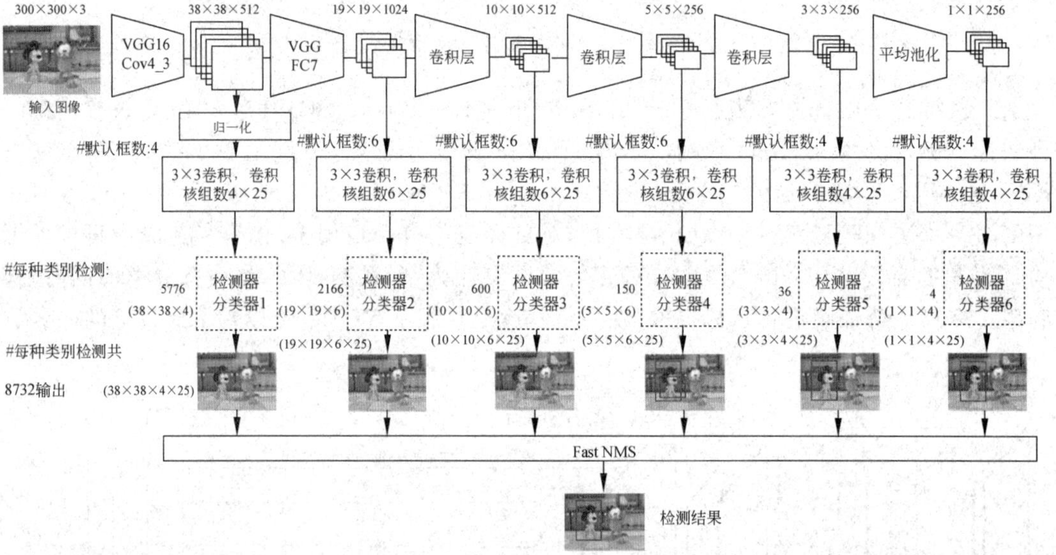

图 7-42 多尺度特征采样

对于每张特征图,采用 3×3 卷积操作生成默认框(default boxes)的 4 个偏移位置和 21 个类别的置信度。如对于 19×19 的特征图输出,默认框数目为 6,每个默认框包含 4 个偏移位置和 21 个类别置信度(4+21)。因此,19×19 的特征图的最后输出为(19×19)×6×(4+21)。因此,SSD300 的默认框共用 8732 个,实质为密集采样。

2. 锚窗生成

为了处理不同尺度的物体,可以利用不同层上的特征图实现不同尺度目标的检测。由于低层特征图保留的图像细节信息更多,因此,SSD 同时采用低层特征图、高层特征图进行预测。对每一张特征图,按照不同的大小和长宽比生成 k 个默认框。如图 7-43 所示 8×8 的网格代表特征图,假设默认框数目 $k=4$,因此该特征图能够生成 8×8×4=256 个检测框。特征图每个网格为一个像素,默认框就是特征图中每一个像素所产生的一系列固定大小的检测框,即图 7-43 中虚线所形成的一系列检测框。

一般来说，CNN 的不同层有着不同的感受野。然而在 SSD 结构中，默认框不需要和每一层的感受野相对应，特定的特征图负责处理图像中特定尺度的物体。但先验框的数量、尺寸等信息，需要手动设置。在每个特征图上，每个默认框的尺度计算如下：

$$S_k = S_{\min} + \frac{S_{\max} - S_{\min}}{m-1}(k-1), \quad k \in [1,m] \tag{7-18}$$

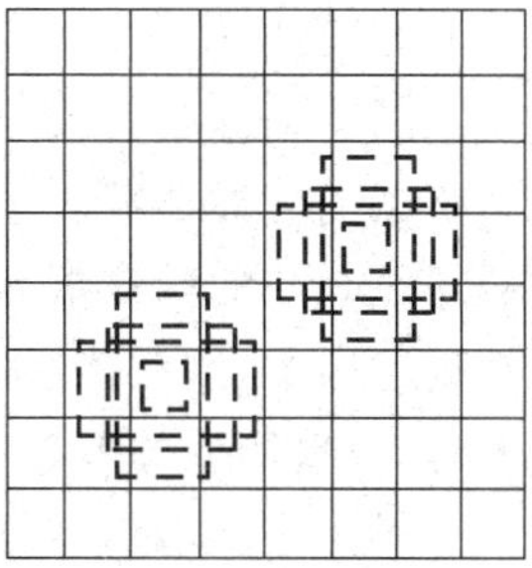

图 7-43　SSD 检测框生成

其中，m 为特征图数目，$S_{\min}$ 为最底层特征图大小（如 0.2），$S_{\max}$ 为最顶层特征图默认框大小（如 0.9）。第 k 层的最小尺寸为 S_k，第 k 层的最大尺寸为 S_{k+1}。经计算在 VGG 中 6 层特征图所产生的最小和最大尺寸如表 7-3 所示。

表 7-3　VGG 网络各层网络特征图尺寸

	Cov4_3	**FC7**	**Cov6_2**	**Cov7_2**	**Cov8_2**	**Cov9_2**
最小尺寸	30	60	111	162	213	264
最大尺寸	60	111	162	213	264	315

每个默认框长宽比根据比例值计算，假设第 2、3、4 层特征图的默认框的 aspect ratios 为{1,2,3,1/2,1/3}，则每一个默认框宽度、高度、中心点的计算如下：

$$\begin{cases} w_k^a = S_k\sqrt{a_r} \\ h_k^a = S_k/\sqrt{a_r} \end{cases} \tag{7-19}$$

每个默认框中心设定为$\left(\frac{i+0.5}{|f_k|},\frac{j+0.5}{|f_k|}\right)$，其中$|f_k|$为第 k 个特征图尺寸。对于比例为 1 的默认框，额外添加一个比例为 $S_k=\sqrt{S_kS_{k+1}}$ 的默认框。最终第 2、3、4 层每张特征图中的每个像素点生成 6 个默认框。第 1、5、6 层特征图的默认框的 aspect ratios 为$\left\{\frac{1}{2},1,\frac{1}{2}\right\}$，最终每张特征图的每个像素点生成 4 个默认框。图 7-44 示意为 3 个默认框的生成与处理过程。

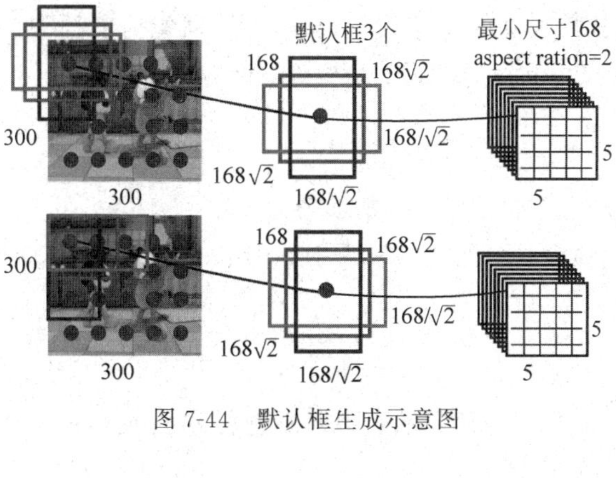

图 7-44　默认框生成示意图

3. 标签预处理

在网络训练之前，首先需要将检测框标签与类别标签信息进行预处理，将其对应到相应的默认框上。根据默认框和检测框标签的 IoU 重叠来寻找对应的默认框，例如可选取 IoU 重叠超过 0.5 的默认框为正样本，其他为负样本。将每个检测框标签与具有最大 IoU 的默认框进行匹配，这样能够保证每个标签都有对应的默认框；并且，可将每个默认框与任意标签配对，只要两者的 IoU 大于某一阈值（如 0.5），这意味着一个检测框标签可能对应多个默认框。经过匹配后，很多默认框是负样本，这将导致正样本、负样本不均衡，训练难以收敛。因此，可将负样本根据置信度进行排序，选取最高的几个作为正样本，以保证正负样本的比例为 1∶3。

在训练时，SSD 训练图像中的标签被赋予到那些固定输出的锚框上，SSD 预测的是事先定义好的一系列固定大小的检测框。如图 7-45(a)中猫的标签是虚线的检测框，但进行标签标注时，要将虚线的检测框标签赋予图 7-45(b)中一系列固定输出的边界框中的一个，即图 7-45(c)中的加粗虚线的线框。

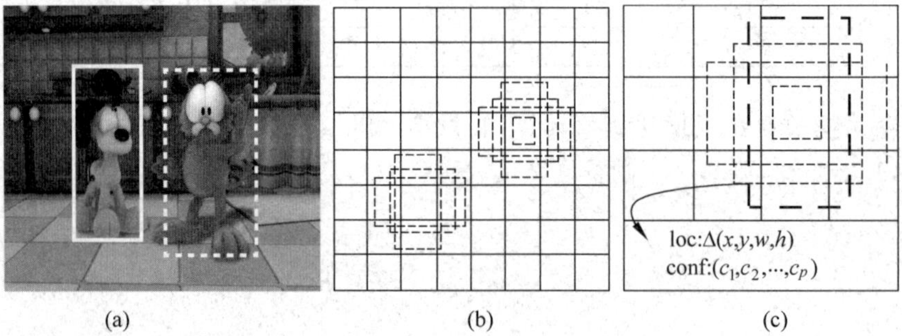

图 7-45 边框标签示意图

(a) 输入图像标签；(b) 8×8 特征图；(c) 4×4 特征图

事实上，这种检测框标签定义方法不止在 SSD 中用到，在 YOLO、Faster R-CNN 中的候选选择区域以及多边界框处理中，都用到了类似策略。当将训练图像中的标签与固定输出的边界框对应之后，就可以端到端地进行损失的计算以及反向传播的计算更新了。

4. 目标函数

SSD 目标函数包含默认框的位置损失(loc)和类别置信度损失(conf)两个部分。定义 $x_{ij}^{p}=\{1,0\}$为第 i 个默认框和对应的第 j 个检测框标签，相应类别为 p。总目标函数定义为

$$L_{x,c,l,g}=\frac{1}{N}(L_{\text{conf}}(x,c)+\alpha L_{\text{loc}}(x,l,g)) \tag{7-20}$$

其中，N 为匹配的默认框。如果 $N=0$，则损失为零。

类别置信度目标函数 L_{conf} 定义为多类别 Softmax 损失，公式如下：

$$L_{\text{conf}}(x,c)=-\sum_{i\in \text{Pos}}^{N} x_{ij}^{p}\log(\hat{c}_{i}^{p})-\sum_{i\in \text{Neg}}\log(\hat{c}_{i}^{0}) \tag{7-21}$$

其中，$\hat{c}_{i}^{p}=\dfrac{\exp(c_{i}^{p})}{\sum\limits_{p}\exp(c_{i}^{p})}$，$L_{\text{loc}}$ 为预测框 l 和检测框标签的 smooth_{L1} 损失，α 值通过交叉验

证设置为 1。位置回归目标函数 L_{loc} 定义如下：

$$L_{\text{loc}}(x,d,t)=\sum_{i\in \text{Pos}}^{N}\sum_{m\in\{x,y,w,h\}} x_{ij}^{k}\,\text{smooth}_{L1}(t_j^m-d_i^m) \tag{7-22}$$

其中，d 为网络所学到的变换，与 Faster R-CNN 边框回归方法类似，smooth 为平滑函数：

$$\text{smooth}_{L1}(x)=\begin{cases}0.5x^2, & |x|<1\\ |x|-0.5, & |x|\geqslant 1\end{cases} \tag{7-23}$$

t 为标签构造的理想变换，P、G 分别为预测框和标签对应的位置与尺寸信息，t 的计算如下：

$$\begin{cases}t_j^x=(G_j^x-P_i^x)/P_i^w\\ t_j^y=(G_j^y-P_i^y)/P_i^h\\ t_j^w=\log\left(\dfrac{G_j^w}{P_i^w}\right)\\ t_j^h=\log\left(\dfrac{G_j^h}{P_i^h}\right)\end{cases} \tag{7-24}$$

其中，(x,y)为补偿(回归补偿)后的默认框 d 的中心，(w,h)为默认框的宽和高。

5. SSD 的数据流

SSD 与 YOLO 不同，YOLO 最后的输出采用全连接方式，而 SSD 直接采用 3×3 卷积对不同层的特征图进行处理，通过 padding 设置保证输入输出尺寸一致。

信息处理分成两条支路：一条支路卷积输出默认框的 21 个类别的分类置信度信息，输出特征图尺寸保持不变，厚度为默认框数量乘以 21 的一组特征图，因此需要与厚度数相符的 3×3 卷积核组；另一条支路输出检测框中心坐标及宽高的回归信息，即输出默认框数量乘以 4 厚度的特征图，同理也需要与厚度数相符的 3×3 卷积核组，如图 7-46 所示。在网络运行过程中，一个特征图单独计算一次 Softmax 多分类预测概率与边界框回归，网络中实

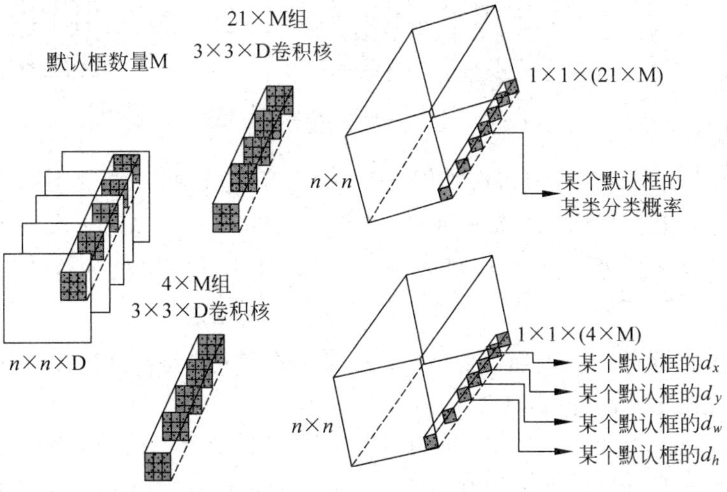

图 7-46 SSD 分类与回归数据处理流程

际存在多个特征图需要协同工作。

由于 YOLO、SSD 等单阶段检测器计算效率高，吸引了众多学者对其展开研究。当前，基于锚框的单阶段检测器已经可以取得与基于锚框的双阶段检测器类似的性能，但具有更快的计算效率。

7.3 目标检测算法的改进

SSD 算法利用了多分辨率特征的优势，实现了不同尺度目标的检测。基于 SSD 的思想，特征金字塔处理模式成为了目标检测算法的重要组成部分。特征金字塔处理模式与 SSD 的多分辨率特征图处理模式不同之处在于，特征金字塔处理模式除了利用多分辨率特征外，还具有高低分辨率特征上采样以及融合的过程，如图 7-47 所示的特征金字塔网络(feature pyramid network，FPN)。YOLO V3 就是利用了特征金字塔实现的多尺度检测，以改善 YOLO 框架小目标检测能力弱的问题。

RetinaNet 目标检测模型采用了 FPN 结构进行目标检测，同时 RetinaNet 采用了类似 RPN 中的锚框设计机制，在每个特征金字塔层上都使用了 3 种长宽比的锚框，每个长宽比的锚框又有 3 个不同的尺度，共 9 个锚框。但是，RetinaNet 整体上是一个一阶段模型，由一个主干网络和两个分支网络组成。

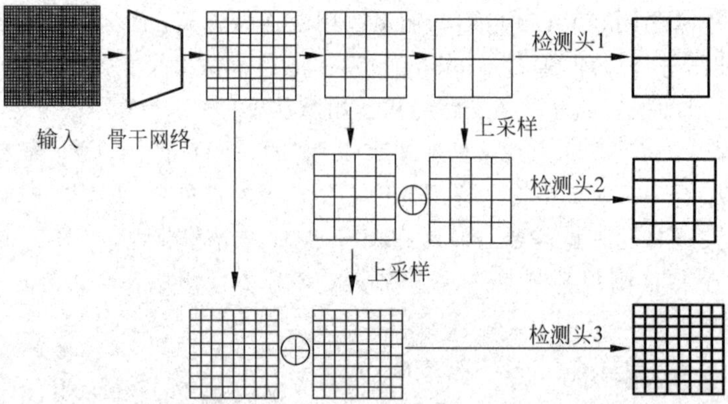

图 7-47　FPN 目标检测网络框架

RetinaNet 主干网络在残差结构采用 FPN 特征金字塔网络，融合不同层次的特征图；两个分支网络采用相同结构的全卷积网络，但参数不共享，第一个分支负责预测类别信息，第二个分支网络用于边界框回归，如图 7-48 所示。同时提出了新的分类损失 Focal loss：

$$\mathrm{FL}(p_t)=-(1-p_t)^r\log(p_t) \tag{7-25}$$

p_t 表示被预测为对应的正确类别的置信度；与普通的交叉熵函数 $-\log(p_t)$ 相比，$(1-p_t)^r$ 提供了一种可变的平衡因子。

RetinaNet，SSD，YOLO V3，Faster R-CNN 等目标检测框架都依赖于预定义的候选框。基于候选框的目标检测算法具有一定的优点：使用候选框机制产生密集的候选框，可有效提高目标召回能力，小目标检测能力提升非常明显；网络可直接在密集检测框基础上

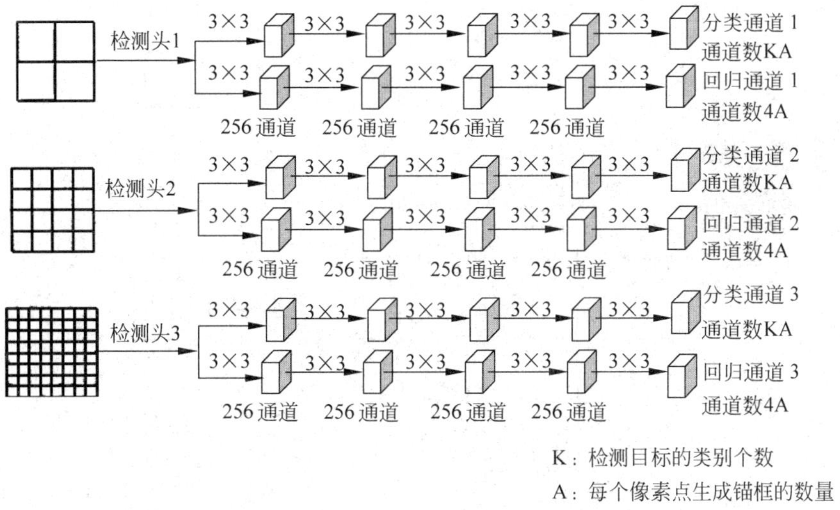

图 7-48 RetinaNet 网络检测头示意图

进行目标分类及边界框坐标回归；对于两阶段目标检测器，有利于第二步的分类和回归。但基于候选框的目标检测算法同时也有很多不足：冗余框较多，容易样本较多，正负样本严重不均衡；需要设定尺度和长宽比等超参数；网络实质上无法获取候选框，后续的边界框回归更像是一种在小范围内的强行记忆，网络缺乏足够的语义理解；IoU 阈值超参设置具有先验性，取 0.5 合适，还是 0.7 合适？

随着技术的发展，一些新型不基于候选框的目标检测算法逐渐兴起。无候选框检测器主要以两种不同形式来进行目标检测：一种方法是通过定位多个预定义或自学习的关键点，从而确定目标物体的位置；另一种方法是利用中心点或中心区域来定义目标，通过网络学习预测中心到目标四周的距离。由于基于候选框的检测器生成锚框需要设置大量的超参数，无锚框方法降低了检测器对锚框超参数的依赖，取得了与基于锚框的检测器类似的效果，并且其泛化能力更优。例如，CornerNet、ExtremeNet、CenterNet 以关键点、中心点估计为手段，彻底丢弃区域分类与回归的思想。FCOS 方法开创性地采用像素点预测的方式进行目标检测，与分割任务具有一定的相似性。FCOS 预测的是特征图上的点(x,y)在原图中所对应的点(x',y')到标签框的四条边的距离。如果特征图上的任一点(x,y)在输入图像中所对应的点落在标签框内，则该点被视为正样本，且该点的类别标签为标签框的类别标签；否则，该点设置为负样本，类别标签设置为背景类。网络同时会回归点(x,y)在原图中所对应的点(x',y')到标签框的四条边的距离(l,r,u,d)。因此 FCOS 避免了大量关于锚框的复杂运算，如训练过程中计算框的重叠程度；更重要的是，FCOS 也避免了影响检测器性能的锚框超参数设置。FCOS 中也引入了 FPN 模式进行多尺度预测，提高模型的召回率。FPN 中各检测头共享参数，其网络框架如图 7-49 所示。

为了提升目标检测算法的性能，学者们从不同层间信息的融合、新的损失函数、锚框的优化与匹配、NMS 的优化、新型网络的设计等不同的角度对算法进行改进，提出了众多目标检测算法，不断提升检测器性能，如图 7-50 所示。

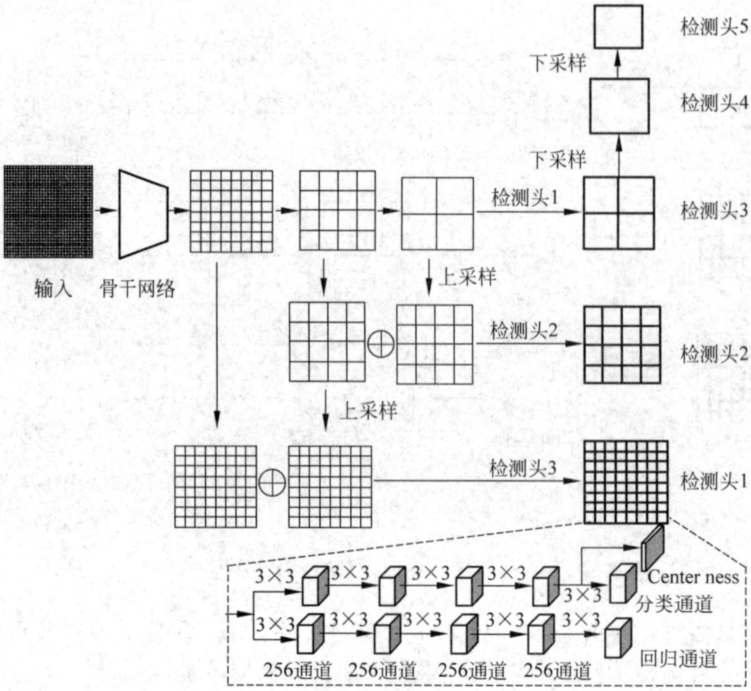

图 7-49　FCOS 目标检测算法

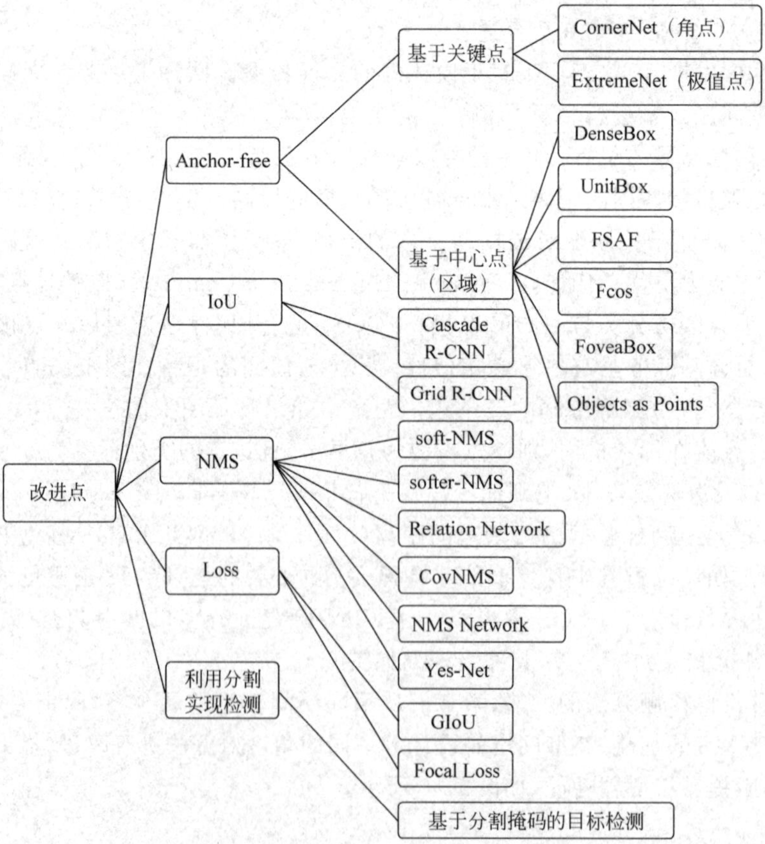

图 7-50　基于不同改进点的目标检测算法

第8章

循环神经网络

第8章课件

在前面的章节中，介绍了全连接神经网络和卷积神经网络的工作原理，以及两种网络的训练方法与应用过程。全连接神经网络与卷积神经网络主要用来处理非序列性信息，即前一次输入与后一次输入无关联，不存在序列性。但是某些任务的输入具有时序性，即前后的输入信息是有关系的。例如，当我们在理解一句话时，孤立的理解这句话的每个词是不够的，需要将这些词连接成序列，从而对句子语义进行理解；当分析视频信息时，也不能只单独地去分析每一帧图像，而要分析这些帧连接起来的整个序列所表达的信息。因此，在面对这种信息时，要求网络具有处理序列性输入的能力，因而需要用到深度学习领域中另一类神经网络模型——循环神经网络(recurrent neural network，RNN)。

8.1 循环神经网络概述

在传统的前向神经网络模型中，无论是 DNN 还是 CNN，网络处理的数据都是相对固定的。一旦 DNN 网络结构确定之后，输入数据的维度便随之确定；而 CNN 能够通过全卷积、RoI Pooling 等手段来接受不同长宽的图片输入，但这种能力大多只是在网络后端进行了巧妙的设计，并没有根本地解决问题。因此这些网络对于很多问题是无能为力的。RNN 循环神经网络能够处理序列数据，网络会对之前时刻输入的信息进行记忆，并应用于当前网络的输出计算中，即隐含层的输入不仅包含输入层的信息还包括上一时刻隐含层的输出。理论上，RNN 能够对任何长度的序列数据进行处理。

RNN 最先用于自然语言处理领域，作为一种语言建模工具。例如给出句子的一部分，然后利用计算机生成接下来的词语。如“我昨天上学迟到了，老师批评了________”，将这句话前面部分的词语输入计算机，计算机就可以生成横线上对应的词语。在本例中，横线上的这个词最有可能是“我”，而不太可能是“小明”，甚至是“吃饭”。语言模型是一种对语言特征进行建模的方法，通过一句话的前半部分信息，预测接下来最有可能的词语概率，如在语音转文本(STT)中，声学模型输出的结果往往是若干个可能的候选词，这就需要语言模型从这些候选词中选择一个最可能的词。当然，RNN 同样也可以应用到其他领域，如图像到文本的识别(OCR)应用中。在 RNN 应用到语言建模之前，语言模型常采用 N-Gram 方法进行统计建模。N 是一个自然数，比如 2、3 等，表示一个词出现的概率只与前面 N 个词相关。以 2-Gram 为例，首先对例句进行切词：我昨天上学迟到了，老师批评了________。如果利用 2-Gram 进行建模，计算机在预测的时候只会看到前面的词“了”，然后计算机会在语料库中搜索"了"后面最可能的一个词。无论最后计算机选择的是不是"我",这个模型是不可靠的,因为"了"之前的语句实际上没有被用到。如果是 3-Gram 模型,会搜索"批评了"后面最可能的词,这样预测的准确度会比 2-Gram 高,但还是远远不够,因为这句话最关键的信息"我"远在 9 个词之前。比较直接的做法是继续提升 N 的值,例如 4-Gram、5-Gram 等。但实际上想处理任意长度的句子,N 设为多少都不合适;另外,N-Gram 模型的大小和 N 的关系是呈指数关系的,4-Gram 模型就会占用海量的存储空间。RNN 的提出解决了序列信息建模问题,理论上 RNN 可以向前或向后记忆任意多个词。

8.1.1 循环神经网络原理

不同于传统的 DNN,RNN 引入了定向循环结构,能够处理前后输入有关联的问题。图 8-1 所示是一个简单的循环神经网络,它由一个输入神经元、一个隐藏神经元和一个输出神经元组成。循环神经网络以图形方式表达比较困难,如果将图中带箭头的反馈 $\boldsymbol{W}$ 去掉,网络就转换为普通的全连接神经网络。不妨设 RNN 输入为$\{\boldsymbol{x}_0,\boldsymbol{x}_1,\cdots,\boldsymbol{x}_t,\boldsymbol{x}_{t+1},\cdots\}$,输出单元的输出集被标记为$\{\boldsymbol{o}_0,\boldsymbol{o}_1,\cdots,\boldsymbol{o}_t,\boldsymbol{o}_{t+1},\cdots\}$,隐藏单元被标记为$\{\boldsymbol{s}_0,\boldsymbol{s}_1,\cdots,\boldsymbol{s}_t,\boldsymbol{s}_{t+1},\cdots\}$。$\boldsymbol{x}$ 是一个向量,表示输入层的值(这里没有画出表示神经元节点的圆圈);$\boldsymbol{s}$ 是一个向量,它表示隐含层的值(这里隐含层画了一个节点,这一层可以是多节点,节点数与向量 $\boldsymbol{s}$ 的维度相同);$\boldsymbol{U}$ 是输入层到隐含层的权重矩阵;$\boldsymbol{o}$ 也是一个向量,它表示输出层的值;$\boldsymbol{V}$ 是隐含层到输出层的权重矩阵。循环神经网络的隐含层的值 $\boldsymbol{s}_t$ 不仅仅取决于当前的输入 $\boldsymbol{x}_t$,还取决于上一次隐含层的状态值 $\boldsymbol{s}_{t-1}$,这些隐藏单元完成了最为主要的工作。权重矩阵 $\boldsymbol{W}$ 就是隐含层上一次的值作为本次输入的权重。如果将循环神经网络展开,循环神经网络可表示为图 8-1 右侧所示的网络结构。隐含层的输入还包括上一隐含层的状态,上一时刻隐含层节点与当前隐含层节点采用全连接方式进行互联,如图 8-2 所示。

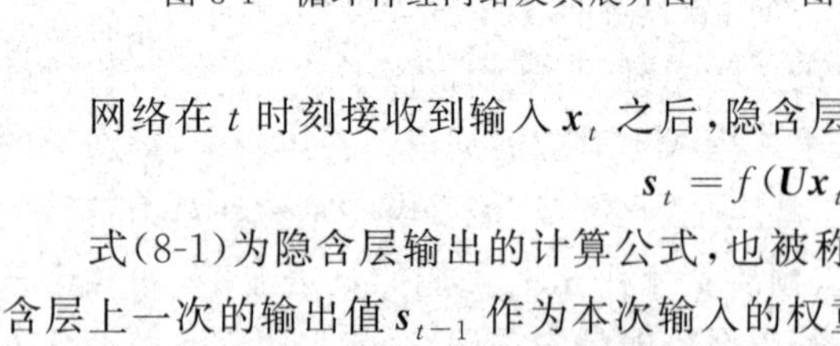

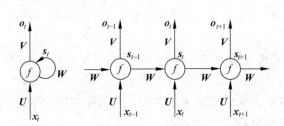

图 8-1 循环神经网络及其展开图

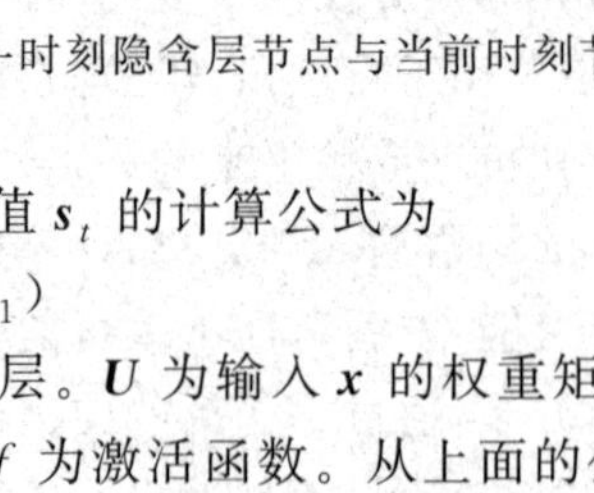

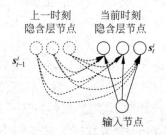

图 8-2 上一时刻隐含层节点与当前时刻节点的全连接

网络在 t 时刻接收到输入 $\boldsymbol{x}_t$ 之后,隐含层的输出值 $\boldsymbol{s}_t$ 的计算公式为

$$\boldsymbol{s}_t = f(\boldsymbol{U}\boldsymbol{x}_t + \boldsymbol{W}\boldsymbol{s}_{t-1}) \tag{8-1}$$

式(8-1)为隐含层输出的计算公式,也被称为循环层。$\boldsymbol{U}$ 为输入 $\boldsymbol{x}$ 的权重矩阵,$\boldsymbol{W}$ 为隐含层上一次的输出值 $\boldsymbol{s}_{t-1}$ 作为本次输入的权重矩阵,f 为激活函数。从上面的公式可以看出,循环网络和全连接网络的区别就是循环网络多了一个循环层及权重矩阵 $\boldsymbol{W}$。

网络在 t 时刻的输出值 $\boldsymbol{o}_t$ 的计算方式如下:

$$\begin{cases} \boldsymbol{o}_t = \boldsymbol{V}\boldsymbol{s}_t \\ \boldsymbol{y}_t = g(\boldsymbol{o}_t) \end{cases} \tag{8-2}$$

式(8-2)为输出层的计算公式,输出层是一个全连接层,也就是网络的每个输出节点都与隐含层的每个节点相连。$\boldsymbol{V}$ 是输出层的权重矩阵，g 是激活函数。如果反复将式(8-1)代入到式(8-2)可得到下式：

$$
\begin{aligned}
\boldsymbol{o}_t &= \boldsymbol{V}\boldsymbol{s}_t = \boldsymbol{V}f(\boldsymbol{U}\boldsymbol{x}_t + \boldsymbol{W}\boldsymbol{s}_{t-1}) = \boldsymbol{V}f[\boldsymbol{U}\boldsymbol{x}_t + \boldsymbol{W}f(\boldsymbol{U}\boldsymbol{x}_{t-1} + \boldsymbol{W}\boldsymbol{s}_{t-2})] \\
&= \boldsymbol{V}f\{\boldsymbol{U}\boldsymbol{x}_t + \boldsymbol{W}f[\boldsymbol{U}\boldsymbol{x}_{t-1} + \boldsymbol{W}f(\boldsymbol{U}\boldsymbol{x}_{t-2} + \boldsymbol{W}\boldsymbol{s}_{t-3})]\} \\
&= \boldsymbol{V}f\langle \boldsymbol{U}\boldsymbol{x}_t + \boldsymbol{W}f\{\boldsymbol{U}\boldsymbol{x}_{t-1} + \boldsymbol{W}f[\boldsymbol{U}\boldsymbol{x}_{t-2} + \boldsymbol{W}f(\boldsymbol{U}\boldsymbol{x}_{t-3} + \cdots)]\}\rangle
\end{aligned}
\tag{8-3}
$$

从上式可以看出，循环神经网络的输出值 $\boldsymbol{o}_t$，受到前面历次输入值 $\boldsymbol{x}_t$、$\boldsymbol{x}_{t-1}$、$\boldsymbol{x}_{t-2}$、$\boldsymbol{x}_{t-3}$、…的影响，这就是为什么循环神经网络可以向前记忆任意多个输入值的原因。

在传统神经网络中，每一个网络层的参数是不共享的，而在 RNN 中，在不同的输入步，网络每一层各自共享参数 $\boldsymbol{U}$、$\boldsymbol{V}$、$\boldsymbol{W}$。参数共享表示 RNN 中的每一步都在做相同的事，只是输入不同，因此大大地降低了网络中需要学习的参数量。传统神经网络的参数是不共享的，并不是表示对于每个输入有不同的参数，只是每个网络层之间不进行参数共享；而 RNN 的参数共享是指将 RNN 沿时间线展开，这样 RNN 隐含层状态之间的连接就转变为多层前向网络，而此时的网络连接权值 $\boldsymbol{W}$ 是共享的，同理对于 $\boldsymbol{U}$、$\boldsymbol{V}$ 的共享的理解也是如此。图 8-1 中每一步都会有输出，但并不是每一步的输出都是必需的。例如，需要预测一条语句所表达的情绪，我们仅仅需要关心最后一个单词输入后的网络输出，而不需要知道每个单词输入后网络的输出；同理，每步都需要输入也不是必须的。RNN 的关键之处在于隐含层能够捕捉序列的信息。

示例 1：假设循环神经网络的输入神经元 $x_1=1$、$x_2=1$，网络在每一个输入时刻输入值保持为 1；神经元激活函数为线性函数，偏置为 0，权值矩阵 $\boldsymbol{U}$ 与 $\boldsymbol{W}$ 值都为 1，如图 8-3 所示。网络前向计算过程如图 8-3 所示，隐含层的输出值不断影响网络当前时刻的输出，网络在不同时刻的输出序列值为[4,4]、[12,12]、[32,32]。根据网络的计算过程可以看出，网络隐含层上一时刻的输入信息除了输入到对应的隐含层神经元，还会输入到其他隐含层神经元中，即上一时刻网络隐含层状态与当前隐含层为全连接状态。

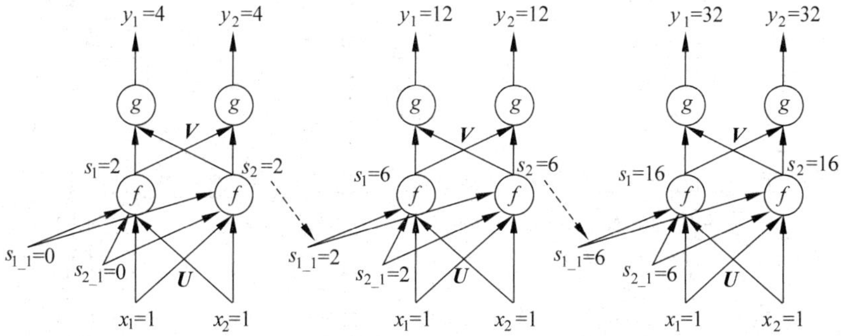

$\boldsymbol{s}_t=f(\boldsymbol{U}x_t+\boldsymbol{W}s_{t-1}+b)$；　$f(x)=x$; $b=0$；　$\boldsymbol{U}=1$；

$\boldsymbol{y}_t=g(\boldsymbol{V}s_t+c)$；　$g(x)=x$; $c=0$；　$\boldsymbol{W}=1$。

图 8-3　双输入循环神经网络前向计算示例 1

示例 2：假设循环神经网络隐含层状态的维度为 2，输入、输出维度都为 1，如图 8-4 所示，循环体中全连接层的权重 $\boldsymbol{w}_{\text{rnn}}$、全连接层的偏置项 $\boldsymbol{b}_{\text{rnn}}$、用于输出的全连接层权重 $\boldsymbol{w}_{\text{output}}$、偏置 $\boldsymbol{b}_{\text{output}}$ 及循环体选用的激活函数 tanh 分别为

$$
\boldsymbol{w}_{\text{rnn}}=\begin{bmatrix}0.1,0.2\\0.3,0.4\\0.5,0.6\end{bmatrix};\quad \boldsymbol{b}_{\text{rnn}}=[0.1,-0.1];\quad \boldsymbol{w}_{\text{output}}=\begin{bmatrix}1.0\\2.0\end{bmatrix};
$$

$$b_{\text{output}} = 0.1; \quad \tanh = \frac{e^x - e^{-x}}{e^x + e^{-x}}。$$

循环神经网络的前向计算如图 8-4 所示。隐含层上一时刻状态与当前时刻输入构成当前隐含层的输入向量，因此隐含层权重维度与之匹配，进行乘积运算，获得隐含层输出。

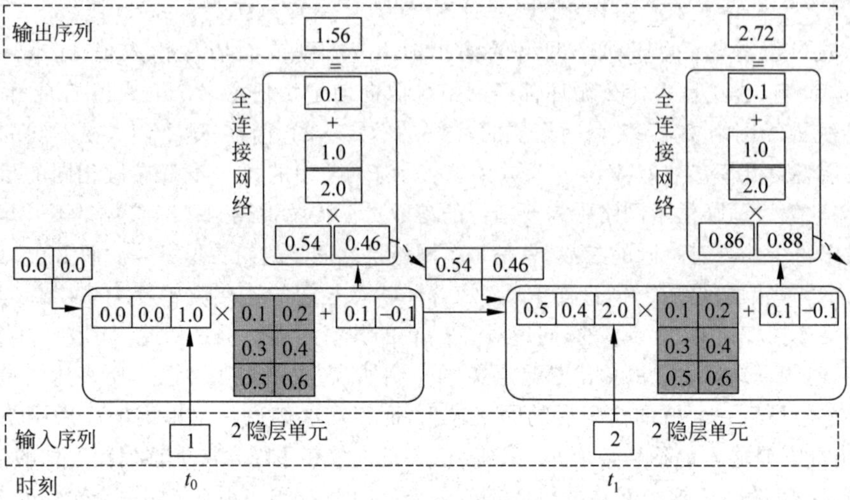

图 8-4　循环神经网络前向计算示例 2

示例 3：利用循环神经网络进行自然语言命名体识别，命名体识别要求每次单词输入都要有输出信息，表示命名体识别结果，其网络信息处理过程如图 8-5 所示。

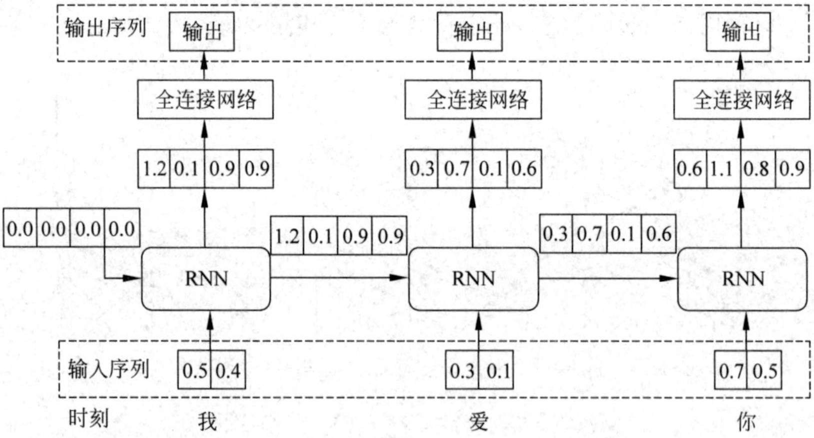

图 8-5　循环神经网络前向计算示例 3

8.1.2　双向循环神经网络

对于语言模型来说，很多时候只关注前面的词是不够的，如下面这句话：我的手机坏了，我打算________一部新手机。可以想象，如果只关注横线前面的词“手机坏了”，那么我是打算修一修？还是换一部新的？还是大哭一场？这些都是无法确定的。但如果关注到横线后面的词“一部新手机”，那么横线上的词填“买”的概率就大得多了。而标准循环神经网络是无法对此进行建模的，因此提出了双向循环神经网络模型，如图 8-6 与图 8-7 所示。

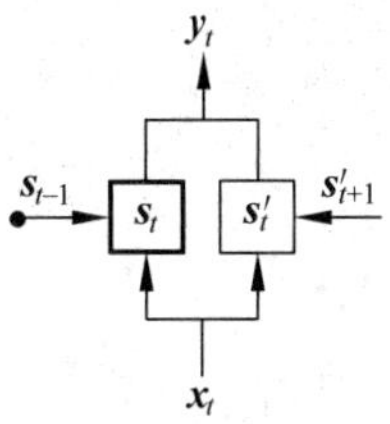

图 8-6 双向循环神经网络

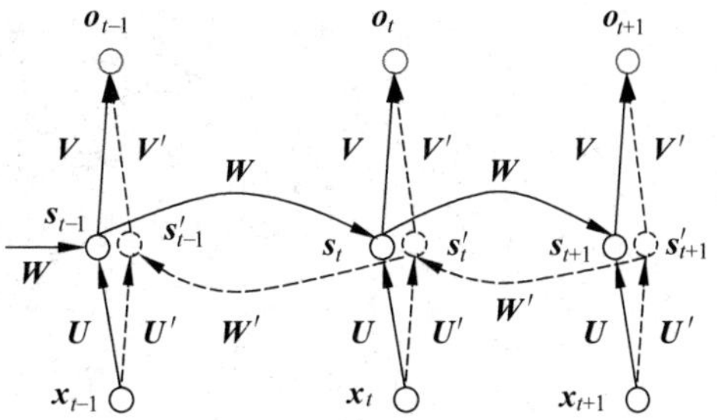

图 8-7 单层双向循环神经网络

根据图 8-6 可知 $\boldsymbol{y}_t$ 的计算需要两种信息，因此双向循环神经网络的隐含层需要保存两个值，一个正向计算过程中的隐含层信息，另一个值是反向计算过程中的隐含层信息，最终的输出值取决于这两个值，如下式所示：

$$\boldsymbol{y}_t = g(\boldsymbol{V}\boldsymbol{s}_t + \boldsymbol{V}'\boldsymbol{s}'_t) \tag{8-4}$$

$$\begin{cases} \boldsymbol{s}_t = f(\boldsymbol{W}\boldsymbol{s}_{t-1} + \boldsymbol{U}\boldsymbol{x}_t) \\ \boldsymbol{s}'_t = f(\boldsymbol{W}'\boldsymbol{s}'_{t+1} + \boldsymbol{U}'\boldsymbol{x}_t) \end{cases} \tag{8-5}$$

通过上述公式可以看出：正向计算时，隐含层的值 $\boldsymbol{s}_t$ 的更新与 $\boldsymbol{s}_{t-1}$ 有关；反向计算时，隐含层的值 $\boldsymbol{s}'_t$ 的更新与 $\boldsymbol{s}'_{t+1}$ 有关；最终的输出取决于正向和反向计算的叠加。仿照式(8-1)和式(8-2)，可得双向循环神经网络的计算方法：

$$\begin{cases} \boldsymbol{o}_t = \boldsymbol{V}\boldsymbol{s}_t + \boldsymbol{V}'\boldsymbol{s}'_t \\ \boldsymbol{y}_t = g(\boldsymbol{o}_t) \end{cases} \tag{8-6}$$

从上面三个公式可以看到，双向循环神经网络正向计算和反向计算不共享权重，也就是说 $\boldsymbol{U}$ 与 $\boldsymbol{U}'$、$\boldsymbol{W}$ 与 $\boldsymbol{W}'$、$\boldsymbol{V}$ 与 $\boldsymbol{V}'$ 都是不同的权重矩阵。

8.1.3 深度循环神经网络

深度循环神经网络是堆叠多个隐含层的循环神经网络，这样网络便具有更强大的表达与学习能力，但是复杂性也提高了，同时需要更多的训练数据。深度双向循环神经网络是在深度循环神经网络基础上引入双向机制，如图 8-8 所示。

将第 i 个隐含层的值表示为 $\boldsymbol{s}_t^{(i)}$、$\boldsymbol{s}_t'^{(i)}$，分别表示正向与反向网络的隐含层信息，因此深度循环神经网络的计算方式可以表示为

$$\begin{cases} \boldsymbol{y}_t = g(\boldsymbol{o}_t) \\ \boldsymbol{o}_t = \boldsymbol{V}^{(i)}\boldsymbol{s}_t^{(i)} + \boldsymbol{V}'^{(i)}\boldsymbol{s}_t'^{(i)} \\ \boldsymbol{s}_t^{(i)} = f(\boldsymbol{U}^{(i)}\boldsymbol{s}_t^{(i-1)} + \boldsymbol{W}^{(i)}\boldsymbol{s}_{t-1}^{(i)}) \\ \boldsymbol{s}_t'^{(i)} = f(\boldsymbol{U}'^{(i)}\boldsymbol{s}_t'^{(i-1)} + \boldsymbol{W}'^{(i)}\boldsymbol{s}_{t+1}'^{(i)}) \\ \cdots \\ \boldsymbol{s}_t^{(1)} = f(\boldsymbol{U}^{(1)}\boldsymbol{x}_t + \boldsymbol{W}^{(1)}\boldsymbol{s}_{t-1}^{(1)}) \\ \boldsymbol{s}_t'^{(1)} = f(\boldsymbol{U}'^{(1)}\boldsymbol{x}_t + \boldsymbol{W}'^{(1)}\boldsymbol{s}_{t+1}'^{(1)}) \end{cases} \tag{8-7}$$

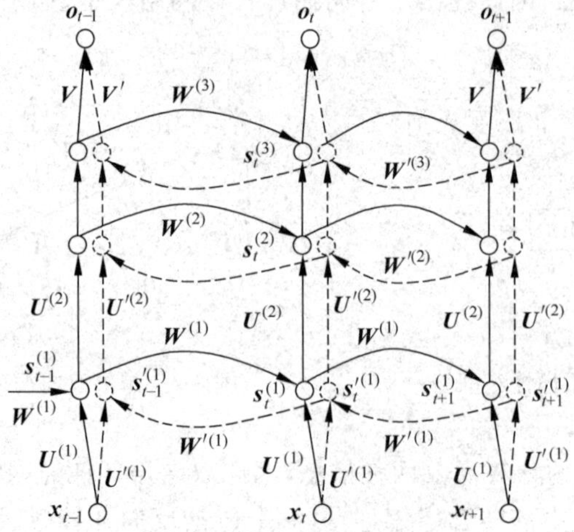

图 8-8 深度循环神经网络

示例 4：利用 2 层循环神经网络进行命名体识别的网络结构如图 8-9 所示。

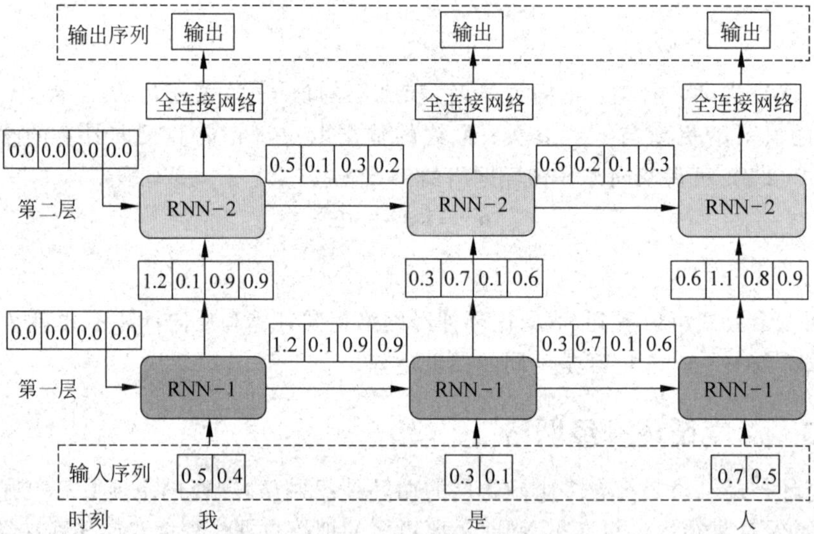

图 8-9 2 层循环神经网络

8.1.4 典型循环神经网络结构

在自然语言处理任务中，包含各种各样的任务形式，例如文本分类任务、命名体识别、语言翻译、人机对话等，从而造成序列的输入与输出信息结构有所不同。因此，循环神经网络的模型也具有多种不同的结构，如 one to one 结构、one to n 结构、n to one 结构、n to n 以及 n to m 结构。

当网络输入、输出信息无序列性时。one to one 网络结构可以实现输入与输出的建模。one to one 是最简单的网络结构，将输入 x 进行变换和激活，即可得到输出 y，如图 8-10(a) 所示。

当网络输入信息不具有序列性，而输出信息具有序列性时，可以采用 one to n 模型结构实现输入与输出建模，如图像生成文本问题，输入图像信息输出为语言序列信息，如图 8-10(b)、图 8-10(c)所示。

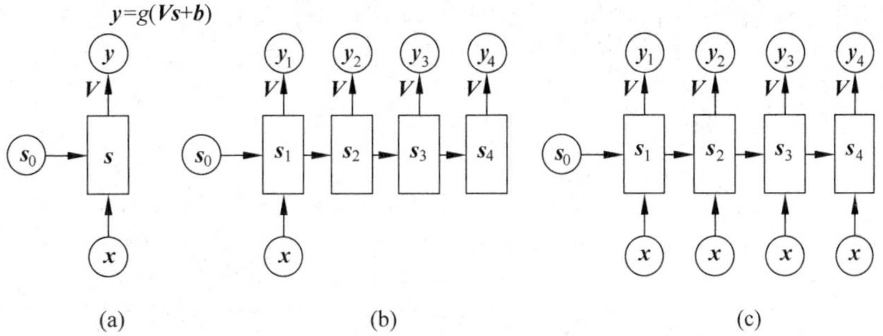

图 8-10　one to one 结构及 2 种 one to n 结构示意图

(a) one to one 结构；(b) one to n 结构 1；(c) one to n 结构 2

当网络输入信息具有序列性，而输出信息不具有序列性时，如句子情感分析问题、视频类别判别等问题，可以采用 n to one 网络结构实现输入与输出的建模，如图 8-11 所示。当网络输入、输出信息都具有序列性时，如命名体识别问题、一句话中每个词的词性判别等问题，可采用 n to n 网络结构实现输入与输出的建模。对于 n to n 结构，要求网络输入与输出序列具有等长特性，如图 8-12 所示。

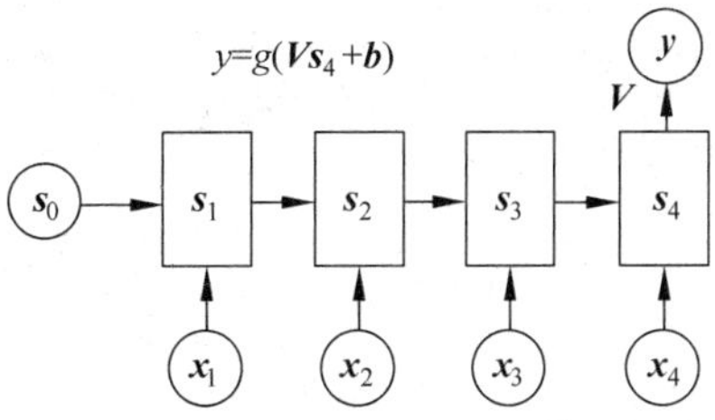

图 8-11　n to one 结构示意图

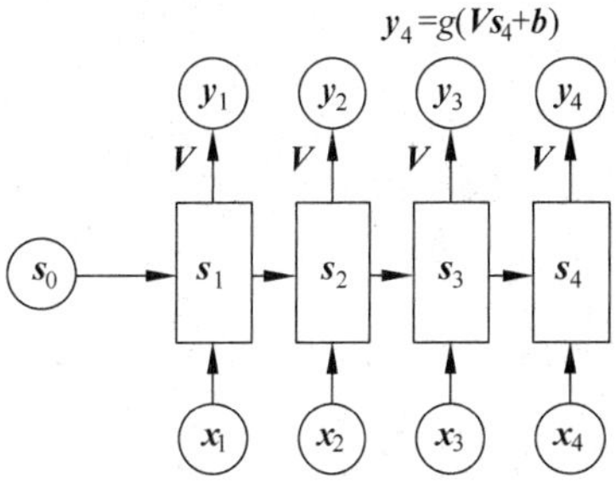

图 8-12　n to n 结构示意图

然而，自然语言处理中大部分多输入多输出问题输入输出序列都是不等长的，要求网络的输入与输出序列长度可不同，即 n to m 结构。如典型的语言翻译、文本摘要、阅读理解等问题，源语言和目标语言的句子往往不具有相同的长度，这就是典型的 Encoder-Decoder 结构，如图 8-13 所示。

因此，循环神经网络通常将输入序列信息编码为中间向量 $\boldsymbol{C}$，然后再利用向量 $\boldsymbol{C}$ 生成输出任意长度的输出序列，如图 8-13(a)、图 8-13(b)所示。Encoder-Decoder 结构在语言序列处理中取得了巨大成功，但它也有其局限性：编码和解码之间的唯一联系是固定长度的语义向量 $\boldsymbol{C}$，编码器需要将整个序列的信息压缩进一个固定长度的语义向量 $\boldsymbol{C}$，而语义向量 $\boldsymbol{C}$ 难以完全表达整个序列的信息，先输入内容携带的信息，会被后输入的信息稀释或者覆盖掉，输入序列越长，这种现象就越严重，这样 Decoder 在解码时一开始就无法获得足够的输入序列信息，解码效果会大打折扣。为了弥补基础的 Encoder-Decoder 结构的局限性，在模型中添加注意力机制，实现在模型信息生成过程中调整对前面时刻信息的依赖，如图 8-13(c)所

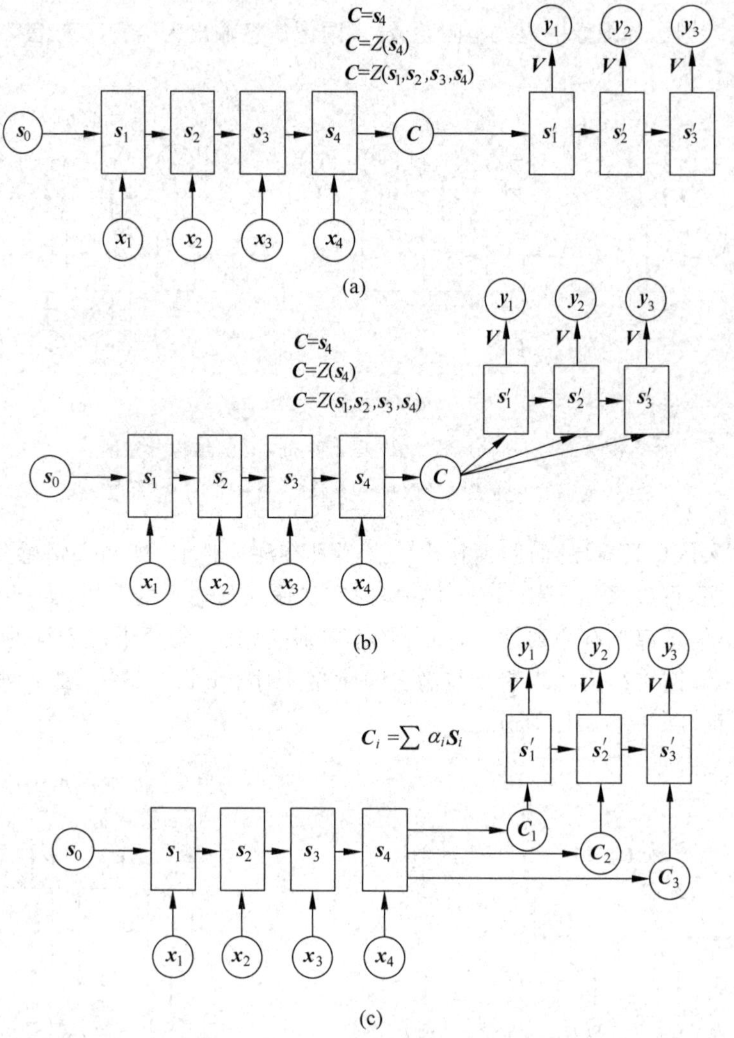

图 8-13　n to m 结构示意图

(a) n to m 典型结构 1；(b) n to m 典型结构 2；(c) 基于注意力机制的 n to m 结构

示。编码器模型在产生输出的时候，还会产生一个"注意力范围"信息，表示接下来输出的时候要重点关注输入序列中的哪些部分，然后根据关注的区域来产生语义向量 $\boldsymbol{C}$，如此往复。这样不再要求编码器将所有输入信息都编码进一个固定长度的向量之中。相反，编码器将输入编码成一个向量的序列后，解码器解码时，每一步都会选择性地关注输入序列的某一部分信息。这样，在解码器产生每一个输出的时候，都能够做到充分利用输入序列携带的信息，这种方法在语言翻译任务中取得了非常成功的应用。

8.2　循环神经网络训练算法

8.2.1　BPTT 训练算法

随时间反向传播算法(back propagation though time，BPTT)是针对循环神经网络的训练算法，它的基本原理和 BP 算法相同。BPTT 算法将循环神经网络各时刻展开后，整个网络可以视为一个多层前馈网络，每一层对应一个时刻，如图 8-14 所示。在展开后的前馈网络中各参数是共享的，因此参数的梯度是所有展开层的参数梯度之和。网络训练包含以下四个步骤。

(1) 前向计算根据输入 $\boldsymbol{x}_t$、当前隐含层输出状态 $\boldsymbol{s}_t$、前一时刻隐含层状态 $\boldsymbol{s}_{t-1}$ 计算输出神经元输出信息 $\boldsymbol{y}_t$。因此，首先利用式(8-1)对循环层进行前向计算：

$$\boldsymbol{s}_t = f(\boldsymbol{U}\boldsymbol{x}_t + \boldsymbol{W}\boldsymbol{s}_{t-1}) \tag{8-8}$$

注意，上面的 $\boldsymbol{s}_t$、$\boldsymbol{x}_t$、$\boldsymbol{s}_{t-1}$、$\boldsymbol{y}_t$ 都是向量，向量的下标表示时刻，例如 $\boldsymbol{s}_t$ 表示在 t 时刻向量 $\boldsymbol{s}$ 的值；而 $\boldsymbol{U}$、$\boldsymbol{V}$ 是矩阵。

假设输入向量 $\boldsymbol{x}$ 的维度为 m，隐含层输出向量 $\boldsymbol{s}$ 的维度为 n，则矩阵 $\boldsymbol{U}$ 的维度为 $n\times m$，矩阵 $\boldsymbol{W}$ 的维度为 $n\times n$。下面是式(8-8)的矩阵展开：

$$\begin{bmatrix} s_1^t \\ s_2^t \\ \vdots \\ s_n^t \end{bmatrix} = f\left(\begin{bmatrix} u_{11} & u_{12} & \cdots & u_{1m} \\ u_{21} & u_{22} & \cdots & u_{2m} \\ \vdots & \vdots & & \vdots \\ u_{n1} & u_{n2} & \cdots & u_{nm} \end{bmatrix}\begin{bmatrix} x_1 \\ x_2 \\ \vdots \\ x_m \end{bmatrix} + \begin{bmatrix} w_{11} & w_{12} & \cdots & w_{1n} \\ w_{21} & w_{22} & \cdots & w_{2n} \\ \vdots & \vdots & & \vdots \\ w_{n1} & w_{n2} & \cdots & w_{nn} \end{bmatrix}\begin{bmatrix} s_1^{t-1} \\ s_2^{t-1} \\ \vdots \\ s_n^{t-1} \end{bmatrix}\right) \tag{8-9}$$

在这里下标表示的是这个向量的元素信息的编码，上标表示的是时刻信息的编码。例如，s_j^t 表示向量 $\boldsymbol{s}$ 的第 j 个元素在 t 时刻的值，u_{ji} 表示输入层第 i 个神经元到循环层第 j 个神经元的权重，W_{ji} 表示循环层第 $t-1$ 时刻的第 i 个神经元到循环层第 t 个时刻的第 j 个神经元的权重，即循环层上一时刻神经元与当前时刻神经元之间是全连接的。

(2) 反向计算每个神经元的误差项 $\boldsymbol{\delta}_j$，即计算误差函数 E 对神经元 j 的加权输入 $\boldsymbol{net}_j$ 的偏导数；由于 RNN 处理的是序列数据，$\overline{\boldsymbol{y}_t}$ 为标签值，此时模型的总损失可表示为各时刻损失之和，$E=\sum_{t=1}^{n} E_t(\boldsymbol{y}_t, \overline{\boldsymbol{y}_t})$，$E_t = \frac{1}{2}(\overline{\boldsymbol{y}_t} - \boldsymbol{y}_t)^2$。

(3) BPTT 算法计算每个权重的梯度。

(4) 最后采用随机梯度下降算法更新权重，通过求得 $\frac{\partial E}{\partial \boldsymbol{V}}$、$\frac{\partial E}{\partial \boldsymbol{W}}$、$\frac{\partial E}{\partial \boldsymbol{U}}$ 来优化 $\boldsymbol{V}$、$\boldsymbol{W}$、$\boldsymbol{U}$ 参数。

1. 输出层权重 V 的求导

首先，计算误差函数 E 对权重 $\boldsymbol{V}$ 的梯度，误差传播流程如图 8-14 所示。由于权重 $\boldsymbol{V}$ 的梯度只与当前时刻 E_t 相关，$E_t = \frac{1}{2}(\overline{\boldsymbol{y}_t} - \boldsymbol{y}_t)^2$、$\boldsymbol{y}_t = g(\boldsymbol{o}_t)$、$\boldsymbol{o}_t = \boldsymbol{V}\boldsymbol{s}_t$，因此根据链式法则可得

$$\frac{\partial E_t}{\partial \boldsymbol{V}} = \frac{\partial E_t}{\partial \boldsymbol{y}_t}\frac{\partial \boldsymbol{y}_t}{\partial \boldsymbol{o}_t}\frac{\partial \boldsymbol{o}_t}{\partial \boldsymbol{V}} = (\boldsymbol{y}_t - \overline{\boldsymbol{y}_t}) \cdot g'(\boldsymbol{o}_t) \cdot \boldsymbol{s}_t \tag{8-10}$$

因此，所有时刻权重 $\boldsymbol{V}$ 的梯度为 $\frac{\partial E}{\partial \boldsymbol{V}} = \sum_{t=1}^{n} \frac{\partial E_t}{\partial \boldsymbol{V}}$，$t$ 为网络当前输入时刻，n 为时序长度。

2. 权重 W、U 的求导

计算当前时刻误差函数 E_t 对权重矩阵 $\boldsymbol{W}$ 的梯度，误差传播流程如图 8-15 所示，根据 $E_t = \frac{1}{2}(\boldsymbol{y}_t - \overline{\boldsymbol{y}_t})^2$、$\boldsymbol{y}_t = g(\boldsymbol{o}_t)$、$\boldsymbol{o}_t = \boldsymbol{V}\boldsymbol{s}_t$、$\boldsymbol{s}_t = f(\boldsymbol{U}\boldsymbol{x}_t + \boldsymbol{W}\boldsymbol{s}_{t-1})$，令 $\boldsymbol{net}_t = \boldsymbol{U}\boldsymbol{x}_t + \boldsymbol{W}\boldsymbol{s}_{t-1}$，则 $\boldsymbol{s}_t = f(\boldsymbol{net}_t)$，根据上述关系式推导权重 $\boldsymbol{W}$ 的梯度。

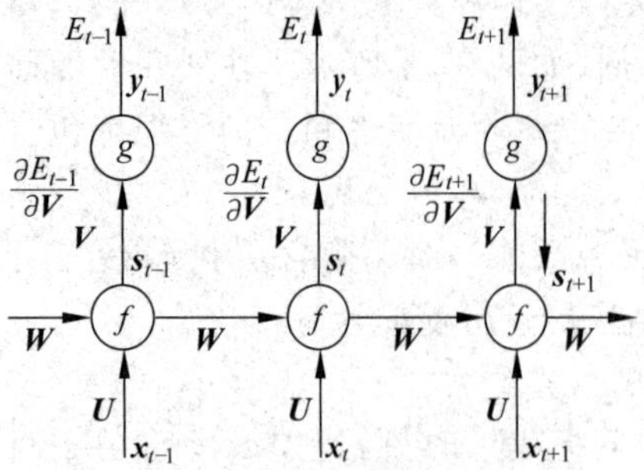

图 8-14 输出权重 $\boldsymbol{V}$ 的误差传递

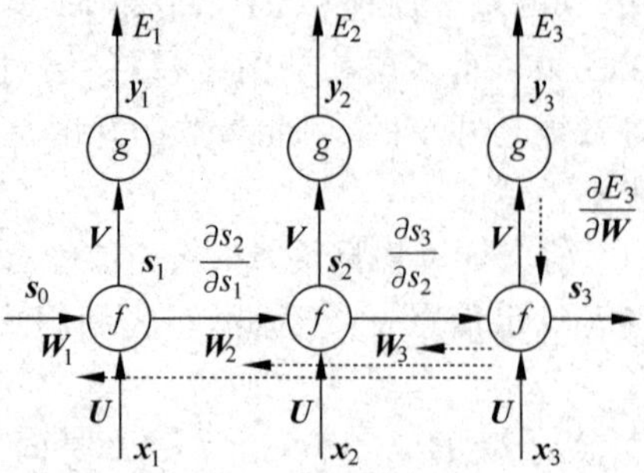

图 8-15 权值 $\boldsymbol{W}$ 梯度反向传播示意图

1）权重矩阵 $\boldsymbol{W}$ 的梯度求取

RNN 循环层沿时间线展开为前馈网络，根据链式求导法则可得

$$\frac{\partial E_t}{\partial \boldsymbol{W}}=\frac{\partial E_t}{\partial \boldsymbol{y}_t}\frac{\partial \boldsymbol{y}_t}{\partial \boldsymbol{o}_t}\frac{\partial \boldsymbol{o}_t}{\partial \boldsymbol{s}_t}\frac{\partial \boldsymbol{s}_t}{\partial \boldsymbol{net}_t}\frac{\partial \boldsymbol{net}_t}{\partial \boldsymbol{W}}=\frac{\partial E_t}{\partial \boldsymbol{net}_t}\frac{\partial \boldsymbol{net}_t}{\partial \boldsymbol{W}} \tag{8-11}$$

令 $\boldsymbol{\delta}_t=\frac{\partial E_t}{\partial \boldsymbol{net}_t}$ 为误差项，对于 $\frac{\partial \boldsymbol{net}_t}{\partial \boldsymbol{W}}$ 的求解，根据 $\boldsymbol{net}_t=\boldsymbol{U}\boldsymbol{x}_t+\boldsymbol{W}\boldsymbol{s}_{t-1}$，由于 $\boldsymbol{U}\boldsymbol{x}_t$ 与 $\boldsymbol{W}$ 完全无关，所以将其视为常量，由于 $\boldsymbol{W}$ 和 $\boldsymbol{s}_t$ 都是 $\boldsymbol{W}$ 的函数，根据复合导数求导方法 $(uv)'=u'v+uv'$，因此可得 $\frac{\partial \boldsymbol{net}_t}{\partial \boldsymbol{W}}=\frac{\partial \boldsymbol{W}}{\partial \boldsymbol{W}}\boldsymbol{s}_{t-1}+\boldsymbol{W}\frac{\partial \boldsymbol{s}_{t-1}}{\partial \boldsymbol{W}}$，则可得

$$\begin{aligned}\frac{\partial E_t}{\partial \boldsymbol{W}}&=\frac{\partial E_t}{\partial \boldsymbol{net}_t}\frac{\partial \boldsymbol{net}_t}{\partial \boldsymbol{W}}=\boldsymbol{\delta}_t\left(\frac{\partial \boldsymbol{W}}{\partial \boldsymbol{W}}\boldsymbol{s}_{t-1}+\boldsymbol{W}\frac{\partial \boldsymbol{s}_{t-1}}{\partial \boldsymbol{W}}\right)\\&=\boldsymbol{\delta}_t\frac{\partial \boldsymbol{W}}{\partial \boldsymbol{W}}\boldsymbol{s}_{t-1}+\boldsymbol{\delta}_t\boldsymbol{W}\frac{\partial \boldsymbol{s}_{t-1}}{\partial \boldsymbol{W}}\end{aligned} \tag{8-12}$$

分别求取上式各项，$\frac{\partial \boldsymbol{W}}{\partial \boldsymbol{W}}$ 是矩阵对矩阵求导，其结果是一个四维张量：

$$\frac{\partial \boldsymbol{W}}{\partial \boldsymbol{W}}=\begin{bmatrix}\frac{\partial W_{11}}{\partial \boldsymbol{W}} & \frac{\partial W_{12}}{\partial \boldsymbol{W}} & \cdots & \frac{\partial W_{1n}}{\partial \boldsymbol{W}}\\ \frac{\partial W_{21}}{\partial \boldsymbol{W}} & \frac{\partial W_{22}}{\partial \boldsymbol{W}} & \cdots & \frac{\partial W_{2n}}{\partial \boldsymbol{W}}\\ \vdots & \vdots & & \vdots\\ \frac{\partial W_{n1}}{\partial \boldsymbol{W}} & \frac{\partial W_{n2}}{\partial \boldsymbol{W}} & \cdots & \frac{\partial W_{nn}}{\partial \boldsymbol{W}}\end{bmatrix}$$

$$=\begin{bmatrix}\begin{bmatrix}\frac{\partial W_{11}}{\partial W_{11}} & \frac{\partial W_{11}}{\partial W_{12}} & \cdots & \frac{\partial W_{11}}{\partial W_{1n}}\\ \frac{\partial W_{11}}{\partial W_{21}} & \frac{\partial W_{11}}{\partial W_{22}} & \cdots & \frac{\partial W_{11}}{\partial W_{2n}}\\ \vdots & \vdots & & \vdots\\ \frac{\partial W_{11}}{\partial W_{n1}} & \frac{\partial W_{11}}{\partial W_{n2}} & \cdots & \frac{\partial W_{11}}{\partial W_{nn}}\end{bmatrix} & \begin{bmatrix}\frac{\partial W_{12}}{\partial W_{11}} & \frac{\partial W_{12}}{\partial W_{12}} & \cdots & \frac{\partial W_{12}}{\partial W_{1n}}\\ \frac{\partial W_{12}}{\partial W_{21}} & \frac{\partial W_{12}}{\partial W_{22}} & \cdots & \frac{\partial W_{12}}{\partial W_{2n}}\\ \vdots & \vdots & & \vdots\\ \frac{\partial W_{12}}{\partial W_{n1}} & \frac{\partial W_{12}}{\partial W_{n2}} & \cdots & \frac{\partial W_{12}}{\partial W_{nn}}\end{bmatrix} & \cdots\\ \vdots & \vdots & \vdots\end{bmatrix}$$

$$
=\begin{bmatrix}
\begin{bmatrix}1 & 0 & \cdots & 0\\ 0 & 0 & \cdots & 0\\ \vdots & \vdots & & \vdots\\ 0 & 0 & \cdots & 0\end{bmatrix} & \begin{bmatrix}0 & 1 & \cdots & 0\\ 0 & 0 & \cdots & 0\\ \vdots & \vdots & & \vdots\\ 0 & 0 & \cdots & 0\end{bmatrix} & \cdots \\
\vdots & \vdots & \vdots
\end{bmatrix} \tag{8-13}
$$

由于 $\boldsymbol{s}_t$ 为列向量，利用式(8-13)的四维张量与这个向量相乘，得到了一个三维张量：

$$
\begin{aligned}
\frac{\partial \boldsymbol{W}}{\partial \boldsymbol{W}}\boldsymbol{s}_{t-1} &= \begin{bmatrix}
\begin{bmatrix}1 & 0 & \cdots & 0\\ 0 & 0 & \cdots & 0\\ \vdots & \vdots & & \vdots\\ 0 & 0 & \cdots & 0\end{bmatrix} & \begin{bmatrix}0 & 1 & \cdots & 0\\ 0 & 0 & \cdots & 0\\ \vdots & \vdots & & \vdots\\ 0 & 0 & \cdots & 0\end{bmatrix} & \cdots \\
\vdots & \vdots & \vdots
\end{bmatrix} \cdot \begin{bmatrix}\boldsymbol{s}_{t-1}^1\\ \boldsymbol{s}_{t-1}^2\\ \vdots\\ \boldsymbol{s}_{t-1}^n\end{bmatrix} \\
&= \begin{bmatrix}
\begin{bmatrix}s_{t-1}^1\\ 0\\ \vdots\\ 0\end{bmatrix} & \begin{bmatrix}s_{t-1}^2\\ 0\\ \vdots\\ 0\end{bmatrix} & \cdots & \begin{bmatrix}s_{t-1}^n\\ 0\\ \vdots\\ 0\end{bmatrix} \\
\vdots & \vdots & & \vdots
\end{bmatrix}
\end{aligned} \tag{8-14}
$$

$$
\begin{aligned}
\boldsymbol{\delta}_t \frac{\partial \boldsymbol{W}}{\partial \boldsymbol{W}}\boldsymbol{s}_{t-1} &= [\delta_t^1 \quad \delta_t^2 \quad \cdots \quad \delta_t^n] \cdot \begin{bmatrix}
\begin{bmatrix}s_t^1\\ 0\\ \vdots\\ 0\end{bmatrix} & \begin{bmatrix}s_{t-1}^2\\ 0\\ \vdots\\ 0\end{bmatrix} & \cdots & \begin{bmatrix}s_{t-1}^n\\ 0\\ \vdots\\ 0\end{bmatrix} \\
\vdots & \vdots & & \vdots
\end{bmatrix} \\
&= \begin{bmatrix}
\delta_t^1 s_{t-1}^1 & \delta_t^1 s_{t-1}^2 & \cdots & \delta_t^1 s_{t-1}^n\\
\delta_t^2 s_{t-1}^1 & \delta_t^2 s_{t-1}^2 & \cdots & \delta_t^2 s_{t-1}^n\\
\vdots & \vdots & & \vdots\\
\delta_t^n s_{t-1}^1 & \delta_t^n s_{t-1}^2 & \cdots & \delta_t^n s_{t-1}^n
\end{bmatrix}
\end{aligned} \tag{8-15}
$$

根据全连接神经网络的权重梯度计算方法，已知任意层的误差项 $\boldsymbol{\delta}_t$，以及其上一层的输出值 $\boldsymbol{s}_{t-1}$（按时间展开的循环神经网络视为多层前馈网络，每个时间步为一层），可以求出权重矩阵在 t 时刻（全连接网络层）的梯度：

$$
\frac{\partial E_t}{\partial \boldsymbol{W}_t} = \begin{bmatrix}
\delta_t^1 s_{t-1}^1 & \delta_t^1 s_{t-1}^2 & \cdots & \delta_t^1 s_{t-1}^n\\
\delta_t^2 s_{t-1}^1 & \delta_t^2 s_{t-1}^2 & \cdots & \delta_t^2 s_{t-1}^n\\
\vdots & \vdots & & \vdots\\
\delta_t^n s_{t-1}^1 & \delta_t^n s_{t-1}^2 & \cdots & \delta_t^n s_{t-1}^n
\end{bmatrix} \tag{8-16}
$$

由此，可得 $\boldsymbol{\delta}_t \dfrac{\partial \boldsymbol{W}}{\partial \boldsymbol{W}}\boldsymbol{s}_{t-1}$ 相当于权重矩阵 $\boldsymbol{W}$ 在 t 时刻的梯度信息。

对于 $\boldsymbol{\delta}_t \boldsymbol{W} \dfrac{\partial \boldsymbol{s}_{t-1}}{\partial \boldsymbol{W}}$ 项，根据 $\boldsymbol{s}_t = f(\boldsymbol{net}_t)$，可得

$$\boldsymbol{\delta}_t \boldsymbol{W} \frac{\partial \boldsymbol{s}_{t-1}}{\partial \boldsymbol{W}} = \boldsymbol{\delta}_t \boldsymbol{W} \frac{\partial \boldsymbol{s}_{t-1}}{\partial \boldsymbol{net}_{t-1}} \frac{\partial \boldsymbol{net}_{t-1}}{\partial \boldsymbol{W}} = \boldsymbol{\delta}_t \boldsymbol{W} f'(\boldsymbol{net}_{t-1}) \frac{\partial \boldsymbol{net}_{t-1}}{\partial \boldsymbol{W}} \tag{8-17}$$

上式的表达并无明显意义，对其进一步变换推导。根据$\boldsymbol{net}_t = \boldsymbol{Ux}_t + \boldsymbol{Ws}_{t-1}$、$\boldsymbol{s}_{t-1} = f(\boldsymbol{net}_{t-1})$，可得$\boldsymbol{net}_t = \boldsymbol{Ux}_t + \boldsymbol{W}f(\boldsymbol{net}_{t-1})$，因此

$$\frac{\partial \boldsymbol{net}_t}{\partial \boldsymbol{net}_{t-1}} = \frac{\partial \boldsymbol{net}_t}{\partial \boldsymbol{s}_{t-1}} \frac{\partial \boldsymbol{s}_{t-1}}{\partial \boldsymbol{net}_{t-1}} = \boldsymbol{W} f'(\boldsymbol{net}_{t-1}) \tag{8-18}$$

因此将式(8-18)代入式(8-17)，可得

$$\begin{aligned}\boldsymbol{\delta}_t \boldsymbol{W} \frac{\partial \boldsymbol{s}_{t-1}}{\partial \boldsymbol{W}} &= \boldsymbol{\delta}_t \boldsymbol{W} f'(\boldsymbol{net}_{t-1}) \frac{\partial \boldsymbol{net}_{t-1}}{\partial \boldsymbol{W}} = \frac{\partial E_t}{\partial \boldsymbol{net}_t} \frac{\partial \boldsymbol{net}_t}{\partial \boldsymbol{net}_{t-1}} \frac{\partial \boldsymbol{net}_{t-1}}{\partial \boldsymbol{W}} \\ &= \frac{\partial E_t}{\partial \boldsymbol{net}_{t-1}} \frac{\partial \boldsymbol{net}_{t-1}}{\partial \boldsymbol{W}}\end{aligned} \tag{8-19}$$

根据$\frac{\partial E_t}{\partial \boldsymbol{W}} = \frac{\partial E_t}{\partial \boldsymbol{net}_t} \frac{\partial \boldsymbol{net}_t}{\partial \boldsymbol{W}}$表示 E_t 对 t 时刻网络权值 $\boldsymbol{W}$ 的偏导，则可知$\boldsymbol{\delta}_t \boldsymbol{W} \frac{\partial \boldsymbol{s}_{t-1}}{\partial \boldsymbol{W}} = \frac{\partial E_t}{\partial \boldsymbol{net}_{t-1}} \frac{\partial \boldsymbol{net}_{t-1}}{\partial \boldsymbol{W}}$表示 E_t 对 $t-1$ 时刻网络权值 $\boldsymbol{W}$ 的偏导（网络按照时间线展开为常规前馈网络）。

因此，网络权值 $\boldsymbol{W}$ 的梯度为误差 E_t 对当前时刻 $\boldsymbol{W}$ 的梯度与误差 E_t 对前一时刻 $\boldsymbol{W}$ 的梯度之和，即

$$\frac{\partial E_t}{\partial \boldsymbol{W}} = \frac{\partial E_t}{\partial \boldsymbol{W}_t} + \frac{\partial E_t}{\partial \boldsymbol{W}_{t-1}} \tag{8-20}$$

由上式可知当前时刻 $\boldsymbol{W}$ 的梯度信息与之前时刻的 $\boldsymbol{W}$（沿时间展开为前馈网络）具有关联性，存在误差传递关系，因此进一步推广，可得当前时刻网络权值 $\boldsymbol{W}$ 的梯度为与误差函数对之前各时刻 $\boldsymbol{W}$ 梯度之和，由于 $\boldsymbol{W}$ 是共享的，即$\frac{\partial E}{\partial \boldsymbol{W}} = \sum_{t=1}^{n} \frac{\partial E_t}{\partial \boldsymbol{W}_t}$。

根据上述结论，由于 $\boldsymbol{s}_t$ 与 $\boldsymbol{s}_{t-1}$ 具有关联性和误差传递性，因此利用链式法则求取$\frac{\partial E_t}{\partial \boldsymbol{W}}$时，除了与当前时刻的 $\boldsymbol{s}_t$ 有关，还与 $\boldsymbol{s}_{t-1}$、…、$\boldsymbol{s}_0$ 有关，其中 t 为包含的时刻数量。已知 $E_t = \frac{1}{2}(\bar{\boldsymbol{y}}_t - \boldsymbol{y}_t)^2$、$\boldsymbol{y}_t = g(\boldsymbol{o}_t)$、$\boldsymbol{o}_t = \boldsymbol{Vs}_t$、$\boldsymbol{s}_t = f(\boldsymbol{Ux}_t + \boldsymbol{Ws}_{t-1})$，根据链式求导法则可知：

$$\frac{\partial E_t}{\partial \boldsymbol{W}} = \frac{\partial E_t}{\partial \boldsymbol{y}_t} \frac{\partial \boldsymbol{y}_t}{\partial \boldsymbol{o}_t} \frac{\partial \boldsymbol{o}_t}{\partial \boldsymbol{s}_t} \frac{\partial \boldsymbol{s}_t}{\partial \boldsymbol{W}} \tag{8-21}$$

因此，对上式进行推广可得下式：

$$\begin{aligned}\frac{\partial E_t}{\partial \boldsymbol{W}} &= \sum_{k=1}^{t} \frac{\partial E_t}{\partial \boldsymbol{y}_t} \frac{\partial \boldsymbol{y}_t}{\partial \boldsymbol{o}_t} \frac{\partial \boldsymbol{o}_t}{\partial \boldsymbol{s}_t} \cdots \frac{\partial \boldsymbol{s}_{k+1}}{\partial \boldsymbol{s}_k} \frac{\partial \boldsymbol{s}_k}{\partial \boldsymbol{W}} \\ &= \sum_{k=1}^{t} \frac{\partial E_t}{\partial \boldsymbol{y}_t} \frac{\partial \boldsymbol{y}_t}{\partial \boldsymbol{o}_t} \frac{\partial \boldsymbol{o}_t}{\partial \boldsymbol{s}_t} \left(\prod_{j=k+1}^{t} \frac{\partial \boldsymbol{s}_j}{\partial \boldsymbol{s}_{j-1}} \right) \frac{\partial \boldsymbol{s}_k}{\partial \boldsymbol{W}}\end{aligned} \tag{8-22}$$

即权重矩阵 $\boldsymbol{W}$ 的梯度为误差函数对当前时刻 $\boldsymbol{W}$ 与之前所有时刻 $\boldsymbol{W}$ 梯度之和。

以 $t=3$ 为例，将网络按照时间步展开，构造全连接神经网络，不妨假设不同时间步的 $\boldsymbol{W}$ 值不同，如图 8-16 所示。

根据链式求导法则求得 W_1、W_2、W_3 各权值的梯度信息：

$$\begin{cases}\frac{\partial E_3}{\partial \boldsymbol{W}_3}=\frac{\partial E_3}{\partial \boldsymbol{y}_3}\frac{\partial \boldsymbol{y}_3}{\partial \boldsymbol{o}_3}\frac{\partial \boldsymbol{o}_3}{\partial \boldsymbol{s}_3}\frac{\partial \boldsymbol{s}_3}{\partial \boldsymbol{W}_3}\\ \frac{\partial E_3}{\partial \boldsymbol{W}_2}=\frac{\partial E_3}{\partial \boldsymbol{y}_3}\frac{\partial \boldsymbol{y}_3}{\partial \boldsymbol{o}_3}\frac{\partial \boldsymbol{o}_3}{\partial \boldsymbol{s}_3}\frac{\partial \boldsymbol{s}_3}{\partial \boldsymbol{s}_2}\frac{\partial \boldsymbol{s}_2}{\partial \boldsymbol{W}_2}\\ \frac{\partial E_3}{\partial \boldsymbol{W}_1}=\frac{\partial E_3}{\partial \boldsymbol{y}_3}\frac{\partial \boldsymbol{y}_3}{\partial \boldsymbol{o}_3}\frac{\partial \boldsymbol{o}_3}{\partial \boldsymbol{s}_3}\frac{\partial \boldsymbol{s}_3}{\partial \boldsymbol{s}_2}\frac{\partial \boldsymbol{s}_2}{\partial \boldsymbol{s}_1}\frac{\partial \boldsymbol{s}_1}{\partial \boldsymbol{W}_1}\end{cases} \tag{8-23}$$

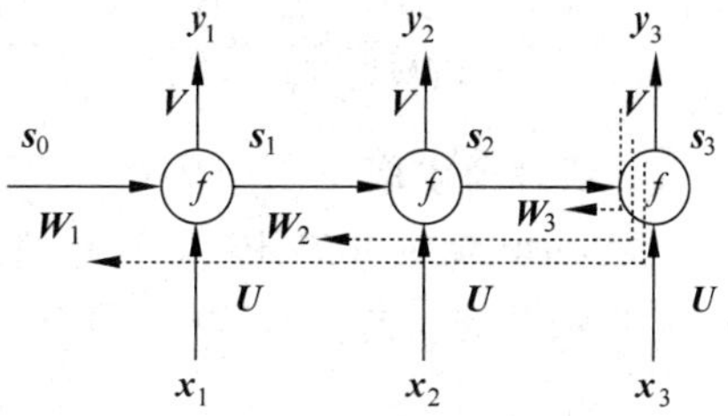

图 8-16 三步时刻梯度计算

由于 W_1、W_2、W_3 为共享权值，因此可得

$$\frac{\partial E_3}{\partial \boldsymbol{W}}=\frac{\partial E_3}{\partial \boldsymbol{y}_3}\frac{\partial \boldsymbol{y}_3}{\partial \boldsymbol{o}_3}\frac{\partial \boldsymbol{o}_3}{\partial \boldsymbol{s}_3}\frac{\partial \boldsymbol{s}_3}{\partial \boldsymbol{s}_2}\frac{\partial \boldsymbol{s}_2}{\partial \boldsymbol{s}_1}\frac{\partial \boldsymbol{s}_1}{\partial \boldsymbol{W}_1}+\frac{\partial E_3}{\partial \boldsymbol{y}_3}\frac{\partial \boldsymbol{y}_3}{\partial \boldsymbol{o}_3}\frac{\partial \boldsymbol{o}_3}{\partial \boldsymbol{s}_3}\frac{\partial \boldsymbol{s}_3}{\partial \boldsymbol{s}_2}\frac{\partial \boldsymbol{s}_2}{\partial \boldsymbol{W}_2}+\frac{\partial E_3}{\partial \boldsymbol{y}_3}\frac{\partial \boldsymbol{y}_3}{\partial \boldsymbol{o}_3}\frac{\partial \boldsymbol{o}_3}{\partial \boldsymbol{s}_3}\frac{\partial \boldsymbol{s}_3}{\partial \boldsymbol{W}_3} \tag{8-24}$$

2）权重矩阵 $\boldsymbol{U}$ 的梯度求取

同理，计算误差 E_t 对权重矩阵 $\boldsymbol{U}$ 的梯度 $\frac{\partial E_t}{\partial \boldsymbol{U}}$，根据 $\boldsymbol{s}_t=f(\boldsymbol{U}\boldsymbol{x}_t+\boldsymbol{W}\boldsymbol{s}_{t-1})$，

$$\frac{\partial E_t}{\partial \boldsymbol{U}}=\frac{\partial E_t}{\partial \boldsymbol{y}_t}\frac{\partial \boldsymbol{y}_t}{\partial \boldsymbol{o}_t}\frac{\partial \boldsymbol{o}_t}{\partial \boldsymbol{s}_t}\frac{\partial \boldsymbol{s}_t}{\partial \boldsymbol{U}}=\frac{\partial E_t}{\partial y_t}\frac{\partial y_t}{\partial o_t}\frac{\partial o_t}{\partial \boldsymbol{s}_t}\frac{\partial \boldsymbol{s}_t}{\partial \boldsymbol{U}} \tag{8-25}$$

$\frac{\partial E_t}{\partial \boldsymbol{U}}$除了与当前时刻的 $\boldsymbol{s}_t$ 有关，同样与 $\boldsymbol{s}_{t-1}$、…、$\boldsymbol{s}_0$ 有关，如图 8-17 所示。

因此，矩阵 $\boldsymbol{U}$ 的梯度的计算如下：

$$\frac{\partial E_t}{\partial \boldsymbol{U}}=\sum_{k=1}^{t}\frac{\partial E_t}{\partial \boldsymbol{y}_t}\frac{\partial \boldsymbol{y}_t}{\partial \boldsymbol{o}_t}\frac{\partial \boldsymbol{o}_t}{\partial \boldsymbol{s}_t}\cdots\frac{\partial \boldsymbol{s}_{k+1}}{\partial \boldsymbol{s}_k}\frac{\partial \boldsymbol{s}_k}{\partial \boldsymbol{U}}=\sum_{k=1}^{t}\frac{\partial E_t}{\partial \boldsymbol{y}_t}\frac{\partial \boldsymbol{y}_t}{\partial \boldsymbol{o}_t}\frac{\partial \boldsymbol{o}_t}{\partial \boldsymbol{s}_t}\left(\prod_{j=k+1}^{t}\frac{\partial \boldsymbol{s}_j}{\partial \boldsymbol{s}_{j-1}}\right)\frac{\partial \boldsymbol{s}_k}{\partial \boldsymbol{U}} \tag{8-26}$$

例如：假设循环神经网络有 3 个序列性输入信息为 $\boldsymbol{x}_1$、$\boldsymbol{x}_2$、$\boldsymbol{x}_3$，分别求取 $\boldsymbol{U}$ 的梯度信息 $\frac{\partial E_3}{\partial \boldsymbol{U}}$，如图 8-18 所示。

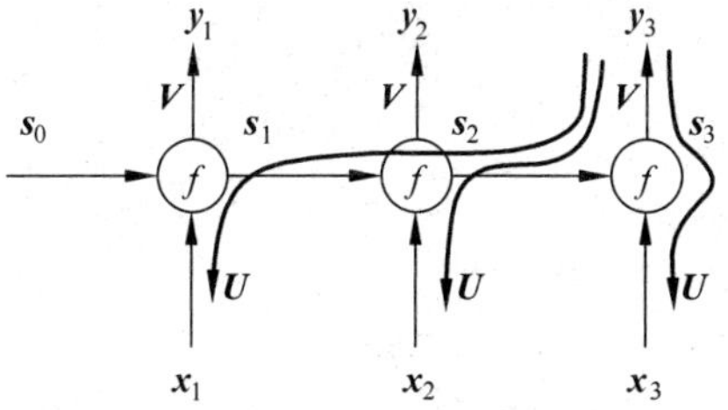

图 8-17 矩阵 $\boldsymbol{U}$ 的梯度反向传播示意图

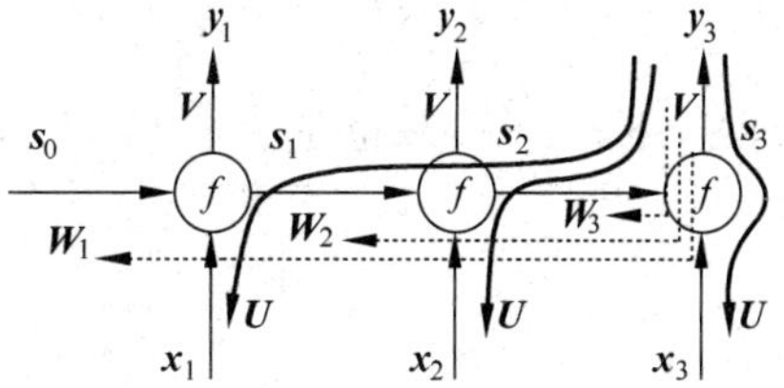

图 8-18 梯度反向传播示意图

各时间序列网络隐含层输出状态如下所示：$\begin{cases}\boldsymbol{s}_1=f(\boldsymbol{U}\boldsymbol{x}_1+\boldsymbol{W}\boldsymbol{s}_0)\\ \boldsymbol{s}_2=f(\boldsymbol{U}\boldsymbol{x}_2+\boldsymbol{W}\boldsymbol{s}_1)\\ \boldsymbol{s}_3=f(\boldsymbol{U}\boldsymbol{x}_3+\boldsymbol{W}\boldsymbol{s}_2)\\ \boldsymbol{y}_t=g(\boldsymbol{V}\boldsymbol{s}_t)\end{cases}$

因此，可得 $\boldsymbol{U}$ 的梯度信息为

$$\frac{\partial E_3}{\partial \boldsymbol{U}}=\frac{\partial E_3}{\partial \boldsymbol{y}_3}\frac{\partial \boldsymbol{y}_3}{\partial \boldsymbol{s}_3}\frac{\partial \boldsymbol{s}_3}{\partial \boldsymbol{U}}+\frac{\partial E_3}{\partial \boldsymbol{y}_3}\frac{\partial \boldsymbol{y}_3}{\partial \boldsymbol{s}_3}\frac{\partial \boldsymbol{s}_3}{\partial \boldsymbol{s}_2}\frac{\partial \boldsymbol{s}_2}{\partial \boldsymbol{U}}+\frac{\partial E_3}{\partial \boldsymbol{y}_3}\frac{\partial \boldsymbol{y}_3}{\partial \boldsymbol{s}_3}\frac{\partial \boldsymbol{s}_3}{\partial \boldsymbol{s}_2}\frac{\partial \boldsymbol{s}_2}{\partial \boldsymbol{s}_1}\frac{\partial \boldsymbol{s}_1}{\partial \boldsymbol{U}}$$

3. 误差项求取

根据 BP 算法可知，BP 算法通过求取后一层网络的误差项，并向前一层传递误差的规律，实现误差的反向传递。根据 BP 反传算法推导过程，令向量 $\boldsymbol{net}_t$ 表示神经元在 t 时刻的加权输入，$\boldsymbol{net}_t=\boldsymbol{U}\boldsymbol{x}_t+\boldsymbol{W}\boldsymbol{s}_{t-1}$，则 $\boldsymbol{s}_t=f(\boldsymbol{net}_t)$。根据误差项定义 $\boldsymbol{\delta}_t=\frac{\partial E_t}{\partial \boldsymbol{net}_t}$，根据图 8-15 BPTT 算法将第 l 层 t 时刻的误差项 $\boldsymbol{\delta}_t^l$ 沿网络深度与时间线两个方向传播。

(1) 误差项沿时间线传递到初始时刻 t_1，这部分只与权重矩阵 $\boldsymbol{W}$ 有关。

$$\begin{aligned}\frac{\partial E_t}{\partial \boldsymbol{W}}&=\sum_{k=1}^{t}\frac{\partial E_t}{\partial \boldsymbol{y}_t}\frac{\partial \boldsymbol{y}_t}{\partial \boldsymbol{o}_t}\frac{\partial \boldsymbol{o}_t}{\partial \boldsymbol{s}_t}\cdots\frac{\partial \boldsymbol{s}_{k+1}}{\partial \boldsymbol{s}_k}\frac{\partial \boldsymbol{s}_k}{\partial \boldsymbol{W}}=\sum_{k=1}^{t}\frac{\partial E_t}{\partial \boldsymbol{y}_t}\frac{\partial \boldsymbol{y}_t}{\partial \boldsymbol{o}_t}\frac{\partial \boldsymbol{o}_t}{\partial \boldsymbol{s}_t}\frac{\partial \boldsymbol{s}_t}{\partial \boldsymbol{net}_t}\frac{\partial \boldsymbol{net}_t}{\partial \boldsymbol{s}_{t-1}}\cdots\frac{\partial \boldsymbol{s}_k}{\partial \boldsymbol{net}_k}\frac{\partial \boldsymbol{net}_k}{\partial \boldsymbol{W}}\\&=\sum_{k=1}^{t}\boldsymbol{\delta}_t\frac{\partial \boldsymbol{net}_t}{\partial \boldsymbol{s}_{t-1}}\frac{\partial \boldsymbol{s}_{t-1}}{\partial \boldsymbol{net}_{t-1}}\cdots\frac{\partial \boldsymbol{s}_k}{\partial \boldsymbol{net}_k}\frac{\partial \boldsymbol{net}_k}{\partial \boldsymbol{W}}\end{aligned}\tag{8-27}$$

因此，定义不同时刻的误差项 $\boldsymbol{\delta}_k$，

$$\boldsymbol{\delta}_t\frac{\partial \boldsymbol{net}_t}{\partial \boldsymbol{s}_{t-1}}\cdots\frac{\partial \boldsymbol{s}_k}{\partial \boldsymbol{net}_k}\frac{\partial \boldsymbol{net}_k}{\partial \boldsymbol{W}}=\boldsymbol{\delta}_k\frac{\partial \boldsymbol{net}_k}{\partial \boldsymbol{W}}\tag{8-28}$$

利用 $\boldsymbol{a}$ 表示列向量，用 $\boldsymbol{a}^{\mathrm{T}}$ 表示行向量。上式 $\frac{\partial \boldsymbol{net}_k}{\partial \boldsymbol{s}_{k-1}}$ 是向量函数对向量求导，其结果为 Jacobian 矩阵：

$$\frac{\partial \boldsymbol{net}_k}{\partial \boldsymbol{s}_{k-1}}=\begin{bmatrix}\frac{\partial net_1^k}{\partial s_1^{k-1}} & \frac{\partial net_1^k}{\partial s_2^{k-1}} & \cdots & \frac{\partial net_1^k}{\partial s_n^{k-1}}\\\frac{\partial net_2^k}{\partial s_1^{k-1}} & \frac{\partial net_2^k}{\partial s_2^{k-1}} & \cdots & \frac{\partial net_2^k}{\partial s_n^{k-1}}\\\vdots & \vdots & & \vdots\\\frac{\partial net_n^k}{\partial s_1^{k-1}} & \frac{\partial net_n^k}{\partial s_2^{k-1}} & \cdots & \frac{\partial net_n^k}{\partial s_n^{k-1}}\end{bmatrix}=\begin{bmatrix}W_{11} & W_{12} & \cdots & W_{1n}\\W_{21} & W_{22} & \cdots & W_{2n}\\\vdots & \vdots & & \vdots\\W_{n1} & W_{n2} & \cdots & W_{nn}\end{bmatrix}=\boldsymbol{W}\tag{8-29}$$

同理，下式 $\frac{\partial \boldsymbol{s}_{k-1}}{\partial \boldsymbol{net}_{k-1}}$ 也是一个 Jacobian 矩阵：

$$\frac{\partial \boldsymbol{s}_{k-1}}{\partial \boldsymbol{net}_{k-1}}=\begin{bmatrix}\frac{\partial s_1^{k-1}}{\partial net_1^{k-1}} & \frac{\partial s_1^{k-1}}{\partial net_2^{k-1}} & \cdots & \frac{\partial s_1^{k-1}}{\partial net_n^{k-1}}\\\frac{\partial s_2^{k-1}}{\partial net_1^{k-1}} & \frac{\partial s_2^{k-1}}{\partial net_2^{k-1}} & \cdots & \frac{\partial s_2^{k-1}}{\partial net_n^{k-1}}\\\vdots & \vdots & & \vdots\\\frac{\partial s_n^{k-1}}{\partial net_1^{k-1}} & \frac{\partial s_n^{k-1}}{\partial net_2^{k-1}} & \cdots & \frac{\partial s_n^{k-1}}{\partial net_n^{k-1}}\end{bmatrix}$$

$$=\begin{bmatrix} f'(net_1^{k-1}) & 0 & \cdots & 0 \\ 0 & f'(net_2^{k-1}) & \cdots & 0 \\ \vdots & \vdots & & \vdots \\ 0 & 0 & \cdots & f'(net_n^{k-1}) \end{bmatrix}=\text{diag}[f'(net^{k-1})] \tag{8-30}$$

其中，diag[$\boldsymbol{a}$]表示根据向量 $\boldsymbol{a}$ 创建一个对角矩阵，即

$$\text{diag}[\boldsymbol{a}]=\begin{bmatrix} a_1 & 0 & \cdots & 0 \\ 0 & a_2 & \cdots & 0 \\ \vdots & \vdots & & \vdots \\ 0 & 0 & \cdots & a_n \end{bmatrix}。$$

将式(8-29)和式(8-30)两项合并可得

$$\frac{\partial \boldsymbol{net}_k}{\partial \boldsymbol{s}_{k-1}}\frac{\partial \boldsymbol{s}_{k-1}}{\partial \boldsymbol{net}_{k-1}}=\boldsymbol{W}\text{diag}[f'(\boldsymbol{net}_{k-1})$$

$$=\begin{bmatrix} W_{11}f'(net_1^{k-1}) & W_{12}f'(net_2^{k-1}) & \cdots & W_{1n}f'(net_n^{k-1}) \\ W_{21}f'(net_1^{k-1}) & W_{22}f'(net_2^{k-1}) & \cdots & W_{2n}f'(net_n^{k-1}) \\ \vdots & \vdots & & \vdots \\ W_{n1}f'(net_1^{k-1}) & W_{n2}f'(net_2^{k-1}) & \cdots & W_{nn}f'(net_n^{k-1}) \end{bmatrix} \tag{8-31}$$

上式描述了将$\boldsymbol{\delta}$沿时间线向前传递一个时刻的规律，根据这个规律，可以求得任意时刻 k 的 $\boldsymbol{W}$ 误差项$\boldsymbol{\delta}_k$：

$$\begin{aligned}\boldsymbol{\delta}_k^{\mathrm{T}}&=\frac{\partial E_t}{\partial \boldsymbol{net}_k}=\boldsymbol{\delta}_t\frac{\partial \boldsymbol{net}_t}{\partial \boldsymbol{s}_{t-1}}\cdots\frac{\partial \boldsymbol{net}_{k+1}}{\partial \boldsymbol{s}_k}\frac{\partial \boldsymbol{s}_k}{\partial \boldsymbol{net}_k}\\ &=\boldsymbol{\delta}_t^{\mathrm{T}}\boldsymbol{W}\text{diag}[f'(\boldsymbol{net}_{t-1})]\boldsymbol{W}\text{diag}[f'(\boldsymbol{net}_{t-2})]\cdots\boldsymbol{W}\text{diag}[f'(\boldsymbol{net}_k)]\\ &=\boldsymbol{\delta}_t^{\mathrm{T}}\prod_{i=k}^{t-1}\boldsymbol{W}\text{diag}[f'(\boldsymbol{net}_i)]\end{aligned} \tag{8-32}$$

式(8-32)就是将误差项沿时间线进行反向传播的算法，实质上是将循环层沿时间展开构造全连接网络，上式中不同时刻 i 代表不同的前馈网络层。

(2) 误差项另一个传播方向是沿着网络层次传递至前一层，得到$\boldsymbol{\delta}_t^{l-1}$，沿着网络物理深度的信息传递时，上一层的网络输出将作为后层网络的输入，即与两层之间连接权重矩阵 $\boldsymbol{U}$ 有关。

$$\boldsymbol{\delta}_t^l=\frac{\partial E_t}{\partial \boldsymbol{net}_t^l}=\frac{\partial E}{\partial \boldsymbol{net}_t^l}\frac{\partial \boldsymbol{net}_t^l}{\partial \boldsymbol{net}_t^{l-1}}\frac{\partial \boldsymbol{net}_t^{l-1}}{\partial \boldsymbol{net}_t^{l-2}}\cdots\frac{\partial \boldsymbol{net}_t^{l-n}}{\partial \boldsymbol{net}_t} \tag{8-33}$$

因此可得

$$\boldsymbol{\delta}_t^{l-1}=\frac{\partial E}{\partial \boldsymbol{net}_t^{l-1}}=\frac{\partial E}{\partial \boldsymbol{net}_t^l}\frac{\partial \boldsymbol{net}_t^l}{\partial \boldsymbol{net}_t^{l-1}}=\boldsymbol{\delta}_t^l\frac{\partial \boldsymbol{net}_t^l}{\partial \boldsymbol{net}_t^{l-1}} \tag{8-34}$$

循环层将误差项反向传递到上一层网络，与普通的全连接层类似，在神经网络和反向传播算法中已经详细介绍，在此仅简要描述。循环层的加权输入$\boldsymbol{net}_t^l$ 与上一层的加权输入 $\boldsymbol{net}_t^{l-1}$ 关系如下：

$$\begin{cases} \boldsymbol{net}_t^l = \boldsymbol{U}\boldsymbol{x}_t^l + \boldsymbol{W}\boldsymbol{s}_{t-1} \\ \boldsymbol{x}_t^l = f(\boldsymbol{net}_t^{l-1}) \end{cases} \tag{8-35}$$

式中$\boldsymbol{net}_t^l$ 是第 l 层神经元的加权输入(假设第 l 层是循环层)；$\boldsymbol{net}_t^{l-1}$ 是第 $l-1$ 层神经元的加权输入；$\boldsymbol{x}_t^l$ 是第 $l-1$ 层神经元的输出作为第 l 层的输入；f 为激活函数。因此，

$$\frac{\partial \boldsymbol{net}_t^l}{\partial \boldsymbol{net}_t^{l-1}} = \frac{\partial \boldsymbol{net}_t^l}{\partial \boldsymbol{x}_t^l} \frac{\partial \boldsymbol{x}_t^l}{\partial \boldsymbol{net}_t^{l-1}} = \boldsymbol{U}\mathrm{diag}[f'(\boldsymbol{net}_t^{l-1})] \tag{8-36}$$

所以可得

$$\boldsymbol{\delta}_t^{l-1^{\mathrm{T}}} = \boldsymbol{\delta}_t^{l^{\mathrm{T}}} \boldsymbol{U}\mathrm{diag}[f'(\boldsymbol{net}_t^{l-1})] \tag{8-37}$$

上式就是将误差项沿网络深度传递至上一层的计算方法。

综合 8.2.1 节中的所有计算推导，在计算出误差项后，可得循环神经网络 $\boldsymbol{U}$、$\boldsymbol{V}$、$\boldsymbol{W}$ 参数的调整规则：

$$\begin{cases} \boldsymbol{V} = \boldsymbol{V} - \eta \sum_t \frac{\partial E_t}{\partial \boldsymbol{V}} \\ \boldsymbol{U} = \boldsymbol{U} - \eta \sum_t \frac{\partial E_t}{\partial \boldsymbol{U}} \\ \boldsymbol{W} = \boldsymbol{W} - \eta \sum_t \frac{\partial E_t}{\partial \boldsymbol{W}} \end{cases} \tag{8-38}$$

而此时的$\frac{\partial E_t}{\partial \boldsymbol{W}}$、$\frac{\partial E_t}{\partial \boldsymbol{U}}$为不同时刻循环层连接权值 $\boldsymbol{W}$ 与输入层权值 $\boldsymbol{U}$ 的梯度信息累加和：

$$\frac{\partial E_t}{\partial \boldsymbol{W}} = \sum_{i=1}^{t} \boldsymbol{\delta}_i \boldsymbol{s}_{i-1}^{\mathrm{T}} \tag{8-39}$$

$$\frac{\partial E_t}{\partial \boldsymbol{U}} = \sum_{i=1}^{t} \boldsymbol{\delta}_i \boldsymbol{x}_i^{\mathrm{T}} \tag{8-40}$$

8.2.2 实时循环学习算法

在循环神经网络中，一般网络输出维度远低于输入维度，因此 BPTT 算法的计算量会更小。但由于循环神经网络处理的是序列数据，每个序列中包含多个时间步的输入，BPTT 算法需要利用同一权值 $\boldsymbol{W}$ 计算每个时间步的梯度信息，并保存所有时刻的中间梯度，空间复杂度较高。实时循环学习算法 (real-time recurrent learning，RTRL) 每计算一个时间步就对权值 $\boldsymbol{W}$ 进行更新，然后再利用更新后的权值进行下一步的计算，不需要记忆中间梯度，因此 RTRL 将 BPTT 时间步误差项累计的模式转换为单时间步运算，RTRL 更适合需要在线学习或无限序列的任务。

8.2.3 梯度爆炸与消失问题

实践发现，传统 RNN 并不能很好地处理长序列问题。一个主要的原因是，RNN 在训练中很容易发生梯度爆炸和梯度消失，这导致训练时梯度不能在较长的序列中传递下去，从而使 RNN 无法捕捉到长距离的信息。为什么 RNN 会产生梯度爆炸和消失问题？根据

式(8-32)：

$$\boldsymbol{\delta}_k^{\mathrm{T}}=\boldsymbol{\delta}_t^{\mathrm{T}}\prod_{i=k}^{t-1}\boldsymbol{W}\mathrm{diag}[f'(\boldsymbol{net}_i)]$$

假设 $\boldsymbol{W}$ 是个一维矩阵(向量)，则：

$$\begin{cases}|\boldsymbol{W}|<1, & \prod_{i=t}^{t+n-1}\boldsymbol{W}\to 0\\ |\boldsymbol{W}|>1, & \prod_{i=t}^{t+n-1}\boldsymbol{W}\to\infty\end{cases}\tag{8-41}$$

如果 $\boldsymbol{W}$ 是一个高维矩阵，则可得

$$\|\boldsymbol{\delta}_k^{\mathrm{T}}\|\leqslant\|\boldsymbol{\delta}_t^{\mathrm{T}}\|\prod_{i=k}^{t-1}\|\boldsymbol{W}\|\|\mathrm{diag}[f'(\boldsymbol{net}_i)]\|]\leqslant\|\boldsymbol{\delta}_t^{\mathrm{T}}\|(\beta_W\beta_f)^{t-k}\tag{8-42}$$

上式 β 定义为矩阵模的上界。由于上式是一个指数函数，如果 $t-k$ 很大(即向前记忆很远)，会导致对应误差项的值增长或缩小得非常快，这样就会导致梯度爆炸或梯度消失问题(取决于 β 大于 1 还是小于 1)。通常来说，梯度爆炸更容易处理一些，因为梯度爆炸的时候，程序会收到 NaN 错误，这时可以设置一个梯度阈值，当梯度超过这个阈值时直接截取。而梯度消失更难检测，也更难处理一些。总的来说，有三种常用方法可应对梯度消失问题：

(1) 合理地初始化权重值，使每个神经元尽可能不要取极大或极小值，以躲开梯度消失的区域；

(2) 使用 ReLU 代替 Sigmoid 和 tanh 作为激活函数；

(3) 使用其他结构的循环神经网络架构，比如长短时记忆网络和门控循环单元，这是目前最流行的做法。

8.3 RNN 应用

RNN 是一种序列信息处理模型，被成功应用于自然语言处理问题中，如语言模型、机器翻译、语言识别、图像文本描述、向量表达、语句合法性检查、词性标注等众多领域。

1. 语言模型与文本生成

语言模型需要根据输入单词序列预测下一个单词的可能性，如在机器翻译中需要预测每个词的翻译信息；而在文本生成过程中，使用生成模型预测下一个单词的概率，从而根据输出概率的采样，选择输出文本。语言模型中，典型的输入是单词序列中每个单词的词向量(如 One-hot vector)，输出是预测单词序列的词向量，在输出生成过程中，第 t 步的输出是下一步的输入，即 $\boldsymbol{x}_{t+1}=\boldsymbol{o}_t$。

1) 基于 RNN 语言模型

基于 RNN 的语言模型，首先将词依次输入到循环神经网络中，每输入一个词，循环神经网络输出截止到目前为止，下一个最可能的词，如图 8-19 所示。例如，当依次输入：“我 每天 要 吃 面。”首先使用向量化方法对输入 $\boldsymbol{x}$ 和标签 $\boldsymbol{y}$ 进行向量化，对标签 $\boldsymbol{y}$ 进行向量化，其结果可以是一个 one-hot 向量；然后网络预测下一个词的输出概率；最后，使用交叉熵误差函数对模型进行优化。图中，s 和 e 是两个特殊的词，分别表示一个序列的开始和结束。

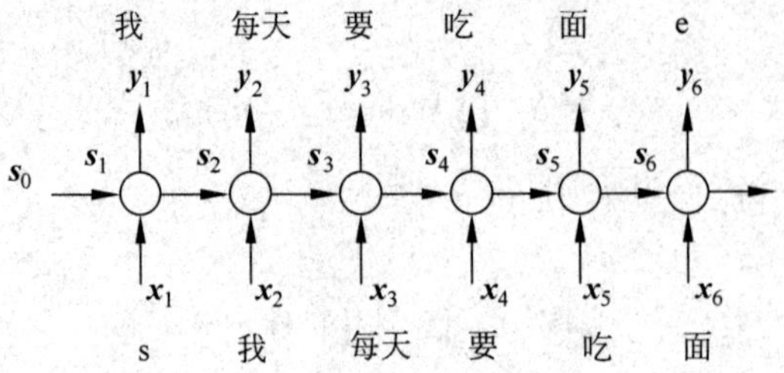

图 8-19 循环神经网络语言模型

2）语料构建

基于有监督训练方法的语言模型训练，首先准备训练数据集，获取输入/输出标签对，如表 8-1 所示。在实际工程中，通常使用大量语料来对模型进行训练，以获得更理想的语言模型。

表 8-1 语言模型输入/输出语料

输　　入	标　　签
s	我
我	每天
每天	要
要	吃
吃	面
面	e

3）向量化

神经网络的输入和输出必须是数值信息，为了便于神经网络处理语言信息，必须将词表达为向量形式，以便输入神经网络。下列是典型的 One-hot 方法对输入词语进行向量化：

(1) 建立一个包含所有词的词典，每个词在词典内有唯一编号。

(2) 任意一个词都可以用一个 N 维的 One-hot 向量进行表示，其中，N 是词典中包含词的个数。假设一个词在词典中的编号是 i，$\boldsymbol{v}$ 表示这个词的向量，v_j 是向量的第 j 个元素，则：

$$v_j=\begin{cases}1, & j=i\\0, & j\neq i\end{cases}$$

上式的含义可以采用图 8-20 所示形式进行直观表示：

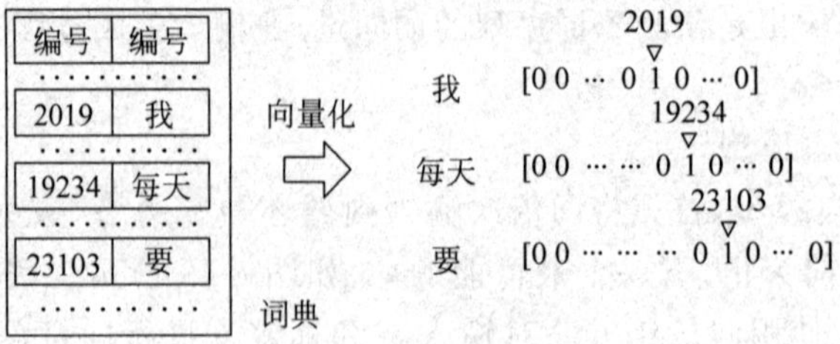

图 8-20 词向量化

基于 One-hot 的向量化方法会产生一个高维、稀疏的向量(稀疏是指绝大部分元素的值都为 0),处理这样的向量会导致神经网络参数过多,带来庞大的计算量。因此,往往需要采用降维方法,将高维的稀疏向量转变为低维的稠密向量。

4) Softmax 概率输出层

语言模型的输出是下一个最可能词的概率,使用循环神经网络计算词典中每个词是下一个词的概率,概率最大的词作为下一个最可能的词。因此,循环神经网络的输出也是一个 N 维向量,向量中每个元素对应词典中相应的词为下一个词的概率,如图 8-21 所示。

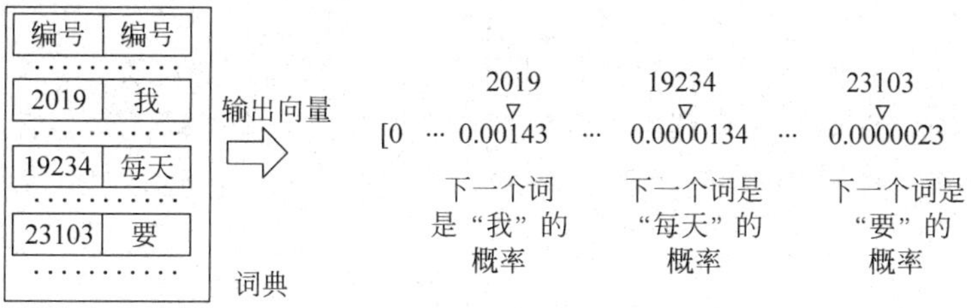

图 8-21 循环神经网络输出结果

前面提到,语言模型是对下一个词出现的概率进行建模。如何让神经网络输出概率?采用 Softmax 层作为神经网络的输出层即可得到概率输出。Softmax 层如图 8-22 所示:

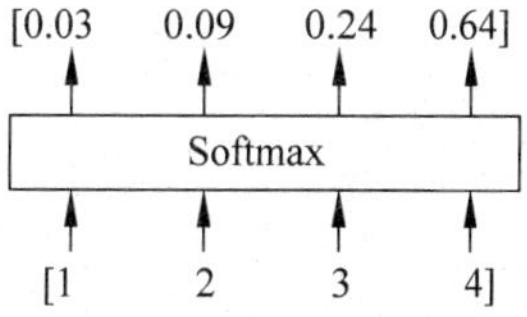

图 8-22 Softmax 层

从图 8-22 可以看到,Softmax 层的输入是一个向量,输出也是一个向量,两个向量的维度是一样的。Softmax 函数的定义如下:

$$g(z_t)=\frac{e^{z_i}}{\sum_k e^{z_k}} \tag{8-43}$$

假设 Softmax 输入向量 $\boldsymbol{x}=[1\ 2\ 3\ 4]$,经过 Softmax 层之后,经过式(8-43)的 Softmax 函数计算,转变为输出向量 $\boldsymbol{y}=[0.03\ 0.09\ 0.24\ 0.64]$。计算过程如下:

$$y_1=\frac{e^{x_i}}{\sum_k e^{x_k}}=\frac{e^1}{e^1+e^2+e^3+e^4}=0.03;\quad y_2=\frac{e^2}{e^1+e^2+e^3+e^4}=0.09;$$

$$y_3=\frac{e^3}{e^1+e^2+e^3+e^4}=0.24;\quad y_4=\frac{e^4}{e^1+e^2+e^3+e^4}=0.64。$$

Softmax 输出向量具有以下特征:每一项均为取值为 0~1 的正数,所有项总和为 1。

不难发现,这些特征和概率信息是类似的,因此可以将其视为概率。对于语言模型来说,上述计算结果可以认为模型预测下一个词是词典中第一个词的概率是 0.03,为词典中第二个词的概率是 0.09,以此类推。

5) 交叉熵损失

一般来说,当神经网络的输出为 Softmax 层时,对应的损失函数 E 通常选择交叉熵函数,其定义如下:

$$E(\boldsymbol{y},\boldsymbol{o})=\frac{1}{N}\sum_{n\in N}\frac{1}{N}\sum_{n\in N}\boldsymbol{y}_n\ln(\boldsymbol{o}_n) \tag{8-44}$$

其中，N 是训练样本的个数，向量 $\boldsymbol{y}_n$ 是样本的标记，向量 $\boldsymbol{o}_n$ 是网络的输出。$\boldsymbol{y}_n$ 为一个 one-hot 向量，若 $\boldsymbol{y}_1=[1\ 0\ 0\ 0]$，网络的输出 $\boldsymbol{o}=[0.03\ 0.09\ 0.24\ 0.64]$，那么，交叉熵误差为（假设只有一个训练样本，即 $N=1$）

$$E=\frac{1}{N}\sum_{n\in N}\boldsymbol{y}_n\ln(\boldsymbol{o}_n)=-(1\times\ln0.03+0\times\ln0.09+0\times\ln0.24+0\times\ln0.64)=1.52$$

当然，也可以选择其他误差函数作为损失函数，对概率进行建模，如最小平方误差函数（MSE），但选择交叉熵误差函数更有意义。

2. 机器翻译

机器翻译是将一种源语言转换为意义相同的另一种语言，如将英文语句翻译为中文语句。与语言模型的区别在于，机器翻译须将源语言语句序列全部输入网络后，网络才产生输出，即网络输出第一个单词时，便需要完整的输入序列。机器翻译如图 8-23 所示。

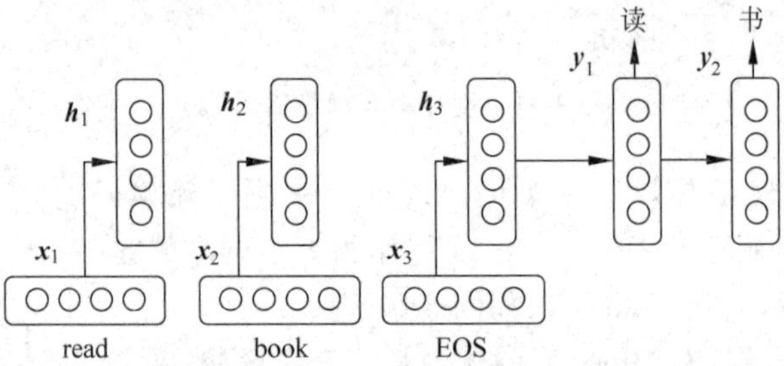

图 8-23　RNN 机器翻译

3. 语音识别

语音识别是指给定一段声波的声音信号，预测该声波对应的某种指定的源语言语句以及该语句的概率值。

4. 图像描述生成

RNN 与卷积神经网络类似，已经在无标签图像描述自动生成中得到应用。可将 CNN 与 RNN 结合进行图像描述自动生成，如图 8-24 所示。

一群人站在露天市场的卡车前面。　　两个人在充满树木的场景中骑着一头大象。

图 8-24　图像描述生成中的深度视觉语义对比

第9章

长短时记忆网络

第 9 章课件

在第 8 章中介绍了循环神经网络及其训练算法。由于循环神经网络训练困难，网络实际很难处理长距离的依赖，导致其实际应用效果不理想。本章介绍一种改进的循环神经网络，长短时记忆网络(long short term memory network，LSTM)，克服了原始循环神经网络的缺陷，成为目前最常用的 RNN 网络模型，在语音识别、图片描述、自然语言处理等众多领域中获得成功应用。LSTM 网络结构较复杂，门控循环单元(gated recurrent unit，GRU)是一种 LSTM 的变体，具有结构简单的特点，因此也被广泛使用。

9.1 LSTM 原理

长期依赖是指当前系统的状态可能受很长时间之前系统状态的影响。RNN 将以前的状态信息融入到当前状态中，网络只需要查看最近的网络状态信息，即可获得前期输入信息。例如，语言模型可以根据前面的词语来预测下一个单词出现的概率，如“白云飘荡在________”。RNN 通过逐词输入预测最后一个词是“天空”的可能性，在当前任务与之前的信息距离较近时，RNN 可以根据历史信息去估计当前网络的输出，不需要其他的语境。但在当前任务与之前的信息距离较远时，由于 RNN 不停地读取新的单词，早期的输入信息逐渐被淡忘，导致长期记忆失效，只拥有短期记忆，因此无法根据历史信息来判断出当前任务输出。如“我出生在中国，我的家乡是……(500 个词)，我说________”。对于这种情况，网络难以对语句的早期状态“中国”进行记忆，因此就很难预测出最后的输出词为“汉语”。根据 RNN 网络隐含层计算公式 $\boldsymbol{h}_t=\boldsymbol{W}\boldsymbol{h}_{t-1}+\boldsymbol{U}\boldsymbol{x}_t+\boldsymbol{b}$ 可知，网络隐含层上一时刻输出需要乘以 $\boldsymbol{W}$ 后才可作为当前时刻的输入，以此类推，离当前时刻 t 时刻的输出需要乘以 $\boldsymbol{W}^t$ 才能作为当前隐含层的输入，当$|\boldsymbol{W}|<1$ 时，离当前时刻较远的时间步的信息作用就很小，因此网络实际无法完成长期记忆。Sepp Hochreiter 和 Jürgen Schmidhuber 两位科学家在 1997 年，提出了长短时记忆网络，以解决 RNN 无法有效进行长期记忆这个问题。长短时记忆网络是在网络中增加长期记忆单元，以保存长期信息。原始 RNN 的隐含层只有一个状态 $\boldsymbol{h}$，它只对短期的输入敏感，如果再增加一个状态 $\boldsymbol{c}$ 来保存长期状态，问题就解决了，如图 9-1 所示。新增加的状态 $\boldsymbol{c}$，被称为单元状态(cell state)，将图 9-1 按照时间维度展开如图 9-2 所示。

根据图 9-2 可以看出：在 t 时刻 LSTM 的输入包括当前时刻网络的输入值 $\boldsymbol{x}_t$，上一时刻 LSTM 的输出值 $\boldsymbol{h}_{t-1}$，以及上一时刻的单元状态 $\boldsymbol{c}_{t-1}$；LSTM 的输出包括当前时刻 LSTM 输出值 $\boldsymbol{h}_t$ 和当前时刻的单元状态 $\boldsymbol{c}_t$。注意 $\boldsymbol{x}$、$\boldsymbol{h}$、$\boldsymbol{c}$ 都是向量。

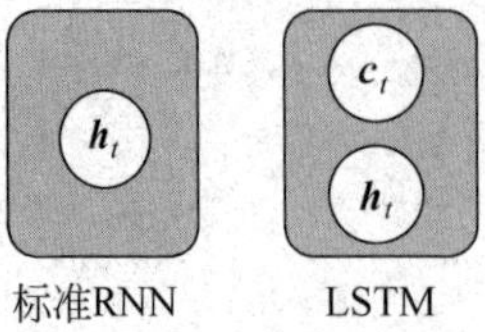

图 9-1 长短时记忆网络思路

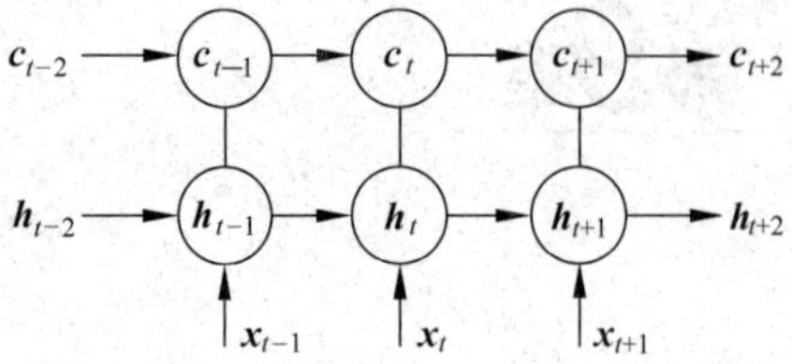

图 9-2 LSTM 状态图时间维度展开

LSTM 的关键是如何控制长期状态 $\boldsymbol{c}$。LSTM 使用三个门控开关进行状态的更新：第一个开关负责控制继续保存长期状态 $\boldsymbol{c}$；第二个开关负责控制将即时状态输入到长期状态 $\boldsymbol{c}$；第三个开关负责控制是否把长期状态 $\boldsymbol{c}$ 作为当前的 LSTM 的输出。因此 LSTM 也被称为门控循环神经网络。三个开关的作用如图 9-3 所示。

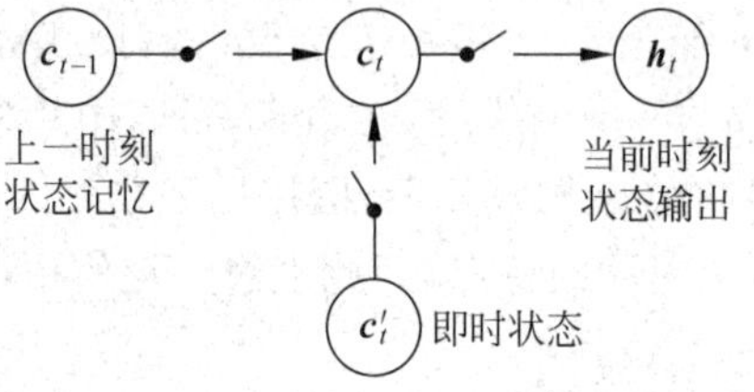

图 9-3 长期状态 $\boldsymbol{c}$ 开关作用图

9.2 LSTM 前向计算

门控开关在算法中是通过门(gate)的概念实现。门实际上是一层全连接层，它的输入是一个向量，输出是一个 0～1 的实数向量，该向量对门的开合量进行控制。假设 $\boldsymbol{W}$ 是门的权重向量，$\boldsymbol{b}$ 是偏置项，那么门可以表示为：

$$g(x)=\sigma(\boldsymbol{W}x+\boldsymbol{b}) \tag{9-1}$$

门的输出是 0～1 的实数向量，门的使用就是利用门的输出向量按元素乘以需要控制的向量。当门输出为 0 时，任何向量与之相乘都会得到 0 向量；输出为 1 时，任何向量与之相乘都不会有任何改变，这相当于任何信息都可以通过。因为 σ(Sigmoid 函数)的值域为(0，1)，所以门的状态都是半开半闭的。

LSTM 利用三个门来控制单元状态 $\boldsymbol{c}$ 的内容：一个是遗忘门(forget gate)，它决定了上一时刻的单元状态 $\boldsymbol{c}_{t-1}$ 有多少保留到当前时刻 $\boldsymbol{c}_t$；另一个是输入门(input gate)，它决定了当前时刻网络的输入 $\boldsymbol{x}_t$ 有多少输入到单元状态 $\boldsymbol{c}_t$；最后一个是输出门(output gate)LSTM 利用它来控制单元状态 $\boldsymbol{c}_t$ 有多少输出到 LSTM 的当前输出值 $\boldsymbol{h}_t$。

1. 遗忘门

先来考虑一下遗忘门，遗忘门决定了哪些信息应该被丢弃或保存。在遗忘门中，来自先前隐状态的信息和来自当前输入的信息传递至 Sigmoid 函数，并将值压缩到 0～1。遗忘门输出越接近 0 意味着上一时刻信息丢弃越多，输出值越接近 1 意味着保留上一时刻的信息越多，图 9-4 所示为遗忘门的计算过程。

$$\boldsymbol{f}_t=\sigma(\boldsymbol{W}_f[\boldsymbol{h}_{t-1},\boldsymbol{x}_t]+\boldsymbol{b}_f) \tag{9-2}$$

式中，$\boldsymbol{W}_f$ 是遗忘门的权重矩阵，$[\boldsymbol{h}_{t-1},\boldsymbol{x}_t]$表示将两个向量连接成一个更长的向量，$\boldsymbol{b}_f$ 是遗忘门的偏置项，σ 是 Sigmoid 函数。如果输入的维度是 d_x，隐含层的维度是 d_h，单元状态的维度是 d_c（通常 $d_c=d_h$），则遗忘门的权重矩阵 $\boldsymbol{W}_f$ 的维度是 $d_c\times(d_h+d_x)$。事实上，权重矩阵 $\boldsymbol{W}_f$ 都是两个矩阵拼接而成的：一个是 $\boldsymbol{W}_{fh}$，它对应着输入项 $\boldsymbol{h}_{t-1}$，其维度为 $d_c\times d_h$；一个是 $\boldsymbol{W}_{fx}$，它对应着输入项 $\boldsymbol{x}_t$，其维度为 $d_c\times d_x$。因此，可得如下表达式：

$$[\boldsymbol{W}_f]\begin{bmatrix}\boldsymbol{h}_{t-1}\\ \boldsymbol{x}_t\end{bmatrix}=[\boldsymbol{W}_{fh}\boldsymbol{W}_{fx}]\begin{bmatrix}\boldsymbol{h}_{t-1}\\ \boldsymbol{x}_t\end{bmatrix}=\boldsymbol{W}_{fh}\boldsymbol{h}_{t-1}+\boldsymbol{W}_{fx}\boldsymbol{x}_t \tag{9-3}$$

2. 输入门

为了更新单元状态，LSTM 需要输入门将前面的隐状态和当前输入传递给一个 Sigmoid 函数，将值转换为 0～1 来决定将更新哪些值，0 表示不重要，1 表示重要。

$$\boldsymbol{i}_t=\sigma(\boldsymbol{W}_i[\boldsymbol{h}_{t-1},\boldsymbol{x}_t]+\boldsymbol{b}_i) \tag{9-4}$$

式中，$\boldsymbol{W}_i$ 是输入门的权重矩阵，$\boldsymbol{b}_i$ 是输入门的偏置项。图 9-5 展示了输入门的计算过程。

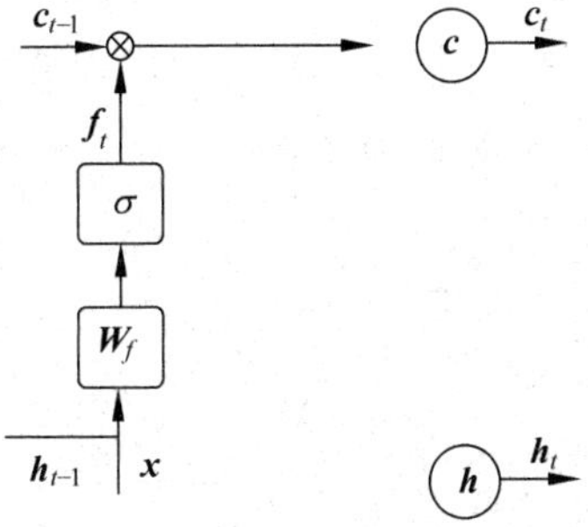

图 9-4 遗忘门

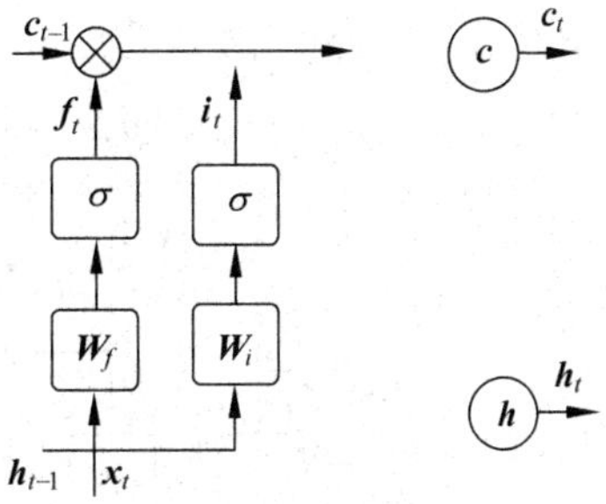

图 9-5 输入门

将隐状态和当前输入传递给 tanh 函数，使值变为 −1～1 的值，以帮助调节神经网络，如图 9-6 所示；然后，将 tanh 输出与 Sigmoid 输出的 $\boldsymbol{i}_t$ 相乘，输入门 $\boldsymbol{i}_t$ 将决定保留 tanh 输出信息的量，获得当前输入单元状态 $\tilde{\boldsymbol{c}}_t$，如图 9-7 所示。

$$\tilde{\boldsymbol{c}}_t=\tanh(\boldsymbol{W}_c[\boldsymbol{h}_{t-1},\boldsymbol{x}_t]+\boldsymbol{b}_c) \tag{9-5}$$

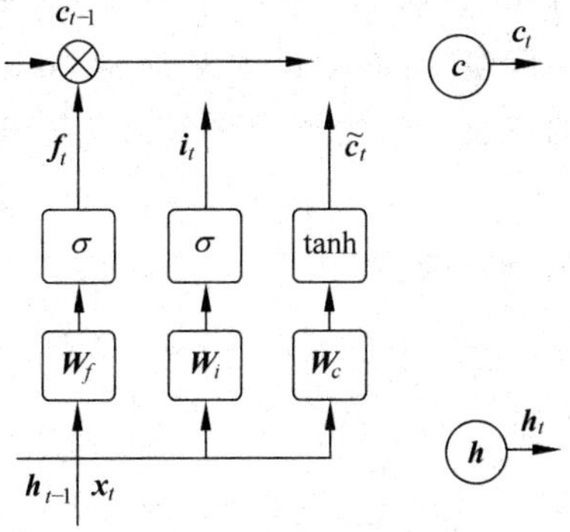

图 9-6 $\tilde{\boldsymbol{c}}_t$ 的计算

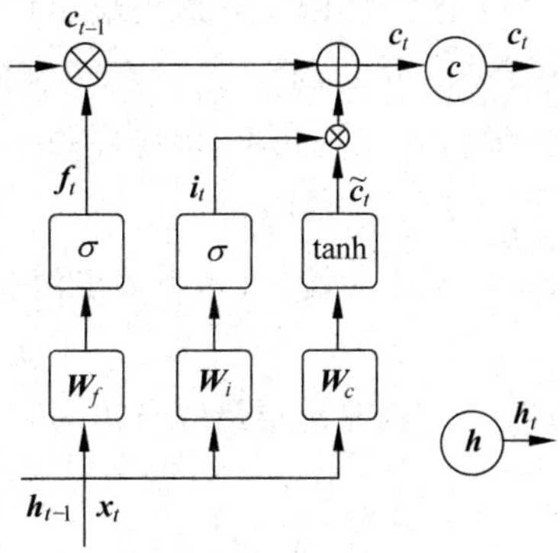

图 9-7 $\boldsymbol{c}_t$ 的计算

3. 单元状态

现在已有足够的信息来计算单元状态，根据上一次的输出 $\boldsymbol{c}_{t-1}$ 和本次输入 $\tilde{\boldsymbol{c}}_t$ 来计算用于描述当前单元状态 $\boldsymbol{c}_t$，如图 9-7 所示。首先，单元状态 $\boldsymbol{c}_{t-1}$ 与遗忘向量 $\boldsymbol{f}_t$ 逐点相乘，如果遗忘向量接近于 0，说明要遗忘较多的上一时刻状态，上一时刻单元状态值获得较少的保留；其次，当前输入的单元状态 $\tilde{\boldsymbol{c}}_t$ 按元素乘以输入门 $\boldsymbol{i}_t$，输入门的值越大，越多的输入单元状态会被保留；最后，再将两个结果加和计算当前时刻的单元状态 $\boldsymbol{c}_t$，将单元状态更新为新值，这就得到了新的单元状态：

$$\boldsymbol{c}_t = \boldsymbol{f}_t \circ \boldsymbol{c}_{t-1} + \boldsymbol{i}_t \circ \tilde{\boldsymbol{c}}_t \tag{9-6}$$

符号$\circ$表示按元素乘。LSTM 将当前的记忆 $\tilde{\boldsymbol{c}}_t$ 和长期的记忆 $\boldsymbol{c}_{t-1}$ 组合在一起，形成了新的单元状态 $\boldsymbol{c}_t$。由于遗忘门的控制，可以控制遗忘之前时刻信息的比例；由于输入门的控制，可以控制当前信息进入单元状态的比例，避免当前无关紧要的内容进入记忆。

4. 输出门

输出门决定了下一时刻隐含层的状态。输出门控制了长期记忆对当前输出的影响，输出门输出值越大，当前输出受长期记忆状态影响越大，图 9-8 所示为输出门的计算过程。

$$\boldsymbol{o}_t = \sigma(\boldsymbol{W}_o[\boldsymbol{h}_{t-1}, \boldsymbol{x}_t] + \boldsymbol{b}_o) \tag{9-7}$$

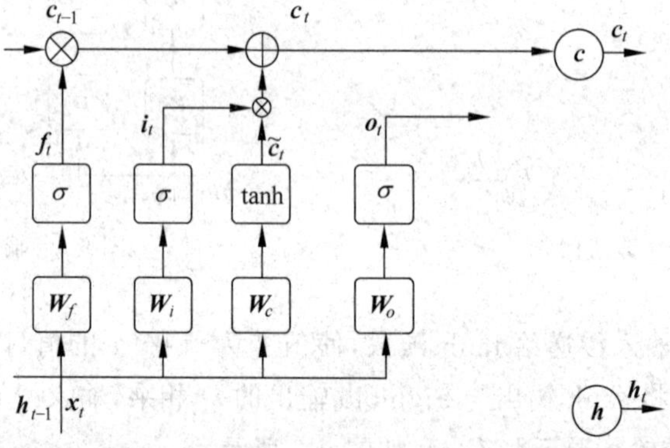

图 9-8 输出门的计算

图 9-9 展示了 LSTM 最终输出的计算过程。首先，将前面的隐状态 $\boldsymbol{h}_{t-1}$ 和当前输入 $\boldsymbol{x}_t$ 传递给 Sigmoid 函数，然后将更新的单元状态 $\boldsymbol{c}_t$ 传递给 tanh 函数，最后将 tanh 输出与 Sigmoid 输出按元素相乘，以确定隐层状态所包含的信息。新的单元状态和新的隐藏状态随后被转移到下一步中。

LSTM 最终的输出，是由输出门和单元状态共同确定的：

$$\boldsymbol{h}_t = \boldsymbol{o}_t \circ \tanh(\boldsymbol{c}_t) \tag{9-8}$$

因此，t 时刻输出层最终输出为

$$\boldsymbol{y}_t = \mathrm{Softmax}(\boldsymbol{V}\boldsymbol{h}_t + \boldsymbol{b}_v) \tag{9-9}$$

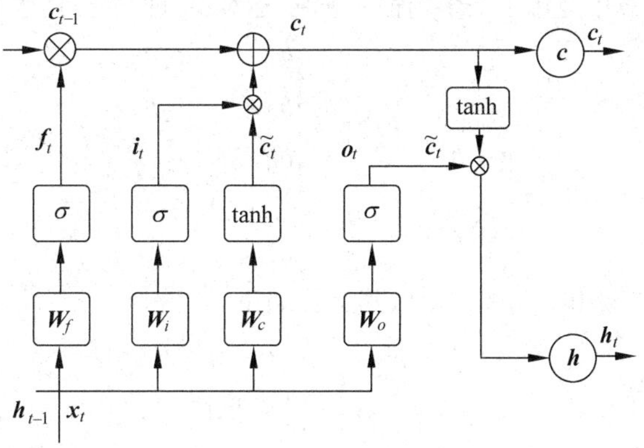

图 9-9 最终输出的计算

9.3 LSTM 网络训练

9.3.1 网络训练算法

由于 LSTM 网络结构的复杂性,网络训练比前向计算要更复杂。LSTM 的训练算法仍然是反向传播算法,主要有以下三个步骤:

(1) 前向计算每个神经元的输出值,对于 LSTM,即 $\boldsymbol{f}_t$、$\boldsymbol{i}_t$、$\boldsymbol{c}_t$、$\boldsymbol{o}_t$、$\boldsymbol{h}_t$ 五个向量的值。LSTM 误差反传的起始点为 $\boldsymbol{h}_t$ 和 $\boldsymbol{c}_t$,终点为 $\boldsymbol{h}_{t-1}$ 和 $\boldsymbol{c}_{t-1}$。

(2) 反向计算每个神经元的误差项$\boldsymbol{\delta}$ 值。与循环神经网络一样,LSTM 误差项的反向传播也是包括两个方向:一个是沿时间线的反向传播,即从当前 t 时刻开始,计算每个时刻的误差项;一个是沿着网络深度,将误差项向上一层传播。

(3) 根据相应的误差项,计算每个权重的梯度。

首先,对推导中用到的一些公式、符号进行说明。设定门(gate)的激活函数为 Sigmoid 函数,输出的激活函数为 tanh 函数,以及他们的导数分别为

$$\begin{cases}\sigma(x)=y=\dfrac{1}{1+\mathrm{e}^{-x}}\\[2ex]\tanh(x)=y=\dfrac{\mathrm{e}^{x}-\mathrm{e}^{-x}}{\mathrm{e}^{x}+\mathrm{e}^{-x}}\end{cases}\tag{9-10}$$

$$\begin{cases}\sigma'(x)=y(1-y)\\[1ex]\tanh'(x)=1-y^2\end{cases}\tag{9-11}$$

根据上式可知,Sigmoid 函数和 tanh 函数的导数都是原函数的函数。这样,一旦计算出原函数的值,就可以利用该值进行导数的计算。

LSTM 需要学习的参数共有 8 组,分别是:遗忘门的权重矩阵 $\boldsymbol{W}_f$ 和偏置项 $\boldsymbol{b}_f$、输入门的权重矩阵 $\boldsymbol{W}_i$ 和偏置项 $\boldsymbol{b}_i$、计算单元状态的权重矩阵 $\boldsymbol{W}_c$ 和偏置项 $\boldsymbol{b}_c$,以及输出门的权重矩阵 $\boldsymbol{W}_o$ 和偏置项 $\boldsymbol{b}_o$。由于权重矩阵的两部分分别作用于时间线与网络深度的误差反向传播,因此在后续的推导中,权重矩阵 $\boldsymbol{W}_f$、$\boldsymbol{W}_i$、$\boldsymbol{W}_c$、$\boldsymbol{W}_o$ 都将被写为分开的两个矩阵 $\boldsymbol{W}_{fh}$、$\boldsymbol{W}_{fx}$、$\boldsymbol{W}_{ih}$、$\boldsymbol{W}_{ix}$、$\boldsymbol{W}_{ch}$、$\boldsymbol{W}_{cx}$、$\boldsymbol{W}_{oh}$、$\boldsymbol{W}_{ox}$。

在 LSTM 前向计算中使用了众多的按元素乘$\circ$运算符，即当$\circ$作用于两个向量时，运算如下：

$$\boldsymbol{a}\circ\boldsymbol{b}=\begin{bmatrix}a_1\\a_2\\a_3\\\vdots\\a_n\end{bmatrix}\circ\begin{bmatrix}b_1\\b_2\\b_3\\\vdots\\b_n\end{bmatrix}=\begin{bmatrix}a_1b_1\\a_2b_2\\a_3b_3\\\vdots\\a_nb_n\end{bmatrix}\tag{9-12}$$

当$\circ$作用于一个向量和一个矩阵时，其运算如下：

$$\boldsymbol{a}\circ\boldsymbol{X}=\begin{bmatrix}a_1\\a_2\\a_3\\\vdots\\a_n\end{bmatrix}\circ\begin{bmatrix}x_{11}&x_{12}&x_{13}&\cdots&x_{1n}\\x_{21}&x_{22}&x_{23}&\cdots&x_{2n}\\x_{31}&x_{32}&x_{33}&\cdots&x_{3n}\\\vdots&\vdots&\vdots&&\vdots\\x_{n1}&x_{n2}&x_{n3}&\cdots&x_{nn}\end{bmatrix}=\begin{bmatrix}a_1x_{11}&a_1x_{12}&a_1x_{13}&\cdots&a_1x_{1n}\\a_2x_{21}&a_2x_{22}&a_2x_{23}&\cdots&a_2x_{2n}\\a_3x_{31}&a_3x_{32}&a_3x_{33}&\cdots&a_3x_{3n}\\\vdots&\vdots&\vdots&&\vdots\\a_nx_{n1}&a_nx_{n2}&a_nx_{n3}&\cdots&a_nx_{nn}\end{bmatrix}\tag{9-13}$$

当一个行向量右乘一个对角矩阵时，相当于这个行向量按元素乘对应矩阵对角线组成的向量：

$$\begin{aligned}\boldsymbol{a}^{\mathrm{T}}\circ\mathrm{diag}[\boldsymbol{b}]&=[a_1\quad a_2\quad a_3\quad\cdots\quad a_n]\circ\begin{bmatrix}b_1&&&&\\&b_2&&&\\&&b_3&&\\&&&\ddots&\\&&&&b_n\end{bmatrix}\\&=\begin{bmatrix}a_1b_1\\a_2b_2\\a_3b_3\\\vdots\\a_nb_n\end{bmatrix}=\boldsymbol{a}\circ\boldsymbol{b}\end{aligned}\tag{9-14}$$

当$\circ$作用于两个矩阵时，两个矩阵对应位置的元素相乘。按元素乘可以在某些情况下简化矩阵和向量运算。例如，当一个对角矩阵右乘一个矩阵时，相当于用对角矩阵的对角线组成的向量按元素乘对应的矩阵：

$$\begin{aligned}\mathrm{diag}[\boldsymbol{a}]\circ\boldsymbol{X}&=\begin{bmatrix}a_1&&&&\\&a_2&&&\\&&a_3&&\\&&&\ddots&\\&&&&a_n\end{bmatrix}\circ\begin{bmatrix}x_{11}&x_{12}&x_{13}&\cdots&x_{1n}\\x_{21}&x_{22}&x_{23}&\cdots&x_{2n}\\x_{31}&x_{32}&x_{33}&\cdots&x_{3n}\\\vdots&\vdots&\vdots&&\vdots\\x_{n1}&x_{n2}&x_{n3}&\cdots&x_{nn}\end{bmatrix}\\&=\begin{bmatrix}a_1x_{11}&a_1x_{12}&a_1x_{13}&\cdots&a_1x_{1n}\\a_2x_{21}&a_2x_{22}&a_2x_{23}&\cdots&a_2x_{2n}\\a_3x_{31}&a_3x_{32}&a_3x_{33}&\cdots&a_3x_{3n}\\\vdots&\vdots&\vdots&&\vdots\\a_nx_{n1}&a_nx_{n2}&a_nx_{n3}&\cdots&a_nx_{nn}\end{bmatrix}=\boldsymbol{a}\circ\boldsymbol{X}\end{aligned}\tag{9-15}$$

上述计算在后续推导中会经常被使用到。

对于输出层参数 $\boldsymbol{V}$、$\boldsymbol{b}_v$ 推导较容易，参照循环网络推导方法可得

$$\begin{cases}\dfrac{\partial E_t}{\partial \boldsymbol{V}}=\dfrac{\partial E_t}{\partial \boldsymbol{y}_t}\dfrac{\partial \boldsymbol{y}_t}{\partial \boldsymbol{V}}=(\boldsymbol{y}_t-\overline{\boldsymbol{y}_t})\cdot \boldsymbol{h}_t \\ \dfrac{\partial E_t}{\partial \boldsymbol{b}_v}=\boldsymbol{y}_t-\overline{\boldsymbol{y}_t}\end{cases} \tag{9-16}$$

因此，所有时刻权重 $\boldsymbol{V}$ 的梯度为 $\dfrac{\partial E}{\partial \boldsymbol{V}}=\sum\limits_{t=1}^{n}\dfrac{\partial E_t}{\partial \boldsymbol{V}}$，$t$ 为网络当前输入时刻，n 为时序长度。

误差在 LSTM 神经元中的传播路径有两条：一条是沿着 $E_t\to\boldsymbol{h}_t$ 的路径传播至 $\boldsymbol{h}_{t-1}$ 与 $\boldsymbol{c}_{t-1}$，一条是沿着 $E_t\to\boldsymbol{c}_t\to\boldsymbol{c}_{t-1}$ 的路径。由于 $\boldsymbol{c}_t$ 只会向下一个时刻传播信息，而不会向下一层传播信息，因此，根据误差项的定义 $\boldsymbol{\delta}=\dfrac{\partial E}{\partial \boldsymbol{net}}$ 及隐层的神经元输出 $\boldsymbol{h}_t$ 与状态输出 $\boldsymbol{c}_t$，可进一步写为

$$\boldsymbol{\delta}=\frac{\partial E}{\partial \boldsymbol{net}}=\frac{\partial E}{\partial \boldsymbol{h}_t}\frac{\partial \boldsymbol{h}_t}{\partial \boldsymbol{net}}+\frac{\partial E}{\partial \boldsymbol{c}_t}\frac{\partial \boldsymbol{c}_t}{\partial \boldsymbol{net}} \tag{9-17}$$

由于在计算误差项时会存在公共项 $\dfrac{\partial E}{\partial \boldsymbol{h}_t}$，因此定义 t 时刻的 $\dfrac{\partial E_t}{\partial \boldsymbol{h}_t}$ 为误差项 $\boldsymbol{\delta}_t$，即有

$$\boldsymbol{\delta}_t=\frac{\partial E_t}{\partial \boldsymbol{h}_t} \tag{9-18}$$

由于，LSTM 有四个加权输入，分别对应 $\boldsymbol{f}_t$、$\boldsymbol{i}_t$、$\tilde{\boldsymbol{c}}_t$、$\boldsymbol{o}_t$，因此分别定义四个加权输入以及对应的误差项：

$$\begin{cases}\boldsymbol{net}_{f,t}=\boldsymbol{W}_f[\boldsymbol{h}_{t-1},\boldsymbol{x}_t]+\boldsymbol{b}_f=\boldsymbol{W}_{fh}\boldsymbol{h}_{t-1}+\boldsymbol{W}_{fx}\boldsymbol{x}_t+\boldsymbol{b}_f \\ \boldsymbol{net}_{i,t}=\boldsymbol{W}_i[\boldsymbol{h}_{t-1},\boldsymbol{x}_t]+\boldsymbol{b}_i=\boldsymbol{W}_{ih}\boldsymbol{h}_{t-1}+\boldsymbol{W}_{ix}\boldsymbol{x}_t+\boldsymbol{b}_i \\ \boldsymbol{net}_{\tilde{c},t}=\boldsymbol{W}_c[\boldsymbol{h}_{t-1},\boldsymbol{x}_t]+\boldsymbol{b}_c=\boldsymbol{W}_{ch}\boldsymbol{h}_{t-1}+\boldsymbol{W}_{cx}\boldsymbol{x}_t+\boldsymbol{b}_c \\ \boldsymbol{net}_{o,t}=\boldsymbol{W}_o[\boldsymbol{h}_{t-1},\boldsymbol{x}_t]+\boldsymbol{b}_o=\boldsymbol{W}_{oh}\boldsymbol{h}_{t-1}+\boldsymbol{W}_{ox}\boldsymbol{x}_t+\boldsymbol{b}_o\end{cases} \tag{9-19}$$

$$\begin{cases}\boldsymbol{\delta}_{f,t}=\dfrac{\partial E_t}{\partial \boldsymbol{net}_{f,t}} \\ \boldsymbol{\delta}_{i,t}=\dfrac{\partial E_t}{\partial \boldsymbol{net}_{i,t}} \\ \boldsymbol{\delta}_{\tilde{c},t}=\dfrac{\partial E_t}{\partial \boldsymbol{net}_{\tilde{c},t}} \\ \boldsymbol{\delta}_{o,t}=\dfrac{\partial E_t}{\partial \boldsymbol{net}_{o,t}}\end{cases} \tag{9-20}$$

9.3.2 误差项沿时间传递

权重 $\boldsymbol{W}_{fh}$、$\boldsymbol{W}_{ih}$、$\boldsymbol{W}_{oh}$、$\boldsymbol{W}_{ch}$ 是关于上一时刻隐含层状态的系数矩阵，因此，首先求解式(9-17)的第一项，沿 $E_t\to\boldsymbol{h}_t\to\boldsymbol{h}_{t-1}$ 时间线的误差项，定义 $\boldsymbol{\delta}_{t-1}$：

$$\boldsymbol{\delta}_{t-1}^{\mathrm{T}}=\frac{\partial E_t}{\partial \boldsymbol{h}_{t-1}}=\frac{\partial E_t}{\partial \boldsymbol{h}_t}\frac{\partial \boldsymbol{h}_t}{\partial \boldsymbol{h}_{t-1}}=\boldsymbol{\delta}_t^{\mathrm{T}}\frac{\partial \boldsymbol{h}_t}{\partial \boldsymbol{h}_{t-1}} \tag{9-21}$$

$\partial \boldsymbol{h}_t / \partial \boldsymbol{h}_{t-1}$ 是一个 Jacobian 矩阵。如果隐含层 $\boldsymbol{h}$ 的维度是 N，那么它就是一个 $N \times N$ 矩阵，根据 LSTM 的计算公式：

$$\begin{cases} \boldsymbol{f}_t = \sigma(\boldsymbol{W}_f[\boldsymbol{h}_{t-1}, \boldsymbol{x}_t] + \boldsymbol{b}_f) \\ \boldsymbol{i}_t = \sigma(\boldsymbol{W}_i[\boldsymbol{h}_{t-1}, \boldsymbol{x}_t] + \boldsymbol{b}_i) \\ \tilde{\boldsymbol{c}}_t = \tanh(\boldsymbol{W}_c[\boldsymbol{h}_{t-1}, \boldsymbol{x}_t] + \boldsymbol{b}_c) \\ \boldsymbol{c}_t = \boldsymbol{f}_t \circ \boldsymbol{c}_{t-1} + \boldsymbol{i}_t \circ \tilde{\boldsymbol{c}}_t \\ \boldsymbol{o}_t = \sigma(\boldsymbol{W}_o[\boldsymbol{h}_{t-1}, \boldsymbol{x}_t] + \boldsymbol{b}_o) \\ \boldsymbol{h}_t = \boldsymbol{o}_t \circ \tanh(\boldsymbol{c}_t) \end{cases} \tag{9-22}$$

显然，$\boldsymbol{f}_t$、$\boldsymbol{i}_t$、$\boldsymbol{c}_t$、$\boldsymbol{o}_t$ 都是 $\boldsymbol{h}_{t-1}$ 的函数，根据图 9-10 可知 $\boldsymbol{h}_t$ 与 $\boldsymbol{h}_{t-1}$ 误差反传回路包括 $\boldsymbol{h}_t \to \boldsymbol{o}_t \to \boldsymbol{h}_{t-1}$，$\boldsymbol{h}_t \to \boldsymbol{c}_t \to \boldsymbol{f}_t \to \boldsymbol{h}_{t-1}$，$\boldsymbol{h}_t \to \boldsymbol{c}_t \to \boldsymbol{i}_t \to \boldsymbol{h}_{t-1}$，$\boldsymbol{h}_t \to \boldsymbol{c}_t \to \tilde{\boldsymbol{c}}_t \to \boldsymbol{h}_{t-1}$ 四条回路，利用全导数公式可得

$$\begin{aligned} \boldsymbol{\delta}_{t-1}^{\mathrm{T}} &= \boldsymbol{\delta}_t^{\mathrm{T}} \frac{\partial \boldsymbol{h}_t}{\partial \boldsymbol{h}_{t-1}} \\ &= \boldsymbol{\delta}_t^{\mathrm{T}} \frac{\partial \boldsymbol{h}_t}{\partial \boldsymbol{o}_t} \frac{\partial \boldsymbol{o}_t}{\partial \boldsymbol{net}_{o,t}} \frac{\partial \boldsymbol{net}_{o,t}}{\partial \boldsymbol{h}_{t-1}} + \boldsymbol{\delta}_t^{\mathrm{T}} \frac{\partial \boldsymbol{h}_t}{\partial \boldsymbol{c}_t} \frac{\partial \boldsymbol{c}_t}{\partial \boldsymbol{f}_t} \frac{\partial \boldsymbol{f}_t}{\partial \boldsymbol{net}_{f,t}} \frac{\partial \boldsymbol{net}_{f,t}}{\partial \boldsymbol{h}_{t-1}} + \boldsymbol{\delta}_t^{\mathrm{T}} \frac{\partial \boldsymbol{h}_t}{\partial \boldsymbol{c}_t} \frac{\partial \boldsymbol{c}_t}{\partial \boldsymbol{i}_t} \frac{\partial \boldsymbol{i}_t}{\partial \boldsymbol{net}_{i,t}} \frac{\partial \boldsymbol{net}_{i,t}}{\partial \boldsymbol{h}_{t-1}} + \\ &\quad \boldsymbol{\delta}_t^{\mathrm{T}} \frac{\partial \boldsymbol{h}_t}{\partial \boldsymbol{c}_t} \frac{\partial \boldsymbol{c}_t}{\partial \tilde{\boldsymbol{c}}_t} \frac{\partial \tilde{\boldsymbol{c}}_t}{\partial \boldsymbol{net}_{\tilde{c},t}} \frac{\partial \boldsymbol{net}_{\tilde{c},t}}{\partial \boldsymbol{h}_{t-1}} \\ &= \frac{\partial E}{\partial \boldsymbol{h}_t} \frac{\partial \boldsymbol{h}_t}{\partial \boldsymbol{o}_t} \frac{\partial \boldsymbol{o}_t}{\partial \boldsymbol{net}_{o,t}} \frac{\partial \boldsymbol{net}_{o,t}}{\partial \boldsymbol{h}_{t-1}} + \frac{\partial E}{\partial \boldsymbol{h}_t} \frac{\partial \boldsymbol{h}_t}{\partial \boldsymbol{c}_t} \frac{\partial \boldsymbol{c}_t}{\partial \boldsymbol{f}_t} \frac{\partial \boldsymbol{f}_t}{\partial \boldsymbol{net}_{f,t}} \frac{\partial \boldsymbol{net}_{f,t}}{\partial \boldsymbol{h}_{t-1}} + \\ &\quad \frac{\partial E}{\partial \boldsymbol{h}_t} \frac{\partial \boldsymbol{h}_t}{\partial \boldsymbol{c}_t} \frac{\partial \boldsymbol{c}_t}{\partial \boldsymbol{i}_t} \frac{\partial \boldsymbol{i}_t}{\partial \boldsymbol{net}_{i,t}} \frac{\partial \boldsymbol{net}_{i,t}}{\partial \boldsymbol{h}_{t-1}} + \frac{\partial E}{\partial \boldsymbol{h}_t} \frac{\partial \boldsymbol{h}_t}{\partial \boldsymbol{c}_t} \frac{\partial \boldsymbol{c}_t}{\partial \tilde{\boldsymbol{c}}_t} \frac{\partial \tilde{\boldsymbol{c}}_t}{\partial \boldsymbol{net}_{\tilde{c},t}} \frac{\partial \boldsymbol{net}_{\tilde{c},t}}{\partial \boldsymbol{h}_{t-1}} \\ &= \boldsymbol{\delta}_{o,t}^{\mathrm{T}} \frac{\partial \boldsymbol{net}_{o,t}}{\partial \boldsymbol{h}_{t-1}} + \boldsymbol{\delta}_{f,t}^{\mathrm{T}} \frac{\partial \boldsymbol{net}_{f,t}}{\partial \boldsymbol{h}_{t-1}} + \boldsymbol{\delta}_{i,t}^{\mathrm{T}} \frac{\partial \boldsymbol{net}_{i,t}}{\partial \boldsymbol{h}_{t-1}} + \boldsymbol{\delta}_{\tilde{c},t}^{\mathrm{T}} \frac{\partial \boldsymbol{net}_{\tilde{c},t}}{\partial \boldsymbol{h}_{t-1}} \end{aligned} \tag{9-23}$$

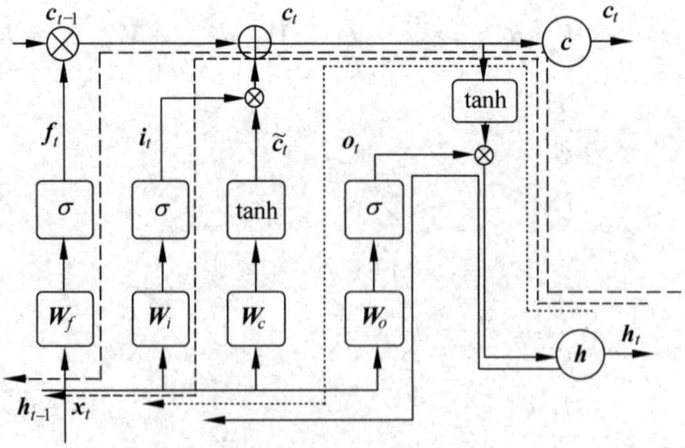

图 9-10 误差项反向传递示意图

下面将式(9-23)中的每个偏导数进行求解。根据式(9-8)，可以求出

$$\begin{cases} \dfrac{\partial \boldsymbol{h}_t}{\partial \boldsymbol{o}_t} = \mathrm{diag}[\tanh(\boldsymbol{c}_t)] \\ \dfrac{\partial \boldsymbol{h}_t}{\partial \boldsymbol{c}_t} = \mathrm{diag}[\boldsymbol{o}_t \circ (1 - \tanh^2(\boldsymbol{c}_t))] \end{cases} \tag{9-24}$$

根据式(9-6)，可以求出

$$\begin{cases}\dfrac{\partial \boldsymbol{c}_t}{\partial \boldsymbol{f}_t}=\mathrm{diag}[\boldsymbol{c}_{t-1}]\\ \dfrac{\partial \boldsymbol{c}_t}{\partial \boldsymbol{i}_t}=\mathrm{diag}[\tilde{\boldsymbol{c}}_t]\\ \dfrac{\partial \boldsymbol{c}_t}{\partial \tilde{\boldsymbol{c}}_t}=\mathrm{diag}[\boldsymbol{i}_t]\end{cases} \tag{9-25}$$

由于：

$$\begin{cases}\boldsymbol{net}_{o,t}=\boldsymbol{W}_{oh}\boldsymbol{h}_{t-1}+\boldsymbol{W}_{ox}\boldsymbol{x}_t+\boldsymbol{b}_o\\ \boldsymbol{net}_{f,t}=\boldsymbol{W}_{fh}\boldsymbol{h}_{t-1}+\boldsymbol{W}_{fx}\boldsymbol{x}_t+\boldsymbol{b}_f\\ \boldsymbol{net}_{i,t}=\boldsymbol{W}_{ih}\boldsymbol{h}_{t-1}+\boldsymbol{W}_{ix}\boldsymbol{x}_t+\boldsymbol{b}_i\\ \boldsymbol{net}_{\tilde{c},t}=\boldsymbol{W}_{\tilde{c}h}\boldsymbol{h}_{t-1}+\boldsymbol{W}_{\tilde{c}x}\boldsymbol{x}_t+\boldsymbol{b}_{\tilde{c}}\end{cases} \tag{9-26}$$

因此可得

$$\begin{cases}\dfrac{\partial \boldsymbol{net}_{o,t}}{\partial \boldsymbol{h}_{t-1}}=\boldsymbol{W}_{oh}\\ \dfrac{\partial \boldsymbol{net}_{f,t}}{\partial \boldsymbol{h}_{t-1}}=\boldsymbol{W}_{fh}\\ \dfrac{\partial \boldsymbol{net}_{i,t}}{\partial \boldsymbol{h}_{t-1}}=\boldsymbol{W}_{ih}\\ \dfrac{\partial \boldsymbol{net}_{\tilde{c},t}}{\partial \boldsymbol{h}_{t-1}}=\boldsymbol{W}_{\tilde{c}h}\end{cases} \tag{9-27}$$

将上述偏导数代入到式(9-23)得

$$\begin{aligned}\boldsymbol{\delta}_{t-1}^{\mathrm{T}}&=\boldsymbol{\delta}_{o,t}^{\mathrm{T}}\frac{\partial \boldsymbol{net}_{o,t}}{\partial \boldsymbol{h}_{t-1}}+\boldsymbol{\delta}_{f,t}^{\mathrm{T}}\frac{\partial \boldsymbol{net}_{f,t}}{\partial \boldsymbol{h}_{t-1}}+\boldsymbol{\delta}_{i,t}^{\mathrm{T}}\frac{\partial \boldsymbol{net}_{i,t}}{\partial \boldsymbol{h}_{t-1}}+\boldsymbol{\delta}_{\tilde{c},t}^{\mathrm{T}}\frac{\partial \boldsymbol{net}_{\tilde{c},t}}{\partial \boldsymbol{h}_{t-1}}\\ &=\boldsymbol{\delta}_{o,t}^{\mathrm{T}}\boldsymbol{W}_{oh}+\boldsymbol{\delta}_{f,t}^{\mathrm{T}}\boldsymbol{W}_{fh}+\boldsymbol{\delta}_{i,t}^{\mathrm{T}}\boldsymbol{W}_{ih}+\boldsymbol{\delta}_{\tilde{c},t}^{\mathrm{T}}\boldsymbol{W}_{\tilde{c}h}\end{aligned} \tag{9-28}$$

根据 $\sigma'(x)=y(1-y)$、$\tanh'(x)=1-y^2$，以及下式的 $\boldsymbol{o}_t$、$\boldsymbol{f}_t$、$\boldsymbol{i}_t$、$\tilde{\boldsymbol{c}}_t$ 表达式：

$$\begin{cases}\boldsymbol{o}_t=\sigma(\boldsymbol{net}_{o,t})\\ \boldsymbol{f}_t=\sigma(\boldsymbol{net}_{f,t})\\ \boldsymbol{i}_t=\sigma(\boldsymbol{net}_{i,t})\\ \tilde{\boldsymbol{c}}_t=\tanh(\boldsymbol{net}_{\tilde{c},t})\end{cases} \tag{9-29}$$

可得

$$\begin{cases}\dfrac{\partial \boldsymbol{o}_t}{\partial \boldsymbol{net}_{o,t}}=\mathrm{diag}[\boldsymbol{o}_t\circ(1-\boldsymbol{o}_t)]\\ \dfrac{\partial \boldsymbol{f}_t}{\partial \boldsymbol{net}_{f,t}}=\mathrm{diag}[\boldsymbol{f}_t\circ(1-\boldsymbol{f}_t)]\\ \dfrac{\partial \boldsymbol{i}_t}{\partial \boldsymbol{net}_{i,t}}=\mathrm{diag}[\boldsymbol{i}_t\circ(1-\boldsymbol{i}_t)]\\ \dfrac{\partial \tilde{\boldsymbol{c}}_t}{\partial \boldsymbol{net}_{\tilde{c},t}}=\mathrm{diag}[(1-\tilde{\boldsymbol{c}}_t^2)]\end{cases} \tag{9-30}$$

根据$\boldsymbol{\delta}_{o,t}$、$\boldsymbol{h}_t$、$\boldsymbol{o}_t$ 的定义，

$$\begin{cases}\boldsymbol{\delta}_{o,t}^{\mathrm{T}}=\dfrac{\partial E_t}{\partial \boldsymbol{net}_{o,t}}\\ \boldsymbol{h}_t=\boldsymbol{o}_t\circ\tanh(\boldsymbol{c}_t)\\ \boldsymbol{o}_t=\sigma(\boldsymbol{net}_{o,t})\end{cases}\tag{9-31}$$

根据链式求导法则可得

$$\boldsymbol{\delta}_{o,t}^{\mathrm{T}}=\frac{\partial E_t}{\partial \boldsymbol{net}_{o,t}}=\frac{\partial E_t}{\partial \boldsymbol{h}_t}\frac{\partial \boldsymbol{h}_t}{\partial \boldsymbol{o}_t}\frac{\partial \boldsymbol{o}_t}{\partial \boldsymbol{net}_{o,t}}=\boldsymbol{\delta}_t^{\mathrm{T}}\circ\tanh(\boldsymbol{c}_t)\circ\boldsymbol{o}_t\circ(1-\boldsymbol{o}_t)\tag{9-32}$$

同理，根据$\boldsymbol{\delta}_{f,t}$、$\boldsymbol{\delta}_{i,t}$、$\boldsymbol{\delta}_{\tilde{c},t}$ 的定义可得

$$\boldsymbol{\delta}_{f,t}^{\mathrm{T}}=\frac{\partial E_t}{\partial \boldsymbol{net}_{f,t}}=\frac{\partial E_t}{\partial \boldsymbol{h}_t}\frac{\partial \boldsymbol{h}_t}{\partial \boldsymbol{c}_t}\frac{\partial \boldsymbol{c}_t}{\partial \boldsymbol{f}_t}\frac{\partial \boldsymbol{f}_t}{\partial \boldsymbol{net}_{f,t}}=\boldsymbol{\delta}_t^{\mathrm{T}}\circ\boldsymbol{o}_t\circ(1-\tanh(\boldsymbol{c}_t)^2)\circ\boldsymbol{c}_{t-1}\circ\boldsymbol{f}_t\circ(1-\boldsymbol{f}_t)\tag{9-33}$$

$$\boldsymbol{\delta}_{i,t}^{\mathrm{T}}=\frac{\partial E_t}{\partial \boldsymbol{net}_{i,t}}=\frac{\partial E_t}{\partial \boldsymbol{h}_t}\frac{\partial \boldsymbol{h}_t}{\partial \boldsymbol{c}_t}\frac{\partial \boldsymbol{c}_t}{\partial \boldsymbol{i}_t}\frac{\partial \boldsymbol{i}_t}{\partial \boldsymbol{net}_{i,t}}=\boldsymbol{\delta}_t^{\mathrm{T}}\circ\boldsymbol{o}_t\circ(1-\tanh(\boldsymbol{c}_t)^2)\circ\tilde{\boldsymbol{c}}_t\circ\boldsymbol{i}_t\circ(1-\boldsymbol{i}_t)\tag{9-34}$$

$$\boldsymbol{\delta}_{\tilde{c},t}^{\mathrm{T}}=\frac{\partial E_t}{\partial \boldsymbol{net}_{\tilde{c},t}}=\frac{\partial E_t}{\partial \boldsymbol{h}_t}\frac{\partial \boldsymbol{h}_t}{\partial \boldsymbol{c}_t}\frac{\partial \boldsymbol{c}_t}{\partial \tilde{\boldsymbol{c}}_t}\frac{\partial \tilde{\boldsymbol{c}}_t}{\partial \boldsymbol{net}_{\tilde{c},t}}=\boldsymbol{\delta}_t^{\mathrm{T}}\circ\boldsymbol{o}_t\circ(1-\tanh(\boldsymbol{c}_t)^2)\circ\boldsymbol{i}_t\circ(1-\tilde{\boldsymbol{c}}_t^2)\tag{9-35}$$

因此，误差沿路径 $E_t\rightarrow\boldsymbol{h}_t\rightarrow\boldsymbol{h}_{t-1}$ 进行时间反向传播至前一个时刻的误差项为各支路误差项之和，计算可得

$$\boldsymbol{\delta}_{t-1}^{\mathrm{T}}=\boldsymbol{\delta}_{o,t}^{\mathrm{T}}\boldsymbol{W}_{oh}+\boldsymbol{\delta}_{f,t}^{\mathrm{T}}\boldsymbol{W}_{fh}+\boldsymbol{\delta}_{i,t}^{\mathrm{T}}\boldsymbol{W}_{ih}+\boldsymbol{\delta}_{\tilde{c},t}^{\mathrm{T}}\boldsymbol{W}_{\tilde{c}h}\tag{9-36}$$

当前 t 时刻对权重$\boldsymbol{W}_{oh}$、$\boldsymbol{W}_{fh}$、$\boldsymbol{W}_{ih}$、$\boldsymbol{W}_{\tilde{c}h}$ 的沿路径 $E_t\rightarrow\boldsymbol{h}_t\rightarrow\boldsymbol{h}_{t-1}$ 的梯度为当前时刻输出对各个时刻权重梯度之和。因此，针对每一权值项，首先求出 t 时刻输出对 t 时刻权重$\boldsymbol{W}_{oh,t}$、$\boldsymbol{W}_{fh,t}$、$\boldsymbol{W}_{ih,t}$、$\boldsymbol{W}_{\tilde{c}h,t}$ 的梯度(误差项$\boldsymbol{\delta}_{o,t}$、$\boldsymbol{\delta}_{f,t}$、$\boldsymbol{\delta}_{i,t}$、$\boldsymbol{\delta}_{\tilde{c},t}$ 已经求出)：

$$\begin{cases}\dfrac{\partial E_t}{\partial \boldsymbol{W}_{oh,t}}=\dfrac{\partial E_t}{\partial \boldsymbol{net}_{o,t}}\dfrac{\partial \boldsymbol{net}_{o,t}}{\partial \boldsymbol{W}_{oh,t}}=\boldsymbol{h}_{t-1}^{\mathrm{T}}\,\boldsymbol{\delta}_{o,t}\\ \dfrac{\partial E_t}{\partial \boldsymbol{W}_{fh,t}}=\dfrac{\partial E_t}{\partial \boldsymbol{net}_{f,t}}\dfrac{\partial \boldsymbol{net}_{f,t}}{\partial \boldsymbol{W}_{fh,t}}=\boldsymbol{h}_{t-1}^{\mathrm{T}}\,\boldsymbol{\delta}_{f,t}\\ \dfrac{\partial E_t}{\partial \boldsymbol{W}_{ih,t}}=\dfrac{\partial E_t}{\partial \boldsymbol{net}_{i,t}}\dfrac{\partial \boldsymbol{net}_{i,t}}{\partial \boldsymbol{W}_{ih,t}}=\boldsymbol{h}_{t-1}^{\mathrm{T}}\,\boldsymbol{\delta}_{i,t}\\ \dfrac{\partial E_t}{\partial \boldsymbol{W}_{\tilde{c}h,t}}=\dfrac{\partial E_t}{\partial \boldsymbol{net}_{\tilde{c},t}}\dfrac{\partial \boldsymbol{net}_{\tilde{c},t}}{\partial \boldsymbol{W}_{\tilde{c}h,t}}=\boldsymbol{h}_{t-1}^{\mathrm{T}}\,\boldsymbol{\delta}_{\tilde{c},t}\end{cases}\tag{9-37}$$

权重$\boldsymbol{W}_{oh}$、$\boldsymbol{W}_{fh}$、$\boldsymbol{W}_{ih}$、$\boldsymbol{W}_{\tilde{c}h}$ 的总梯度为所有时刻对权重信息的梯度信息的总和。将 t 时刻输出对各个时刻权重的梯度进行累加，求得 t 时刻输出对权重的修正信息：

$$\begin{cases}\dfrac{\partial E_t}{\partial \boldsymbol{W}_{oh}}=\displaystyle\sum_{j=1}^{t}\boldsymbol{h}_{j-1}^{\mathrm{T}}\,\boldsymbol{\delta}_{o,j}\\ \dfrac{\partial E_t}{\partial \boldsymbol{W}_{fh}}=\displaystyle\sum_{j=1}^{t}\boldsymbol{h}_{j-1}^{\mathrm{T}}\,\boldsymbol{\delta}_{f,j}\\ \dfrac{\partial E_t}{\partial \boldsymbol{W}_{ih}}=\displaystyle\sum_{j=1}^{t}\boldsymbol{h}_{j-1}^{\mathrm{T}}\,\boldsymbol{\delta}_{i,j}\\ \dfrac{\partial E_t}{\partial \boldsymbol{W}_{\tilde{c}h}}=\displaystyle\sum_{j=1}^{t}\boldsymbol{h}_{j-1}^{\mathrm{T}}\,\boldsymbol{\delta}_{\tilde{c},j}\end{cases}\tag{9-38}$$

对于偏置项 $\boldsymbol{b}_o$、$\boldsymbol{b}_f$、$\boldsymbol{b}_i$、$\boldsymbol{b}_{\tilde{c}}$ 的梯度，也是将各个时刻的梯度加在一起。下面是 t 时刻的偏置项梯度：

$$\begin{cases}\dfrac{\partial E}{\partial \boldsymbol{b}_{o,t}}=\dfrac{\partial E}{\partial \boldsymbol{net}_{o,t}}\dfrac{\partial \boldsymbol{net}_{o,t}}{\partial \boldsymbol{b}_{o,t}}=\boldsymbol{\delta}_{o,t}\\ \dfrac{\partial E}{\partial \boldsymbol{b}_{f,t}}=\dfrac{\partial E}{\partial \boldsymbol{net}_{f,t}}\dfrac{\partial \boldsymbol{net}_{f,t}}{\partial \boldsymbol{b}_{f,t}}=\boldsymbol{\delta}_{f,t}\\ \dfrac{\partial E}{\partial \boldsymbol{b}_{i,t}}=\dfrac{\partial E}{\partial \boldsymbol{net}_{i,t}}\dfrac{\partial \boldsymbol{net}_{i,t}}{\partial \boldsymbol{b}_{i,t}}=\boldsymbol{\delta}_{i,t}\\ \dfrac{\partial E}{\partial \boldsymbol{b}_{c,t}}=\dfrac{\partial E}{\partial \boldsymbol{net}_{\tilde{c},t}}\dfrac{\partial \boldsymbol{net}_{\tilde{c},t}}{\partial \boldsymbol{b}_{\tilde{c},t}}=\boldsymbol{\delta}_{\tilde{c},t}\end{cases} \tag{9-39}$$

最终的偏置项梯度为各个时刻的偏置项梯度的叠加：

$$\begin{cases}\dfrac{\partial E}{\partial \boldsymbol{b}_o}=\sum_{j=1}^{t}\boldsymbol{\delta}_{o,j}\\ \dfrac{\partial E}{\partial \boldsymbol{b}_f}=\sum_{j=1}^{t}\boldsymbol{\delta}_{f,j}\\ \dfrac{\partial E}{\partial \boldsymbol{b}_i}=\sum_{j=1}^{t}\boldsymbol{\delta}_{i,j}\\ \dfrac{\partial E}{\partial \boldsymbol{b}_{\tilde{c}}}=\sum_{j=1}^{t}\boldsymbol{\delta}_{\tilde{c},j}\end{cases} \tag{9-40}$$

根据式(9-17)可知，误差项传播包含两组主要路径，计算第二条路径，误差沿 $E_t \rightarrow \boldsymbol{c}_t$ 路径的传播情况。根据损失的计算可知，对于 $E_t \rightarrow \boldsymbol{c}_t$ 路径的误差项$\boldsymbol{\delta}_{t-1}^c$，一组通过 $\boldsymbol{h}_t$ 影响损失 $E_t \rightarrow \boldsymbol{c}_t \rightarrow \boldsymbol{h}_{t-1}$，另一组通过 $\boldsymbol{c}_t$ 影响损失 $E_t \rightarrow \boldsymbol{c}_t \rightarrow \boldsymbol{c}_{t-1}$。因此，$\boldsymbol{\delta}_{t-1}^c$ 为$\dfrac{\partial E}{\partial \boldsymbol{c}_{t-1}^h}$与$\dfrac{\partial E}{\partial \boldsymbol{c}_{t-1}^c}$两部分导数之和。

$$\frac{\partial E}{\partial \boldsymbol{c}_{t-1}^h}=\frac{\partial E}{\partial \boldsymbol{h}_t}\frac{\partial \boldsymbol{h}_t}{\partial \boldsymbol{c}_{t-1}^h}=\boldsymbol{\delta}_{t-1}\circ \boldsymbol{o}_{t-1}\circ[1-\tanh^2(\boldsymbol{c}_{t-1})] \tag{9-41}$$

$$\frac{\partial E}{\partial \boldsymbol{c}_{t-1}^c}=\frac{\partial E}{\partial \boldsymbol{c}_t^c}\frac{\partial \boldsymbol{c}_t^c}{\partial \boldsymbol{c}_{t-1}^c}=\boldsymbol{\delta}_t^c\circ \boldsymbol{f}_t \tag{9-42}$$

因此可得

$$\frac{\partial E}{\partial \boldsymbol{c}_t}=\frac{\partial E}{\partial \boldsymbol{c}_{t-1}^h}+\frac{\partial E}{\partial \boldsymbol{c}_{t-1}^c} \tag{9-43}$$

但是，$\boldsymbol{c}_t$ 只会向下一个时刻传播信息，而不会向下一层传播，在误差反传时需注意。

因此，计算式(9-17)的第二项，根据 $\boldsymbol{c}_t=\boldsymbol{f}_t\circ\boldsymbol{c}_{t-1}+\boldsymbol{i}_t\circ\tilde{\boldsymbol{c}}_t$ 可得

$$\frac{\partial \boldsymbol{c}_t}{\partial \boldsymbol{net}}=\frac{\partial \boldsymbol{c}_t}{\partial \boldsymbol{c}_{t-1}}\frac{\partial \boldsymbol{c}_{t-1}}{\partial \boldsymbol{net}}+\frac{\partial \boldsymbol{c}_t}{\partial \tilde{\boldsymbol{c}}_t}\frac{\partial \tilde{\boldsymbol{c}}_t}{\partial \boldsymbol{net}} \tag{9-44}$$

最终，根据$\boldsymbol{\delta}_{t-1}$ 与$\boldsymbol{\delta}_{t-1}^c$ 的递推关系以及链式求导法则，计算误差项总和以及权值和偏置的导数。

9.3.3 误差项沿网络层次传递

权重 $\boldsymbol{W}_{ox}$、$\boldsymbol{W}_{fx}$、$\boldsymbol{W}_{ix}$、$\boldsymbol{W}_{cx}$ 的梯度是沿着网络层次进行传播的，只需要根据相应的误差项直接计算即可，由于

$$\begin{cases}\boldsymbol{net}_{o,t}=\boldsymbol{W}_{oh}\boldsymbol{h}_{t-1}+\boldsymbol{W}_{ox}\boldsymbol{x}_t+\boldsymbol{b}_o\\ \boldsymbol{net}_{f,t}=\boldsymbol{W}_{fh}\boldsymbol{h}_{t-1}+\boldsymbol{W}_{fx}\boldsymbol{x}_t+\boldsymbol{b}_f\\ \boldsymbol{net}_{i,t}=\boldsymbol{W}_{ih}\boldsymbol{h}_{t-1}+\boldsymbol{W}_{ix}\boldsymbol{x}_t+\boldsymbol{b}_i\\ \boldsymbol{net}_{\tilde{c},t}=\boldsymbol{W}_{\tilde{c}h}\boldsymbol{h}_{t-1}+\boldsymbol{W}_{\tilde{c}x}\boldsymbol{x}_t+\boldsymbol{b}_{\tilde{c}}\end{cases}\tag{9-45}$$

因此，根据链式求导法则，对单层网络的权重 $\boldsymbol{W}_{ox}$、$\boldsymbol{W}_{fx}$、$\boldsymbol{W}_{ix}$、$\boldsymbol{W}_{\tilde{c}x}$ 的梯度计算如下所示：

$$\begin{cases}\dfrac{\partial E}{\partial \boldsymbol{W}_{ox}}=\dfrac{\partial E}{\partial \boldsymbol{net}_{o,t}}\dfrac{\partial \boldsymbol{net}_{o,t}}{\partial \boldsymbol{W}_{ox}}=\boldsymbol{x}_t^{\mathrm{T}}\boldsymbol{\delta}_{o,t}\\ \dfrac{\partial E}{\partial \boldsymbol{W}_{fx}}=\dfrac{\partial E}{\partial \boldsymbol{net}_{f,t}}\dfrac{\partial \boldsymbol{net}_{f,t}}{\partial \boldsymbol{W}_{fx}}=\boldsymbol{x}_t^{\mathrm{T}}\boldsymbol{\delta}_{f,t}\\ \dfrac{\partial E}{\partial \boldsymbol{W}_{ix}}=\dfrac{\partial E}{\partial \boldsymbol{net}_{i,t}}\dfrac{\partial \boldsymbol{net}_{i,t}}{\partial \boldsymbol{W}_{ix}}=\boldsymbol{x}_t^{\mathrm{T}}\boldsymbol{\delta}_{i,t}\\ \dfrac{\partial E}{\partial \boldsymbol{W}_{\tilde{c}x}}=\dfrac{\partial E}{\partial \boldsymbol{net}_{\tilde{c},t}}\dfrac{\partial \boldsymbol{net}_{\tilde{c},t}}{\partial \boldsymbol{W}_{\tilde{c}x}}=\boldsymbol{x}_t^{\mathrm{T}}\boldsymbol{\delta}_{\tilde{c},t}\end{cases}\tag{9-46}$$

对于多层 LSTM，误差项沿着网络深度进行传播时，假设当前为第 l 层，定义第 $l-1$ 层的误差项为误差函数 E 对第 $l-1$ 层加权输入的导数，即

$$\boldsymbol{\delta}_t^{l-1}=\frac{\partial E}{\boldsymbol{net}_t^{l-1}}\tag{9-47}$$

LSTM 第 l 层的输入 $\boldsymbol{x}_t^l$ 可由下面的公式计算获得

$$\boldsymbol{x}_t^l=f^{l-1}(\boldsymbol{net}_t^{l-1})\tag{9-48}$$

式中，f^{l-1} 表示第 $l-1$ 层的激活函数，因此 $\boldsymbol{x}_t^l$ 又是$\boldsymbol{net}_t^{l-1}$ 的函数。

由于 $\boldsymbol{net}_t^l$ 包含$\boldsymbol{net}_{o,t}^l$、$\boldsymbol{net}_{f,t}^l$、$\boldsymbol{net}_{i,t}^i$、$\boldsymbol{net}_{\tilde{c},t}^l$，并且$\boldsymbol{net}_{o,t}^l$、$\boldsymbol{net}_{f,t}^l$、$\boldsymbol{net}_{i,t}^i$、$\boldsymbol{net}_{\tilde{c},t}^l$ 都是 $\boldsymbol{x}_t$ 的函数。因此，要求出 E 对$\boldsymbol{net}_t^{l-1}$ 的导数，就需要使用全导数公式分别求出误差函数 E 对各加权输入的导数的累加和：

$$\begin{aligned}\boldsymbol{\delta}_t^{l-1}&=\frac{\partial E}{\partial \boldsymbol{net}_t^{l-1}}=\frac{\partial E}{\partial \boldsymbol{net}_{o,t}^{l-1}}+\frac{\partial E}{\partial \boldsymbol{net}_{f,t}^{l-1}}+\frac{\partial E}{\partial \boldsymbol{net}_{i,t}^{l-1}}+\frac{\partial E}{\partial \boldsymbol{net}_{\tilde{c},t}^{l-1}}\\ &=\boldsymbol{\delta}_{o,t}^{l-1}+\boldsymbol{\delta}_{f,t}^{l-1}+\boldsymbol{\delta}_{i,t}^{l-1}+\boldsymbol{\delta}_{\tilde{c},t}^{l-1}\\ &=\frac{\partial E}{\partial \boldsymbol{net}_{o,t}^l}\frac{\partial \boldsymbol{net}_{o,t}^l}{\partial \boldsymbol{x}_t^l}\frac{\partial \boldsymbol{x}_t^l}{\partial \boldsymbol{net}_{o,t}^{l-1}}+\frac{\partial E}{\partial \boldsymbol{net}_{f,t}^l}\frac{\partial \boldsymbol{net}_{f,t}^l}{\partial \boldsymbol{x}_t^l}\frac{\partial \boldsymbol{x}_t^l}{\partial \boldsymbol{net}_{f,t}^{l-1}}+\frac{\partial E}{\partial \boldsymbol{net}_{i,t}^l}\frac{\partial \boldsymbol{net}_{i,t}^l}{\partial \boldsymbol{x}_t^l}\frac{\partial \boldsymbol{x}_t^l}{\partial \boldsymbol{net}_{i,t}^{l-1}}+\\ &\quad\frac{\partial E}{\partial \boldsymbol{net}_{\tilde{c},t}^l}\frac{\partial \boldsymbol{net}_{\tilde{c},t}^l}{\partial \boldsymbol{x}_t^l}\frac{\partial \boldsymbol{x}_t^l}{\partial \boldsymbol{net}_{\tilde{c},t}^{l-1}}\\ &=\boldsymbol{\delta}_{o,t}^l\boldsymbol{W}_{ox}\circ f'(\boldsymbol{net}_t^{l-1})+\boldsymbol{\delta}_{f,t}^l\boldsymbol{W}_{fx}\circ f'(\boldsymbol{net}_t^{l-1})+\boldsymbol{\delta}_{i,t}^l\boldsymbol{W}_{ix}\circ f'(\boldsymbol{net}_t^{l-1})+\\ &\quad\boldsymbol{\delta}_{\tilde{c},t}^l\boldsymbol{W}_{cx}\circ f'(\boldsymbol{net}_t^{l-1})\end{aligned}\tag{9-49}$$

上式就是将误差传递到前一层的公式，对于误差项$\boldsymbol{\delta}_{o,t}$、$\boldsymbol{\delta}_{f,t}$、$\boldsymbol{\delta}_{i,t}$、$\boldsymbol{\delta}_{\tilde{c},t}$ 在式(9-32)至式(9-35)中已求出，因此根据相关误差项即可求出$\boldsymbol{\delta}_t^{l-1}$ 的相关项：

$$\begin{cases} \boldsymbol{\delta}_{o,t}^{l-1}=\boldsymbol{\delta}_{o,t}^{l}\boldsymbol{W}_{ox}\circ f'(\boldsymbol{net}_t^{l-1}) \\ \boldsymbol{\delta}_{f,t}^{l-1}=\boldsymbol{\delta}_{f,t}^{l}\boldsymbol{W}_{fx}\circ f'(\boldsymbol{net}_t^{l-1}) \\ \boldsymbol{\delta}_{i,t}^{l-1}=\boldsymbol{\delta}_{i,t}^{l}\boldsymbol{W}_{ix}\circ f'(\boldsymbol{net}_t^{l-1}) \\ \boldsymbol{\delta}_{\tilde{c},t}^{l-1}=\boldsymbol{\delta}_{\tilde{c},t}^{l}\boldsymbol{W}_{cx}\circ f'(\boldsymbol{net}_t^{l-1}) \end{cases} \tag{9-50}$$

因此，可得

$$\begin{cases} \dfrac{\partial E}{\partial \boldsymbol{w}_{ox}^{l-1}}=\dfrac{\partial E}{\partial \boldsymbol{net}_{o,t}^{l-1}}\dfrac{\partial \boldsymbol{net}_{o,t}^{l-1}}{\partial \boldsymbol{w}_{ox}^{l-1}}=(\boldsymbol{x}_t^{l-1})^{\mathrm{T}}\boldsymbol{\delta}_{o,t}^{l-1} \\ \dfrac{\partial E}{\partial \boldsymbol{w}_{fx}^{l-1}}=\dfrac{\partial E}{\partial \boldsymbol{net}_{f,t}^{l-1}}\dfrac{\partial \boldsymbol{net}_{f,t}^{l-1}}{\partial \boldsymbol{w}_{fx}^{l-1}}=(\boldsymbol{x}_t^{l-1})^{\mathrm{T}}\boldsymbol{\delta}_{f,t}^{l-1} \\ \dfrac{\partial E}{\partial \boldsymbol{w}_{ix}^{l-1}}=\dfrac{\partial E}{\partial \boldsymbol{net}_{i,t}^{l-1}}\dfrac{\partial \boldsymbol{net}_{i,t}^{l-1}}{\partial \boldsymbol{w}_{ix}^{l-1}}=(\boldsymbol{x}_t^{l-1})^{\mathrm{T}}\boldsymbol{\delta}_{i,t}^{l-1} \\ \dfrac{\partial E}{\partial \boldsymbol{w}_{cx}^{l-1}}=\dfrac{\partial E}{\partial \boldsymbol{net}_{\tilde{c},t}^{l-1}}\dfrac{\partial \boldsymbol{net}_{\tilde{c},t}^{l-1}}{\partial \boldsymbol{w}_{cx}^{l-1}}=(\boldsymbol{x}_t^{l-1})^{\mathrm{T}}\boldsymbol{\delta}_{\tilde{c},t}^{l-1} \end{cases} \tag{9-51}$$

以上就是 LSTM 的训练算法的全部推导过程。LSTM 存在诸多变体，熟悉了基本的 LSTM 算法，就可以较容易地理解其他变体。

9.4 GRU

循环神经网络在进行梯度计算时，当时间步数较小或者时间步数较大时，循环神经网络的梯度较容易出现衰减或爆炸。虽然裁剪梯度可以应对梯度爆炸，但无法解决梯度衰减问题。因此，循环神经网络实际应用效果不佳，网络难以捕捉时间序列中时间步距离较大的依赖关系。为了更好地解决这一问题，门控循环神经网络通过可学习的门来控制信息的流动，如 LSTM 网络。2014 年，门控循环单元(gatedrecurrent unit，GRU) 被提出，它是另一种门控循环神经网络架构。GRU 实质是 LSTM 的一种变体，GRU 对 LSTM 进行了简化，同时却保持着与 LSTM 类似的性能，图 9-11 是 GRU 的结构示意图。

GRU 通过引入重置门(reset gate)和更新门(update gate)的概念，从而修改了循环神经网络中隐层状态的计算方式。GRU 将 LSTM 中的输入门、遗忘门及输出门整合为更新门 $\boldsymbol{z}_t$ 和重置门 $\boldsymbol{r}_t$。GRU 并不会保留内部记忆 $\boldsymbol{c}_t$，且去除了 LSTM 中的输出门，GRU 将单元状态与输出合并为状态 $\boldsymbol{h}$。

9.4.1 GRU 前向计算

1. 更新门

更新门用于控制保留前一时刻状态信息到当前状态的程度，更新门的输出值决定了前一时刻的状态信息的保留量，更新门计算公式如下所示：

$$\boldsymbol{z}_t=\sigma(\boldsymbol{W}_{zx}\boldsymbol{x}_t+\boldsymbol{W}_{zh}\boldsymbol{h}_{t-1}+\boldsymbol{b}_z) \tag{9-52}$$

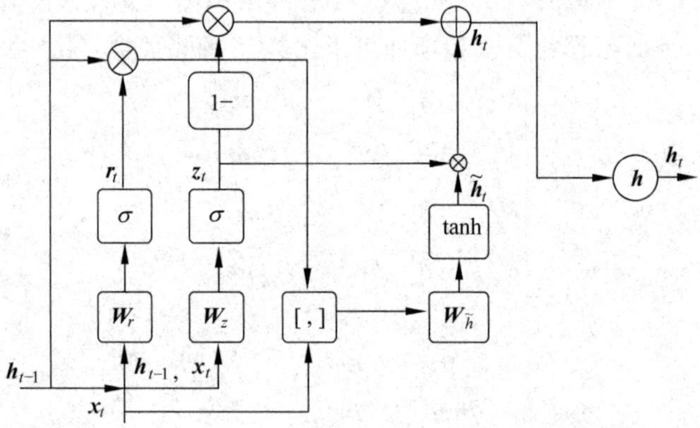

图 9-11 GRU 结构示意图

z_t 为 t 时刻的更新门输出，其中 $\boldsymbol{x}_t$ 为第 t 时刻的输入向量，$\boldsymbol{h}_{t-1}$ 为上一时刻隐含层输出，$\boldsymbol{x}_t$ 与 $\boldsymbol{h}_{t-1}$ 作为输入向量经过 $\boldsymbol{W}_{zx}$ 与 $\boldsymbol{W}_{zh}$ 的线性变换，并与偏置项 $\boldsymbol{b}_z$ 进行累加，然后经过 Sigmoid 激活函数进行激活，输出结果为 0～1 的门控值。

2. 重置门

重置门用于控制遗忘前一时刻状态信息的比例，重置门的值越小说明遗忘前一时刻的信息越多。直观上理解，重置门控制了新的输入信息与前面记忆信息的融合比例，更新门控制了前一时刻记忆信息保存到当前时刻的量。如果重置门为 1，更新门为 0，那么网络模型等效于标准 RNN 模型。重置门将 $\boldsymbol{x}_t$ 和 $\boldsymbol{h}_{t-1}$ 先经过一个线性变换，再进行 Sigmoid 激活函数激活，输出 0～1 的激活值：

$$\boldsymbol{r}_t = \sigma(\boldsymbol{W}_{rx}\boldsymbol{x}_t + \boldsymbol{W}_{rh}\boldsymbol{h}_{t-1} + \boldsymbol{b}_r) \tag{9-53}$$

3. 网络输出

隐含层状态的计算将利用重置门计算保留的上一时刻的信息，如下所示：

$$\tilde{\boldsymbol{h}}_t = \tanh(\boldsymbol{W}_{\tilde{h}x}\boldsymbol{x}_t + \boldsymbol{W}_{\tilde{h}h}(\boldsymbol{h}_{t-1} \circ \boldsymbol{r}_t) + \boldsymbol{b}_{\tilde{h}}) \tag{9-54}$$

计算重置门 $\boldsymbol{r}_t$ 与 $\boldsymbol{h}_{t-1}$ 的 Hadamard 乘积(对应元素乘积)。由于重置门计算的输出值为 0～1 的向量，Hadamard 乘积将确定前一时刻保留与遗忘信息的比例。将两部分的计算结果相加再经过 tanh 激活函数激活，获得当前隐含层状态。

根据 $\tilde{\boldsymbol{h}}_t$、$\boldsymbol{h}_{t-1}$ 的结果以及更新门的输出结果 z_t 计算网络最终输出 $\boldsymbol{h}_t$：

$$\boldsymbol{h}_t = (1 - z_t) \circ \boldsymbol{h}_{t-1} + z_t \circ \tilde{\boldsymbol{h}}_t \tag{9-55}$$

z_t 以门控的形式控制了信息的流入比例，$1-z_t$ 与 $\boldsymbol{h}_{t-1}$ 的 Hadamard 乘积表示前一时刻信息保留到最终记忆的量，该信息加上当前记忆保留至最终记忆的信息就得到最终门控循环单元输出的内容。

GRU 的优势在于使用了同一个门控 z_t 就可以同时进行遗忘和选择记忆，而 LSTM 则要使用多个门控。$z_t \circ \tilde{\boldsymbol{h}}_t$ 表示对当前状态的选择性更新，z_t 是一种更新机制，更新 $\tilde{\boldsymbol{h}}_t$ 维度中的重要信息，保留 z_t 比例的信息。$(1-z_t)\circ\boldsymbol{h}_{t-1}$ 表示对上一时刻信息进行选择性遗忘，遗忘 z_t 比例的信息。可以看到，这里的选择保留 z_t 和选择遗忘 $1-z_t$ 的信息是联动的。也就是说，对于传入网络的信息，会被选择性遗忘，遗忘 $1-z_t$ 比例的信息，同时利用包含当前输入与上一时刻输出的最新隐层状态中 $\boldsymbol{z}_t$ 比例的信息进行弥补，以保持一种“恒定”状态。通过上述过程可以发现，门控循环单元不会随时间推移而清除以前的信息，而会保留相关的信息并传递到下一个单元，从而实现长距离信息记忆。

9.4.2 GRU 训练算法

权重 $\boldsymbol{W}_{zh}$、$\boldsymbol{W}_{rh}$、$\boldsymbol{W}_{\tilde{h}h}$ 是关于上一时刻隐含层状态的系数矩阵，因此其误差传递为沿时间线的误差反向传递，需要计算出 t 时刻向 $t-1$ 时刻传递的误差项 $\boldsymbol{\delta}_{t-1}$。

$$\boldsymbol{\delta}_{t-1}^{\mathrm{T}}=\frac{\partial E}{\partial \boldsymbol{h}_{t-1}}=\frac{\partial E}{\partial \boldsymbol{h}_t}\frac{\partial \boldsymbol{h}_t}{\partial \boldsymbol{h}_{t-1}}=\boldsymbol{\delta}_t^{\mathrm{T}}\frac{\partial \boldsymbol{h}_t}{\partial \boldsymbol{h}_{t-1}} \tag{9-56}$$

$\partial \boldsymbol{h}_t/\partial \boldsymbol{h}_{t-1}$ 是一个 Jacobian 矩阵。如果隐含层 h 的维度为 N，那么它就是一个 $N\times N$ 矩阵，根据 GRU 的计算公式：

$$\begin{cases}\boldsymbol{z}_t=\sigma(\boldsymbol{W}_{zx}\boldsymbol{x}_t+\boldsymbol{W}_{zh}\boldsymbol{h}_{t-1}+\boldsymbol{b}_z)\\ \boldsymbol{r}_t=\sigma(\boldsymbol{W}_{rx}\boldsymbol{x}_t+\boldsymbol{W}_{rh}\boldsymbol{h}_{t-1}+\boldsymbol{b}_r)\\ \tilde{\boldsymbol{h}}_t=\tanh(\boldsymbol{W}_{\tilde{h}x}\boldsymbol{x}_t+\boldsymbol{W}_{\tilde{h}h}(\boldsymbol{h}_{t-1}\circ\boldsymbol{r}_t)+\boldsymbol{b}_{\tilde{h}})\\ \boldsymbol{h}_t=(1-\boldsymbol{z}_t)\circ\boldsymbol{h}_{t-1}+\boldsymbol{z}_t\circ\tilde{\boldsymbol{h}}_t\end{cases} \tag{9-57}$$

同时，定义神经元净输入 $\boldsymbol{net}_{z,t}$、$\boldsymbol{net}_{r,t}$、$\boldsymbol{net}_{\tilde{h}_t,t}$ 为

$$\begin{cases}\boldsymbol{net}_{z,t}=\boldsymbol{W}_{zx}\boldsymbol{x}_t+\boldsymbol{W}_{zh}\boldsymbol{h}_{t-1}+\boldsymbol{b}_z\\ \boldsymbol{net}_{r,t}=\boldsymbol{W}_{rx}\boldsymbol{x}_t+\boldsymbol{W}_{rh}\boldsymbol{h}_{t-1}+\boldsymbol{b}_r\\ \boldsymbol{net}_{\tilde{h},t}=\boldsymbol{W}_{\tilde{h}x}\boldsymbol{x}_t+\boldsymbol{W}_{\tilde{h}h}(\boldsymbol{h}_{t-1}\circ\boldsymbol{r}_t)+\boldsymbol{b}_{\tilde{h}}\end{cases} \tag{9-58}$$

因此，根据式(9-58)可得

$$\begin{cases}\dfrac{\partial \boldsymbol{net}_{z,t}}{\partial \boldsymbol{h}_{t-1}}=\boldsymbol{W}_{zh}\\ \dfrac{\partial \boldsymbol{net}_{r,t}}{\partial \boldsymbol{h}_{t-1}}=\boldsymbol{W}_{rh}\\ \dfrac{\partial \boldsymbol{net}_{\tilde{h},t}}{\partial \boldsymbol{h}_{t-1}}=\boldsymbol{W}_{\tilde{h}h}\boldsymbol{r}_t\end{cases} \tag{9-59}$$

由于，$\boldsymbol{z}_t$、$\boldsymbol{r}_t$、$\tilde{\boldsymbol{h}}_t$、$\boldsymbol{h}_t$ 都是 $\boldsymbol{h}_{t-1}$ 的函数，根据图 9-12 的 $\boldsymbol{h}_t$ 与 $\boldsymbol{h}_{t-1}$ 误差反传回路，利用全导数公式可得

$$\begin{aligned}\boldsymbol{\delta}_{t-1}^{\mathrm{T}}&=\boldsymbol{\delta}_t^{\mathrm{T}}\frac{\partial \boldsymbol{h}_t}{\partial \boldsymbol{h}_{t-1}}\\ &=\boldsymbol{\delta}_t^{\mathrm{T}}\frac{\partial \boldsymbol{h}_t}{\partial \boldsymbol{z}_t}\frac{\partial \boldsymbol{z}_t}{\partial \boldsymbol{net}_{z,t}}\frac{\partial \boldsymbol{net}_{z,t}}{\partial \boldsymbol{h}_{t-1}}+\boldsymbol{\delta}_t^{\mathrm{T}}\frac{\partial \boldsymbol{h}_t}{\partial \boldsymbol{z}_t}\frac{\partial \boldsymbol{z}_t}{\partial \boldsymbol{r}_t}\frac{\partial \boldsymbol{r}_t}{\partial \boldsymbol{net}_{r,t}}\frac{\partial \boldsymbol{net}_{r,t}}{\partial \boldsymbol{h}_{t-1}}+\boldsymbol{\delta}_t^{\mathrm{T}}\frac{\partial \boldsymbol{h}_t}{\partial \tilde{\boldsymbol{h}}_t}\frac{\partial \tilde{\boldsymbol{h}}_t}{\partial \boldsymbol{net}_{\tilde{h},t}}\frac{\partial \boldsymbol{net}_{\tilde{h},t}}{\partial \boldsymbol{h}_{t-1}}+\\ &\quad\boldsymbol{\delta}_t^{\mathrm{T}}\frac{\partial \boldsymbol{h}_t}{\partial \boldsymbol{h}_{t-1}}\\ &=\frac{\partial E}{\partial \boldsymbol{h}_t}\frac{\partial \boldsymbol{h}_t}{\partial \boldsymbol{z}_t}\frac{\partial \boldsymbol{z}_t}{\partial \boldsymbol{net}_{z,t}}\frac{\partial \boldsymbol{net}_{z,t}}{\partial \boldsymbol{h}_{t-1}}+\frac{\partial E}{\partial \boldsymbol{h}_t}\frac{\partial \boldsymbol{h}_t}{\partial \boldsymbol{z}_t}\frac{\partial \boldsymbol{z}_t}{\partial \boldsymbol{r}_t}\frac{\partial \boldsymbol{r}_t}{\partial \boldsymbol{net}_{r,t}}\frac{\partial \boldsymbol{net}_{r,t}}{\partial \boldsymbol{h}_{t-1}}+\end{aligned}$$

$$\frac{\partial E}{\partial \boldsymbol{h}_t}\frac{\partial \boldsymbol{h}_t}{\partial \tilde{\boldsymbol{h}}_t}\frac{\partial \tilde{\boldsymbol{h}}_t}{\partial \boldsymbol{net}_{\tilde{h},t}}\frac{\partial \boldsymbol{net}_{\tilde{h},t}}{\partial \boldsymbol{h}_{t-1}}+\boldsymbol{\delta}_t^{\mathrm{T}}(1-\boldsymbol{z}_t)$$

$$=\boldsymbol{\delta}_{z,t}^{\mathrm{T}}\frac{\partial \boldsymbol{net}_{z,t}}{\partial \boldsymbol{h}_{t-1}}+\boldsymbol{\delta}_{r,t}^{\mathrm{T}}\frac{\partial \boldsymbol{net}_{r,t}}{\partial \boldsymbol{h}_{t-1}}+\boldsymbol{\delta}_{\tilde{h},t}^{\mathrm{T}}\frac{\partial \boldsymbol{net}_{\tilde{h},t}}{\partial \boldsymbol{h}_{t-1}}+\boldsymbol{\delta}_t^{\mathrm{T}}(1-\boldsymbol{z}_t) \tag{9-60}$$

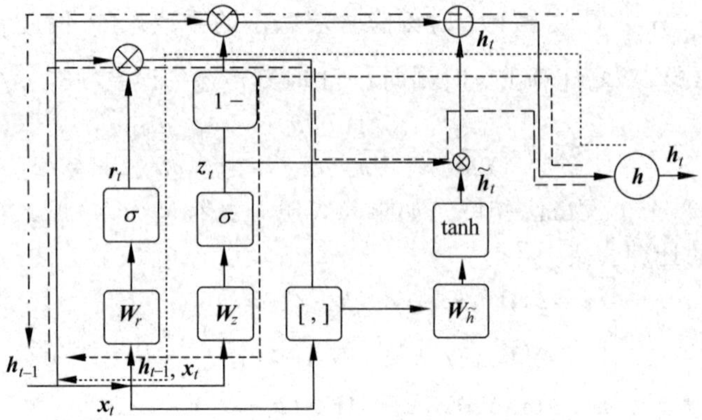

图 9-12 GRU 误差反传示意图

根据$\boldsymbol{\delta}_{z,t}$、$\boldsymbol{h}_t$、$\boldsymbol{z}_t$ 的定义，

$$\begin{cases}\boldsymbol{\delta}_{z,t}^{\mathrm{T}}=\dfrac{\partial E}{\partial \boldsymbol{net}_{r,t}}\\ \boldsymbol{h}_t=(1-\boldsymbol{z}_t)\circ \boldsymbol{h}_{t-1}+\boldsymbol{z}_t\circ \tilde{\boldsymbol{h}}_t\\ \boldsymbol{z}_t=\sigma(\boldsymbol{net}_{z,t})\end{cases} \tag{9-61}$$

因此，根据链式求导法则可得

$$\boldsymbol{\delta}_{z,t}^{\mathrm{T}}=\frac{\partial E}{\partial \boldsymbol{net}_{z,t}}=\frac{\partial E}{\partial \boldsymbol{h}_t}\frac{\partial \boldsymbol{h}_t}{\partial \boldsymbol{z}_t}\frac{\partial \boldsymbol{z}_t}{\partial \boldsymbol{net}_{z,t}}=\boldsymbol{\delta}_t^{\mathrm{T}}\circ(-\boldsymbol{h}_{t-1}+\tilde{\boldsymbol{h}}_t)\circ \boldsymbol{z}_t\circ(1-\boldsymbol{z}_t) \tag{9-62}$$

同理可求$\boldsymbol{\delta}_{r,t}$、$\boldsymbol{\delta}_{\tilde{h},t}$：

$$\boldsymbol{\delta}_{r,t}^{\mathrm{T}}=\frac{\partial E}{\partial \boldsymbol{net}_{r,t}}=\frac{\partial E}{\partial \boldsymbol{h}_t}\frac{\partial \boldsymbol{h}_t}{\partial \tilde{\boldsymbol{h}}_t}\frac{\partial \tilde{\boldsymbol{h}}_t}{\partial \boldsymbol{r}_t}\frac{\partial \boldsymbol{r}_t}{\partial \boldsymbol{net}_{r,t}}=\frac{\partial E}{\partial \tilde{\boldsymbol{h}}_t}\circ \boldsymbol{h}_{t-1}\circ \boldsymbol{r}_t\circ(1-\boldsymbol{r}_t) \tag{9-63}$$

$$\boldsymbol{\delta}_{\tilde{h},t}^{\mathrm{T}}=\frac{\partial E}{\partial \boldsymbol{net}_{\tilde{h},t}}=\frac{\partial E}{\partial \boldsymbol{h}_t}\frac{\partial \boldsymbol{h}_t}{\partial \tilde{\boldsymbol{h}}_t}\frac{\partial \tilde{\boldsymbol{h}}_t}{\partial \boldsymbol{net}_{\tilde{h},t}}=\boldsymbol{\delta}_t^{\mathrm{T}}\circ \boldsymbol{z}_t\circ(1-\tilde{\boldsymbol{h}}_t^2) \tag{9-64}$$

因此，沿时间线进行传播的梯度信息为

$$\boldsymbol{\delta}_{t-1}^{\mathrm{T}}=\frac{\partial E}{\partial \boldsymbol{h}_{t-1}}=\boldsymbol{W}_{zh}\boldsymbol{\delta}_{z,t}^{\mathrm{T}}+\boldsymbol{W}_{rh}\boldsymbol{\delta}_{r,t}^{\mathrm{T}}+\boldsymbol{W}_{\tilde{h}h}(\boldsymbol{\delta}_{\tilde{h},t}^{\mathrm{T}}\boldsymbol{r}_t)+\boldsymbol{\delta}_t^{\mathrm{T}}(1-\boldsymbol{z}_t) \tag{9-65}$$

因此，根据式(9-51)，可得权重$\boldsymbol{W}_{zh}$、$\boldsymbol{W}_{rh}$、$\boldsymbol{W}_{\tilde{h}h}$ 沿时间线进行传播的梯度信息：

$$\begin{cases}\dfrac{\partial E}{\partial \boldsymbol{W}_{zh}}=\dfrac{\partial E}{\partial \boldsymbol{net}_{z,t}}\dfrac{\partial \boldsymbol{net}_{z,t}}{\partial \boldsymbol{W}_{zh}}=\boldsymbol{h}_{t-1}^{\mathrm{T}}\boldsymbol{\delta}_{z,t}\\ \dfrac{\partial E}{\partial \boldsymbol{W}_{rh}}=\dfrac{\partial E}{\partial \boldsymbol{net}_{r,t}}\dfrac{\partial \boldsymbol{net}_{r,t}}{\partial \boldsymbol{W}_{rh}}=\boldsymbol{h}_{t-1}^{\mathrm{T}}\boldsymbol{\delta}_{r,t}\\ \dfrac{\partial E}{\partial \boldsymbol{W}_{\tilde{h}h}}=\dfrac{\partial E}{\partial \boldsymbol{net}_{\tilde{h},t}}\dfrac{\partial \boldsymbol{net}_{\tilde{h},t}}{\partial \boldsymbol{W}_{\tilde{h}h}}=(\boldsymbol{h}_{t-1}\circ \boldsymbol{r}_t)^{\mathrm{T}}\boldsymbol{\delta}_{\tilde{h},t}\end{cases} \tag{9-66}$$

对于沿着网络层次传播的梯度，主要是求损失对权重 $\boldsymbol{W}_{zx}$、$\boldsymbol{W}_{rx}$、$\boldsymbol{W}_{\tilde{h}x}$ 的梯度，只需要根据相应的误差项直接计算即可。因此，损失对权重 $\boldsymbol{W}_{zx}$、$\boldsymbol{W}_{rx}$、$\boldsymbol{W}_{\tilde{h}x}$ 的梯度计算如下所示：

$$\begin{cases}\dfrac{\partial E}{\partial \boldsymbol{W}_{zx}}=\dfrac{\partial E}{\partial \boldsymbol{net}_{z,t}}\dfrac{\partial \boldsymbol{net}_{z,t}}{\partial \boldsymbol{W}_{zx}}=\boldsymbol{\delta}_{z,t}\boldsymbol{x}_t^{\mathrm{T}}\\ \dfrac{\partial E}{\partial \boldsymbol{W}_{rx}}=\dfrac{\partial E}{\partial \boldsymbol{net}_{r,t}}\dfrac{\partial \boldsymbol{net}_{r,t}}{\partial \boldsymbol{W}_{rx}}=\boldsymbol{\delta}_{r,t}\boldsymbol{x}_t^{\mathrm{T}}\\ \dfrac{\partial E}{\partial \boldsymbol{W}_{\tilde{h}x}}=\dfrac{\partial E}{\partial \boldsymbol{net}_{\tilde{h},t}}\dfrac{\partial \boldsymbol{net}_{\tilde{h},t}}{\partial \boldsymbol{W}_{\tilde{h}x}}=\boldsymbol{\delta}_{\tilde{h},t}\boldsymbol{x}_t^{\mathrm{T}}\end{cases} \tag{9-67}$$

同理，计算偏置项的梯度信息为

$$\begin{cases}\dfrac{\partial E}{\partial \boldsymbol{b}_z}=\dfrac{\partial E}{\partial \boldsymbol{net}_{z,t}}\dfrac{\partial \boldsymbol{net}_{z,t}}{\partial \boldsymbol{b}_z}=\boldsymbol{\delta}_{z,t}\\ \dfrac{\partial E}{\partial \boldsymbol{b}_r}=\dfrac{\partial E}{\partial \boldsymbol{net}_{r,t}}\dfrac{\partial \boldsymbol{net}_{r,t}}{\partial \boldsymbol{b}_r}=\boldsymbol{\delta}_{r,t}\\ \dfrac{\partial E}{\partial \boldsymbol{b}_{\tilde{h}}}=\dfrac{\partial E}{\partial \boldsymbol{net}_{\tilde{h},t}}\dfrac{\partial \boldsymbol{net}_{\tilde{h},t}}{\partial \boldsymbol{b}_{\tilde{h}}}=\boldsymbol{\delta}_{\tilde{h},t}\end{cases} \tag{9-68}$$

对于 LSTM 与 GRU 网络，网络末端输出为 $\boldsymbol{y}_t$，采用 Softmax 分类函数时，通常采用交叉熵损失函数进行网络训练。

$$\boldsymbol{y}_t=\phi(\boldsymbol{W}_{hy}\boldsymbol{h}_t+\boldsymbol{b}_y) \tag{9-69}$$

其中，$\boldsymbol{W}_{hy}$ 为输出层权重，$\boldsymbol{h}_t$ 为隐含层输出信息。

第10章

第 10 章课件

Transformer

10.1 神经网络注意力机制

随着科技的发展，自然语言处理方法也在不断发生变化。基于词袋以及 N-Gram 的传统自然语言处理方法，是基于离散空间的语言建模方法，无法对问题空间进行连续逼近；而基于神经网络的自然语言处理方法是一种连续逼近方法，具有更优异的性能。但标准的循环神经网络、长短时神经网络也存在其固有缺陷，网络模型无法处理具有任意输入序列长度、任意输出序列长度的语言问题，如语言翻译、机器问答等。而基于编码器-解码器的序列到序列神经网络架构能够很好地应对此类问题，因此在神经网络自然语言处理模型中被广泛采用。编码器-解码器模型利用编码器将任意长度的输入序列转换为中间代码，解码器利用中间代码生成任意长度的语言输出，如图 10-1 所示。编码器与解码器可由循环神经网络、长短时神经网络等网络架构组成。

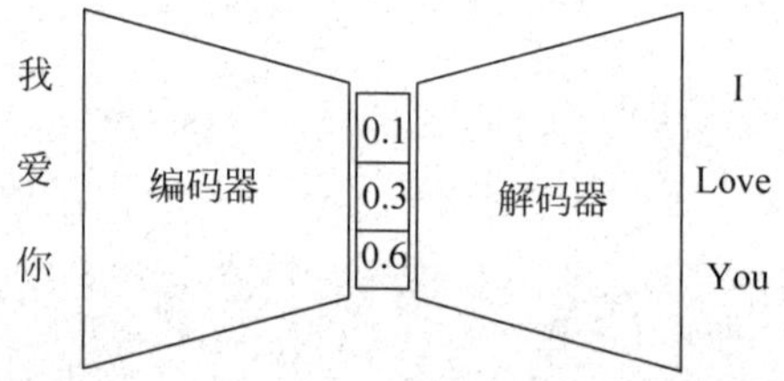

图 10-1　编码器-解码器架构示意图

自然语言处理任务中往往会存在长期依赖关系，长期依赖是指当前系统的状态可能受很长时间之前系统状态的影响，如预测一个词的关键信息可能在句首，而离当前词的距离却很远。如果网络模型无法记忆早期的信息，将导致网络性能较差。循环神经网络理论上可以回忆任意长度序列的信息，但实际实验中很难处理长距离的依赖，导致其在作为编码器对输入序列进行编码时，实际应用效果不理想。长短时记忆网络通过记忆单元以及多个门控单元的引入，一定程度上缓解了这个问题，但效果也不是很理想。对于编码器-解码器结构，中间编码信息作为编码器与解码器的唯一联系，对其编码所包含输入信息的丰富度要求较高。但要求网络将整个序列信息编码并压缩进一个固定长度的语义向量，本身就非易事；而唯一的语义向量往往难以完全表达整个输入序列的信息。同时，网络在处理输入序列过程中，先输入的内容信息会被后输入的信息稀释或者覆盖，输入序列越长，这样的现象越严重。因此，在解码器解码时就无法获得足够的输入序列信息，同时解码器也无法得知编码信息中输入序列中不同部分的作用，解码效果不理想。因此，编码器-解码器架构通常会融合注意力机制，以提升模型的性能。

10.1.1 神经网络注意力机制原理

神经网络中的注意力机制源于人类视觉注意力机制。人类在利用眼睛观察周围事物时,首先会关注场景某一特定区域,从而获取重点关注的目标以及目标的有关细节信息,同时忽略其他无关信息。对于计算系统而言,注意力模式可以在计算能力有限的情况下,将计算资源分配给更重要的任务,是一种有效的资源分配方案,可用于解决信息超载问题。对于人工神经网络,一般模型的参数越多模型的表达能力越强,模型所存储的信息量也越大,这将会带来信息过载的问题。注意力机制聚焦当前任务更为关键的输入信息,降低对其他信息的关注度,甚至过滤无关信息,以解决信息过载问题,提高任务处理的效率和准确性。

注意力机制分为聚焦式注意力与显著性注意力。聚焦式注意力是有预定目的与依赖任务的、主动有意识地聚焦于某一对象的注意力,是一种自上而下的有意识的"主动注意"。显著性注意力是基于显著性的注意力,是由外界刺激驱动的注意,不需要主动干预,与任务无关,是一种自下而上的无意识的"被动注意"。例如,卷积网络中的池化操作和长短时记忆网络中的门控可以近似地看作是自下而上的基于显著性的注意力机制。注意力机制的计算主要是根据输入状态信息 $\boldsymbol{X}=[\boldsymbol{x}_1,\cdots,\boldsymbol{x}_i,\cdots,\boldsymbol{x}_N]$,根据相似性估计函数 $e(\boldsymbol{q},\boldsymbol{x}_i)$,计算注意力分布系数 α:

$$\alpha=\mathrm{Softmax}(e(\boldsymbol{q},\boldsymbol{x}_i)) \tag{10-1}$$

注意力分布系数 α 可以理解为在输入的查询向量 $\boldsymbol{q}$ 与第 i 个输入信息 $\boldsymbol{x}_i$ 的关联程度。常见的相似性估计函数包括加性方法、点积方法等。例如,加性模型可表达为 $e(\boldsymbol{q},\boldsymbol{x}_i)=\boldsymbol{v}^{\mathrm{T}}\tanh(\boldsymbol{W}\boldsymbol{x}_i+\boldsymbol{U}\boldsymbol{q})$,其中 $\boldsymbol{W}$、$\boldsymbol{U}$ 为可学习参数;点积模型可表达为 $e(\boldsymbol{q},\boldsymbol{x}_i)=\boldsymbol{q}^{\mathrm{T}}\boldsymbol{x}_i$;缩放点积模型可表达为 $e(\boldsymbol{q},\boldsymbol{x}_i)=\dfrac{\boldsymbol{q}^{\mathrm{T}}\boldsymbol{x}_i}{\sqrt{d}}$,$d$ 为输入向量的维度。加性与点积相似性估计方法对比如图 10-2 所示。计算注意力分布系数 α 后,即可根据注意力模型,利用输入信息与注意力信息计算输出。注意力模型主要包括软性注意力、硬性注意力及键值对注意力。

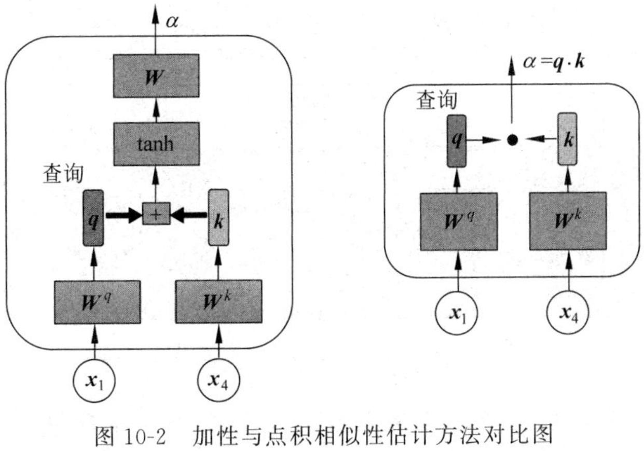

图 10-2 加性与点积相似性估计方法对比图

软性注意力是指在选择信息的时候,不是只选择输入信息中的 1 个,而是根据注意力系数,计算所有输入信息的加权平均,产生当前神经元的输出信息 $\boldsymbol{C}=\sum_{i=1}^{N}\alpha_i\boldsymbol{x}_i$,如图 10-3 所示。

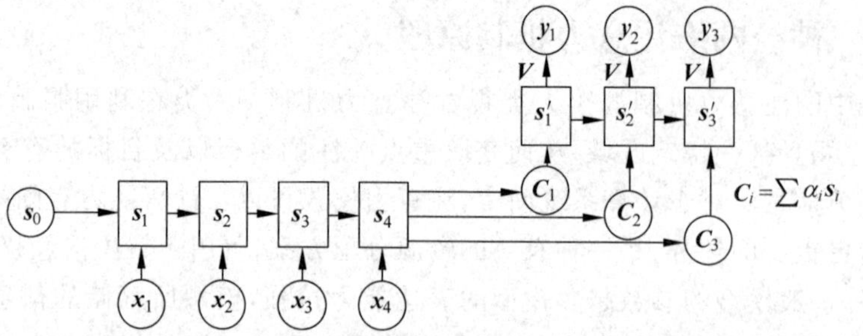

图 10-3 基于注意力的编码器-解码器架构示意图

图 10-4 为融合注意力机制的编码器-解码器架构的计算示例。首先，将解码器前一个时刻的输出状态 $\boldsymbol{q}_2$ 和编码器的输出 $\boldsymbol{s}_i$ 进行注意力计算，得到一个当前时刻的上下文信息。上下文信息可以视为：截止到当前已经有了"I love"，在此基础上下一个时刻应该更加关注源语言语句的哪些内容，上下文信息和上个时刻的输出"love"进行融合作为当前时刻 RNN 单元的输入。

硬性注意力只选择输入序列某一位置的信息作为神经元输出信息。硬性注意力有两种实现方式：一种是通过随机选择的方式，选择注意力分布概率较高的神经元信息作为输出信息，因此梯度传播需要利用蒙特卡洛采样估算梯度；另一种是选取最高概率输入信息作为神经元输出信息：

$$\boldsymbol{C}=\boldsymbol{x}_j,\quad 其中\ j=\arg\max_{i=1\sim N}\alpha_i \tag{10-2}$$

硬性注意力基于随机采样或最大采样方式选择信息，导致最终的损失函数与注意力分布之间的函数关系不可导，因此无法在反向传播时进行训练。

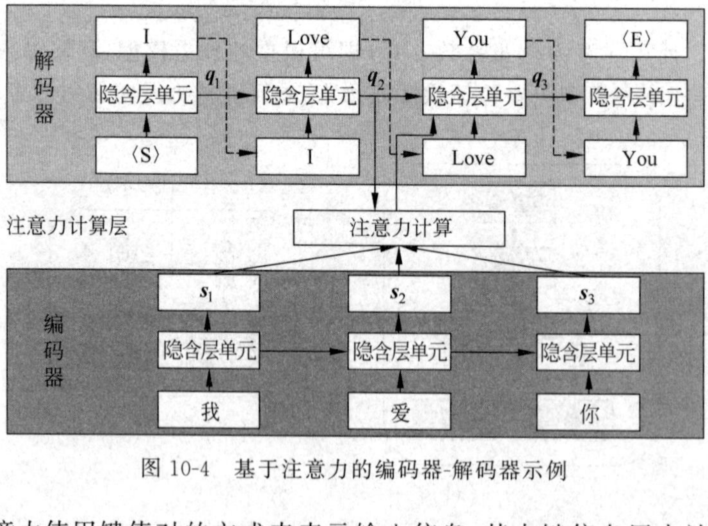

图 10-4 基于注意力的编码器-解码器示例

键值对注意力使用键值对的方式来表示输入信息，其中键信息用来计算注意力分布 α_i，值信息用来表示实际输入信息，而网络输入信息作为查询信息，与键信息进行匹配计算，完成注意力分布的估计，如自注意力机制。用 $(\boldsymbol{K},\boldsymbol{V})=[(\boldsymbol{k}_1,\boldsymbol{v}_1),\cdots,(\boldsymbol{k}_n,\boldsymbol{v}_n)]$ 来表示 n 组输入信息，给定任务相关的查询信息 q 时，键值对注意力分布计算可表示为

$$\alpha_i = \mathrm{Softmax}(e(\boldsymbol{q},\boldsymbol{k}_i)) = \frac{\exp(e(\boldsymbol{q},\boldsymbol{k}_i))}{\sum\limits_{j=1\sim N}\exp(e(\boldsymbol{q},\boldsymbol{k}_j))} \tag{10-3}$$

显然，当 $\boldsymbol{k}=\boldsymbol{v}$ 时，键值对就等价于普通的注意力机制。键值对注意力实质为一种查询方式，假设若干对$(\boldsymbol{k}_1,\boldsymbol{v}_1)$信息，其中 $\boldsymbol{k}$ 相当于索引信息，而$\boldsymbol{v}$ 相当于索引位置存储的信息。假设查询信息为 $\boldsymbol{q}$，寻找与 $\boldsymbol{q}$ 匹配的索引即可得到该索引位置存储的信息，如图 10-5 所示。实际使用过程中，$\boldsymbol{q}$ 与 $\boldsymbol{k}$ 为向量信息，因此 $\boldsymbol{q}$ 与 $\boldsymbol{k}$ 的匹配计算即可得到匹配性的数值信息 α，即注意力信息，因此最终提取的值信息为各值信息的加权和。

$$\boldsymbol{v}_{out} = \sum_{i=1}^{N}\alpha_i \circ \boldsymbol{v}_i \tag{10-4}$$

注意力机制也可以看作是一个重新生成$\boldsymbol{v}$ 的过程。对于一组$\boldsymbol{v}$ 值，注意力模型对它们加权求和，并得到一个新的$\boldsymbol{v}$，而这个新的$\boldsymbol{v}$ 实际上就是 $\boldsymbol{q}$ 所对应的查询结果。如在机器翻译中，$\boldsymbol{q}$ 被看作目标语言所对应的源语言上下文表示。

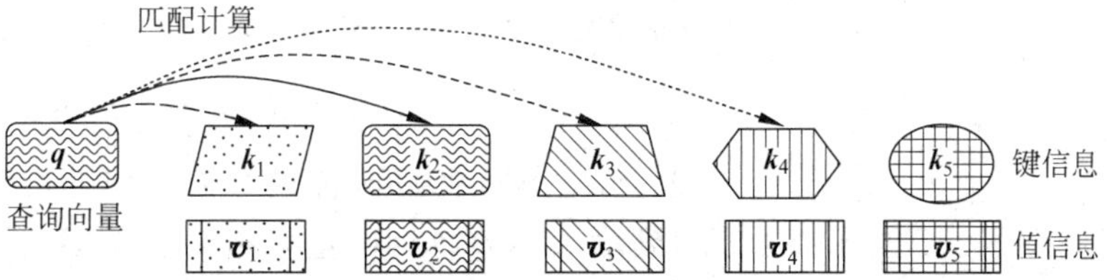

图 10-5　键值对注意力原理图

多头注意力(Multi-Head Attention)是利用多组键值对注意力平行计算，从而根据输入信息获取多组信息。每个注意力关注输入信息的不同部分，例如，短距离依赖和长距离依赖关系。多头注意力最终输出信息为各子头注意力输出向量信息的拼接，如图 10-6 所示。

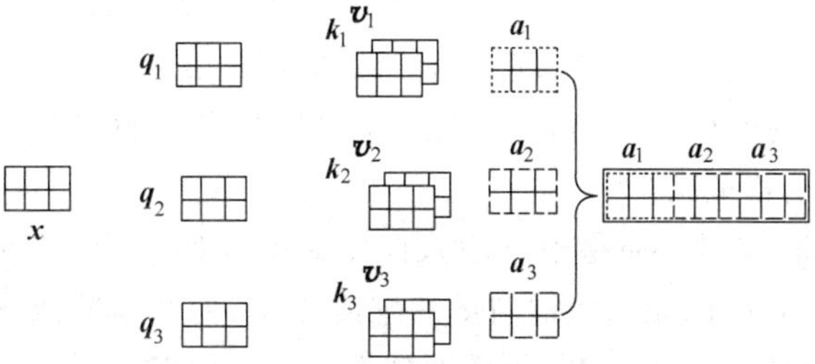

图 10-6　多头注意力示意图

10.1.2　自注意力机制

循环神经网络与长短时记忆网络常被用于处理序列输入问题。但在序列过长、词汇之间信息传递距离较远时，两种模型的信息提取能力变差；同时由于网络的输入具有时序性，后一时刻的计算依赖前一时刻的输出信息，因此不容易被平行化，导致网络训练速度较慢。Transformer 利用自注意力机制，将不同位置间的信息传递距离拉近为 1，很好地解决了长距离依赖问题，增强了模型的信息抽取能力，在长距离语言建模任务中取得了很好的效果；同时，自注意力机制实现了网络的并行化计算，解决了循环神经网络不能平行化的问题，从而大大加速了网络的训练速度，改进了循环神经网络训练速度慢的缺点。因此，基于自注意力机制构造的 Transformer 能够设计更深的网络模型，提升模型准确率，从而取代循环神经网络作为一种新的序列信息处理模型。

自注意力机制模型架构与全连接网络类似，每个输出神经元都能够获取所有输入神经元的信息，用于计算输出，但其内部实现方式与全连接网络有所不同。全连接神经网络输入神经元与输出神经元之间具有实质性连接，而自注意力机制模型输入与输出神经元的连接无实质连接，其内部是基于注意力的方式考虑了所有的输入信息，如图 10-7 所示。

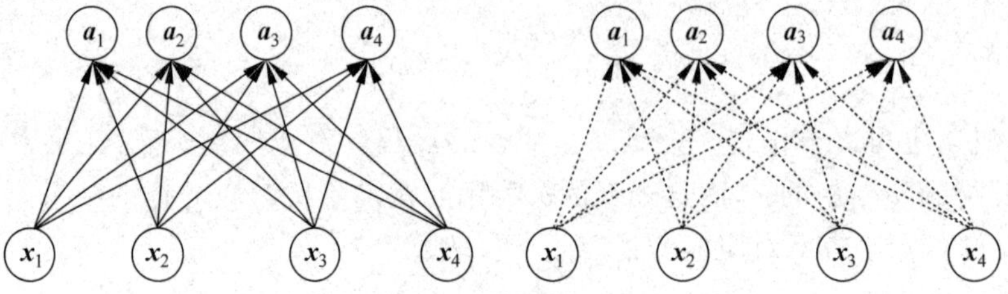

图 10-7　全连接网络与自注意力模式对比示意图

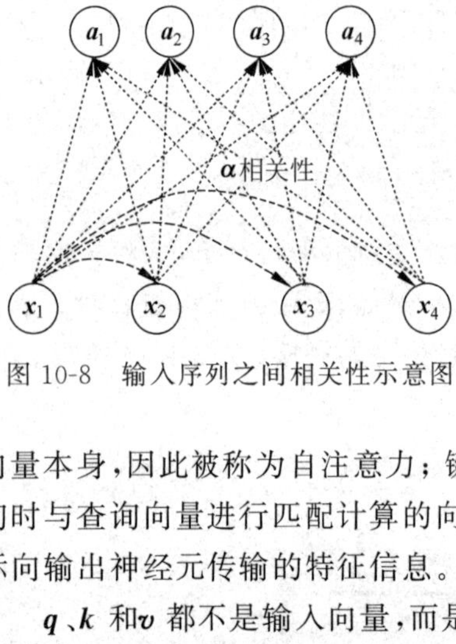

图 10-8　输入序列之间相关性示意图

自注意力模型如何根据输入信息产生输出信息呢？以 $\boldsymbol{a}_1$ 输出为例，首先对输入词进行词嵌入处理，得到输入的 n 维词向量表示 $\boldsymbol{x}_1$。然后，计算输入向量 $\boldsymbol{x}_1$ 与其他输入向量的关联程度（包括与自身的关联度），用$\boldsymbol{\alpha}$ 表示，如图 10-8 所示。

自注意力模型如何计算关联性呢？在自注意力模型中会生成 3 组新的向量，分别为向量 $\boldsymbol{q}$、$\boldsymbol{k}$ 和 $\boldsymbol{v}$。查询 $\boldsymbol{q}$ 向量表示为了编码当前词，需要去注意其他（包括自己）哪些词，查询向量不是隐状态，而是来自当前输入向量本身，因此被称为自注意力；键向量 $\boldsymbol{k}$ 表示对应词的关键的用于被检索的信息，即在查询时与查询向量进行匹配计算的向量；值向量$\boldsymbol{v}$ 向量是真正的用于产生输出的信息，即实际向输出神经元传输的特征信息。

$\boldsymbol{q}$、$\boldsymbol{k}$ 和$\boldsymbol{v}$ 都不是输入向量，而是根据输入向量做的线性变换，其变换矩阵是可训练的。通常，这 3 个新得到的向量比原来的词向量的维度更小，如原始输入向量为 512 维，新向量或可为 64 维。假设变换矩阵 $\boldsymbol{W}^q$、$\boldsymbol{W}^k$ 的维度都为 $m \times n$，对输入进行线性变换，分别得到维度为 m 的查询向量 $\boldsymbol{q}$ 和键向量 $\boldsymbol{k}$，值向量$\boldsymbol{v}$ 同样通过变换矩阵产生，但变换矩阵 $\boldsymbol{W}^v$ 可与 $\boldsymbol{W}^q$、$\boldsymbol{W}^k$ 具有不同的维度。

$$\begin{cases} \boldsymbol{q}_i = \boldsymbol{W}^q \boldsymbol{x}_i \\ \boldsymbol{k}_i = \boldsymbol{W}^k \boldsymbol{x}_i \\ \boldsymbol{v}_i = \boldsymbol{W}^v \boldsymbol{x}_i \end{cases} \tag{10-5}$$

关联性的计算采用 $\boldsymbol{q}$ 向量与$\boldsymbol{k}$ 向量进行计算，其计算方式可以采用元素乘的方式，也可以采用元素加的方式。以采用元素乘的计算方式为例，计算注意力系数时，每个输入分别作为查询向量，计算与其他输入的关联程度，如 $\alpha_{1,2} = \boldsymbol{q}_1 \cdot \boldsymbol{k}_2$。计算 $\boldsymbol{x}_1$ 与各输入的关联程度 $\boldsymbol{\alpha}$，$\alpha_{1,j} = \boldsymbol{q}_1 \cdot \boldsymbol{k}_j$，其中 j 为输入时刻 $\boldsymbol{x}_1 \sim \boldsymbol{x}_4$，如图 10-9 所示。因此，关联度计算包括自身与

自身的关联程度计算。根据各 $\boldsymbol{q}$ 向量与 $\boldsymbol{k}$ 向量分量，构造 $\boldsymbol{Q}=[\boldsymbol{q}_1^{\mathrm{T}},\boldsymbol{q}_2^{\mathrm{T}},\cdots]$、$\boldsymbol{K}=[\boldsymbol{k}_1,\boldsymbol{k}_2,\cdots]$。因此，可计算注意力系数 $\boldsymbol{\alpha}$ 为

$$\boldsymbol{\alpha}=\boldsymbol{Q}\boldsymbol{K}^{\mathrm{T}} \tag{10-6}$$

为了防止点乘结果过大，将点乘结果统一除以一个固定系数，从而使得梯度更加稳定。

$$\boldsymbol{\alpha}=\frac{\boldsymbol{Q}\boldsymbol{K}^{\mathrm{T}}}{\sqrt{d}} \tag{10-7}$$

其中，d 为词向量 $\boldsymbol{q}$ 或 $\boldsymbol{k}$ 的维度。

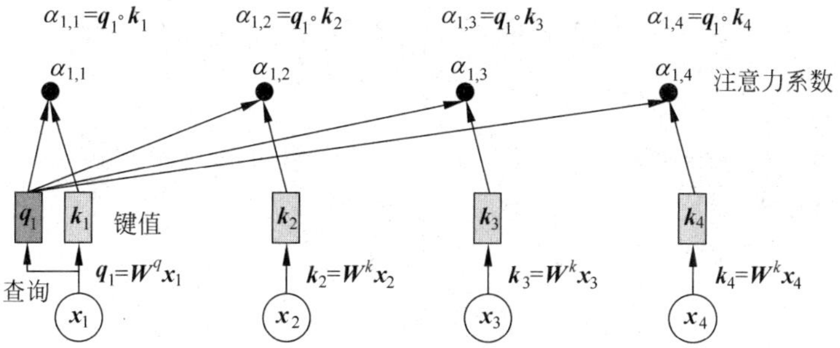

图 10-9 输入序列间关联度计算示意图

经过缩放后的注意力系数经过 Softmax 等处理后，得到归一化后的得分值，如图 10-10 所示，通过这种方式可以强化语义上相关的单词，并弱化不相关的单词(例如，乘以 0.001 这样的小数)，Softmax 不是必须的，可采用其他方式替代，如使用 ReLU 函数进行替换。

$$\boldsymbol{\alpha}'=\mathrm{Softmax}\left(\frac{\boldsymbol{Q}\boldsymbol{K}}{\sqrt{d}}\right) \tag{10-8}$$

例如，计算获得 $\boldsymbol{x}_1$ 输入时刻与其他时刻之间的关联程度 $\alpha_{1,j}$ 后，经过 Softmax 对关联度进行归一化处理。

$$\alpha'_{1,j}=\exp(\alpha_{1,j})\Big/\sum_i \exp(\alpha_{1,i}) \tag{10-9}$$

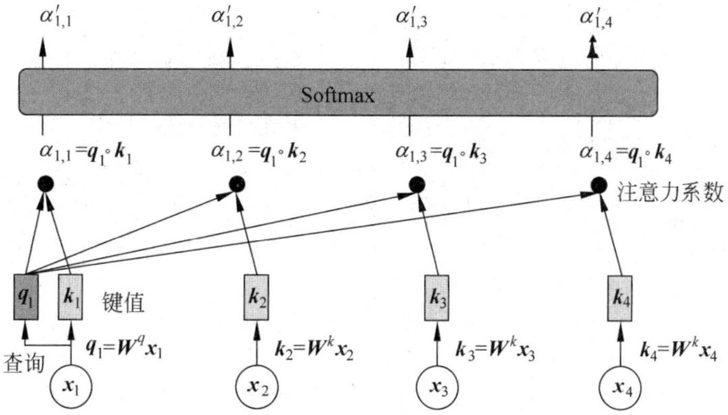

图 10-10 输入序列间关联度最终输出示意图

获得注意力分值后，利用值向量产生输出向量：

$$\boldsymbol{a}=\boldsymbol{V}\boldsymbol{\alpha}' \tag{10-10}$$

其中，$\boldsymbol{V}=[\boldsymbol{v}_1^{\mathrm{T}},\boldsymbol{v}_2^{\mathrm{T}},\cdots]$。

例如，最后利用注意力系数 $\alpha'_{1,j}$ 计算输出值 $\boldsymbol{a}_1$，如图 10-11 所示。

$$\boldsymbol{a}_1 = \sum \boldsymbol{v}_j \boldsymbol{\alpha}'_{1,j} \tag{10-11}$$

以此类推，可计算出 $\boldsymbol{a}_2$、$\boldsymbol{a}_3$、$\boldsymbol{a}_4$ 的向量信息。$\boldsymbol{a}_1$、$\boldsymbol{a}_2$、$\boldsymbol{a}_3$、$\boldsymbol{a}_4$ 不存在依赖关系，因此可以进行并行计算加速。

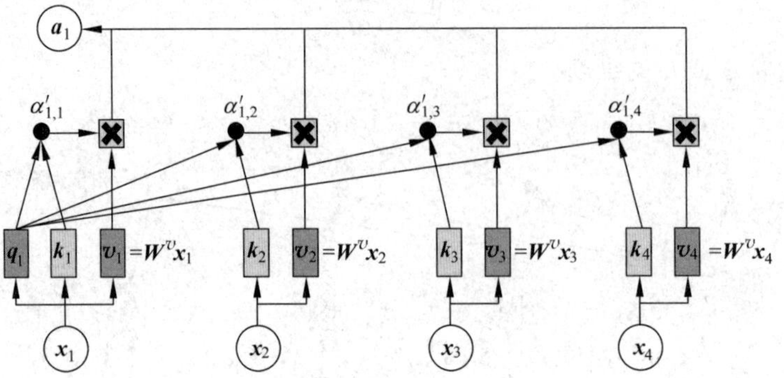

图 10-11　自注意力值信息计算示意图

自注意力在编码某个单词时，并非只考虑输入单词本身，而是将所有单词的表示（值向量）进行加权求和，而权重是通过该词的表示（键向量）与被编码词表示（查询向量）的点积并通过 Softmax 得到。自注意力计算得到的向量即可传递给前馈神经网络。经过训练后，$\boldsymbol{q}$ 倾向于表征待处理的字词等信息，$\boldsymbol{k}$ 倾向于表征每个字词在整个句子的位置，$\boldsymbol{v}$ 倾向于表征每个字词的含义；$\boldsymbol{q}$ 与 $\boldsymbol{k}$ 点乘，其本质上是计算 $\boldsymbol{q}$ 与 $\boldsymbol{k}$ 的相似度，如待翻译字词与哪个位置的字词关联度更大等。

为了进一步完善自注意力层，采用多头注意力机制，扩展模型专注于不同位置的能力，并构建了注意力层的多个表示子空间，如图 10-12 所示。

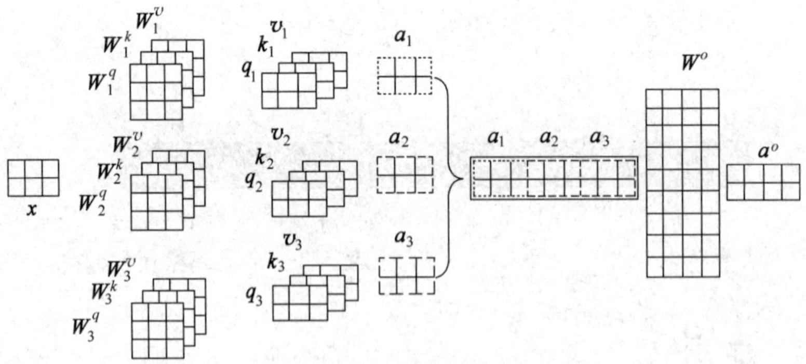

图 10-12　多头注意力机制计算过程示意图

在多头注意力机制下，为了每个头保持独立的查询、键、值权重矩阵，利用输入 $\boldsymbol{x}$ 与不同的 $\boldsymbol{W}_i^q$、$\boldsymbol{W}_i^k$、$\boldsymbol{W}_i^v$ 矩阵相乘，从而产生不同的查询、键、值矩阵。

$$\begin{cases} \boldsymbol{q}_{j,i} = \boldsymbol{w}_j^q \boldsymbol{x}_i \\ \boldsymbol{k}_{j,i} = \boldsymbol{w}_j^k \boldsymbol{x}_i \\ \boldsymbol{v}_{j,i} = \boldsymbol{w}_j^v \boldsymbol{x}_i \end{cases} \tag{10-12}$$

其中 j 为注意力头的标号。

不同的注意力头输出不同的输出信息矩阵 $\boldsymbol{a}_j$，然而前馈层只能输入一个矩阵(由每一个单词的表示向量组成)，无法输入多个头的信息矩阵。因此，通过将这些矩阵拼接在一起。将多个矩阵压缩成一个矩阵作为输入，由于拼接后的特征较多，使用一个线性变换矩阵 $\boldsymbol{W}^o$ 对其进行压缩后得到最终的输出信息矩阵。

$$\boldsymbol{a}^o = [\boldsymbol{a}_1 \boldsymbol{a}_2 \cdots \boldsymbol{a}_j \cdots \boldsymbol{a}_L] \cdot \boldsymbol{w}^o \tag{10-13}$$

其中，$\boldsymbol{a}_j$ 的维度为 $m \times n$，L 为多头的数量，$\boldsymbol{W}^o$ 的维度为 $(L \times n) \times d$，$\boldsymbol{a}^o$ 的维度为 $m \times d$。

10.2 Transformer 模型

Transformer 是利用自注意力机制构造的一种编码器-解码器网络架构，编码器模块对输入序列进行编码，解码器模块对编码器编码后的信息进行解码，最终获得输出文本。编码器模块与解码器模块分别可由多组编码层与解码层堆叠而成。例如，利用 6 个编码层构成编码器模块，6 个解码层构建解码器模块，输入数据经由 6 个编码层编码后，输入到 6 个解码层中完成解码，产生最终输出结果，从而构建完整的 Transformer 模型，如图 10-13 所示。

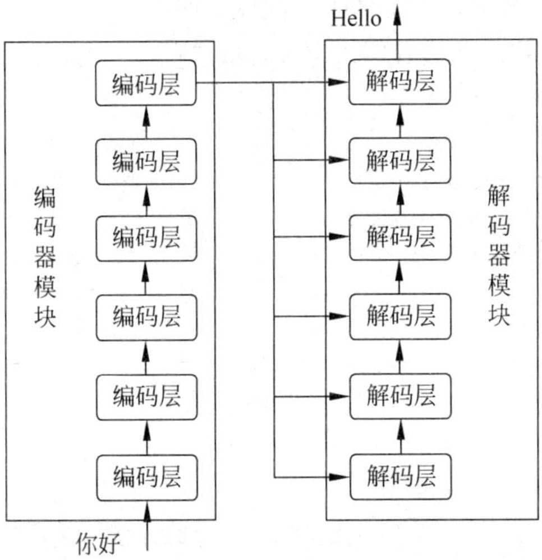

图 10-13 Transformer 模型架构图

Transformer 模型由编码器与解码器模块构成，两种模块主要由输入词嵌入、位置编码、自注意力模块、层归一化、全连接层、残差连接等部分构成。下面对相关功能部分分别进行介绍。

10.2.1 编码器模块

Transformer 的编码器模块由多组编码层构成，每组编码层主要由输入词嵌入、位置编码、自注意力模块、层归一化、全连接层、残差连接等部分构成。编码层结构图如图 10-14 所示。

1. 词嵌入

输入词嵌入是将输入的词语进行编码的过程。One-hot 数据编码形式是一种简单的词向量编码方法。向量长度为预定义词汇表的单词数量，向量在某一维的值为 1，且只有一个位置为 1，其余都为 0，1 对应的位置就是词汇表中存储单词的位置。但 One-hot 数据编码形式具有离散、高维和稀疏的缺陷，对网络信息处理不利；并且，无法表达词与词之间的语义相似性。

自 21 世纪以来，稀疏表示法逐渐过渡到低维空间的密集表示。词向量是一种能够表达词与词之间语义相似度的表达方法，并且该表达方式具有低维、稠密和连续的特点，有利于神经网络建模。词向量不但解决了维数灾难问题，并且挖掘了词之间的关联属性，从而提高了向量语义上的准确度，如图 10-15 所示。

词向量表示模型通常是利用大量的语料信息训练得到的，近义词的词向量欧氏距离比较小，词向量之间的加减法具有实际的物理意义。

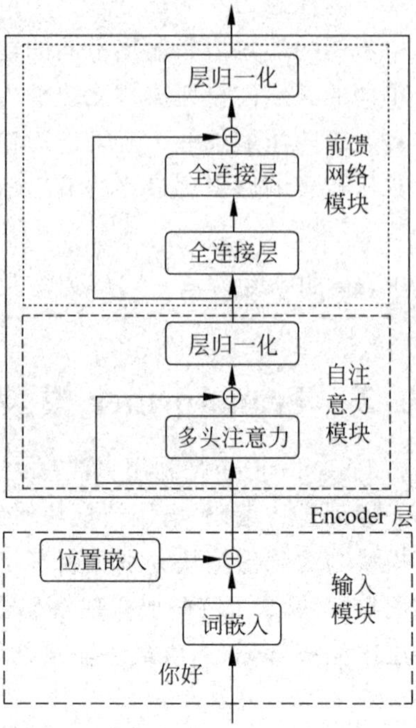

图 10-14　编码层结构图

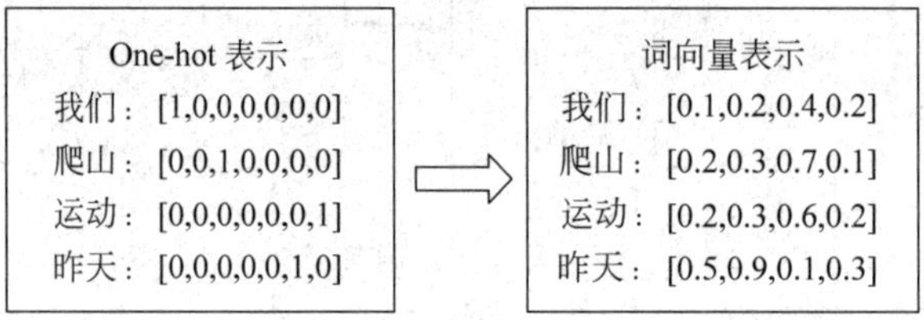

图 10-15　词向量表示示意图

2. 位置编码

文本序列具有时序性，如，一个句子即使包含的词语完全相同，但是语义可能完全不同，比如“北京到上海的机票”与“上海到北京的机票”。RNN 具有考虑词序（位置）的能力。Transformer 并非像 RNN 一样按时间步来输入每一个字词，它获取的是全部信息，因此在 Transformer 中需要对位置信息进行表达。位置编码是对每一字词在序列中的绝对位置与相对位置的向量表达。Transformer 的位置编码方法和词嵌入类似，只是输入的是位置而不是词，可以通过学习的方式不断修正。位置编码方法多种多样，但通常都需要考虑的一个重要因素为：编码是相对位置的关系。因此，t 时刻的输入除了词嵌入信息外，还引入与 t 有关的一个位置编码向量，词嵌入向量和位置编码向量叠加后作为网络模型的输入，如图 10-16 所示。这样位置编码不同，得到的向量也不同。

Transformer 中的位置编码模型如下式所示：

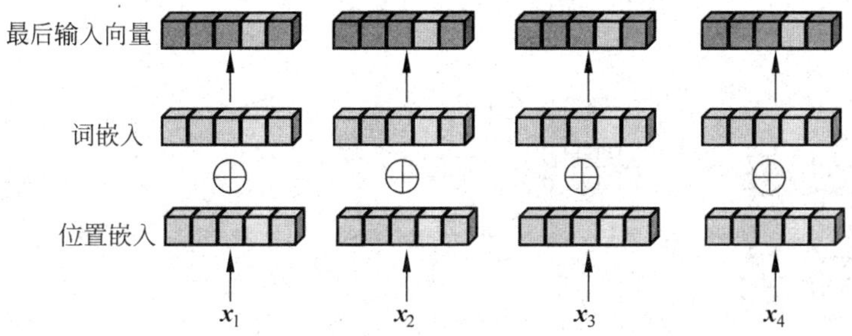

图 10-16 词嵌入与位置嵌入

$$\begin{cases} PE_{pos,i}=\sin\left(\dfrac{pos}{10000^{\frac{i}{\mathrm{LE}}}}\right), & \text{if } i\in 2k, k=\{0,1,\cdots,254,255\} \\ PE_{pos,i}=\cos\left(\dfrac{pos}{10000^{\frac{i}{\mathrm{LE}}}}\right), & \text{if } i\in 2k+1, k=\{0,1,\cdots,254,255\} \end{cases} \tag{10-14}$$

其中，pos 表示词在句子中的位置，LE 表示位置编码维度，需要设置成与词向量相同的维度，以便位置编码与词向量进行叠加，$2k$ 表示偶数维度，$2k+1$ 表示奇数维度。$1/(10000^{\frac{i}{\mathrm{LE}}})$可视为频率信息，如 LE=512，则 512 维的向量分成两组，分别利用 sin 函数和 cos 函数进行计算，这两个函数共享同一个频率，一共有 256 组。选择正余弦的原因是：正余弦函数是具有上下界的周期函数，可将长度不同的序列的位置编码范围控制在[−1,1]，这样在与词嵌入编码相加时，不至于产生太大差距。

3. 自注意力模块

自注意力模块是编码模块的核心组成部分，包含多头注意力、残差连接、层归一化。通过多头注意力部分的处理，网络能够输出输入语句的多维特征信息，如图 10-17 所示。自注意力模块计算流程如下：

(1) 首先，获得输入向量，利用输入词嵌入向量 $\boldsymbol{X}=(x_1,x_2,\cdots,x_3)^{\mathrm{T}}$ 与位置编码 $\boldsymbol{PE}$ 叠加，从而获得添加位置信息的词嵌入向量 $\boldsymbol{X}=(x_1+PE_1,x_2+PE_2,\cdots,x_3+PE_3)^{\mathrm{T}}$。

(2) 将 $\boldsymbol{X}$ 输入多头注意力层，计算每个注意力头的 $\boldsymbol{Q}$、$\boldsymbol{K}$、$\boldsymbol{V}$ 矩阵：

$$\begin{cases} \boldsymbol{Q}_i=\boldsymbol{XW}_i^Q \\ \boldsymbol{K}_i=\boldsymbol{XW}_i^K \\ \boldsymbol{V}_i=\boldsymbol{XW}_i^V \end{cases};$$

其中 $i=1,2,\cdots,n$ 为多头的编号，$\boldsymbol{W}_i^Q$、$\boldsymbol{W}_i^K$、$\boldsymbol{W}_i^V$ 分别为每个头的输入变换矩阵。

(3) 根据自注意力方法，以及词嵌入空间的维数 d_k，计算多头自注意力：

$$\boldsymbol{Z}_i=\mathrm{SelfAttention}(\boldsymbol{Q}_i,\boldsymbol{K}_i,\boldsymbol{V}_i)_i=\mathrm{Softmax}\left(\frac{\boldsymbol{Q}_i\boldsymbol{K}_i^{\mathrm{T}}}{\sqrt{d_k}}\right)\boldsymbol{V}_i$$

(4) 得到多头注意力信息：$\boldsymbol{Z}=\mathrm{MultiHead}(\boldsymbol{Q},\boldsymbol{K},\boldsymbol{V})=\mathrm{Concat}(\boldsymbol{Z}_1,\boldsymbol{Z}_2,\cdots,\boldsymbol{Z}_n)\boldsymbol{W}^o$；

(5) 计算残差连接与层归一化层的输出：$\boldsymbol{Z}=\mathrm{LayerNorm}(\boldsymbol{X}+\boldsymbol{Z})$；

(6) 计算两层全连接层的输出：$FC(\boldsymbol{Z})=\max(0,\boldsymbol{ZW}_1+\boldsymbol{b}_1)\boldsymbol{W}_2+\boldsymbol{b}_2$；

(7) 再次计算残差连接与层归一化输出：$\boldsymbol{Y}=\mathrm{LayerNorm}(\boldsymbol{Z}+FC(\boldsymbol{Z}))$；

(8) 最终生成当前层的输出，当前层的输出 $\boldsymbol{Y}$ 作为第二编码层的输入。

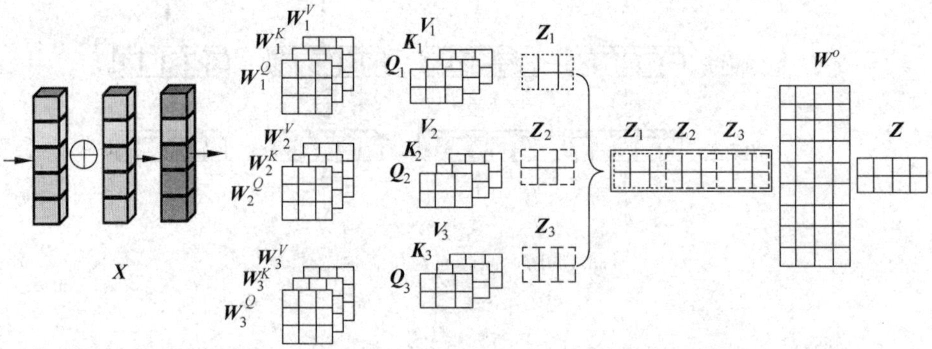

图 10-17 自注意力模块原理图

4. 层归一化

层归一化是一种归一化方法，该方法对每个样本进行独立计算，因此对 batch 的长度无要求，批数据量可以很小甚至可以为 1。而批归一化是依据多样本数据的特征进行归一化，即求取同一特征的均值与方差。实验证明层归一化不仅在普通的神经网络中有效，对于 RNN 也非常有效。假设有 m 个批输入样本，每个样本有 n 个特征，x_i^j 表示第 i 个样本的第 j 个特征，层归一化与批归一化计算对比如表 10-1 所示。

表 10-1 层归一化与批归一化计算对比表

	计算方法	统计参数	归一化
层归一化	$\begin{cases}\mu_i = \dfrac{1}{n}\sum\limits_{j\in 1\sim n} x_i^j \\ \sigma_i^2 = \dfrac{1}{n}\sum\limits_{j\in 1\sim n}(x_i^j-\mu_i)^2\end{cases}$	m 个均值； m 个方差。	$\tilde{x}_{ij}=\dfrac{x_i^j-\mu_i}{\sqrt{\sigma_i^2+\varepsilon}}, j\in 1\sim m$
批归一化	$\begin{cases}\mu_j = \dfrac{1}{m}\sum\limits_{i\in 1\sim m} x_i^j \\ \sigma_j^2 = \dfrac{1}{m}\sum\limits_{i\in 1\sim m}(x_i^j-\mu_j)^2\end{cases}$	n 个均值； n 个方差。	$\tilde{x}_{ij}=\dfrac{x_i^j-\mu_j}{\sqrt{\sigma_i^2+\varepsilon}}, j\in 1\sim m$

层归一化是针对每个样本的不同特征求取的均值与方差，因此层归一化求得 m 个均值和方差，然后用这 m 个均值和方差对 m 个样本来做归一化。而批归一化会针对每类特征计算出 n 个均值和方差，然后利用这 n 个均值和方差来分别对每个样本的 n 个特征进行归一化。

10.2.2 解码器模块

Transformer 的解码模块主要由词嵌入、位置编码、自注意力模块、编码-解码注意力层、层归一化、全连接层、残差连接等部分构成。一方面解码器模块利用已预测的输出信息作为输入；另一方面，编码器的输出被用于每个解码的编码-解码注意力层。这种方式可以帮助解码器关注输入序列合适的位置，准确预测解码器最终输出，如图 10-18 所示。

假设编码器模块的最终输出为$[r_1^{\mathrm{EnO}x},\cdots,r_d^{\mathrm{EnO}x}]$，每个时刻该信息都会输入到解码器

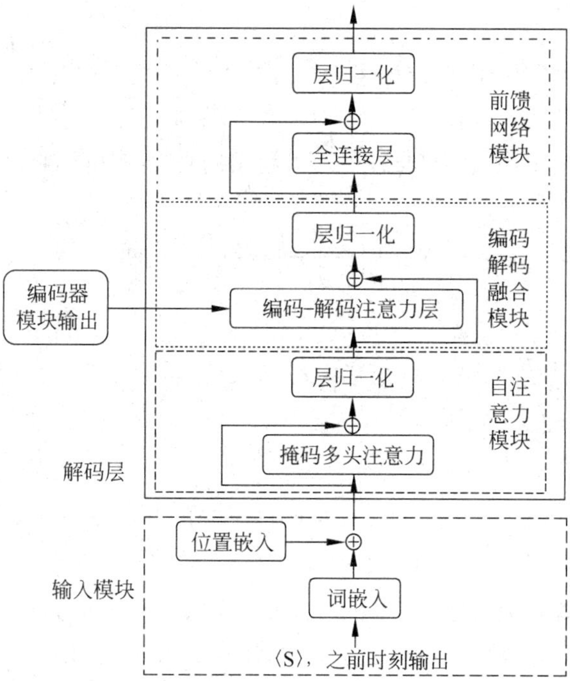

图 10-18 解码器模块原理图

模块中每个解码层的编码-解码注意力层中。编码-解码注意力层的工作原理与多头注意力机制类似，不同的是编码-解码注意力层使用其前一层掩码多头注意力的输出作为查询向量 $\boldsymbol{Q}$，而键信息和值信息由编码器模块的输出$[r_1^{\mathrm{EnO}x},r_2^{\mathrm{EnO}x},\cdots,r_d^{\mathrm{EnO}x}]$作为源信息。掩码多头注意力层主要是为了对之前时刻已经预测出的信息进行表示，即对已生成信息的语义表示；而编码-解码注意力层的目的是通过当前已预测出的信息预测下一时刻的信息，即根据当前输入的表示与经过编码器模块提取的特征向量之间的关系来预测输出信息。

解码器模块每一时刻的输出都依赖于上一时刻解码器模块的输出结果作为输入，对于 0 时刻，输入是一个特殊字符起始符〈S〉。因此，解码器模块预测时的输入，一开始输入的是起始符〈S〉，然后每次输入是上一时刻 Transformer 的输出。例如，输入〈S〉，输出“I”；输入“I”，输出“I LOVE”；输入“I LOVE”，输出“I LOVE YOU”；输入“I LOVE YOU”，输出“I LOVE YOU”和结束符。因此，解码器模块首先需要计算词嵌入向量与位置编码的叠加 $\boldsymbol{X}=(x_1,x_2\cdots x_3)^{\mathrm{T}}+\boldsymbol{PE}$，得到添加嵌入位置信息的词嵌入向量 $\boldsymbol{X}=(x_1+PE_1,x_2+PE_2\cdots x_3+PE_3)^{\mathrm{T}}$，此时词嵌入矩阵与编码器模块可能不同。然后，计算掩码多头注意力值，多头注意力计算方法与编码器模块部分相同，分别计算 $\boldsymbol{Q}_i=\boldsymbol{XW}_i^Q$、$\boldsymbol{K}_i=\boldsymbol{XW}_i^K$、$\boldsymbol{V}_i=\boldsymbol{XW}_i^V$，其中 $i=1,2,\cdots,n$ 为多头的编号，区别是在解码器模块中加入了掩码处理机制。掩码的作用是为了在并行计算过程中平衡公平性，防止模型窥视未预测出的信息。

解码器模块在训练的时候，为了并行加速训练速度，解码器模块的输入是整个句子。因此，在训练的时候需要使用掩码来把整个句子中属于当前词之后的词汇屏蔽掉。实际做法是在自注意力层中加入 Mask()函数，将未来的位置信息人为赋予极小数，即让当前的词不要关注未来的词，这样在进行自注意力计算的时候就不会把未来的词也考虑进去了。因此，此时的注意力计算为：

$$\boldsymbol{Z}_i=\mathrm{SelfAttention}(\boldsymbol{Q}_i,\boldsymbol{K}_i,\boldsymbol{V}_i)_i=\mathrm{Softmax}\left(\mathrm{Mask}\left(\frac{\boldsymbol{Q}_i\boldsymbol{K}_i^{\mathrm{T}}}{\sqrt{d_k}}\right)\right)\boldsymbol{V}_i \tag{10-15}$$

其中，d_k 表示词嵌入空间维数，$\mathrm{Mask}\left(\frac{\boldsymbol{Q}_i\boldsymbol{K}_i^{\mathrm{T}}}{\sqrt{d_k}}\right)$利用掩码矩阵抹除自注意力层中的未来信息。

$$\mathrm{Mask}\left(\frac{\boldsymbol{Q}_i\boldsymbol{K}_i^{\mathrm{T}}}{\sqrt{d_k}}\right)=\frac{\boldsymbol{Q}_i\boldsymbol{K}_i^{\mathrm{T}}}{\sqrt{d_k}}\circ\boldsymbol{M} \tag{10-16}$$

其中，$\frac{\boldsymbol{Q}_i\boldsymbol{K}_i^{\mathrm{T}}}{\sqrt{d_k}}=\begin{bmatrix}a_{00} & \cdots & a_{0T_y}\\ \vdots & & \vdots\\ a_{T_y0} & \cdots & a_{T_yT_y}\end{bmatrix}$，矩阵中每个元素 a_{ij} 表示第 i 个词与第 j 个词的内积相似度，掩码矩阵 $\boldsymbol{M}=\begin{bmatrix}a_{00} & \cdots & 0\\ \vdots & & \vdots\\ a_{T_y0} & \cdots & a_{T_yT_y}\end{bmatrix}$是严格上三角为 0、下三角为 1 的矩阵。

例如，假设当前输入的是“〈S〉 I have a dream”，这五个单词组成的向量(0,1,2,3,4)，$\boldsymbol{M}$ 是一个 5×5 的与注意力权重相同维度的矩阵，但不同于注意力权重矩阵，$\boldsymbol{M}$ 是一个下三角矩阵，即矩阵对角线上方部分的值均为 0，这样就使得单词 i 不计算与位于其后的单词 $i+1$、$i+2$、…的关系，如图 10-19 所示。

	0	1	2	3	4
0	1	0	0	0	0
1	1	1	0	0	0
2	1	1	1	0	0
3	1	1	1	1	0
4	1	1	1	1	1

图 10-19　掩码矩阵示意图

根据掩码注意力操作后，得到多头注意力信息，并对其进行残差连接与归一化处理：

$$\begin{cases}\boldsymbol{Z}=\mathrm{MultiHead}(\boldsymbol{Q},\boldsymbol{K},\boldsymbol{V})=\mathrm{Concat}(\boldsymbol{Z}_1,\boldsymbol{Z}_2,\cdots,\boldsymbol{Z}_8)\boldsymbol{w}^o\\ \boldsymbol{Z}=\mathrm{LayerNorm}(\boldsymbol{X}+\boldsymbol{Z})\end{cases} \tag{10-17}$$

编码-解码注意力层的多头注意力计算，此时 $\boldsymbol{K}^C$，$\boldsymbol{V}^C$ 的值来源于编码器模块的输出 $[r_1^{\mathrm{EnO}x},\cdots,r_d^{\mathrm{EnO}x}]$，即 $\boldsymbol{K}^C=[r_1^{\mathrm{EnO}x},\cdots,r_d^{\mathrm{EnO}x}]\times\boldsymbol{W}_i^K$、$\boldsymbol{V}^C=[r_1^{\mathrm{EnO}x},\cdots,r_d^{\mathrm{EnO}x}]\times\boldsymbol{W}_i^V$；掩码多头注意力计算输出为 Z，将 Z 赋值给 $\boldsymbol{Q}_i$，$\boldsymbol{Q}_i=\boldsymbol{Z}$。因此，注意力计算如下所示：

$$\begin{cases}\boldsymbol{Z}_i=\mathrm{SelfAttention}(\boldsymbol{Q}_i,\boldsymbol{K}_i^c,\boldsymbol{V}_i^c)_i=\mathrm{Softmax}\left(\frac{\boldsymbol{Q}_i\boldsymbol{K}_i^c}{\sqrt{d_k}}\right)\boldsymbol{V}_i^c\\ \boldsymbol{Z}=\mathrm{MultiHead}(\boldsymbol{Q},\boldsymbol{K}_i^c,\boldsymbol{V}_i^c)=\mathrm{Concat}(\boldsymbol{Z}_1,\boldsymbol{Z}_2,\cdots,\boldsymbol{Z}_8)\boldsymbol{w}^o\\ \boldsymbol{Z}=\mathrm{LayerNorm}(\boldsymbol{X}+\boldsymbol{Z})\end{cases} \tag{10-18}$$

解码器模块最后经过两层全连接层、残差连接以及层归一化处理：

$$FC(\boldsymbol{Z})=\max(0,\boldsymbol{Z}\boldsymbol{W}_1+\boldsymbol{b}_1)\boldsymbol{W}_2+\boldsymbol{b}_2 \tag{10-19}$$

$$\boldsymbol{Y}=\mathrm{LayerNorm}(\boldsymbol{Z}+FC(\boldsymbol{Z})) \tag{10-20}$$

当前层的输出 $\boldsymbol{Y}$ 作为第二解码层的输入。

将网络最终输出结果输入全连接网络，Softmax 处理后得到对应到输出词库词语的概率分布，如图 10-20 所示。将得到的结果作为下一步预测输入中，即调整掩码矩阵即可。重复至输出特殊字符停止符〈EOS〉。

解码器中的自注意力层的模式与编码器不同：自注意力层只被允许处理输出序列中靠前的位置的信息。在 Softmax 步骤前，会将后面的位置信息隐去(设为$-\infty$)。

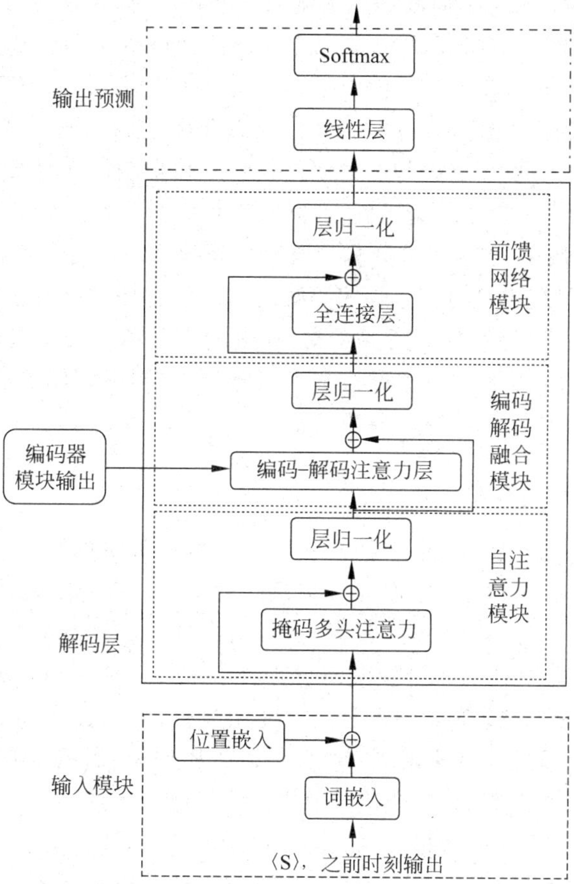

图 10-20 解码模块结构示意图

10.3 神经网络语言模型

语言模型是指根据语言样本信息抽象的数学模型。因此，语言模型在自然语言处理中占有重要的地位，是利用计算机进行语言处理的重要依据。语言模型的任务是根据给定的语言序列，计算其概率信息。语言模型的发展经历了文法规则、语言模型、统计语言模型和神经网络语言模型。文法规则语言模型是根据客观语言中的文法知识，在计算机中编制相关规则，从而构建语言模型；统计语言模型是基于统计学，对大量的语料数据进行统计，从而建立统计语言模型，如经典的 N-Gram 模型；神经网络语言模型是指利用神经网络对语言进行表示和建模，通过循环神经网络(RNN)或各种长短时记忆神经网络(LSTM)实现语言建模。这些模型能够较好地进行模式识别，在输出单个单词或短语方面表现良好，但无法生成高精度的多轮对话，更无法实现逻辑推理。因此，基于 Transformer 神经网络的 GPT、BERT 等大语言模型应运而生，取得了令人瞩目的效果。

语言模型在处理语言任务时主要有自回归、自编码以及包含编码、解码形式的模型。自回归语言模型是预测当前时刻的单词，如ELMo、GPT、TransformerXL、XLNet等具有代表性的模型。其主要优点是对语言的生成比较友好，天然符合生成式任务的生成过程，如GPT模型能够直接编写故事；但其缺点是模型只能利用单向语义，而不能同时利用上下文信息进行语言建模。尽管ELMo等模型构造双向模型进行自回归处理，然后进行拼接，但从结果来看，效果并不是很理想。自编码语言模型是指通过上下文信息来预测缺失的单词，即还原原始输入，代表性的模型有Word2Vec、BERT等。自编码语言模型的优点是能够很好地编码上下文语义信息(即考虑句子的双向信息)，在自然语言理解相关的下游任务上表现突出。但由于训练中采用了屏蔽措施，易导致预训练数据与微调阶段数据出现不一致的问题；BERT独立性假设，无法对被屏蔽的词语之间的关系进行学习；此外，对于生成式问题，自编码模型也显得捉襟见肘。包含编码解码器的语言模型是基于序列到序列架构的语言模型，模型同时具有编码器与解码器结构，如典型的谷歌公司提出的T5模型、PaLM模型、FLAN模型系列等，以及将自编码模型、自回归模型与编解码模型融合在一起的GLM模型，通过该方式提升语言模型的建模能力。

10.3.1 GPT模型

在语言模型发展的早期，通过有监督训练方式，利用大量的数据训练更大的模型，可获得近似连续的精度提升。但是在自然语言处理任务中，仅有小部分数据是有标签的，大量语料数据是无标签的。2015年前后，随着深度学习技术的发展和语料库的增大，当模型达到一定的临界规模后，NLP研究人员发现，包括GPT-3、GLaM、LaMDA和Megatron-Turing NLG等无监督大语言模型表现出一些开发者未能预测的、更复杂的能力和特性，这些新能力和新特性被认为是涌现能力的体现。在大型语言模型中，涌现能力是指模型具有从原始训练数据中自动学习并发现新的、更高层次的特征和模式的能力。同时，与大语言模型相比，多模态大语言模型可实现更好的常识推理性能，跨模态迁移更有利于知识获取，产生更多新的能力，加速了能力的涌现。这些独立模态或跨模态新能力、特征或模式通常不是通过目的明确的编程或训练获得的，而是模型在大量多模态数据中自然而然地学习到的。

涌现能力的另一个重要表现是模型的泛化能力。在针对没有专门训练过的领域，或是新的、未知的多模态数据样本上，模型具有很好的泛化性。这种泛化能力取决于模型的结构和训练过程，以及数据的数量和多样性。如果模型具有足够的复杂性和泛化能力，就可以从原始数据中发现新的、未知的特征和模式。一般认为模型的思维推理能力与模型参数大小有正相关趋势，通常是突破一个临界规模，模型才能通过思维链提示的训练获得相应的能力。

GPT家族与BERT模型都是知名的NLP模型族，都基于Transformer技术。GPT家族包括GPT-1、GPT-2、GPT-3、ChatGPT和GPT-4，是一族典型的预训练大语言模型。GPT-1只有12层，而到GPT-3，则增加到了96层。GPT-3包含了1750亿(175B)参数量。在GPT-3发布之前，最大的语言模型是微软的Turing NLG模型，大小为17亿(1.7B)参数量。在GPT-3发布后，OpenAI团队表示将会在未来几年内研发更大的模型。而随着技术和算法的不断发展，GPT-4模型向着更大的尺寸发展。GPT-4增加了额外的视觉语言模块，具有更大的模型尺寸和输入窗口。GPT-4是目前最大的语言模型之一。另外，GPT-4较GPT-3和GPT-3.5增大了上下文窗口尺寸。2020年发布的GPT-3模型上下文窗口为

2049 个 token；在 GPT-3.5 中，窗口增加到 4096 个 token（约 3 页单行英文文本）；GPT-4 有两种尺寸，其中 GPT-4-8K 的上下文窗口大小为 8192 个 token，另一个 GPT-4-32K 可以处理多达 32768 个 token，大约 50 页文本。

Hinton 等人在 2006 已提出了预训练加微调的方式解决深度神经网络训练的问题，但是随着新的激活函数、初始化方法的提出，在后续的研究中很少采用这种方式进行深度神经网络网络训练。随着大型语言模型的盛行，预训练加微调的工作模式在大型语言模型的训练及应用过程中被广泛采用。GPT 采用预训练加微调的二段式训练策略。在预训练阶段，利用海量的语料对语言模型进行无监督训练。GPT 采用标准的语言模型目标函数，利用语料即可对模型进行预训练，即通过前文预测下一个词的方式不断生成输出信息，但预测未来要比预测中间缺失的信息要困难。因此，OpenAI 为了提升模型的效果，不断增大 GPT 模型，形成 GPT-2、GPT-3 等更大的语言模型，GPT 原理图如图 10-21 所示。

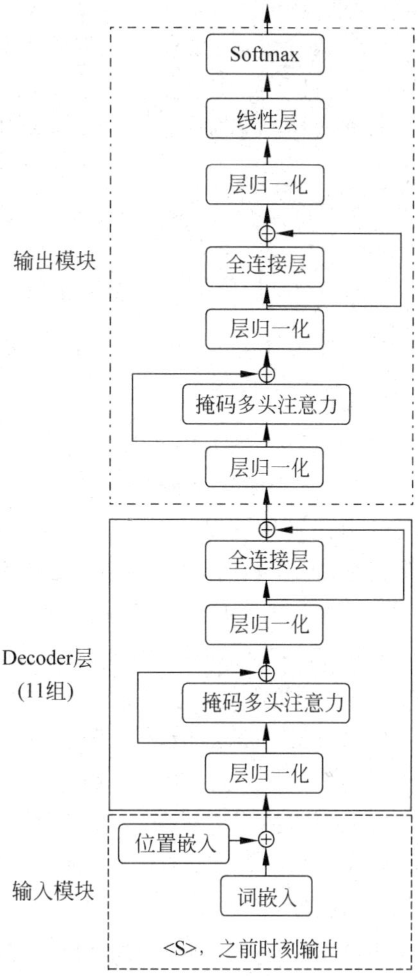

图 10-21 GPT 模型结构原理图

GPT 利用句子序列预测下一个单词，一次只输出一个 token。每个新单词产生后，该单词就被添加在之前生成的单词序列后面，作为下一步的输入。例如，给定一个句子包含 4 个单词[token_1，token_2，token_3，token_4]，GPT 需要利用 token_1 预测 token_2，然后利用[token_1，token_2]预测 token_3，最后利用[token_1，token_2，token_3]预测 token_4。但是，由于 Transformer 采用并行输入机制，为了防止信息泄露，GPT 采用掩码多头注意力对单词的下文进行遮挡，如在预测 token_2 的时候，需要将[token_2，token_3，token_4]部分遮挡起来，以防信息泄露。GPT-2 可以处理最长 1024 个单词的序列。

假设语料信息为 $\boldsymbol{X}=(\text{token}_1,\text{token}_2,\cdots,\text{token}_N)$，其中 token 表示语料中的字或是词，$N$ 为字或词的数量。GPT 的学习目标是最大化下列目标函数：

$$L=\sum_{i=K}^{N} p(\text{token}_i \mid \text{token}_{i-k},\cdots,\text{token}_{i-2},\text{token}_{i-1};\theta) \tag{10-21}$$

其中 θ 为 GPT 模型参数。这个目标函数的意思是，基于过去 K 个 token 来预测当前 token。

GPT 计算过程如下式所示：

$$\begin{cases} \boldsymbol{h}_0=\boldsymbol{U}\boldsymbol{W}_{\text{we}}+\boldsymbol{W}_{\text{pe}} \\ \boldsymbol{h}_z=\text{transformer\_decoder}(\boldsymbol{h}_{z-1}) \\ \boldsymbol{p}(u)=\text{Softmax}(\boldsymbol{h}_z\boldsymbol{W}_{\text{wo}}) \end{cases} \tag{10-22}$$

其中，$\boldsymbol{p}(u)$是一个向量，维度与 token 的独热编码相同，每个元素均为一个概率值，表示模型预测当前 token 为对应独热编码代表的 token 的概率，$\boldsymbol{h}_z$ 表示输出层对词汇表中各个词语的注意力权重，$\boldsymbol{h}_z\boldsymbol{W}_{wo}$ 表示输出层对各个 token 的注意力大小。经过预训练的 GPT 中，存储了从语料中学习到的语义和语法信息。

在微调阶段，使用标注数据微调模型。假设 GPT 的任务是进行文本分类，在微调阶段，标注语料可表示为$\{(\text{text}_1, y_1), (\text{text}_2, y_2), \cdots, (\text{text}_M, y_M)\}$，其中$(\text{text}_i, y_i)$表示输入与标签信息。在 Transformer 输出添加 Softmax 分类层。因此，以分类任务为例，其目标函数为

$$\begin{cases} \boldsymbol{p}(y_i \mid \text{text}_1, \text{text}_2, \cdots, \text{text}_M) = \text{Softmax}(\boldsymbol{h}_o\boldsymbol{W}_o) \\ L = \sum_{i=1}^{M} \log\boldsymbol{p}(y_i \mid \text{text}_1, \text{text}_2, \cdots, \text{text}_M) \end{cases} \tag{10-23}$$

其中，$\boldsymbol{h}_o$ 表示 transformer 输出，$\boldsymbol{W}_o$ 为分类层权值。

1. GPT-1

OpenAI 在 2018 年 6 月提出大型无监督自回归语言模型 GPT-1，采用 Transformer 的解码模块作为 GPT-1 模型主体，GPT-1 也是第一个利用 Transformer 构造的语言模型。GPT-1 并未使用完整的 Transformer 架构，而是使用了 Transformer 的 Decoder 结构，并且只保留了 Decoder 结构中的掩码多头注意力进行输出的顺序预测。GPT-1 字典的长度为 40000，词编码的长度为 768，每个 transformer 块有 12 个头，位置编码的长度是 3072，利用 Attention、残差、Dropout 等机制进行正则化，dropout 比例为 0.1，激活函数为 GLEU，序列长度为 512，模型参数为 1.17 亿。

GPT-1 模型训练使用了 BooksCorpus 数据集，包含 7000 本没有发布的书籍。训练主要包含两个阶段：第一阶段，利用大量无标注的语料预训练一个语言模型；第二阶段，对预训练好的语言模型进行微调，将其迁移到各种有监督的 NLP 任务。这也就是前面提到过的“预训练＋微调”模式。GPT-1 的核心是 Transformer。Transformer 在数学上是大矩阵的计算，通过计算不同语义之间的关联度(概率)来生成具有最大概率的语义反馈。GPT-1 着重解决两个问题：①通过无监督训练解决需要大量高质量标注数据的问题；②通过大量语料训练解决训练任务的泛化问题。

2. GPT-2

GPT-2 是在 2019 年 2 月被提出，与 GPT-1 相比，数据和模型参数更大，大约是 GPT-1 的 10 倍(15 亿)，主打 zero-shot 任务。GPT-2 在进行下游任务时，不需要下游任务的标注信息，不需要训练模型。因此，GPT-2 是在训练一个在多个任务上都可以使用的万能模型。但是在下游任务构造输入时，不能引入模型未见过的符号，而需要使用模型预训练时使用的自然文本作为输入。最小版本的 GPT-2 模型堆叠了 12 层解码层，至少需要 500MB 的空间来存储全部参数；中号版本的 GPT-2 模型堆叠了 24 层解码层；大号版本的 GPT-2 模型堆叠了 36 层解码层；特大号版本的 GPT-2 模型堆叠了 48 层解码层，需要超过 6.5GB 的存储空间。相对 GPT-1，GPT-2 是泛化能力更强的词向量模型，尽管并没有过多的结构创新，但是训练数据集 WebText 来自于 Reddit 上的高赞文章，数据集共有约 800 万篇文章，累计体积约 40G。为了避免和测试集的冲突，WebText 移除了涉及 Wikipedia 的文章。GPT-2 字

典长度为 50257，滑动窗口大小为 1024，24 层、36 层与 48 层的 GPT-2 分别使用了 1024、1280、1600 的词向量长度。

3. GPT-3

GPT-3 是在 2020 年 6 月被提出的，GPT-3 具有与 GPT-2 类似的结构，但训练的语料数据约为 GPT-2 的 1000 倍，模型参数约为 GPT-2 的 100 倍（1750 亿），并且在包括低质量的 Common Crawl，高质量的 WebText2、Books1、Books2 和 Wikipedia 等更大的文本数据集上进行训练。GPT-3 为不同的数据集赋予不同的权重，从而获得更好的模型性能。大模型具有更强的建模能力，因此其效果也很令人惊艳。人类也是通过少量样例就能有效地举一反三，因此 GPT-3 不再追求极致的 zero-shot 学习，而是利用少量样本去学习。GPT-3 实际上是由多个版本组成的第 3 代家族，具有不同数量的参数和计算资源需求。GPT-3 采用了多头 Transformer 架构，多头个数为 96，词向量长度为 12888，上下文滑窗的大小为 2048。GPT-3 的训练需要耗费大量的算力，包括 28500 个 CPU、10000 个 GPU，1200 万的训练费用以及 45TB 的训练数据。GPT-3 大模型也展现出了一些新颖的能力——上下文学习能力（In-Context Learning，ICL），即对于一个预训练好的大语言模型，迁移到新任务上的时候，只需要给模型输入几个示例（示例输入和示例输出对），模型就能为新输入生成正确输出而不需要对模型进行微调。

4. ChatGPT

OpenAI 在 2020 年利用 45TB 文本数据，通过自监督训练方式获得基础大语言模型 GPT-3，实现了语言模型的流畅性与知识性；2021 年在 GPT-3 的基础上利用 179GB 代码数据，通过自监督训练，构造了逻辑编程模型 Codex；2022 年利用更多更新文本数据和代码数据的混合学习，得到了更强的基础大模型 GPT-3.5，这成为 ChatGPT 的基础模型，实现了流畅性、知识性和逻辑性；2022 年 3 月 InstructGPT 模型问世，OpenAI 利用 1%的参数达到 1750 亿参数的 GPT-3 模型效果。OpenAI 在 2022 年 3 月 15 日发布了名为“text-davinci-003”的新版 GPT-3，即 GPT-3.5/ChatGPT，直接推向市场和面向终端用户，并凭借惊艳的效果在社会上引起了广泛关注。目前有若干个属于 GPT-3.5 系列的模型分支，其中 code-davinci 针对代码完成任务进行了优化。ChatGPT 是基于 GPT-3.5 架构开发的对话 AI 模型，是 InstructGPT 的兄弟模型。ChatGPT 具有以下特征：①可以主动承认自身错误，若用户指出其错误，模型会听取意见并优化答案。②ChatGPT 可以质疑不正确的问题。例如被询问“哥伦布 2015 年来到美国的情景”的问题时，机器人会说明哥伦布不属于这一时代并调整输出结果。③ChatGPT 可以承认自身的无知，承认对专业技术的不了解。④支持连续多轮对话。ChatGPT 在对话过程中会记忆先前使用者的对话历史信息，即上下文理解，以回答某些假设性的问题。ChatGPT 可实现连续对话，极大地提升了对话交互模式下的用户体验。ChatGPT 是一款人工智能技术驱动的自然语言处理工具，并已通过图灵实验。ChatGPT 通过学习和理解人类的语言进行对话，还能根据聊天的上下文进行互动，真正实现像人类一样聊天交流；它能够完成的主要任务包括会话聊天、问题咨询、文本创作、邮件撰写等；同时，它还具有一定的代码书写功能。ChatGPT 集聊天机器人、搜索工具和文本创造工具于一体。ChatGPT 已不再是一种简单的聊天程序，而是集成了一定生成力的工具。

InstructGPT/GPT-3.5(ChatGPT的前身)与GPT-3的主要区别在于,新加入了人类反馈强化学习(Reinforcement Learning from Human Feedback,RLHF)技术。OpenAI使用RLHF技术对ChatGPT进行训练,且加入了更多人工监督进行微调。微调通过任务相关的监督数据修改模型参数,能够最大限度地提升预训练大模型完成特定任务的能力,但面临数据稀、灾难遗忘、资源浪费和通用性差等难题。提示学习通过设计提示信息修改输入模式,能够触发预训练大模型完成特定任务,但是单一的外部提示信号难以最大限度地激发预训练大模型的能力,难以高质量地完成具体任务。将两者结合,通过若干任务的提示增强监督训练,有助于激发模型的通用能力。

传统的监督学习任务,是训练一个模型 $P(y|x)$,接收 x 作为输入,预测 y。提示学习则不然,它依赖于预训练语言模型 $P(x)$,通过引入合适的模板将输入 x 调整为完形填空的格式 x',调整后的输入 x' 内含有某些空槽位,利用语言模型 P 将空槽填充后就可以推断出对应的 y。

RLHF是ChatGPT中一种用于改善文本生成效果的算法。它基于强化学习方法,通过结合人类反馈来优化ChatGPT的回答。在RLHF中,ChatGPT通过和用户的交互学习来提高回答质量。当ChatGPT生成一个回答展示给用户时,它会请求获得用户反馈;用户可以对回答进行评分,比如“好”“不错”“一般”“差”等;ChatGPT会将用户的反馈作为奖励或惩罚信号,以此来更新模型,以更好地满足用户的需求。RLHF的训练过程可以分解为三个核心步骤:预训练语言模型、收集数据并训练奖励模型、通过强化学习微调语言模型。

预训练语言模型首先需要选择一个典型的预训练语言模型作为初始模型。例如,OpenAI在其第一个RLHF模型InstructGPT中选用了小规模参数版本的GPT-3;DeepMind则使用了2800亿参数的Gopher模型。这些语言模型往往见过大量的提示信息对[提示(Prompt),模型生成的文本],输入一个提示(Prompt),模型往往能输出一段不错的文本。基于预训练模型,利用人工精心撰写的语料对模型进行微调,如图10-22所示。例如,OpenAI在人工撰写的优质语料上对预训练模型进行了微调。但是,这一步不是必要的,同时,人工撰写的优质语料成本较高。

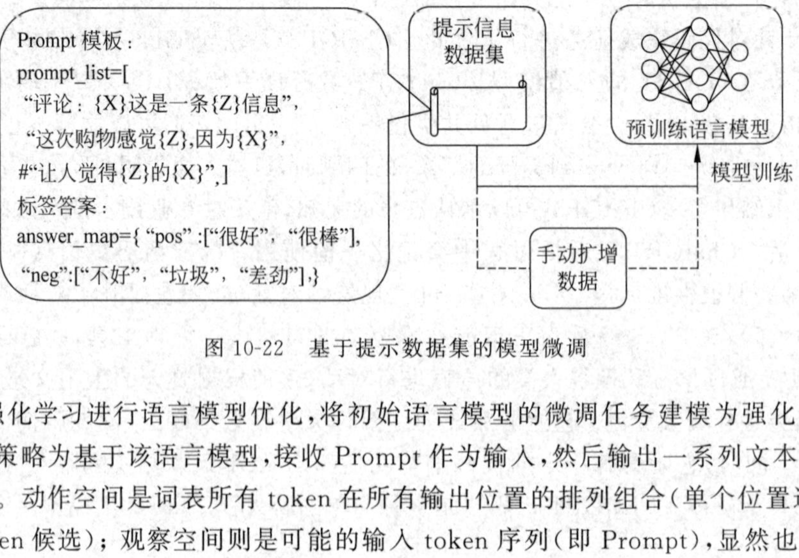

图10-22 基于提示数据集的模型微调

基于强化学习进行语言模型优化,将初始语言模型的微调任务建模为强化学习问题。因此,定义策略为基于该语言模型,接收Prompt作为输入,然后输出一系列文本(或文本的概率分布)。动作空间是词表所有token在所有输出位置的排列组合(单个位置通常有50k左右的token候选);观察空间则是可能的输入token序列(即Prompt),显然也相当大,为词表所有 token 在所有输入位置的排列组合；奖励函数是基于训练好的奖励模型计算得到初始奖励，再叠加一个约束项。奖励模型训练的目标是评判模型的输出是否符合人类的判断标准，即模型输入［提示，模型生成的文本］，输出一个刻画文本质量的数值信息。Prompt 数据一般来自于一个预先收集的数据集，比如 OpenAI 的 Prompt 数据主要来自那些调用 GPT API 的用户，Anthropic 的 Prompt 数据主要来自 Amazon Mechanical Turk 上面的一个聊天工具。这些 Prompts 输入预训练语言模型会生成模型应答文本。奖励模型是一种判别式的语言模型，利用 $\{x=[\text{提示},\text{模型回答}], y=\text{人类满意度}\}$ 构成的标注语料，对初始语言模型进行微调，如图 10-23 所示。根据上面构建的数据集可知，数据集中没有连续的得分目标去训练奖励模型，但是有正负样本对，所以可采用类似对比学习的方式构造损失函数：

$$L_{RM}=-\frac{1}{2}E_{x,y_1,y_2}\{\log[\sigma(r_\theta(x,y_2)-r_\theta(x,y_1))]\} \tag{10-24}$$

其中，$r_\theta(x,y_1)$为(x,y_1)输入到奖励模型的得分，θ 为奖励模型参数，y_1,y_2 为输入为 x 时，模型生成的不同应答，人工标注时 $y_2>y_1$。

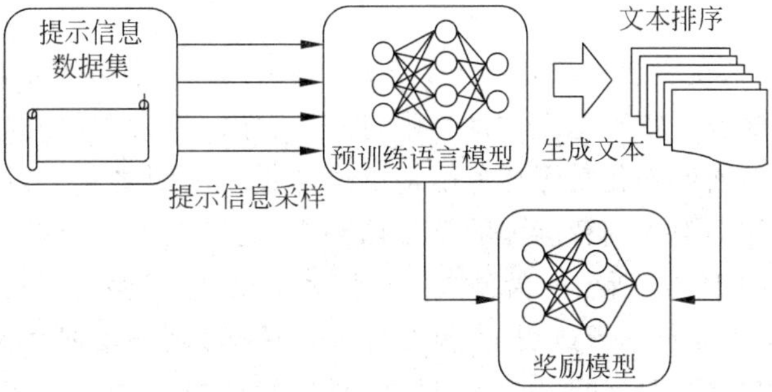

图 10-23　奖励模型工作原理

近端策略优化算法的目标是学习一个能够最大化长期累积回报的策略，即不断微调优化语言模型，获得最大累计回报。首先，基于收集到的大量提示数据集，采样 Prompt 输入到固定参数的初始语言模型和当前训练的语言模型，得到两个模型的输出文本 y_1、y_2。然后利用奖励模型对 y_2 进行打分得到 r_θ，根据奖励模型判别输出的优异程度。利用两个模型生成文本的 KL 散度来计算“奖励/惩罚”的大小 r_{KL}，作为训练策略模型参数的惩罚项，如图 10-24 所示。显然，y_2 文本的打分相对于 y_1 越高，奖励就越大，反之惩罚则越大。奖励信息反映了当前模型与初始模型相比，是否有改进和提升。而惩罚策略可避免在每个训练批次中生成大幅偏离初始模型，以确保模型输出合理连贯的文本，避免模型在优化中以生成乱码文本等“取巧”的方式骗过奖励模型获取高额回报。最后，根据近端优化策略（proximal policy optimization，PPO）算法来更新模型参数。通过迭代更新奖励模型和策略模型，使奖励模型对模型输出质量的刻画愈加精确，策略模型的输出与初始模型输出质量相比不断提升，输出文本变得越来越符合人的认知。这一训练范式增强了人类对模型输出结果的调节。

$$\begin{aligned} L &= r_\theta(y\mid x)-\lambda_{KL}r_{KL}(\pi_{PPO}(y\mid x)\|\pi_{BASE}(y\mid x)) \\ &= r_\theta(y\mid x)-\lambda_{KL}\log(\pi_{PPO}(y\mid x)/\pi_{BASE}(y\mid x)) \end{aligned} \tag{10-25}$$

其中，$r_\theta(y|x)$为奖励模型打分，$\pi_{PPO}(y|x)$为强化训练模型，$\pi_{BASE}(y|x)$为固定参数的预训练模型，λ_{KL}为惩罚系数。

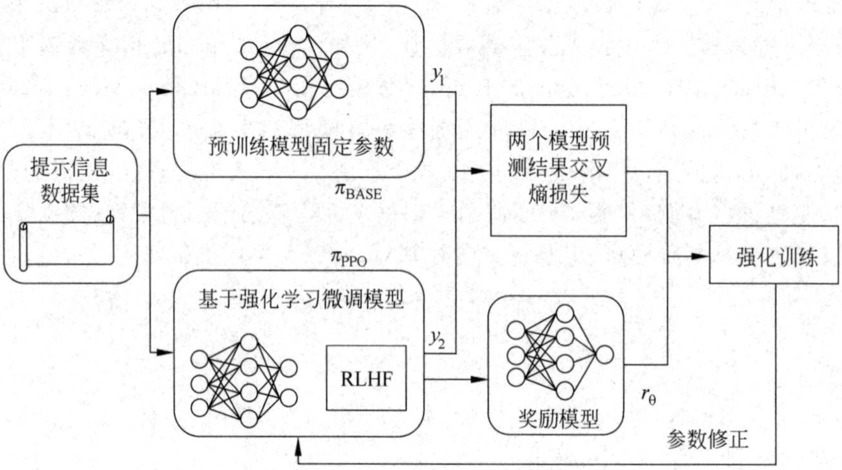

图 10-24 语言模型强化训练过程

尽管强化学习技术在很多领域有突出表现，但是仍然存在着许多不足，例如训练收敛速度慢、训练成本高等缺点。特别是现实世界中，许多任务的探索成本或数据获取成本很高。如何加快训练效率，是当前强化学习任务亟待解决的重要问题之一。为了加速任务训练速度，将人类标记者的知识引入到智能体的学习循环中，通过人类向智能体提供奖励反馈，指导智能体的训练，如图 10-25 所示。借助人类标记者的反馈，能够增强利用奖励进行强化学习的过程。人类参与的强化学习过程，不需要标记者具有专业知识或编程技术，语料成本更低。人类标记者扮演对话用户和人工智能助手，提供对话样本，模型自动生成一些回复，然后标记者会对回复选项进行打分排名，将更好的结果反馈给模型。智能体同时从人类强化和马尔可夫决策过程奖励两种反馈模式中学习，通过奖励策略对模型进行微调并持续迭代。因此，ChatGPT 在使用的过程中能够根据人类指示信息进行输出调整。

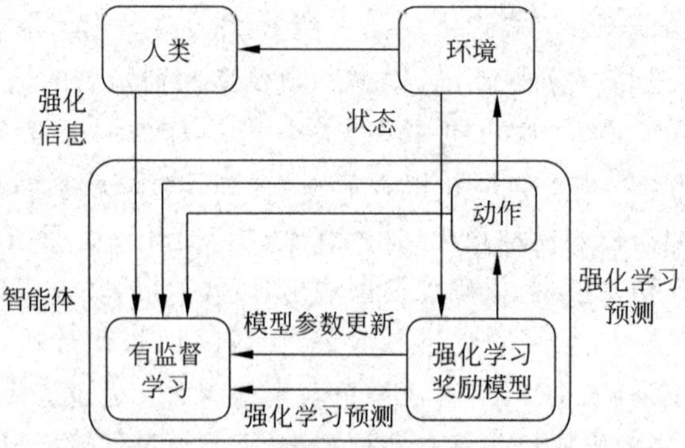

图 10-25 人类参与的强化学习原理图

ChatGPT 的训练过程分为以下三个阶段。

第一阶段：训练监督策略模型。

GPT-3.5 难以理解人类指令中蕴含的意图，也很难判断生成的内容是否是高质量的结果。因此，首先在数据集中随机抽取问题，由标注人员给出高质量答案，利用这些人工标注的数据来微调 GPT-3.5 模型，从而使模型初步理解指令的意图。

第二阶段：训练奖励模型。

通过人工标注的训练数据(约 33K 个数据)训练回报模型。在数据集中随机抽取问题，使用第一阶段生成的模型，对于每个问题生成多个不同的回答；人类标注者对这些结果综合考虑给出排名顺序；接下来，利用排序结果数据来训练奖励模型；对多个排序结果，两两组合，形成多个训练数据对，回报模型接受一对输入后，给出评价回答质量的分数。这样，对于一对训练数据，通过调节参数使得高质量回答的打分比低质量的打分高。

第三阶段：采用 PPO 强化学习来优化策略。

PPO 的核心思路在于将在线策略梯度学习转化为离线学习。利用第二阶段训练好的奖励模型的打分来更新预训练模型参数。在数据集中随机抽取问题，使用 PPO 模型生成回答，并利用训练好的奖励模型给出质量分数。回报分数依次传递，由此产生策略梯度，通过强化学习的方式更新 PPO 模型参数。

不断重复第二和第三阶段，通过迭代训练出高质量的 ChatGPT 模型。

5. GPT-4

2022 年 3 月 14 日 OpenAI 发布了多模态 GPT 架构 GPT-4，是对发布的 ChatGPT 的多模态升级。GPT-4 模型可对图文多模态输入生成应答文字，并对视觉元素的分类、分析和隐含语义提取表现出优秀的应答能力。人类或其他高等生物的认知能力通常从多种模式中学习获得。例如，“橙子”这一概念包括从视觉和语言获得的多重语义，包括橙子的颜色、形状、纹理等，以及橙子在词典或其他网络媒体的相应定义等。大多数人在学习认字的时候，也是先看到橙子的卡片图像，然后再记住对应的文字。ChatGPT 或 GPT-3.5 都是根据输入语言/语料来通过概率自动生成回答的每一个字(词语)。从数学或机器学习的角度来看，语言模型是对词语序列概率相关性分布的建模，即利用历史语句作为输入条件，预测下一个时刻不同语句甚至语言集合出现的概率分布。“橙子”在 GPT-3.5 和之前的 GPT 中只是单纯的语义符号和概率，GPT-4 等模型的多模态输入能力对语言模型至关重要，也使得“橙子”等单纯的符号语义扩展为更多的内涵。第一，多模态感知使语言模型能够获得文本描述之外的常识性知识；第二，感知与语义理解的结合为新型任务提供了可能性，例如机器人交互技术和多媒体文档处理；第三，通过感知统一了接口。图形界面是最自然和高效的人机自然交互方式，多模态大语言模型通过图形方式直接进行信息交互，可以提升交互效率。多模态模型可以从多种来源和模式中学习知识，并使用模态的交叉关联来完成任务：通过图像或图文知识库学习的信息用于回答自然语言问题；从文本中学到的信息也可在视觉任务中使用。GPT-4 具有较强的推理能力；GPT-4 无论是生成文本、延伸对话或分析文件，都能够处理多达 2.5 万字的长篇内容，是 ChatGPT 的 8 倍以上；GPT-4 具备分析图像的能力，可以辨识图片中的素材；GPT-4 可以生成网页；GPT-4 懂得大部分主流的程式语言，能够担任程序撰写助手。

10.3.2 BERT 模型

通常语言模型的输入是一个从左向右输入的文本序列，或者将从左向右和从右向左的训练结合起来，双向训练的语言模型对语境的理解会比单向训练的语言模型更加深刻。

Transformer 的编码通过一次性读取整个文本序列，而不是从左到右或从右到左地按顺序读取文本序列，使得模型能够基于单词的两侧文本信息进行学习，相当于是一个双向学习模式。2018 年 10 月，Google AI 研究院提出了预训练模型双向 Transformer 编码器(bidirectional encoder representation from transformers，BERT)，BERT 利用 Transformer 的双向学习模式构建大规模的预训练语言模型。BERT 模型的目标是利用大规模无标注语料训练获得文本的丰富语义信息表示，使用 Transformer 的编码部分，并利用 Masked LM 以及下一语句预测(Next Sentence Prediction，NSP)等预训练方法，进行双向语言模型训练，获得文本的语义表示。最终，在特定的 NLP 应用任务中，微调文本的语义表示，从而应用于该 NLP 任务。

BERT 由多个 Transformer 编码堆叠而成，如典型的 BERT 模型分别是用 12 层和 24 层编码构造而成的大型语言模型，两种 BERT 模型参数总数分别为 1.1 亿和 3.4 亿。

BERT 模型的输入主要是文本中字/词的原始词向量，该向量既可以随机初始化，也可以利用 Word2Vector 等算法进行预训练作为初始值。此外，BERT 模型输入除了字/词向量，还包含文本片段向量与位置向量两部分：文本片段向量的值是在模型训练过程中自动学习的，用于刻画当前已输入文本的全局语义信息，并与单字/词的语义信息相融合；位置向量是对字/词位置的一种表示。由于字/词出现在文本不同位置时所表达的语义信息存在差异，因此 BERT 模型也会嵌入字/词的位置向量以作区分。最后，BERT 模型将字向量、文本片段向量和位置向量的加和作为模型输入，如图 10-26 所示。

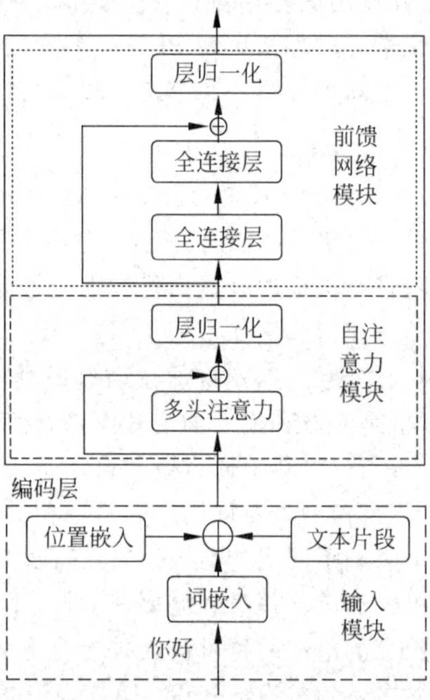

图 10-26 BERT 模型结构原理图

Transformer 编码的输入和输出在形式上完全一致。BERT 模型的输出是文本中各个字/词融合了全文语义信息后的向量表示。因此，BERT 实质是将输入文本各个字/词的语义向量表示转换为相同长度的增强语义向量表示的模型。

BERT 是一个大型预训练语言模型，因此在训练过程中会采用大规模的、与特定 NLP 任务无关的文本语料进行训练，其目标是学习语言本身的规律。预训练的目的就是调整模型参数，使得模型输出的文本语义表示能够刻画语言的本质，便于后续针对具体的 NLP 任务进行微调。为了达到这个目的，BERT 设计了两种预训练任务：Masked LM 和 NSP。

1. Masked LM

Masked LM 任务是指：给定一句话，随机抹去这句话中的一个或几个词，要求模型根据剩余词汇预测被抹去词的信息。这类似于语言学中的完形填空，而 BERT 模型的预训练实质是在学习语言内部规律，模型微调则是利用学习的语言知识进行任务适应性调整的过程。例如，利用[MASK] 标志作为屏蔽词标志，随机屏蔽掉 15%的输入词，然后再利用 BERT 去预测这些被[MASK]掉的词是什么。Masked LM 的缺点是：预训练与微调具有不匹配性，微调过程中不存在[MASK]标记；另外，每个训练批次只屏蔽 15%的词，模型需要更多的预训练步骤才能收敛。因此在训练时，采取随机选择的方式屏蔽一句话中15%的词汇，对于被屏蔽的词汇也使用了不同的处理策略，选择80%的词采用［MASK］符号替换，选择10%的词采用一个任意词替换，剩余的10%保持原词汇不变。通过这种处理方式，一方面解决了后续微调任务中语句中并不会出现[MASK]标记的问题，另一方面，BERT模型无法预知哪些单词被屏蔽或哪些单词已被随机单词替换，这就迫使模型保持对每个输入词块的分布式语境表征，利用上下文信息去预测词汇，因此也赋予了模型一定的纠错能力。

例如，句子“我 喜欢 吃 千层面”，对词语“千层面”进行屏蔽，则：

80% 的概率，将句子“我 喜欢 吃 千层面”转换为句子“我 喜欢 吃［MASK］”；

10% 的概率，保持句子为“我 喜欢 吃 千层面”不变；

10% 的概率，将单词“千层面”替换成另一个随机词，例如“木头”，将句子“我 喜欢 吃 千层面”转换为句子“我 喜欢 吃 木头”。

每个序列中有15% 的单词被［MASK］替换后，模型会利用其他未被屏蔽的单词来预测被掩盖的原单词。BERT在Encoder的输出添加分类层，并与嵌入矩阵相乘获得输出向量，将其转换为词汇的维度，最后用Softmax计算词汇表中每个单词的概率。

2. NSP

BERT模型输入不仅可以是单个句子，还可以包含句子对(句子A和句子B)。NSP任务是指：给定一篇文章中的两句话，判断第二句话在文本中是否紧跟着第一句话。因此，BERT在输入句子对时，NSP即对下一句话进行预测，让模型能够更好地理解句子间的前后关系。为了区分训练中的两个句子，BERT在第一个句子的开头插入［CLS］标记，表示第一个句子的起始，[CLS]符号经过BERT得到的表征向量 $\boldsymbol{C}$ 可以用于后续的分类任务；在每个句子的末尾插入［SEP］标记，[SEP]符号分别添加到两个输入句子的末尾，如输入句子A和B，要在句子A和B后面增加［SEP］标志。

如图10-27所示，通过[CLS]标志位的输出 $\boldsymbol{C}$ 预测句子A的下一句是不是句子B：

输入＝[CLS] 我 是 加菲猫［SEP］我 最 喜欢［MASK］千层面［SEP］；

类别＝B 是 A 的下一句。

输入＝[CLS] 我 是 加菲猫［SEP］今天 天气［MASK］［SEP］；

类别＝B 不是 A 的下一句。

在英文文本中，BERT使用了WordPiece方法，将单词拆成子词单元，所以有的词会拆出词根，例如“playing”会变成“play”＋“##ing”，如给定两个句子“my dog is cute”和“he likes palying”作为输入样本，BERT会将句子转换为“[CLS] my dog is cute [SEP] he likes play ##ing [SEP]”。在实际预训练过程中，从文本语料库中随机选择50%正确语句对和50%错误语句对进行训练。

BERT模型通过对Masked LM任务和NSP任务进行联合训练，使模型输出的每个字/词的向量表示都能尽可能全面、准确地刻画输入文本(单句或语句对)的整体信息，以及更准确地刻画语句乃至篇章层面的语义信息，为后续的微调任务提供更好的模型参数初始值。

10.3.3 GLM模型

GPT的训练目标是从左到右的生成文本；而BERT的训练目标是对文本进行随机掩码，然后预测被掩码的词；T5则是采用编码器-解码器结构，接受一段文本信息，从左到右

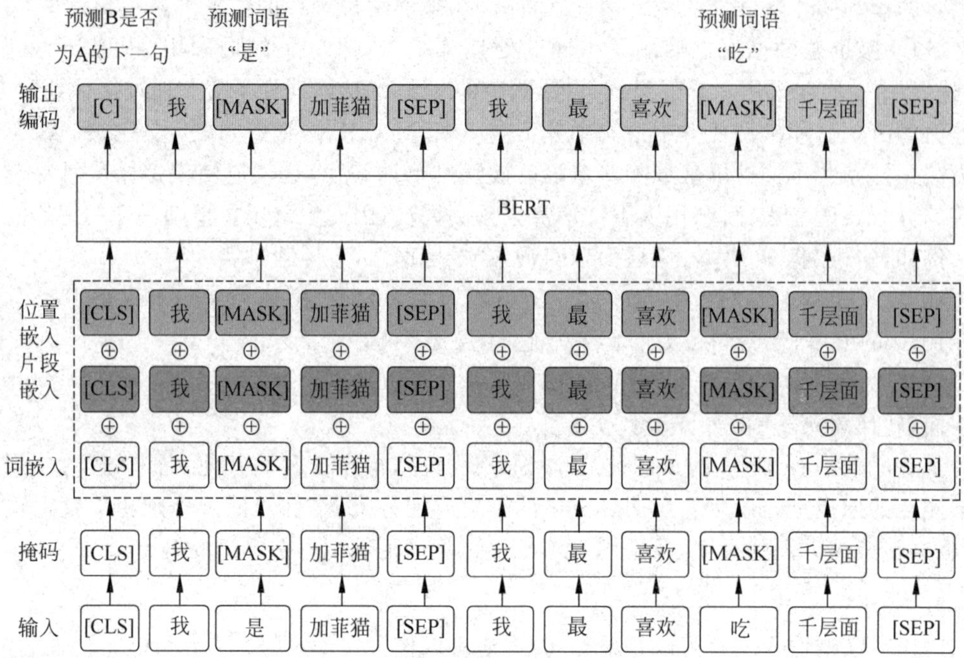

图 10-27 BERT 模型

地生成另一段文本。GPT 的注意力是单向的，所以无法利用到下文的信息；BERT 的注意力是双向的，可以同时感知上文和下文，因此在自然语言理解任务上表现很好，但是不适合生成任务；T5 的编码器中的注意力是双向的，解码器中的注意力是单向的，因此可同时应用于自然语言理解任务和生成任务。通用语言模型(general language model，GLM)将三者的模式进行融合，GLM 中同时存在单向注意力和双向注意力。在原本的 Transformer 模型中，这两种注意力机制是通过将自注意力修改成掩码多头注意力实现的。掩码多头注意力矩阵是下三角矩阵，矩阵的上三角信息为 0 或无穷小，即可实现单向注意力。GLM 的训练目标是一个自回归空格填充的任务，兼容 GPT、BERT 与 T5 三种模式的预训练目标。自回归填充类似掩码语言模型，首先采样输入文本中部分片段，将其替换为[MASK]标记，然后预测[MASK]所对应的文本片段。与掩码语言模型不同的是，预测的过程是采用自回归的方式。具体来说：当被掩码的片段长度为 1 的时候，空格填充任务等价于掩码语言建模；当将文本 1 和文本 2 拼接在一起，然后将文本 2 整体掩码掉，空格填充任务就等价于条件语言生成任务；当全部的文本都被掩码时，空格填充任务就等价于无条件语言生成任务。GLM 采用两个预训练目标进行优化，两个目标交替进行：文档级别优化，从文档中随机采样一个文本片段进行掩码，片段的长度为文档长度的 50%～100%；句子级别优化，从文档中随机掩码若干文本片段，每个文本片段必须为完整的句子，被掩码的词数量为整个文档长度的 15%。

假设原始的文本序列为 x_1、x_2、x_3、x_4、x_5、x_6、x_7、x_8，采样的两个文本片段为 x_2 和 x_4、x_5、x_6，那么掩码后的文本序列为 x_1、M_1、x_3、M_2、x_7、x_8。接下来以〈S〉作为被掩码文本部分的起始符，构造掩码部分文本序列〈S〉、x_4、x_5、x_6 以及〈S〉、x_2。因此，构造的完整输入文本序列为 x_1、M_1、x_3、M_2、x_7、x_8、〈S〉、x_4、x_5、x_6、〈S〉、x_2。GLM 根据输入序列解码

输出的过程如图 10-28 所示。

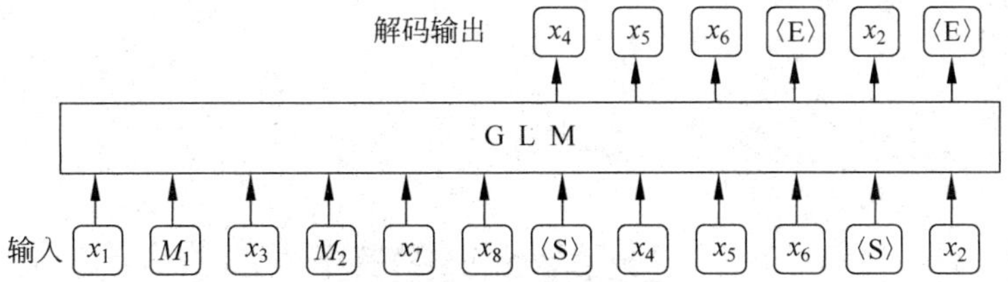

图 10-28 GLM 根据输入解码输出示意图

文本序列 x_1、M_1、x_3、M_2、x_7、x_8 作为背景信息输入 GLM 模型中，无期望输出；接下来 GLM 继续输入第一个起始符〈S〉，网络解码输出文本，其期望值为 x_4，同理网络依次输入 x_4、x_5、x_6，其期望输出为 x_5、x_6、〈E〉；网络继续输入第二个起始符〈S〉，其期望输出为 x_2，最后输入 x_2，期望输出为结束标记〈E〉。在 GLM 模型计算过程中，注意力计算模式较复杂，如图 10-29 所示，图中符号○表示两个文本之间可见，具有注意力系数，符号×表示两个文本之间不可见，注意力系数为 0。

键值 / 查询	x_1	M_1	x_3	M_2	x_7	x_8	〈S〉	x_4	x_5	x_6	〈S〉	x_2
x_1	○	○	○	○	○	○	×	×	×	×	×	×
M_1	○	○	○	○	○	○	×	×	×	×	×	×
x_3	○	○	○	○	○	○	×	×	×	×	×	×
M_2	○	○	○	○	○	○	×	×	×	×	×	×
x_7	○	○	○	○	○	○	×	×	×	×	×	×
x_8	○	○	○	○	○	○	×	×	×	×	×	×
〈S〉	○	○	○	○	○	○	○	×	×	×	×	×
x_4	○	○	○	○	○	○	○	○	×	×	×	×
x_5	○	○	○	○	○	○	○	○	○	×	×	×
x_6	○	○	○	○	○	○	○	○	○	○	×	×
〈S〉	○	○	○	○	○	○	○	○	○	○	○	×
x_2	○	○	○	○	○	○	○	○	○	○	○	○

图 10-29 GLM 注意力模式图

在注意力计算过程中，x_1、M_1、x_3、M_2、x_7、x_8 之间互相是可见的，在生成 x_4、x_5、x_6、〈E〉过程中，对已输入的文本序列是可见的，对生成过程的文本是单向可见的；在 x_2、〈E〉生成的过程中，网络对之前的输入 x_1、M_1、x_3、M_2、x_7、x_8、〈S〉、x_4、x_5、x_6 是可见，其余不可见。

第11章

第11章课件

生成式模型

11.1 概述

机器学习方法包含生成方法和判别方法，其对应的模型分别称为生成式模型和判别式模型。语言模型是一种典型的生成式模型，通过给定文本信息或已预测输出的文本信息生成新的文本信息。生成式方法是通过观测数据，学习样本与标签的联合概率分布 $P(y|x)$，生成符合样本分布的新数据，可以用于有监督学习和无监督学习。在有监督学习任务中，根据贝叶斯公式由联合概率分布 $P(y,x)$ 求出条件概率分布 $P(y|x)$，从而得到预测模型，典型的模型有朴素贝叶斯、混合高斯模型和隐马尔可夫模型等。无监督生成模型通过学习能够刻画真实数据的本质特征，构建样本数据的分布模型，从而利用该模型生成与训练样本相似的新数据。生成模型的参数远远小于训练数据的量，生成式模型在没有目标类别标签信息的情况下，可以观测到或可见数据的高阶相关性，因此模型能够发现并有效内化数据的本质特征，从而构建样本数据分布。深度生成模型通过从网络中采样来有效生成样本，例如受限玻尔兹曼机、深度信念网络、深度玻尔兹曼机和广义去噪自编码器。深度生成模型可以生成全新的样本，这些生成的样本非常类似于训练样本，通过这种方式来演示其对于数据的理解。

人工智能研究的最大难题之一是无监督学习。当前成功的深度学习应用严重依赖于监督学习，即需要人类来分类数据和定义希望计算机了解的高层的抽象信息。但对于人类，即使没有老师告诉他有关世界的任何东西，人类也能发现有关世界的很多东西。计算机要想获得这种自动学习、理解世界的能力还需要进一步的发展。深度生成式模型是无监督学习的有利工具。在视觉信息生成领域，近两年来流行的生成式模型主要包括生成对抗网络(generative adversarial networks，GAN)、变分自编码器(variational autoencoders，VAE)、自回归模型(autoregressive models，AR)、扩散模型等方法。

11.2 生成对抗网络

当前的机器学习算法擅长的是对图片、语音、文本等进行分类。输入一张图片，神经网络模型可以输出一个预测信息，辨别图片的类别，如图 11-1 所示。

生成式模型希望将这个过程反过来，也就是当输入一个数值到模型中，神经网络输出一

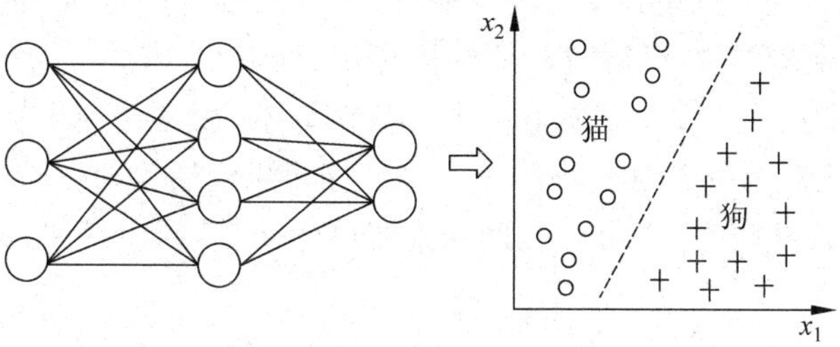

图 11-1　判别模型

张图片，这就是所谓的生成过程。2014 年，在蒙特利尔读博士的 Ian Goodfellow 将生成对抗网络（GAN）引入深度学习领域，并逐渐成为学术界的一个研究热点。Yann LeCun 更是称之为"过去十年间机器学习领域最让人激动的点子""20 年来机器学习领域最酷的想法"。在 GAN 出现之前，人们已经找到了一些生成图片、语言等的方法，如自编码器，或反卷积神经网络等。但这些生成方法得到的图片效果不佳，而且训练较慢。Ian Goodfellow 创造性地将深度学习的一体问题转化为了一个二体问题，也就是说，本来生成式模型的设计目标是得到一个生成器，但是 GAN 方法却同时训练了两个神经网络：一个是生成器 G，一个是判别器 D。生成器从随机噪声或者潜在变量（latent variable）中生成逼真的样本，同时训练一个判别器来鉴别真实数据和生成数据，两者同时训练，直到达到一个纳什均衡，即生成器生成的数据与真实样本无差别，判别器也无法正确地区分生成数据和真实数据，如图 11-2 所示。

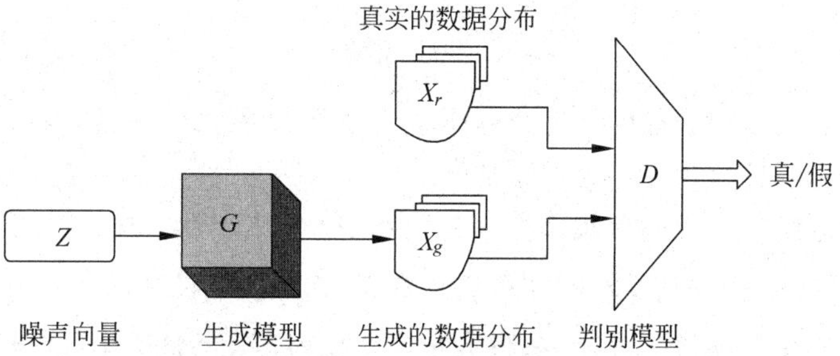

图 11-2　GAN 实现过程图

生成网络和辨别网络二者之间构成了一种零和博弈关系，正是这种二体关系的引入大大提升了生成器的造假水平；同时，辨别网络具有比常规方式训练的网络更好的性能。判别模型实质是一种分类器，有一个判别界限，通过这个判别界限去区分样本的真伪，从概率角度分析就是获得样本 x 属于类别 y 的概率，是一个条件概率 $P(y|x)$。而生成模型是在限定条件内产生数据的分布，就像高斯分布一样，它需要拟合整个分布，从概率角度分析就是样本 x 在整个分布中产生的概率，即联合概率 $P(x,y)$。生成模型与判别模型初始时都没有经过训练，生成模型产生一张图片去欺骗判别模型，然后判别模型去判断这张图片是真是假，两个模型一起对抗训练，在训练的过程中两个模型能力越来越强，最终达到稳态。例如，生成模型可以采用一个简单的 RBF 网络，判别模型采用一个简单的全连接网络，后面连接一层 Softmax 作为分类层，这就可以构成一个对抗网络模型。GAN 不仅仅能够生成各种新鲜有趣的图片，它也是一套机器学习框架与方法。

GAN 网络的优点是：只用到了反向传播，而不需要马尔可夫链；训练时无需对隐变量做推断；理论上，只要是可微分函数都可以用于构建 D 和 G，因此可以与深度神经网络结合构建深度生成式模型；G 的参数更新不是来自数据样本，而是使用来自 D 的反向传播(这也是与传统方法相比差别最大的一条)。但 GAN 网络生成模型的分布 $P_G(G)$ 没有显式表达，可解释性差；比较难训练，D 与 G 之间需要很好的同步，例如存在 D 更新 k 次而 G 只更新一次的缺点。

11.2.1 生成模型

首先，已知真实图片集的分布 $P_{data}(x)$，x 是一幅真实图片，可以表示为一个向量，这个向量集合的分布为 P_{data}。由于 P_{data} 真实分布未知，无法直接生成在这个分布内的一些图片。假设由生成器学习到的概率分布模型为 $P_G(x;\theta)$，这是一个由 θ 控制的分布，θ 是这个分布的参数(如果是高斯混合模型，那么 θ 就是每个高斯分布的平均值和方差)。最大似然估计就是利用已知的样本信息，反推出最有可能(最大概率)的概率模型参数值。样本是从某一个客观存在的分布中抽样得来，根据样本计算概率模型的数学参数，即模型已定，参数未知。假设在真实分布中的数据 $\{x^1,x^2,\cdots,x^m\}$，由具有独立未知参数的现实数据分布 P_G 生成，令 $P_G(x^i;\theta)$ 是一个由参数 θ(未知)确定的在相同空间上的概率分布，我们的目的就是找到一个合适的 θ 使得 $P_G(x^i;\theta)$ 尽可能地接近 $P_{data}(x)$，利用真实分布 $P_{data}(x)$ 抽样获得的数据集，计算一个似然 $P_G(x^i;\theta)$。对于这些数据，在生成模型中的似然可表示为

$$L=\prod_{i=1}^{m}P_G(x^i;\theta) \tag{11-1}$$

最大化这个似然等价于最大化生成器生成真实图片的概率，这就构造了一个最大似然估计的问题。为何要最大化 L？数据集 $X=\{x^1,x^2,\cdots,x^m\}$ 是在真实分布中取得的，我们的目的就是人为地设计一个由参数 θ 控制的分布 $P_G(x^i;\theta)$ 去拟合真实分布 $P_{data}(x)$，即通过一组数据 X 去估算一个参数 θ，使得这组数据 X 在人工设计的分布 $P_G(x^i;\theta)$ 中被抽样出来的可能性最大。寻找一个 θ^* 来最大化这个似然，等价于最大化 log 似然。

$$\begin{aligned}\theta^*&=\arg\max_{\theta}P_G(X;\theta)=\arg\max_{\theta}\prod_{i=1}^{m}P_G(x^i;\theta)\\&\equiv\arg\max_{\theta}\sum_{i=1}^{m}\log P_G(x^i;\theta)\end{aligned} \tag{11-2}$$

对 arg max 进行缩放时，不会改变其问题的求解性质，由于此时有 m 个从真实分布中抽样的数据，因此将式(11-2)除以 m，其结果约等于真实分布中所有 x 在 P_G 分布中的 log 似然的期望。

$$\theta^*=\arg\max_{\theta}E_{x\sim P_{data}}[\log P_G(x;\theta)] \tag{11-3}$$

真实分布中所有样本 x 的期望，等价于求概率的积分，因此将样本的期望求取运算转化为积分运算 $\arg\max_{\theta}\int_x P_{data}(x)\log P_G(x;\theta)\mathrm{d}x$，并添加 $\int_x P_{data}(x)\log P_{data}(x)\mathrm{d}x$ 项，由于该项与 θ 无关，所以添加之后与原式仍然具有等价性，然后提出共有的项，括号内的部分

进行反转，max 运算转换为 min 运算，可得

$$
\begin{aligned}
&\arg\max_{\theta} E_{x\sim P_{\text{data}}}[\log P_{\text{G}}(x;\theta)] \\
&\equiv \arg\max_{\theta}\left[\int_x P_{\text{data}}(x)\log P_{\text{G}}(x;\theta)\mathrm{d}x - \int_x P_{\text{data}}(x)\log P_{\text{data}}(x)\mathrm{d}x\right] \\
&= \arg\max_{\theta}\left[\int_x P_{\text{data}}(x)[\log P_{\text{G}}(x;\theta) - \log P_{\text{data}}(x)]\right]\mathrm{d}x \\
&= \arg\max_{\theta}\left[-\int_x P_{\text{data}}(x)\log\frac{P_{\text{data}}(x)}{P_{\text{G}}(x;\theta)}\right]\mathrm{d}x \\
&\equiv \arg\min_{\theta}\left[\int_x P_{\text{data}}(x)\log\frac{P_{\text{data}}(x)}{P_{\text{G}}(x;\theta)}\right]\mathrm{d}x
\end{aligned}
\tag{11-4}
$$

KL 散度可以度量两个模型之间的差异，其定义为

$$
D_{\text{KL}}(P_{\text{data}} \parallel P_{\text{model}}) = E_{x\sim P_{\text{data}}}[\log P_{\text{data}}(x) - \log P_{\text{model}}(x)] \tag{11-5}
$$

但 KL 散度是非对称的，$D_{\text{KL}}(P_{\text{data}} \parallel P_{\text{model}}) \neq D_{\text{KL}}(P_{\text{model}} \parallel P_{\text{data}})$。

因此，将式(11-4)转化为 KL 散度的表达形式，如下式所示：

$$
\begin{aligned}
\arg\max_{\theta} E_{x\sim P_{\text{data}}}[\log P_{\text{G}}(x;\theta)] &= \arg\min_{\theta}\left[\int_x P_{\text{data}}(x)\log\frac{P_{\text{data}}(x)}{P_{\text{G}}(x;\theta)}\mathrm{d}x\right] \\
&= \arg\min_{\theta}\text{KL}(\hat{P}_{\text{data}}(x) \parallel P_{\text{G}}(x;\theta))
\end{aligned}
\tag{11-6}
$$

因此，最大化似然代价函数要使得生成器最大概率地生成真实图片，就是要找一个 θ 使得 P_{G} 更接近于 P_{data}。虽然最优 θ^* 在最大化似然和最小化 KL 散度时是相同的，但在实际编程中，通常将两者都称为最小化代价函数。因此，将最大化似然转化为最小化负对数似然，或者等价于最小化交叉熵。而最小化 KL 散度其实就是在最小化分布之间的交叉熵。

如何来获取最优的 θ^*？假设 $P_{\text{G}}(x;\theta)$是一个神经网络，首先给定先验分布 $P_{\text{prior}}(z)$，随机产生一个向量 z，通过 $G(z)=x$ 的网络，生成图片 x。如何比较真实图像分布与生成样本数据分布是否相似？取一组样本 z，z 符合某一个先验分布，利用 z 通过网络生成另一个分布 P_{G}，然后比较其与真实分布 P_{data} 的相似性。神经网络只要采用非线性激活函数，就可以去拟合任意的函数，分布也是类似的，图 11-3 所示为神经网络数据拟合过程。可以用正态分布或者高斯分布的抽样数据作为训练样本，去训练一个神经网络，从而使得神经网络学习到一个复杂的分布。

$$
P_{\text{G}}(x) = \int_z P_{\text{prior}}(z) I_{[G(z)=x]}\mathrm{d}z \tag{11-7}
$$

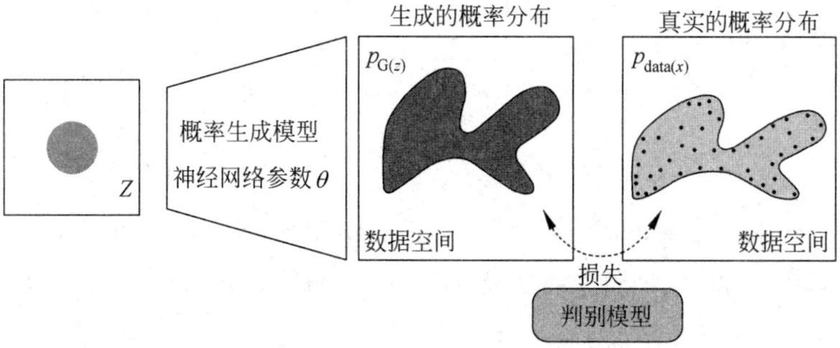

图 11-3 生成模型

生成器模型的似然是难以计算的。因此，通过优化损失函数，调节生成模型的参数，从而使得生成模型生成数据的概率分布与真实数据的概率分布接近。如何定义损失函数是保证生成网络模型性能的关键，在传统的生成模型中，一般采用数据的似然来定义损失函数。GAN 网络创造性地使用了另一种优化目标，将对判别器与生成器的期望作为损失函数，如下式所示：

$$V(G,D)=E_{x\sim P_{\text{data}}}[\log D(x)]+E_{z\sim P_{\text{prior}}}[\log D(G(z))] \tag{11-8}$$

对于真实数据集中的数据，$E_{x\sim P_{\text{data}}}[\log D(x)]$期望值越大越好；而对于生成器，根据 z 产生数据$G(z)$，$E_{z\sim P_{\text{prior}}}[\log D(G(z))]$期望判别器能够正确地将真实数据与生成数据进行区分，其值越小越好。由于两部分期望的方向不一致，因此将其调整为下式：

$$V(G,D)=E_{x\sim P_{\text{data}}}[\log D(x)]+E_{z\sim P_{\text{prior}}}[\log(1-D(G(z)))] \tag{11-9}$$

将上式进一步改写为

$$V(G,D)=E_{x\sim P_{\text{data}}}[\log D(x)]+E_{x\sim P_{\text{G}}}[\log(1-D(G(x)))] \tag{11-10}$$

上述公式就是用来衡量 $P_{\text{G}}(x)$和 $P_{\text{data}}(x)$之间的不同程度。这个公式的好处在于，$\max V(G,D)$表示 P_{G} 和 P_{data} 之间的差异最小。可以首先固定 G，寻找一个最优的 D^*，让这两个分布之间的差异最小，即在生成器 G 固定的时候，判别器尽可能地将生成图片和真实图片区别开来，也就是要最大化两者之间的交叉熵：

$$D^*=\arg\max_D V(G,D) \tag{11-11}$$

然后，固定 D，使得生成器 G 生成的数据能够欺骗判别器 D，即判别器将其分类为真实数据，也就是对 $V(G,D)$进行最小化，此时 G 代表的就是最优的生成器。所以 G 的目标就是找到G^*，找到 G^* 也就找到了分布 $P_{\text{G}}(x)$的对应参数 θ_{G}：

$$G^*=\arg\min_G\max_D V(G,D) \tag{11-12}$$

因此，对于判别器 D 要使式(11-11)尽可能的大，也就是对于 x 来自真实分布中的数据，$D(x)$要接近 1，对于 x 是生成的数据，$D(x)$要接近 0。而 G 要让式(11-12)尽可能的小，让来自于生成分布中的 x 尽可能地欺骗判别器，使 $D(x)$尽可能地接近 1。

11.2.2 判别模型

判别模型 D 的训练目的是尽量最大化自己的判别准确率。当这个数据被判别为来自于真实数据时输出为 1；当被判别为来自于生成数据时输出为 0。

首先，固定 G 求解最优的 D^*，即最大化下列函数，求解 $\max\limits_D V(G,D)$：

$$\begin{aligned}V&=E_{x\sim P_{\text{data}}}[\log D(x)]+E_{x\sim P_{\text{G}}}[\log(1-D(x))]\\&=\int_x P_{\text{data}}(x)\log D(x)\mathrm{d}x+\int_x P_{\text{G}}(x)\log(1-D(x))\mathrm{d}x\\&=\int_x[P_{\text{data}}(x)\log D(x)+P_{\text{G}}(x)\log(1-D(x))]\mathrm{d}x\end{aligned} \tag{11-13}$$

假设 $D(x)$表示任意函数，并具有任意取值。给定 x，通过最大化 $P_{\text{data}}(x)\log D(x)+P_{\text{G}}(x)\log(1-D(x))$函数，即可求得最优 D^*，令 $a=P_{\text{data}}(x)$、$b=P_{\text{G}}(x)$，则可得 $f(D)=a\log(D)+b\log(1-D)$，最优判别器 D^* 为$\frac{\mathrm{d}f(D)}{\mathrm{d}D}=0$时 D 的值。

根据$\frac{df(D)}{dD}=a\times\frac{1}{D}+b\times\frac{1}{1-D}\times(-1)=0$，可得 $a\times\frac{1}{D^*}=b\times\frac{1}{1-D^*}$，即 $a\times(1-D^*)=b\times D^*$，从而可得 $D^*=\frac{a}{a+b}$。因此，可得 D^* 为

$$D^*(x)=\frac{P_{\text{data}}(x)}{P_{\text{data}}(x)+P_G(x)} \tag{11-14}$$

对于一个给定的 x，得到在(0,1)范围内最优的 D^*，将最优的 D^* 代入 $\max\limits_D V(G,D)$，可得

$$\begin{aligned}
\max_D V(G,D)&=V(G,D^*)\\
&=E_{x\sim P_{\text{data}}}\left[\log\frac{P_{\text{data}}(x)}{P_{\text{data}}(x)+P_G(x)}\right]+E_{x\sim P_G}\left[\log\frac{P_G(x)}{P_{\text{data}}(x)+P_G(x)}\right]\\
&=\int_x P_{\text{data}}(x)\log\frac{P_{\text{data}}(x)}{P_{\text{data}}(x)+P_G(x)}dx+\int_x P_G(x)\log\frac{P_G(x)}{P_{\text{data}}(x)+P_G(x)}dx\\
&=\int_x P_{\text{data}}(x)\log\frac{\frac{1}{2}P_{\text{data}}(x)}{\frac{P_{\text{data}}(x)+P_G(x)}{2}}dx+\int_x P_G(x)\log\frac{\frac{1}{2}P_G(x)}{\frac{P_{\text{data}}(x)+P_G(x)}{2}}dx\\
&=\int_x P_{\text{data}}(x)\log\frac{P_{\text{data}}(x)}{\frac{P_{\text{data}}(x)+P_G(x)}{2}}dx+\int_x P_G(x)\log\frac{P_G(x)}{\frac{P_{\text{data}}(x)+P_G(x)}{2}}dx+\\
&\quad\int_x P_{\text{data}}(x)\log\frac{1}{2}dx+\int_x P_G(x)\log\frac{1}{2}dx\\
&=\int_x P_{\text{data}}(x)\log\frac{P_{\text{data}}(x)}{\frac{P_{\text{data}}(x)+P_G(x)}{2}}dx+\\
&\quad\int_x P_G(x)\log\frac{P_G(x)}{\frac{P_{\text{data}}(x)+P_G(x)}{2}}dx-2\log2
\end{aligned} \tag{11-15}$$

JS 散度(Jensen-Shannon divergence)是基于 KL 散度的变体，JS 散度是 KL 散度的对称平滑版本，用来度量两个概率分布的相似度，解决了 KL 散度非对称的问题。KL 散度度量的时候有一个问题，如果两个分布离得很远，完全没有重叠的时候，那么 KL 散度值是没有意义的，这在学习算法中是致命的，这就意味着这一点的梯度为 0，即梯度消失了。而 JS 散度值是一个常数，JS 散度是对称的，其取值为 0～1 的数值。根据 JS 散度公式：

$$\text{JSD}(P\parallel Q)=\frac{1}{2}\text{KL}\left(P\parallel\frac{P+Q}{2}\right)+\frac{1}{2}\text{KL}\left(Q\parallel\frac{P+Q}{2}\right) \tag{11-16}$$

固定 G，$\max\limits_D V(G,D)$表示两个分布间的差异，其最小值为$-2\log2$，最大值为 0。

$$\begin{aligned}
\max_D V(G,D)&=V(G,D^*)\\
&=-2\log2+\int_x P_{\text{data}}(x)\log\frac{P_{\text{data}}(x)}{\frac{P_{\text{data}}(x)+P_G(x)}{2}}dx+
\end{aligned}$$

$$
\begin{aligned}
&\int_x P_{\mathrm{G}}(x)\log\frac{P_{\mathrm{G}}(x)}{\dfrac{P_{\mathrm{data}}(x)+P_{\mathrm{G}}(x)}{2}}\mathrm{d}x \\
&=-2\log 2+2\times\left[\frac{1}{2}\mathrm{KL}\left(P_{\mathrm{data}}(x)\left\|\frac{P_{\mathrm{data}}(x)+P_{\mathrm{G}}(x)}{2}\right.\right)\right]+2\times \\
&\quad\left[\frac{1}{2}\mathrm{KL}\left(P_{\mathrm{G}}(x)\left\|\frac{P_{\mathrm{data}}(x)+P_{\mathrm{G}}(x)}{2}\right.\right)\right] \\
&=-2\log 2+2\left[\frac{1}{2}\mathrm{KL}\left(P_{\mathrm{data}}(x)\left\|\frac{P_{\mathrm{data}}(x)+P_{\mathrm{G}}(x)}{2}\right.\right)+\right. \\
&\quad\left.\frac{1}{2}\mathrm{KL}\left(P_{\mathrm{G}}(x)\left\|\frac{P_{\mathrm{data}}(x)+P_{\mathrm{G}}(x)}{2}\right.\right)\right] \\
&=-2\log 2+2\mathrm{JSD}(P_{\mathrm{data}}(x)\,\|\,P_{\mathrm{G}}(x))
\end{aligned}
\tag{11-17}
$$

固定 D，寻找最优的 G，来最小化 $\max\limits_{D} V(G,D)$，观察上式可知，当 $P_{\mathrm{G}}(x)=P_{\mathrm{data}}(x)$ 时，G 是最优的。

11.2.3 目标函数

生成对抗网络在优化损失函数的过程中，通过引入判别模型（多层神经网络、支持向量机等）尽可能地降低数据空间中生成的概率分布与真实概率分布之间的差异。优化过程是寻找生成模型与判别模型之间的纳什均衡，因此目标函数是生成模型和判别模型均衡的关键。GAN 所建立的学习框架，本质上是生成模型与判别模型之间的对抗游戏。生成模型的目标是尽可能地学习、模仿以及对真实数据分布进行建模，通过不断地学习来提高自己的伪装能力，从而使得自己提供的数据能够更好地欺骗判别模型；判别模型则需要判断接收的数据来自真实数据分布还是来自于生成模型，通过不断地训练来提高自己的判别能力，以准确地判断数据来自哪里。通过两个模型内部不断地竞争，从而提高两个模型的生成能力和判别能力，进而提高模型的整体性能。如图 11-4 所示，图 11-4(a)中大点虚线 $P(x)$是真实的数据分布，实线是通过生成模型 $G(z)$产生的数据分布（输入是均匀分布变量 $\boldsymbol{z}$，输出是实线）。小点虚线 $G(x)$代表判别函数。在图 11-4(a)中可以看到，实线 $G(z)$分布和大点虚线 $P(x)$真实分布，还有比较大的差异。这点也反映在小点虚线的判别函数上，判别函数能够准确地对左侧的真实数据输入进行判别，输出比较大的值，对虚假数据，输出比较小的值。但是随着训练次数的增加，由图 11-4(b)和图 11-4(c)反应出，实线的分布在逐渐靠近大点虚线的分布。图 11-4(d)中产生的实线分布和真实数据分布已经完全重合。这时，判别函数对所有的数据（无论真实的还是生成的数据），输出都是一样的值，已经不能正确进行分类。生成模型 G 成功学习到了数据分布，这样就达到了 GAN 的训练和学习目的。

在训练过程中，GAN 采用两个阶段的交替训练方式。

第一个阶段：固定生成器 G，给定一个初始的生成器 G_0，利用先验分布产生一个随机向量 $\boldsymbol{z}$ 作为生成模型的输入数据，然后经过生成模型产生一个输出图像，作为假图像，记作 $G(D(z))$；从数据集中随机选择一张图片，作为真实图像，记作 x；根据输入的图片类型是假或真将输入数据的标签标记为 0 或 1；将 $G(D(z))$和 x 作为判别器输入，寻找最优的判别器 D_0^*，即最大化 $V(G_0,D)$。最大化的过程就是最大化 $P_{\mathrm{data}}(x)$和 $P_{G_0}(x)$交叉熵的过

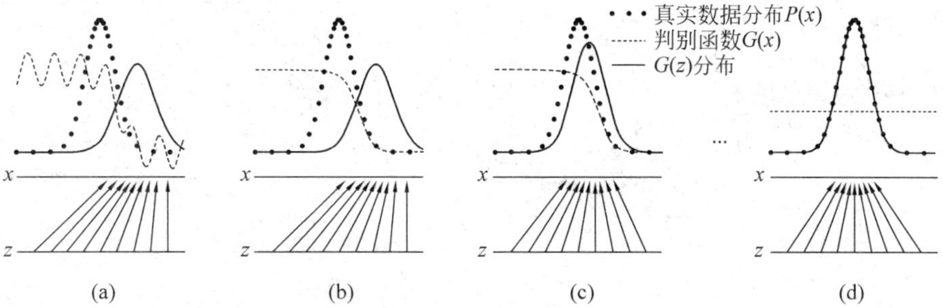

图 11-4 训练过程示意图

程，判别网络的输出值为一个 0～1 的数值，用于表示输入图片为真实图像的概率，真为 1、假为 0，利用得到的概率值计算交叉熵损失。

$$loss_{\mathrm{D}}=-(y\log D(x)+(1-y)\log(1-D(G(z))))\tag{11-18}$$

式中，$D(x)$为判别模型的输出，表示输入 x 为假数据的概率；$G(z)$是生成模型输出的一张假图像。当输入的是从数据集中取出的真实数据时，只需要考虑第一部分，目的是让判别模型输出 $D(x)$的输出尽量靠近 1；当输入为假数据时，只计算第二部分，目的是让 $D(G(z))$的输出尽可能趋向于 0。最后，使用梯度下降更新 D 的参数 $\theta_D=\theta_D-\eta\dfrac{\partial \max\limits_{D} V(G_0,D)}{\partial\theta_D}$，得到 D_0^*。

第二个阶段：根据第一阶段获得的判别模型 D_0^*，固定判别模型 D_0^*，寻找 G_1 的过程就是最大化 $V(G_1,D)$的过程，其实就是最大化 $P_{\mathrm{data}}(x)$和 $P_{G_1}(x)$交叉熵的过程；使用梯度下降更新 G 的参数 $\theta_G=\theta_G-\eta\dfrac{\partial \max\limits_{D} V(G,D_0^*)}{\partial\theta_G}$，得到 G_1。

生成模型要做的是使 $G(z)$产生的数据与样本数据具有相似的数据分布。通过最小化生成模型的误差，将由 $G(z)$产生的误差传给生成模型。

$$loss_{\mathrm{G}}=(1-y)\log(1-D(G(z)))\tag{11-19}$$

但是，针对判别模型的预测结果，要对梯度变化的方向进行调整。当判别模型认为 $G(z)$输出为真实数据集时和认为输出为噪声数据时，梯度更新的方向要进行改变，即最终的损失函数为

$$loss=(1-y)\log(1-D(G(z)))(2*\overline{D}(G(z))-1)\tag{11-20}$$

其中，$\overline{D}$ 表示判别模型的预测类别，通过设定阈值(通常取 0.5)，对预测概率取整为 0 或者 1 用于更改梯度方向。

在生成器训练的过程中，如最小化 $E_{x\sim P_G}[\log(1-D(x))]$并不理想，可最小化 $E_{x\sim P_G}[-\log(D(x))]$。因为 $\log(1-D(x))$在迭代初期，生成器的分布和真实分布差别较大，而此时损失函数提供的损失值却较小，导致训练的速度很慢。而$-\log(D(x))$在开始训练时会提供较大的损失值，加快网络的训练速度，然后损失值慢慢变小，这种趋势更符合人类的直觉认知。

同理，固定 G_1，搜索最优 D_1^*，不断循环进行交替训练，如图 11-5 所示。在实际操作中，通常训练生成器 G 的过程循环 1 次，对应的训练判别器 D 的过程，循环 k 次。

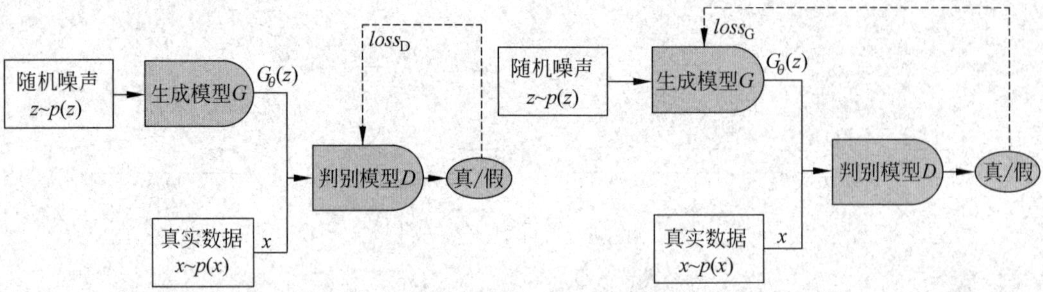

图 11-5 生成模型与判别模型平衡示意图

生成对抗网络对生成模型和判别模型是没有任何限制的，生成对抗网络提出的只是一种网络结构，可以使用任何生成模型和判别模型去实现一个生成对抗网络。因此，生成模型和判别模型可视为两个独立的模型。针对不同的模型可以根据需要选择不同的损失函数，利用误差反传算法进行误差修正，更新模型参数。当得到损失函数后就可根据单个模型的更新方法进行修正即可，如下式优化函数：

$$\min_G\max_D V(D,G)$$
$$=E_{x\sim p_{\text{data}}(x)}[\log D(x)]+E_{z\sim p_{\text{G}}(z)}[\log(1-D(G(z)))] \tag{11-21}$$

损失函数是最大化 D 的区分度、最小化 G 和真实数据集的数据分布，z 是随机输入生成模型的值。当对判别器参数 D 进行修正时，$\theta_D=\frac{1}{m}\sum_1^m[\log D(x_i)+\log(1-D(G(z_i)))]$；当对生成器参数 G 进行修正时，$\theta_G=\frac{1}{m}\sum_1^m\log(1-D(G(z_i)))$。

11.2.4 典型生成对抗网络

1. DCGAN

深度卷积生成对抗网络(deep convolutional generative adversarial networks，DCGAN)是将卷积网络引入到生成式模型的一种网络架构，通过无监督训练，利用卷积网络强大的特征提取能力，提高生成网络的学习效果。DCGAN 有以下特点：

(1) 生成器模型中使用 fractional strided convolutions，即 deconv 反卷积层，而在在判别器模型中使用 strided convolutions 来替代空间池化。

(2) 除了生成器模型的输出层和判别器模型的输入层，在网络其他层上都使用了批归一化，使用批归一化可以稳定学习，有助于处理初始化不良导致的训练问题。

(3) 去除了全连接层，而直接使用卷积层连接生成器和判别器的输入层以及输出层。

(4) 生成器的输出层使用 tanh 激活函数，在其他层使用 ReLU，在判别器使用 leaky ReLU。

一种 DCGAN 生成器模型结构图如图 11-6 所示：

可以看出，生成器的输入是一个 100 维的噪声，中间会通过 4 层卷积层，每通过一个卷积层通道数减半，长宽扩大一倍，最终生成一个 64×64×3 大小的图片输出。在图像生成的过程中使用了微步幅卷积，其示意图如图 11-7 所示。

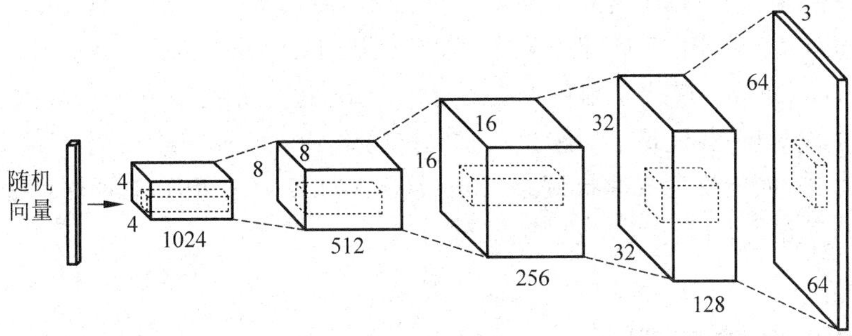

图 11-6 DCGAN 生成器模型结构图

2. CGAN

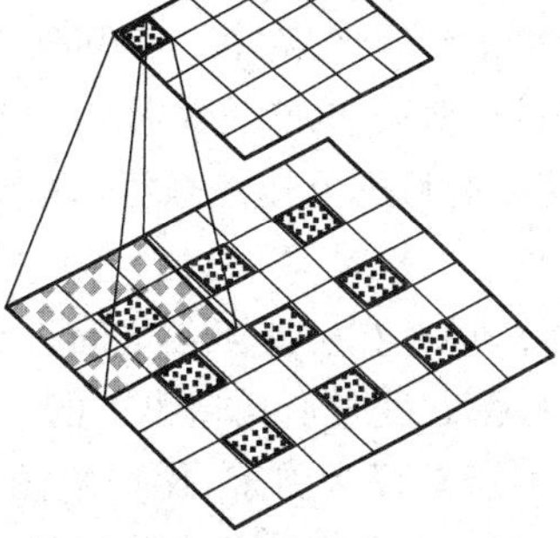

图 11-7 微步幅卷积示意图

基于传统 GAN 的数据生成是不可控的，变量 z 为随机采样获得。为了解决 GAN 太过自由的问题，对 GAN 加以约束，于是提出了条件生成对抗网络（conditional generative adversarial net，CGAN）。CGAN 在生成模型和判别模型的建模中均引入条件变量 y，使用额外信息 y 对模型进行控制，指导数据的生成，如图 11-8 所示。这些条件变量 y 可以基于多种信息，如类别标签、用于图像修复的部分数据、来自不同模态的数据等。如果条件变量 y 是类别标签，CGAN 可以看作将无监督的 GAN 变成有监督的模型。引入随机变量 z 后，条件生成器可表达为 $G(z|y)$。因此，CGAN 的损失函数为

$$\min_G \max_D V(D,G)=E_{x\sim p_{\text{data}}(x)}[\log D(x\mid y)]+E_{z\sim p_z(z)}[\log(1-D(G(z\mid y)))] \tag{11-22}$$

式(11-22)中第一项，即对 D 输入两个部分，图片 x 以及条件 y，如果分类结果与真实图片的标签相同，输出则接近于 1，否则接近于 0；第二项，包含了 $D(G(z|y))$，用生成样本和标签 y 来优化 D 和 G。

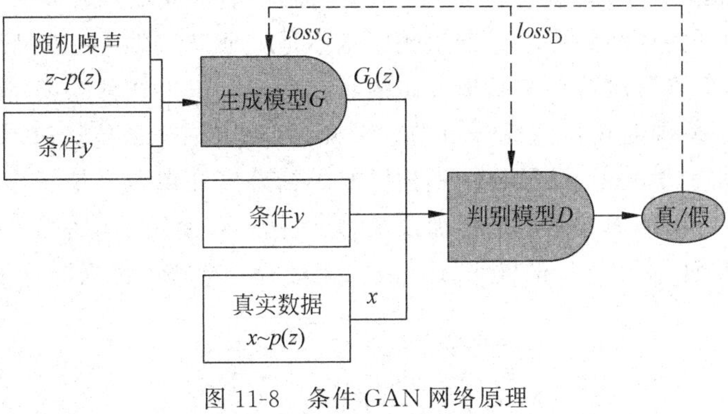

图 11-8 条件 GAN 网络原理

3. GAN 的改进

目前已有众多种类的 GAN 模型，这些 GAN 网络对原始 GAN 网络不同方面进行了改

进，如用于图像生成的 DCGAN、StackGAN、ProGAN、WGAN、WGAN-GP、StackGAN、SAGAN、StyleGAN；用于图像转换的 Pix2PixHD、SPADE、CycleGAN、AttGAN、StarGAN、STGAN 等。模式正则化生成式对抗网络、边界寻找生成式对抗网络、最大似然增强的离散生成对抗网络、最小二乘生成式对抗网络、Wasserstein GAN 等都是从 GAN 的结构上进行改进，而能量生成对抗网络（Energy-based GAN）、概率估计深度生成模型都是从 GAN 的计算方式上进行改进（正则化、耦合）。

11.3 变分自编码器

变分自编码器（variational auto-encoder，VAE）与 GAN 类似，是一种无监督复杂概率分布学习方法。VAE 与 GAN 都基于一个数学事实：对于一个目标概率分布，给定任何一种概率分布，总存在一个可微的可测函数，将其映射到另一种概率分布，使得这种概率分布与目标概率分布任意接近。VAE 与 GAN 的区别是，GAN 的目的是生成数据信息，而 VAE 的目的是压缩数据，两者目的不同，效果也不同。由于二范数的原因，VAE 生成的图像信息较模糊，而 GAN 生成的图像更加犀利。VAE 最大的特点是模仿了自编码器的学习预测机制，在可测函数之间进行编码和解码操作。VAE 遵从图模型，期望生成的样本是由某些隐含变量所构造出来的。例如，想要生成 0～9 的手写体数字，影响生成这些数字的样式可能有很多因素，比如笔画粗细、笔尖的角度、写者的书写习惯等，一些看似不相关的因素，都有可能影响最终的结果。比较直接的方法是显式地构造出这些隐含因素的概率分布，但是这些因素过多，且部分无法手工构造。VAE 巧妙地避开了这个问题，利用一个联合高斯分布作为隐含可测函数的分布，隐含可测函数将上面所有影响写字样式的隐含因素映射到欧式空间中，因此将问题转化为学习一个从隐含可测函数（隐含变量）到一个期望生成样本的映射问题。可以想象，这个映射极为复杂，因此利用深度学习强大的函数拟合能力来学习这个映射。

自编码器模型将图片编码成向量，然后解码器能够利用这些向量恢复成图片。利用这个网络能训练任意多的图片，将这些图片的编码向量进行存储，就可以通过这些编码向量来重构图像，这是标准的自编码器。但是，由于编码器不能从原始图片中产生合理的潜在变量，网络不能产生任何未知的样本。产生式模型不是一个只储存图片的网络，而是在编码器中添加约束，强迫其学习服从单位高斯分布的潜在变量。正是这种约束，将 VAE 和标准自编码器区分开来。只要对单位高斯分布进行采样，然后将采样值传给解码器，VAE 很容易就能产生新的样本。事实上，还需要在重构样本的精确度和单位高斯分布的拟合度上进行权衡，因此将这两方面的损失函数进行加权求和。一方面，使用平均平方误差来度量图片的重构误差；另一方面，使用 KL 散度来度量潜在变量的分布和单位高斯分布的差异。

$$\begin{cases} loss_{\text{rec}} = \dfrac{1}{m}\sqrt{y-x} \\ loss_{\text{latent}} = \mathrm{KL}(z \parallel P) \\ loss = loss_{\text{rec}} + loss_{\text{latent}} \end{cases} \tag{11-23}$$

VAE 编码器会产生两个向量，一个是均值向量，一个是标准差向量，而不是像标准自编码器那样只是产生实数值向量，如图 11-9 所示。为了优化网络，VAE 需要使用参数重构技巧,实现网络的训练。

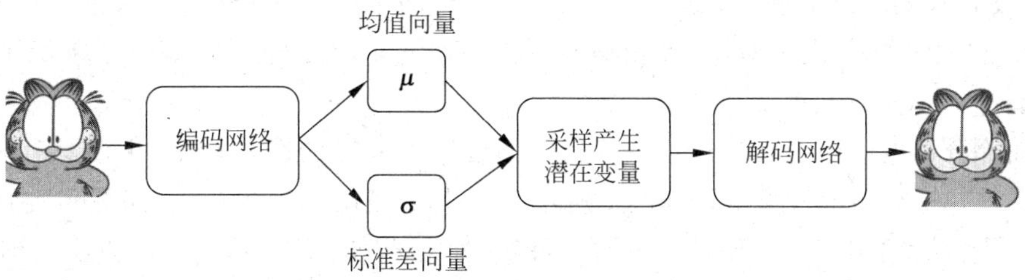

图 11-9　VAE 参数重构

当计算解码器的损失时,利用标准差向量采样,然后与均值向量相加,就得到了编码需要的潜在变量 z。VAE 除了能够产生随机的潜在变量,这种约束也能提高网络的图片生成能力。潜在变量可以认为是样本数据的一种转换。假设在区间[0,10]上的一组实数,每个实数对应一个物体名字,比如,"5.43"对应苹果、"5.44"对应香蕉。这种方法能够编码无穷多的物体,因为[0,10]上的实数有无穷多个。但是,如果某个实数是加了高斯噪声的,比如获得样本数据为 5.43,原始的数值可能是 4.4～6.4 的任意数,真实值可能是 5.44(香蕉)。如果方差越大,那么这个均值向量所携带的可用信息就越少。将这种逻辑应用在编码器和解码器上,编码会更加有效,标准差向量就会趋近于标准高斯分布的单位标准差。这种约束迫使编码器更加高效,并能够产生信息丰富的潜在变量,提高图片的生成质量。

11.3.1　模型推导

高斯混合模型是 VAE 的理论基础。对于任何一个数据分布,都可以看作若干高斯分布的叠加,如图 11-10 所示,如下式:

$$p(x)=\sum p(m)p(x \mid m) \tag{11-24}$$

每采样一个 m,即可对应一个高斯分布 $N(\mu_m,\sigma_m)$,$p(x)$等价为所有高斯分布的叠加。

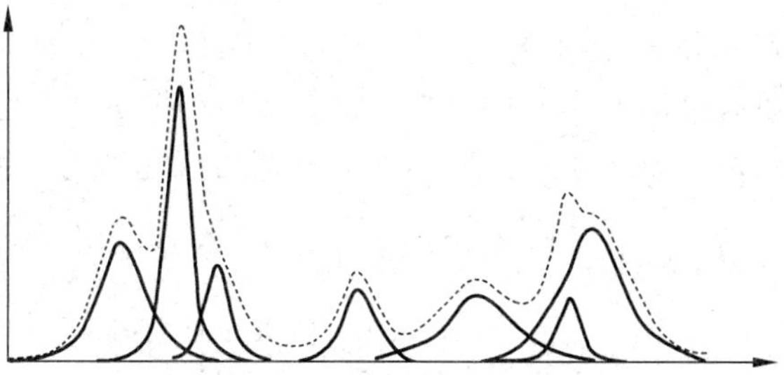

图 11-10　高斯混合模型示意图

变分自编码器将输入的编码 m 转换为一个连续变量 z(隐含变量),对于每一个采样 z 会产生 $\boldsymbol{\mu}$ 和 $\boldsymbol{\sigma}$,分别决定 z 对应的高斯分布的均值和方差,然后在积分域上将所有的高斯分布累加成原始分布 $p(x)$。

$$p(x)=\int_z p(z)p(x \mid z)\mathrm{d}z \tag{11-25}$$

对于上式，$z \sim N(0,1)$，$(x|z) \sim N(\boldsymbol{\mu}(z), \boldsymbol{\sigma}(z))$，$p(z)$为已知。由于 $p(x)$通常非常复杂，导致 $\boldsymbol{\mu}$ 和 $\boldsymbol{\sigma}$ 难以求解，因此需要引入两个神经网络拟合 $\boldsymbol{\mu}$ 和 $\boldsymbol{\sigma}$。编码器网络求解的结果为 $q(z|x)$，q 可以代表任何分布；解码器网络根据 z 求解 $\boldsymbol{\mu}$ 和 $\boldsymbol{\sigma}$，这等价于求解 $p(x|z)$，因为$(x|z) \sim N(\boldsymbol{\mu}(z), \boldsymbol{\sigma}(z))$。

已知部分样本 $S=\{x(i), i=1,\cdots,m\}$，如已知加菲猫的图片样本，生成具有多样性的加菲猫样本，VAE 生成模型如图 11-11 所示。其中 z 是隐含变量(其变量是可测函数)，将其输入解码器后输出 $f(z)$，使得 $f(z)$尽可能在保证样本多样性的同时与真实样本相似。

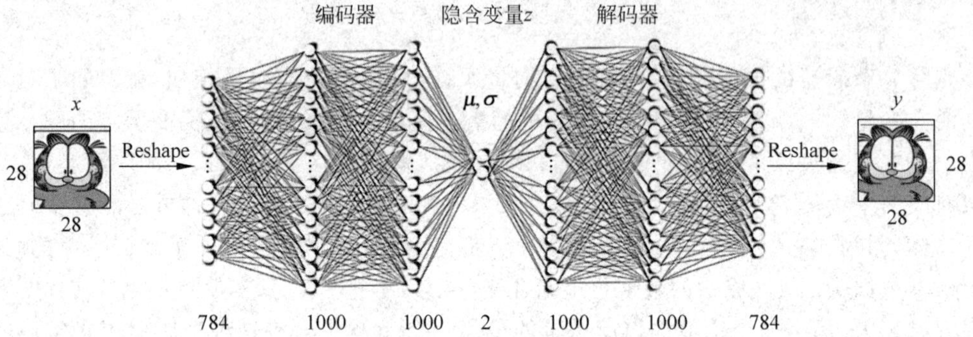

图 11-11 VAE 示意图

利用极大似然法估计学习参数 Θ，

$$\begin{aligned}\Theta^{*} &= \arg\max L(x^{(1)},\cdots,x^{(m)};\Theta) = \arg\max \prod_{i} p(x^{(i)};\Theta) \\ &= \arg\max \sum_{i} \log(p(x^{(i)};\Theta))\end{aligned} \tag{11-26}$$

为不失一般性，针对单样本 x 进行讨论(略去其指标和可学习参数)。似然函数仅仅是关于 x 的函数，构造隐含变量 z。

$$\log L(x) = \log p(x) = \log p(x) \cdot 1 = \log p(x)\int_{z} q(z \mid x)\mathrm{d}z \tag{11-27}$$

其中，$q(z|x)$是在给定样本下 z 的某个条件概率分布。

为什么选用条件概率分布，而不选用 $q(z)$或者 $p(z|x)$？由于 $q(z)$的解空间过大，我们更感兴趣的是那些更有可能生成 x 的隐含变量 z，$p(z|x)$、$p(\cdot)$可以视为真实的概率分布，难以得到，因此可以通过 $q(\cdot)$去逼近 $p(\cdot)$，前者可以理解为一种近似的概率分布。

$$\begin{aligned}\log L(x) &= \log p(x)\int_{z} q(z \mid x)\mathrm{d}z = \int_{z} q(z \mid x)\log \frac{p(x,z)}{p(z \mid x)}\mathrm{d}z \\ &= \int_{z} q(z \mid x)\log\left[\frac{p(x,z)}{q(z \mid x)}\frac{q(z \mid x)}{p(z \mid x)}\right]\mathrm{d}z \\ &= \int_{z} q(z \mid x)\left[\log \frac{p(x,z)}{q(z \mid x)} + \log \frac{q(z \mid x)}{p(z \mid x)}\right]\mathrm{d}z \\ &= \int_{z} q(z \mid x)\log \frac{p(x,z)}{q(z \mid x)}\mathrm{d}z - \int_{z} q(z \mid x)\log \frac{p(z \mid x)}{q(z \mid x)}\mathrm{d}z \\ &= \int_{z} q(z \mid x)\log \frac{p(x,z)}{q(z \mid x)}\mathrm{d}z + D_{\mathrm{KL}}(q(z \mid x) \parallel p(z \mid x))\end{aligned} \tag{11-28}$$

考查其中的第一项，利用贝叶斯公式，可得

$$\begin{aligned}\int_z q(z \mid x)\log\frac{p(x,z)}{q(z \mid x)}\mathrm{d}z &= \int_z q(z \mid x)\log\left[\frac{p(x \mid z)p(z)}{q(z \mid x)}\right]\mathrm{d}z \\ &= \int_z q(z \mid x)\log\left[\frac{p(z)}{q(z \mid x)}\right]\mathrm{d}z + \int_z q(z \mid x)\log p(x \mid z)\mathrm{d}z \\ &= -D_{\mathrm{KL}}[q(z \mid x) \parallel p(z)] + \int_z q(z \mid x)\log[p(x \mid z)]\mathrm{d}z\end{aligned} \tag{11-29}$$

从而推导出 VAE 的核心等式：

$$\log p(x) = -D_{\mathrm{KL}}(q(z \mid x) \parallel p(z)) + \int_z q(z \mid x)\log(p(x \mid z))\mathrm{d}z + D_{\mathrm{KL}}(q(z \mid x) \parallel p(z \mid x)) \tag{11-30}$$

因此，VAE 将需要求 $p(x|z)$使得 $\log p(x)$最大的问题，通过引入 $q(z|x)$，将问题转换为同时求 $p(z|x)$和 $q(z|x)$使得 $\log p(x)$最大的问题。

假设 $p(z)$服从正态分布，$p(z)=N(0,\boldsymbol{I})$；同样，$q(z|x)$和 $p(z|x)$采用联合高斯进行建模，$q(z|x)=N(\boldsymbol{\mu}(x),\boldsymbol{\sigma}(x))$、$p(z|x)=N(\boldsymbol{f}(z),\Lambda(z))$。因此，将问题转化为利用神经网络学习四种映射关系。但是，即使建立了数学模型，对于 $D_{\mathrm{KL}}(q(z|x) \parallel p(z|x))$，仍然难以给出其闭式解(归一化因子是一个复杂的多重积分)。因此只能退而求其次，对其进行缩放，将对数似然的下界进行最大化。

$$\begin{aligned}\log p(x) &= \int_z q(z \mid x)\log(p(x \mid z))\mathrm{d}z - D_{\mathrm{KL}}(q(z \mid x) \parallel p(z)) + D_{\mathrm{KL}}(q(z \mid x) \parallel p(z \mid x)) \\ &= \mathbb{E}_{z\sim q}[\log p(x \mid z)] - D_{\mathrm{KL}}(q(z \mid x) \parallel p(z)) + D_{\mathrm{KL}}(q(z \mid x) \parallel p(z \mid x)) \\ &\geqslant \mathbb{E}_{z\sim q}[\log p(x \mid z)] - D_{\mathrm{KL}}(q(z \mid x) \parallel p(z))\end{aligned} \tag{11-31}$$

上式第一项$\mathbb{E}_{z\sim q}[\log p(x|z)]$表示对 z 进行采样，然后使得被重构的样本中重构 x 的概率最大，即输入重构过程，对 VAE 的解码器训练起作用。但是$\mathbb{E}_{z\sim q}[\log p(x|z)]$无法求出解析解，因此采用采样的方式进行求解。

$$\mathbb{E}_{z\sim q}[\log p(x \mid z)] \approx \log p(x \mid \tilde{z}) \tag{11-32}$$

其中，$\tilde{z}$ 为采样点。

$q(z|x)$是要学习的分布，$p(z)$是隐含变量的先验分布，上式中第二项 $D_{\mathrm{KL}}[q(z|x) \parallel p(z)]$要求假设的后验概率分布 $q(z|x)$和 $p(z)$尽量接近，对 VAE 编码器训练起作用。

$$-D_{\mathrm{KL}}[q(z \mid x) \parallel p(z)] = -\frac{1}{2}\sum_{j=1}^{J}[1+\log(\sigma_j^2)-\mu_j^2-\sigma_j^2] \tag{11-33}$$

至此，整个 VAE 学习框架的原理如图 11-12 所示。

VAE 整个训练框架是在对样本 x 进行编解码。编码器 Q 是将样本 x 编码为隐含变量 z，而解码器 P 又将隐含变量 z 解码成 $f(z)$，进而最小化重构误差。训练的目的是学习出编码器的映射函数和解码器的映射函数，所以训练过程实际上是在进行变分推断，即寻找出某一个函数来优化目标。因此，网络被取名为变分编码器 VAE。解码器与编码器输出 $\boldsymbol{\mu}(x)$和$\boldsymbol{\sigma}(x)$之间的联系，从技术上是没办法进行梯度反传的，因此需要利用重参数化技巧。重参数化是基于下面的一个简单数学事实：如果 $z\sim N(\boldsymbol{\mu},\boldsymbol{\sigma})$，那么随机变量 z 可写成

$$z=\boldsymbol{\mu}+\boldsymbol{\sigma}\cdot\boldsymbol{\varepsilon} \tag{11-34}$$

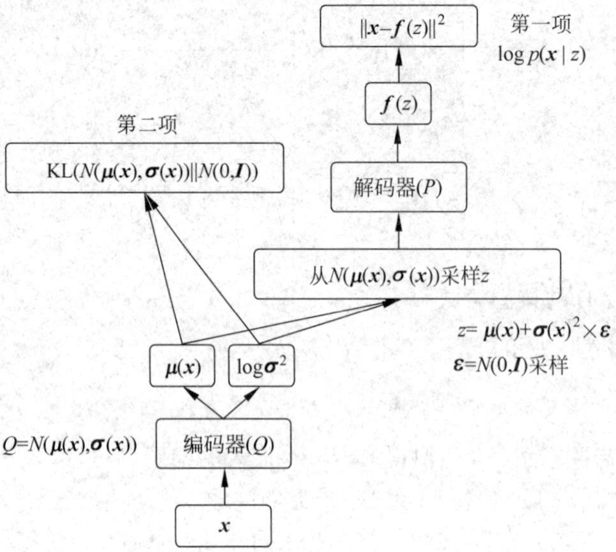

图 11-12 VAE 学习框架

其中$\boldsymbol{\varepsilon} \sim N(0,1)$。利用重参数化技巧后,编码器与解码器网络可以进行端到端的训练。

11.3.2 讨论

既然任意概率分布都可以作为隐含变量的分布,为何采用高斯分布去建模?一方面,高斯分布具有良好的可计算性,能得到一些解析的结果;另一方面是基于下面的数学事实:

$$\begin{aligned}&\max_f\left\{-\int f(x)\ln f(x)\,\mathrm{d}x\right\}\\&\text{s. t. }\int f(x)\,\mathrm{d}x=1\\&\int(x-\mu)^2 f(x)\,\mathrm{d}x=\sigma^2\\&f(x)>0\end{aligned}\tag{11-35}$$

该问题的解为

$$f^*=N(\mu,\sigma^2)\tag{11-36}$$

即给定概率分布的均值和方差,使得信息熵最大的概率分布是高斯分布。

另外,联合高斯分布之间的 KL 散度比较容易计算得到,如两个联合高斯分布 $p_1=N(\boldsymbol{\mu}_1,\boldsymbol{\sigma}_1)$和 $p_2=N(\boldsymbol{\mu}_2,\boldsymbol{\sigma}_2)$之间的 KL 散度可采用下式进行计算:

$$D_{\mathrm{KL}}(p_1\parallel p_2)=\frac{1}{2}\left[\log\frac{\det\boldsymbol{\sigma}_2}{\det\boldsymbol{\sigma}_1}-d+\mathrm{tr}(\boldsymbol{\sigma}_2^{-1}\boldsymbol{\sigma}_1)+(\boldsymbol{\mu}_2-\boldsymbol{\mu}_1)^{\mathrm{T}}\boldsymbol{\sigma}_2^{-1}(\boldsymbol{\mu}_2-\boldsymbol{\mu}_1)\right]\tag{11-37}$$

11.3.3 VAE 实现

1. 编码器

设 VAE 的输入 X 为加菲猫图像数据集,输入图像尺寸为 28×28。将每个像素值归一化到[0,1],则 $X\in[0,1]$。为了训练解码器,需要一个辅助的编码器网络,如图 11-13 所示。

编码器的输入为 n 维，输出为 $2\times m$ 维，在输入输出维度满足要求的前提下，编码器可以为MLP、CNN、RNN 等任何结构。

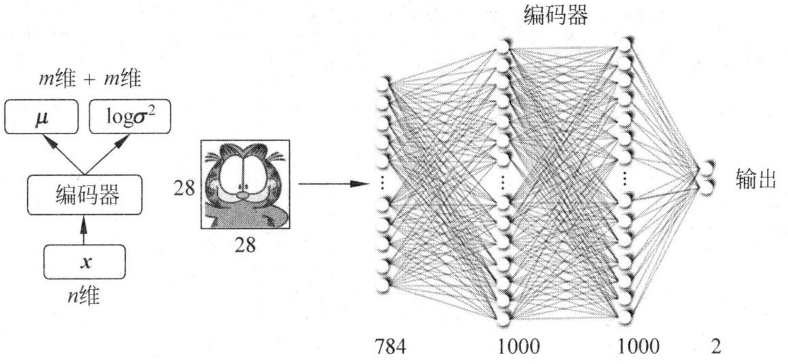

图 11-13 编码器

2. 解码器

解码器是利用编码器输出信息作为输入，解码器重构输入信息如图 11-14 所示。同编码器类似，解码器也可以为任意结构。由于输入数据已归一化到[0,1]区间，因此解码器的最后一层使用 Sigmoid 激活函数 $f(x)=1/(1+e^{-x})$，从而使输出在[0,1]范围上。假设解码器采用全连接网络(MLP)，将编码器的 $2m$ 个输出信息视为 m 个高斯分布的均值 $\boldsymbol{\mu}$ 和方差的对数 $\log\boldsymbol{\sigma}^2$ 信息。因此，根据 $z=\boldsymbol{\mu}+e^{\log\boldsymbol{\sigma}^2/2}\cdot\boldsymbol{\varepsilon}$，求取随机变量 z，并作为解码器的输入，进而产生 n 维的输出 $\hat{\boldsymbol{x}}$。

由于 $z\sim N(\boldsymbol{\mu},\boldsymbol{\sigma})$，因此需要对 $N(\boldsymbol{\mu},\boldsymbol{\sigma})$ 进行采样，但采样操作对 $\boldsymbol{\mu}$ 和 $\boldsymbol{\sigma}$ 是不可导的，导致常规的梯度下降误差反传法无法使用。因此，采用了重参数化方法。重参数化方法首先在 $N(0,\boldsymbol{I})$ 上采样 $\boldsymbol{\varepsilon}$，然后利用 $z=\boldsymbol{\mu}+\boldsymbol{\sigma}\cdot\boldsymbol{\varepsilon}$ 生成 z。

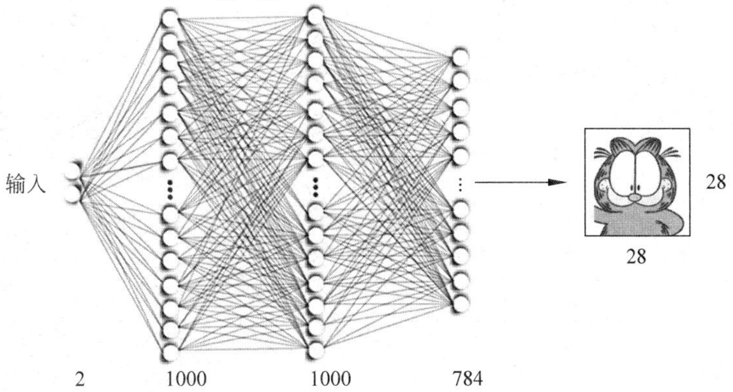

图 11-14 解码器

这样不仅使得 $z\sim N(\boldsymbol{\mu},\boldsymbol{\sigma})$，而且利用编码器的输出构造的 z 只涉及线性操作($\boldsymbol{\varepsilon}$ 对神经网络而言只是常数)，使得整个网络能够正常使用梯度下降方法进行参数训练，但重参数化的前提是隐含变量必须是连续变量，如图 11-15 所示。

3. 优化目标

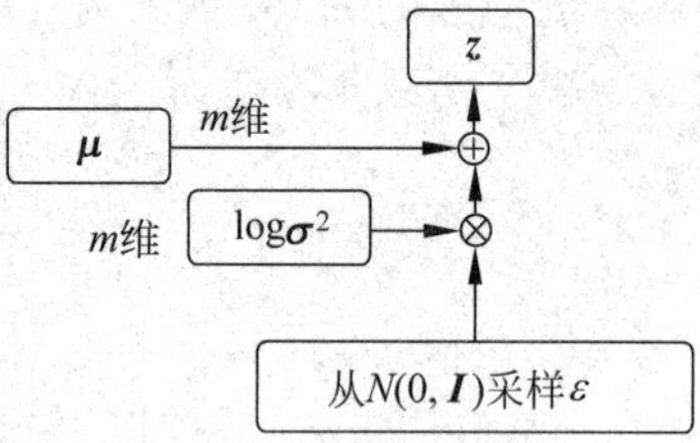

图 11-15　采样

将编码器与解码器组合在一起，构造完整的 VAE 框架，如图 11-16 所示。对每个 $\boldsymbol{x}\in\boldsymbol{X}$ 的样本数据，VAE 输出一个相同维度的 $\hat{\boldsymbol{x}}$。网络训练的目标是令 $\hat{\boldsymbol{x}}$ 与 $\boldsymbol{x}$ 尽量地接近，即 $\boldsymbol{x}$ 经过编码后，通过解码能够尽可能多地恢复出原来的信息。

由于 $\boldsymbol{x}\in[0,1]$，因此可使用交叉熵作为损失函数度量 $\boldsymbol{x}$ 与 $\hat{\boldsymbol{x}}$ 的差异，也可以采用均方误差来度量 $\boldsymbol{x}$ 与 $\hat{\boldsymbol{x}}$ 的差异：

$$\begin{cases} loss_{\text{ent}} = \sum_{i=1}^{n} -[x_i \cdot \log(\hat{x}_i) + (1-x_i) \cdot \log(1-\hat{x}_i)] \\ loss_{\text{mse}} = \sum_{i=1}^{n} (x_i - \hat{x}_i)^2 \end{cases} \tag{11-38}$$

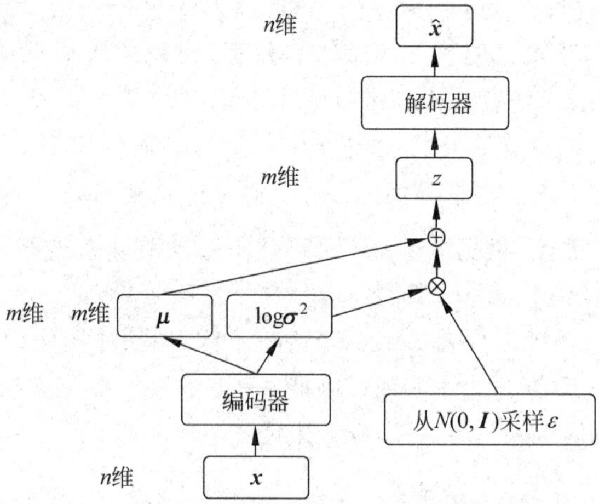

图 11-16　VAE 结构框架

$loss_{\text{ent}}$ 越小表示 $\boldsymbol{x}$ 与 $\hat{\boldsymbol{x}}$ 越接近，$loss_{\text{mse}}$ 越小也表示两者越接近。

另外，利用编码器输出的 $\boldsymbol{\mu}$ 及方差的对数 $\log\boldsymbol{\sigma}^2$：对 $q(z|x)$ 逼近先验分布 $p(z)$ 的情况进行评价：

$$\begin{aligned} loss_{\text{KL}} &= D_{\text{KL}}[q(z \mid x) \parallel p(z)] = \frac{1}{2}\sum_{j=1}^{J}[1+\log(\sigma_j^2) - \mu_j^2 - \sigma_j^2] \\ &= \frac{1}{2}\sum_{j=1}^{J}[1+\log\sigma_j^2 - \mu_j^2 - \exp(\log\sigma_j^2)] \end{aligned} \tag{11-39}$$

因此，VAE 总的损失函数可表达为

$$loss_{\text{all}} = loss_{\text{mse}} + loss_{\text{KL}} \tag{11-40}$$

11.4　自回归模型

自回归模型，是统计学中的一种处理时间序列的方法。所谓自回归生成模型，即是利用前面若干时刻变量的线性组合来描述后续时刻变量信息的线性回归模型。因此，这是一种线性回归方法，只是不用 x 预测 y，而是用 $x_1 \sim x_{t-1}$ 预测 x_t，所以称为自回归。假设变量 x 不同时刻的信息服从线性关系，则利用 t 时刻之前的信息 $x_1 \sim x_{t-1}$，预测当前时刻 x_t 的值如下式：

$$x_t = c + \sum_{i=1}^{p} \gamma_i \cdot x_{t-i} + \varepsilon_t \tag{11-41}$$

式中，c 为常数项，p 为自回归过程中需要前面时刻的信息量，即已知 p 个数据，可由模型推出第 p 时刻或后面的数据。因此，自回归的本质类似于插值，其目的都是增加有效数据，只是自回归模型是由 p 点递推，而插值是由两点（或少数几点）去推导多点，所以自回归模型要比插值方法效果更好。

自回归模型认为每个变量只依赖于它在某种意义上的近邻。例如，将自回归模型用在图像生成中，则像素的取值只依赖于它在空间上的某种近邻。现在比较流行的自回归模型，如 PixelCNN、PixelRNN 图像自回归模型，可用于图像或者视频的生成；WaveNet 也是一种典型的自回归生成模型，WaveNet 依据之前的采样点来生成下一采样点的信息。自回归模型的缺点是只能利用上文或者下文的信息，不能同时利用上文和下文的信息。

11.5 扩散模型

深度生成模型就是利用深度神经网络优异的函数逼近能力，通过大量的样本训练，从而构造样本分布模型。通过对样本分布模型采样，即可得到新的样本信息。VAE 通过构造隐含变量分布模型的方式，构造了生成模型；而 GAN 网络通过判别器与生成器的对抗学习，实现了生成器的训练。扩散模型是一种受物理学中扩散现象启发的新型生成式模型，是一种信息生成的新范式。扩散模型分为扩散阶段和逆扩散阶段，在扩散阶段通过在图像中加入噪声，使原始数据分布变为期望的分布。扩散模型扩散阶段遵循马尔可夫链的概念，马尔可夫链中的状态变化遵循概率分布，而概率是潜变量的函数，因此该过程也适用于潜变量。扩散模型学习的目标是控制在模型中扩散的潜在变量。逆扩散与扩散过程相反，在逆扩散阶段，马尔可夫链的条件概率是使用神经网络和潜在变量作为输入来学习的，因此利用潜在变量输入神经网络计算状态转换概率，从而实现马尔可夫链，并尝试从构造的期望分布中将原始数据恢复出来，如图 11-17 所示。

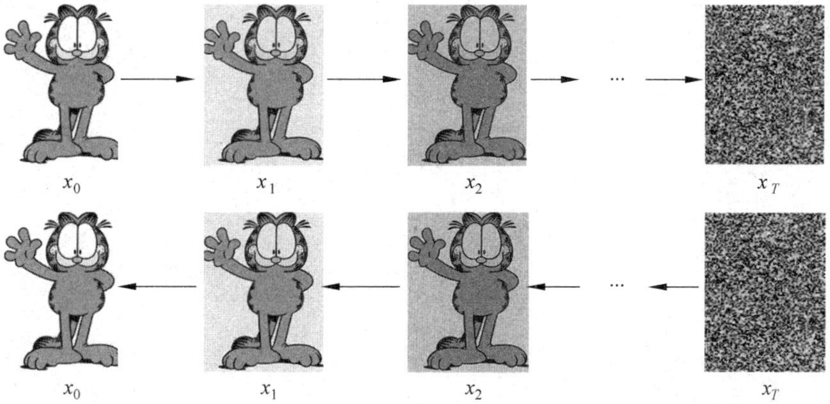

图 11-17 扩散模型正向与逆向操作过程示意图

逆扩散过程是逐步实现的，每次只产生一个噪声稍小的样本，直到生成原始样本。因此，扩散与逆扩散过程通过反复迭代，模型每次在给定噪声输入的情况下学习生成新图像。扩散模型的工作原理是学习由于噪声引起的信息衰减，即模型在试图学习噪声分布而不是数据分布，然后使用学习到的模式来生成图像。具体来说，前向阶段在原始图像 x_0 上逐步增加噪声，每一步得到的图像 x_t 只和上一步的结果 x_{t-1} 相关，直至第 T 步的图像 x_T 变为纯高斯噪声；而逆向阶段则是不断去除噪声的过程，首先给定高斯噪声 x_T，通过逐步去噪，直至最终将原图像 x_0 给恢复出来。

第12章

深度学习框架

12.1 计算图

当前,深度学习领域的编程框架众多,包括国内的百度 Paddle、旷视 MegEngine、华为 Mindspore,国外的 Tensorflow、Pytorch、MxNet、Caffe 等。在这些编程框架中,都采用了图计算方式,从而进行自动微分计算。计算图分为静态计算图与动态计算图。静态计算图,顾名思义就是图是静态的。静态图的计算图构建与实际计算是分开的,静态图会事先定义整个运算过程,因此在后续计算过程中无需重新构造计算图,而是使用已构造的静态图,因此速度比动态计算图更快、更高效。但是,静态计算图无法随时获取中间计算结果,导致代码调试困难。Tensorflow 深度学习框架早期采用的是静态计算图,由于张量在预先定义的图中流动而得名。TensorFlow 将整个计算图构建成静态的,每次运行相同的图,所以编程时不能直接使用 while 循环语句,需要使用 TensorFlow 内部的辅助函数 tf. while_loop。动态计算图的计算图是动态生成、不断完善的,即边运算边生成计算图,每运行一行代码计算图可能都会被拓展。动态图意味着计算图的构建和计算同时发生,这种机制能够实时得到中间结果的值,便于程序的调试和编程。PyTorch 采用的是动态图机制,使得编程人员能够使用编程语言(如 python)的 while 语句编写循环程序,方便程序设计。Pytorch 动态计算图每进行一次运算都会拓展原计算图,最后才生成完整的计算图,进行误差反向传播。当反向传播计算完成后,计算图默认会被清除,即进行前向传播时记录的计算过程会被释放掉。因此,默认情况下,进行一次前向传播生成的计算图最多只能进行一次反向传播。动态图与静态图各有其优势,动态图便于调试、灵活,静态图速度快、高效,但是不能改变数据流向。

无论是动态图还是静态图,算法的实现过程都是张量进行各种运算的过程。在各种深度学习框架中,张量被定义为多维数组,目的是把向量、矩阵推向更高的维度。张量既是基本数据结构,也是自动求梯度的工具。标量、向量、矩阵等都是张量,其中标量是 0 维张量,向量是 1 维张量,矩阵是 2 维张量。我们通常见到的灰度图像是 2 维张量,彩色图像是 3 维张量。由若干三维张量可以构成 4 维张量,若干 4 维张量可以构成 5 维张量,多维张量可以此类推,如图 12-1 所示。计算图就是记录张量运算过程的有向无环图,包含节点和边两个主要元素。节点表示数据,如向量、矩阵、张量,而边表示运算,如加、减、乘、除、卷积等。采用计算图来描述运算,能够更清晰简洁地表达运算流。如在前向传播时,输入张量经过加、减、乘、除得到输出张量，则计算图就会记录输入/输出张量、加减乘除运算的结果和一些中间变量，便于求导、计算梯度，这是进行反向传播的前提。自动求导方法可以让我们在设计模型的时候避免去写繁琐的梯度计算代码。

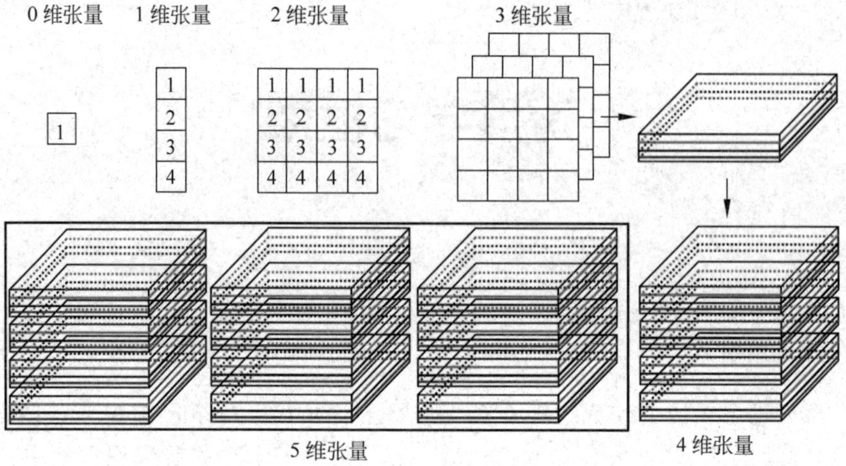

图 12-1　张量计算示意图

12.2　典型深度学习框架

对于早期小型神经网络的程序设计，通常采用命令式编程语言实现。在 21 世纪初，可以用来描述和开发神经网络的工具主要是以原始编程语言为主，包括 MATLAB、OpenNN、Torch、Lua 等，这些编程语言要么不是专门为神经网络模型开发定制的，要么拥有复杂的用户 API，缺乏 GPU 支持。但是对于当前的大型或超大规模神经网络，由于网络复杂度高，并且在计算过程中需要利用 GPU 等硬件进行加速，开发人员在使用这些编程语言时，不得不做很多繁重的工作。随着深度神经网络的提出以及蓬勃发展，为了帮助深度学习开发者更加快速、方便地开发各种深度学习算法，神经网络编程方法也发生了根本性的转变，各种针对深度学习算法开发的编程库被提出。因此大型神经网络模型的设计通常都会采用深度网络编程框架，神经网络编程由底层开发逐渐转变为高层架构的开发。图 12-2 展示了一般的深度学习编程库的层次。

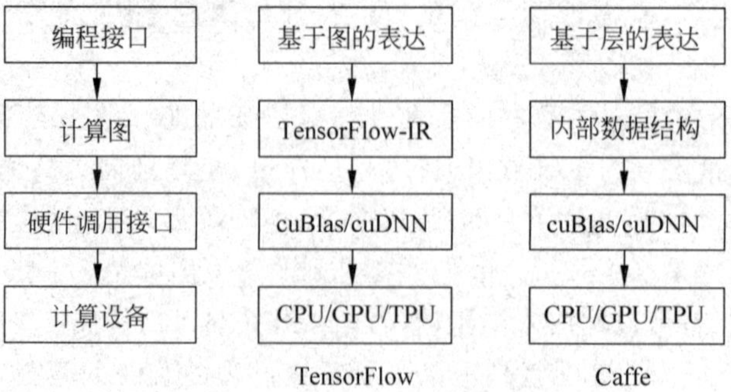

图 12-2　深度学习框架结构示意图

深度学习框架最上层为编程库提供的编程接口，程序员通过调用编程接口来描述算法的计算过程。对于开发者来说，编程接口具有易用以及表达能力强的特性，对算法的描述最终会映射到计算图上，对计算图进行优化和调度后，图中的每一个算子会调用硬件的计算接口，如 Nvidia 厂商发布的在其 GPU 设备上处理深度学习算法的高性能库——cuDNN。最后，这些硬件调用接口（高性能库）进一步生成硬件指令，以便在硬件设备上运行。比如，TensorFlow 编程接口是基于图的，源文件是一个 python 文件，而 Caffe 基于层的框架采用自定义的 prototxt 文件构建神经网络。同时，神经网络编程框架也在不断地发展。早期主要以理论研究及验证为主，并不断改善其性能。随着人工智能技术的发展以及应用落地的需求，深度学习编程框架逐渐向全场景发展，新的编程框架不但能够进行理论设计及验证，还便于算法的移植和落地，图 12-3 为深度学习编程框架发展示意图。

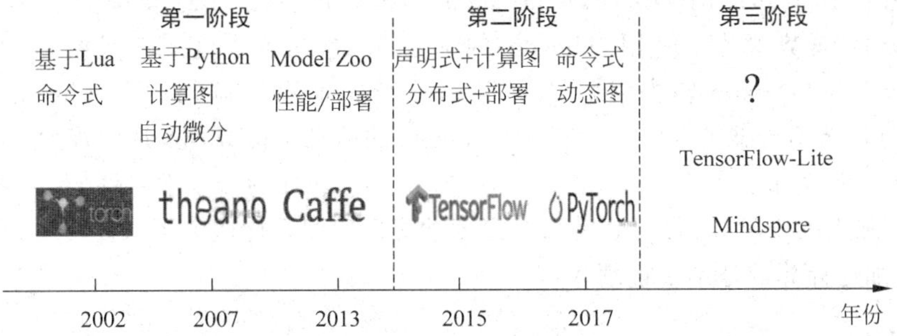

图 12-3 深度学习框架发展示意图

12.2.1 国外深度学习框架

1. Torch

Torch 在 2002 年诞生于纽约大学，是基于 BSD3 协议下的开源项目，后续加入了深度学习相关内容，是著名的开源深度学习框架。由 Facebook 的 Ronan Collobert 和 Soumith Chintala、Twitter 的 Clement Farabet、DeepMind 的 Koray Kavukcuoglu 共同开发和维护，因此 Torch 自然也成为了 Facebook 和 DeepMind 研究深度学习时使用的工具，Twitter 和英伟达也都使用定制版的 Torch 用于人工智能研究，DeepMind 在被 Google 收购后才转向了 TensorFlow。

Torch 的编程语言为 Lua，Lua 在 1990 年诞生于巴西，相当于一个小型加强版的 C 语言，支持类和面向对象，运行效率极高。开发人员需要熟练掌握 Lua，以使用 Torch 提高机器学习算法开发的效率。TensorFlow 和 Theano 是陈述式的，必须先声明一个计算图，而 Torch 是命令式的开发方式，具有更高的灵活度。Torch 适用于卷积神经网络的开发，具有更自然的原生交互界面。

Lua 和 Python 都属于比较容易入门的语言，但 Python 很明显已经抢先统治了机器学习领域，大多数开发人员在学习并掌握一门新语言后才会愿意使用基于这门语言的框架，而不愿意为了使用一个框架而学习一门新语言，这一点使得 Torch 的进一步发展受到了限制，推广变得困难。

2. Theano

Theano 是以一位希腊数学家的名字命名，最早始于 2007 年，是由蒙特利尔大学的

Yoshua Bengio 和 Ian Goodfellow 主持开发的一个基于图的 Python 机器学习库。Theano 是最老牌和最稳定的机器学习库之一，也是第一个有较大影响力的 Python 深度学习框架，因此早期的深度学习库的开发不是 Caffe 就是 Theano。

Theano 是一个比较底层的 Python 库，用于定义、优化和求值数学表达式，效率高，适用于多维数组运算。Theano 可以被理解为一种数学表达式的编译器，对符号式语言定义的程序进行编译，然后高效运行于 GPU 或 CPU 上。当数据量较大时，Theano 可以获得与手工优化的 C 代码相媲美的运行速度。Theano 来自学界，因此主要用于学术研究，许多深度学习领域的学者至今仍在使用 Theano。但 Theano 在工程设计上有一定的局限性，有难以调试、计算图构建速度慢、不支持分布式计算的缺点。因此 Theano 适用于实验室研究，而不适用于大型的工业项目，这可能是影响其发展的一个重要原因。开发人员在 Theano 的基础上，开发了 Lasagne、Blocks、PyLearn2 和 Keras 上层接口封装框架。但随着谷歌 Tensorflow 的强势崛起，使用 Theano 的人已经越来越少了，其创始者之一的 Ian Goodfellow 放弃 Theano 转去谷歌开发 Tensorflow，而另一位创始人 Yoshua Bengio 于 2017 年 9 月宣布不再维护 Theano。基于 Theano 的前端轻量级神经网络库，如 Lasagne 和 Blocks 也同样没落了。但 Theano 作为第一个基于 Python 的深度学习框架，为早期的研究人员提供了强大的工具和帮助，为后来的深度学习框架的设计奠定了以计算图为框架核心、采用 GPU 加速计算的基本设计理念。

3. Caffe

Caffe 是用于特征提取的卷积架构，它是一个清晰、高效的深度学习框架，核心语言是 C++。开发者是本科和硕士毕业于清华大学的贾扬清，Caffe 是他在伯克利大学攻读计算机科学博士学位时开发的。他曾在 Google Brain 工作，参与过 TensorFlow 的开发。贾扬清在 2013 年 9 月利用 NVIDIA 学术捐赠的一块 K20 GPU，搭建了一台用于深度学习训练的机器，然后用两个多月的时间编写了 Caffe 架构各个模块的实现，同年 12 月正式在 Github 上发布开源。在 Caffe 之前，深度学习领域缺少一个完全公开源代码、算法和各种细节的框架，导致很多的研究人员和博士需要一次又一次重复实现相同的算法，所以说 Caffe 对于深度学习开源社区的贡献非常大，也是学术界和业界公认的最老牌的框架之一。

Caffe 是一款十分适合深度学习入门的开源框架，其源代码和框架都比较简洁，易于扩展，运行速度快。正是由于 Caffe 有着较小的系统框架，使得一些探索性的实验更加便于实现。即使是在 Google 工作时，贾扬清仍然会经常使用 Caffe 来做一些快速的原型实验。但与其他更新的深度学习框架相比，Caffe 不支持分布式计算，灵活性不足，模型的修改往往需要 C++和 CUDA 编程。与 Keras 过度封装导致缺乏灵活性不同，Caffe 缺乏灵活性主要是由于 Caffe 中最主要的抽象对象是层，每添加和实现一个新层，必须要利用 C++编写其前向传播和反向传播代码，如果需要新层在 GPU 上运行，还需要同时利用 CUDA 实现这一层的前向传播和反向传播，这使得不熟悉 C++和 CUDA 的用户难以扩展 Caffe。

与 Theano 的没落与终结不同，随着贾扬清在 2016 年 2 月加入 Facebook，2016 年 11 月贾扬清在 Facebook 官网发文，介绍了基于 Unix 理念构建的轻量级、模块化框架 Caffe2go，可以附加多个模块。Caffe2go 规模更小、训练速度更快，对计算性能要求较低，能够在手机等移动平台上运行神经网络模型，实时获取、分析和处理像素。Caffe2go 是 Facebook 继 Torch 后的第二个 AI 平台，因为其大小、速度和灵活性上的优势，Facebook 曾将 Caffe2go

推上了战略地位，和 Torch 研究工具链一起组成了 Facebook 机器学习产品的核心。2017 年 4 月 18 日，Facebook 开源了定位于工业界产品级别的一个轻量化的深度学习算法框架 Caffe2，Caffe2 更注重模块化，支持大规模的分布式与跨平台计算。与 TensorFlow 类似，Caffe2 也使用 C++ Eigen 库，支持 ARM 架构。Caffe2 也为移动端实时计算做了很多优化，支持移动端 iOS、Android 和服务器端 Linux、Mac、Windows，甚至可以在一些物联网设备如 Raspberry Pi、NVIDIA Jetson TX2 等平台部署。因此，Caffe2 的开发重点是性能和跨平台部署。Caffe2 将 AI 生产工具标准化，目前全球各地的 Facebook 服务器和超过 10 亿部手机可通过 Caffe2 运行神经网络，其中包含了最新的 iPhone 和 Android 手机。

4. MXNet

MXNet 项目诞生于 2015 年 9 月，是当时在卡内基梅隆大学在读的博士生李沐提出的。MXNet 在 2016 年 11 月被亚马逊选为官方开源平台；2017 年 1 月 23 日，MXNet 项目进入 Apache 基金会，成为 Apache 的孵化器项目。Amazon 和 Apache 的双重认可使其生命力更加强大，成为了能够与 Google 的 TensorFlow、Facebook 的 PyTorch 和微软的 CNTK 相竞争的顶级深度学习框架。值得一提的是，MXNet 的很多开发者都是中国人，其最大的贡献组织为百度。MXNet 是一个轻量级、可移植、灵活的分布式的开源深度学习框架，MXNet 支持卷积神经网络、循环神经网络和长短时间记忆网络，为图像、手写文字和语音的识别和预测以及自然语言处理提供了出色的工具。MXNet 的优势是分布式支持和对内存与显存的优化。同样的模型，MXNet 往往占用更小的内存和显存；在分布式环境下，MXNet 的扩展性能也显著优于其他框架。

5. TensorFlow

Google 在 2015 年 11 月正式开源由 Google Brain 团队开发的 TensorFlow，其命名来源于本身的运行原理。由于 Google 的巨大影响力和支持，TensorFlow 很快成为深度学习领域占据绝对统治地位的框架。很多企业都在基于 TensorFlow 开发自己的产品，如 Airbnb、Uber、Twitter、英特尔、高通、小米、京东等。Google 在 2014 年 1 月收购了英国的 DeepMind 公司，DeepMind 成为了 Google Brain 之外另一个研究人工智能方向的团队。在 Google 的大力支持下，AlphaGo 横空出世，使人工智能第一次战胜人类职业围棋高手，轰动世界，以一己之力将人工智能的应用推动到了一个新的高度。2016 年 4 月，DeepMind 宣布将来所有的研究都使用 TensorFlow。这样 Google 的两大人工智能团队在统一的深度学习框架 TensorFlow 上进行研究工作。

TensorFlow 同样基于计算图实现自动微分系统，使用数据流图进行数值计算，图中的节点代表数学运算，图中的线条则代表在这些节点之间传递的张量（多维数组）。TensorFlow 的编程接口支持 C++和 Python，Java、Go、R 和 Haskell API 也将被支持，是所有深度学习框架中对开发语言支持最全面的一个。TenserFlow 使用 C++Eigen 库，可以在 ARM 架构上进行编译和优化，使其可以在各种服务器和移动设备上部署自己的训练模型，支持 Windows 7、Windows 10 和 Windows Server 2016，是在所有深度学习框架中支持运行平台最多的。TensorFlow 追求对开发语言和运行平台最广泛的支持，但这也使得系统设计过于复杂，同一个功能又提供了多种实现，频繁的接口变动也导致了向后兼容性的问题。由于直接使用 TensorFlow 编程过于复杂，包括 Google 官方在内的很多开发者尝试构建高级

API 作为 TensorFlow 的开发接口，包括 Keras、Sonnet、TFLearn、TensorLayer、Slim、Fold、PrettyLayer 等，其中 Keras 在 2017 年成为第一个被 Google 添加到 TensorFlow 核心中的高级别框架，被称为 TensorFlow 的默认 API。

2017 年年底 Google 发布针对移动和嵌入式设备的轻量级解决方案 TensorFlow Lite，是 TensorFlow 在移动设备上运行机器学习的跨平台解决方案，实现了 TensorFlow 在 Android、iOS、Raspberry Pi 以及其他基于 Linux 的物联网设备间的无缝工作。TensorFlow Lite 具有低延迟、运行时库（runtime library）极小等特性，此外还有一系列的模型转换、调试和优化工具。

6. PyTorch

PyTorch 是 Facebook 在 2017 年 1 月首次推出，用于神经网络训练的 Python 包，也是 Facebook 倾力打造的首选深度学习框架。Facebook 采用 Python 重写了基于 Lua 语言的深度学习库 Torch。PyTorch 不是简单地封装 Torch 以提供 Python 接口，而是对基于 Tensor 运算的全部模块进行了重构，新增了自动求导系统，使其成为当时最流行的动态图计算框架，对于开发人员而言 PyTorch 编程更为原生，与 TensorFlow 相比也更加具有活力。PyTorch 继承了 Torch 灵活、动态编程环境和用户界面友好的优点，支持以快速和灵活的方式构建动态神经网络，还允许在训练过程中快速更改代码而不妨碍其性能，便于模型的快速验证。因此，PyTorch 专注于快速原型设计和研究的灵活性，很快就成为了 AI 研究人员的热门选择，不断挑战 TensorFlow 的霸主地位。

2018 年 12 月 8 号 Facebook 在 NeurIPS 大会上正式发布 PyTorch 1.0 稳定版。PyTorch 1.0 将即时模式和图执行模式融合在一起，拥有能在命令式执行模式和声明式执行模式之间无缝转换的混合式前端，这样就无需开发人员重写代码来优化性能或从 Python 迁移，将用于原型设计的即时模式和用于生产环境的图执行模式之间的大部分代码实现共享，既具备研究的灵活性，也具备生产所需的最优性能。PyTorch 1.0 重构和统一了 Caffe2 和 PyTorch 0.4 框架的代码库，删除了重复的组件并共享上层抽象，得到了一个统一的框架，支持高效的图模式执行、移动部署等，使得开发人员同时享受到 PyTorch 和 Caffe2 的优势，做到快速验证和性能优化。

12.2.2 国内深度学习框架

近年来，国内人工智能技术及其应用发展迅速，相应的科技企业也提出了自己的深度学习开发框架，下面重点介绍一下诞生于中国本土的深度学习框架。

1. 百度 Paddle

2016 年 8 月百度开源了内部使用多年的深度学习平台 Paddle（飞桨），这是我国首个功能完备的自研深度学习开源框架。Paddle 能够应用于自然语言处理、图像识别、推荐引擎等多个领域，拥有多个领先的预训练中文模型。Paddle 的设计思路类似于 Caffe，将每一个模型表达为不同层的堆叠。随后百度 AI 团队对 Paddle 做了两次升级：2017 年 4 月推出 Paddle v2，该版本参考 TensorFlow 增加了 Operators 的概念，将层拆解为细粒度的 Operators，同时支持更复杂的网络拓扑图而不只是“串”；2017 年年底推出了类似 PyTorch 的 Paddle Fluid，提供自己的解释器甚至编译器，不受限于 Python 的执行速度问题。

2. 腾讯优图 NCNN/TNN

2017 年,腾讯优图实验室公布了成立以来的第一个开源项目 NCNN,这是一个为手机端极致优化的高性能神经网络前向计算框架,无第三方依赖,可跨平台运行于手机端 CPU。2020 年 6 月 10 日,腾讯优图实验室正式开源新一代移动端深度学习推理框架 TNN,对 2017 年开源的 NCNN 框架进行了重构升级,通过底层技术优化实现在多个不同平台的轻量部署落地,性能优异,简单易用。TNN 将移动端高性能融入核心理念,基于 TNN 的深度学习算法能够轻松移植到手机端高效地执行,以此开发出了人工智能 APP。通过 GPU 深度调优、ARM SIMD 深入汇编指令调优、低精度计算等技术手段,TNN 在性能上取得了进一步提升,其中低精度计算的运用对 TNN 的性能提升发挥了重要作用。在神经网络计算中,浮点精度在许多研究和应用落地中都被证明存在一定的冗余,而在计算、内存资源都极为紧张的移动端,消除这部分冗余极为必要。TNN 引入了 INT8、FP16、BFP16 等多种低精度计算的支持,相比于仅提供 INT8 支持的移动端框架,不仅能灵活适配不同场景,还让计算性能大大提升。TNN 通过采用 8bit 整数代替 float 进行计算和存储,模型尺寸和内存消耗均减少至 1/4,在计算性能上提升了 50%以上;同时引入 ARM 平台 BFP16 的支持,相比浮点模型,BFP16 使模型尺寸、内存消耗减少 50%,在中低端机上的性能也提升约 20%。

3. 华为 MindSpore

2018 年 10 月 10 日华为在上海全联接大会上首次提出支持云、边、端独立和协同的统一训练和推理框架 MindSpore。与其他深度学习开发框架类似,MindSpore 着重于提升易用性并降低 AI 开发者的开发门槛,MindSpore 原生适应每个场景包括端、边缘和云,并在按需协同的基础上,实现更加友好的 AI 算法开发,减少模型开发时间,降低模型开发门槛。通过 MindSpore 自身的技术创新及 MindSpore 与华为昇腾 AI 处理器的协同优化,实现了程序的高效运行,大大提高了计算性能。MindSpore 也支持 GPU、CPU 等其他处理器。

在华为全栈全场景 AI 解决方案中,全场景是指包括公有云、私有云、各种边缘计算、物联网行业终端以及消费类终端等部署环境,如图 12-4 所示。

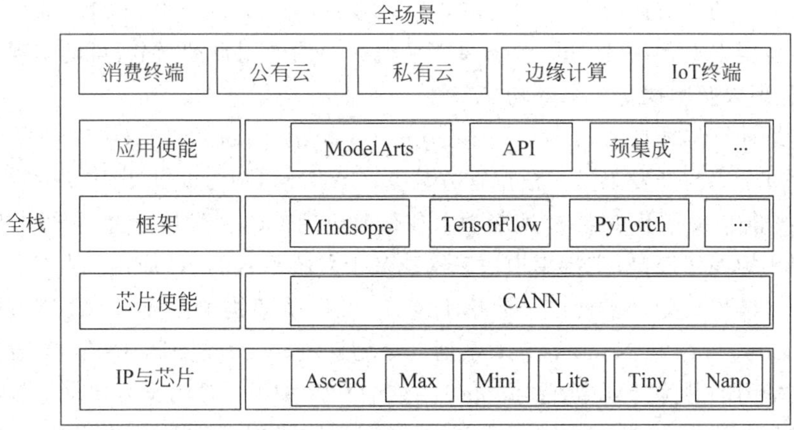

图 12-4 华为全栈全场景 AI 解决方案

全栈是从技术功能视角出发,包括 Ascend(昇腾)系列人工智能芯片、基于芯片使能的技术框架 CANN 算子库和训练与推理深度学习框架 MindSpore,以及应用使能的 AI 开发平台 ModelArts。华为全栈全场景 AI 解决方案可实现一次性算子开发以及一致的开发和调试体验，以此帮助开发者实现一次开发，并具有在所有设备上平滑迁移的能力。

MindSpore 总体框架分为 MindSpore 前端表示层、MindSpore 计算图引擎和 MindSpore 后端执行三层，如图 12-5 所示。

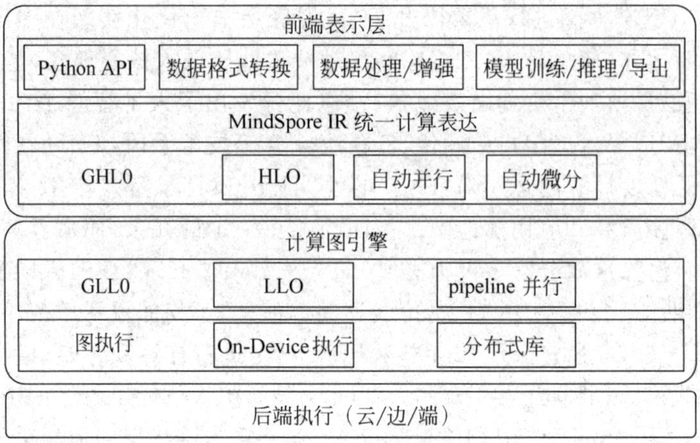

图 12-5 MindSpore 总体框架

MindSpore 前端表示层部分包含 Python API、MindSpore IR(intermediate representation)、图高级别优化（graph high level optimization，GHLO）三部分。Python API 向用户提供统一的模型训练、推理、导出接口，以及统一的数据处理、增强、格式转换接口；MindSpore IR 提供统一的中间表示，并基于 IR 进行优化；GHLO 包含与硬件无关的优化（如死代码消除等）、自动并行和自动微分等功能。MindSpore 计算图引擎 GE(graph engine)部分包含计算图低级别优化（graph low level optimization，GLLO）、图执行等组成部分。GLLO 包含与硬件相关的优化，以及算子融合、Buffer 融合等与软硬件结合相关的深度优化；图执行提供离线图执行和分布式训练所需要的通信接口等功能。MindSpore 后端执行部分包含云、边、端上不同环境中的高效运行环境。从整体架构来看，MindSpore 包含如上部分。如果从技术处理细节角度来看，MindSpore 具备基于源码转换的通用自动微分，自动实现分布式并行训练、数据处理以及图执行引擎等功能特性。

神经网络计算架构(compute architecture for neural networks，CANN)是一种高度自动化的芯片算子库与开发工具。根据官方数据，CANN 可以 3 倍提升开发效率。除了效率之外，CANN 也兼顾算子性能，以适应学术和行业应用的迅猛发展。针对异构计算架构，通过提供多层次的编程接口，支持用户快速构建基于昇腾平台的 AI 应用和业务。

Ascend（昇腾）人工智能芯片是基于统一、可扩展架构的系列化 AI IP 和芯片，包括 Max、Mini、Lite、Tiny 和 Nano 等五个系列。全场景包括云、服务器、终端、穿戴设备等对应的平台。在华为的芯片计划中，除了 Max 系列的昇腾 910 主要用于云端，所属 Mini 系列的昇腾 310 和其他的 Lite、Tiny、Nano 系列，主要用于物联网、行业终端、智能手机、智能穿戴等消费终端，以 IP 方式和其他芯片结合服务于各个产品。

Ascend-Max 昇腾 910(功耗 310W)用于云服务器，是当时全球已发布的单芯片中计算密度最大、算力最强、训练速度最快的 AI 芯片，其算力是当时国际顶尖 AI 芯片的 2 倍，相当 50 个当时最新最强的 CPU，其训练速度比当时最新最强的芯片提升了 50%～100%。Ascend-Max 昇腾 910 与 AI 开源计算框架 MindSpore 相配合，更易于 AI 科学家和工程师使用，提升效率。该计算框架可满足终端、边缘计算、云平台全场景的需求，更好地保护数据隐私，可开源形成广阔的应用生态。目前昇腾 310（功耗 8W）已经落地商用，广泛应用于摄像机、无人机、机器人等产品形态，并提供 AI 云服务。昇腾 310 在边缘计算场景智能设备上的使用，为边缘计算提供强算力的支持。Tiny 系列主要应用于麒麟 990，而 Nano 系列则计划应用于穿戴设备。

AscendCL 是昇腾硬件的统一编程接口，包含了编程模型、硬件资源抽象、AI 任务及内核管理、内存管理、模型和算子调用、媒体预处理接口、加速库调用等一系列功能，充分释放了昇腾系统的多样化算力，使能开发者快速开发 AI 应用。TBE 算子开发工具预置丰富的 API 接口，支持用户自定义算子开发和自动化调优，可缩短工期，节省人力。其算子库是基于昇腾处理器，深度协同优化的高性能算子库。

ModelArts 提供 AI 应用开发的全流程服务，包括分层 API 和预集成方案，可满足不同开发人员的需求，加快 AI 应用开发和部署，促进 AI 的应用。AI 开发的核心流程主要包括前期准备（方案设计）、数据准备、算法选择与开发、模型训练、模型评估与调优、应用生成/评估与发布、应用维护子流程。各个子流程都涉及众多复杂工作，存在成本、门槛、效率和可信等多方面的挑战。ModelArts 提供了大量的预置算法和框架，以及 WorkFlow 编排能力，最大化地降低了 AI 应用开发的门槛，可加速 AI 应用开发和部署流程。

4. 阿里巴巴 XDL

2018 年 11 月，阿里巴巴宣布将其应用于自身广告业务开发的算法框架（X-deep learning，XDL）进行开源，正式加入开源学习框架的激烈竞争。XDL 主要是针对特定应用场景（如广告问题）的深度学习解决方案。XDL 是上层高级 API 框架而不是底层框架，需要采用桥接的方式配合使用 TensorFlow 和 MXNet 作为单节点的计算后端，并依赖于阿里提供的特定部署环境。

5. 小米 MACE

2018 年 6 月 28 日，小米首席架构师、人工智能与云平台副总裁崔宝秋宣布正式开源小米自研的移动端深度学习框架（mobile AI compute engine，MACE）。它针对移动芯片特性进行了大量优化，目前已在小米手机上广泛应用，如人像模式、场景识别等。该框架采用与 Caffe2 类似的描述文件定义模型，因此能够便捷地部署移动端应用。目前该框架可为 TensorFlow 和 Caffe 模型提供转换工具，并且其他框架定义的模型很快也将得到支持。

6. 旷视 MegEngine

2020 年 3 月 25 日，中国的初创公司旷视科技（Megvii Technology）将其深度学习框架 MegEngine 开源。MegEngine 是旷视 AI 生产力平台 Brain＋＋的核心组件，可以用于训练计算机视觉算法，并帮助世界各地的开发人员构建商业和工业用途的 AI 解决方案。MegEngine 倾向于提升网络训练和推理的速度，加快算法的落地周期，在这个基础上向体验方面优化。旷视作为一家 AI 初创公司，算法交付速度快、对需求灵活机动是重中之重，因此，确保模型训练完后可以直接使用 SDK 成为了最重要的目标。MegEngine 的训练和推理是完全相同的核心，也就是说所有训练时会做的图优化在推理时也会进行，因此容易做到精度对齐，而缺点就是所有代码在编写时需要考虑的问题更多了。

7. 清华计图 Jittor

2020 年 3 月 20 日，首个国内高校自研的深度学习框架计图由清华大学发布。计图(just in time,Jittor)是一个采用元算子表达神经网络计算单元，完全基于动态编译的深度学习框架，其主要特性为元算子和统一计算图。Jittor 通过元算子再优化的思路，与 torch 相比更偏向科研，或者说是框架本身是面向科研而设计的，而如何做推理以及多卡的使用考虑较少。基于这一点，Jittor 能更方便地与各种不同的科研场景相结合，验证方案，从而有效地推进科研。在编程语言上，Jittor 采用了灵活而易用的 Python，用户可以使用 Python 编写元算子代码，Jittor 随后将其动态编译为 C++，实现高性能运算。

参考文献

[1] 尤金·查尔尼克.深度学习导论[M].北京：人民邮电出版社，2020：81-93.

[2] 邱锡鹏.神经网络与深度学习[M].北京：机械工业出版社，2020：6-22.

[3] 阿斯顿·张，李沐，扎卡里·C.立顿，等.动手学深度学习[M].北京：人民邮电出版社，2019：13-21.

[4] MCCULLOCH W S，PITTS W. A logical calculus of the ideas immanent in nervous activity[J]. The bulletin of mathematical biophysics，1943，5(4)：115-133.

[5] ROSENBLATT，F. The perceptron：a probabilistic model for information storage and organization in the brain[J]. Psychological Review，1958，65：386-408.

[6] WIDROW B. Generalization and information storage in network of adaline neurons[M]// in YOVITZ M C，JACOBI G T，GOLDSTEIN G. Self-Organizing Systems. Washington DC：Spartan Books，1962：435-462.

[7] HEBB D O. The organization of behavior a neuropsychological theory[M]. New York：Taylor & Francis，2013：1-21.

[8] MCCLELLAND J L，RUMELHART D E. A distributed model of human learning and memory[M]// MCCLELLAND J L，JAMES L，RUMELHART D E，et al. Parallel Distributed Processing，Explorations in the Microstructure of Cognition，Volume 2：Psychological and Biological Models. Cambridge：MIT Press，1986：170-215.

[9] 弗朗索瓦·肖莱. Python 深度学习[M].张亮，译.北京：人民邮电出版社，2018：1-19.

[10] RUMELHART D E，HINTON G E，WILLIAMS R J. Learning representations by back propagating errors[J]. Nature，1986，323(6088)：533-536.

[11] HINTON G E，SALAKHUTDINOV R R. Reducing the dimensionality of data with neural networks[J]. Science，2006，313(5786)：504-507.

[12] LECUN Y，BENGIO Y，HINTON G. Deep learning[J]. Nature，2015，521(7553)：436-444.

[13] GOODFELLOW I，BENGIO Y，COURVILLE A. Deeplearning[M]. Cambridge：MIT Press，2016：12-24.

[14] MINSKY M L，PAPERT S. Perceptrons：an introduction to computational geometry[M]. Cambridge：MIT Press，1991.

[15] 韩炳涛.零基础入门深度学习(1)-感知器[EB/OL].(2017-08-28). https://www.zybuluo.com/hanbingtao/note/433855.

[16] HORNIK K，STINCHCOMBE M，WHITE H. Multilayer feedforward networks are universal approximators[J]. Neural Networks，1989，2(5)：359-366.

[17] CYBENKO G V. Approximation by superpositions of a Sigmoidal function[J].分析理论与应用：英文刊，1993，5(4)：17-28.

[18] MCCLELLAND J. An analysis of the delta rule and the learning of statistical associations[M]// RUMELHART D E，MCCLELLAND J L. Parallel Distributed Processing：Explorations in the Microstructure of Cognition：Foundations. Cambridge：MIT Press，1986：444-459.

[19] 韩炳涛.零基础入门深度学习(3)-神经网络和反向传播算法[EB/OL].(2017-08-28). https://www.zybuluo.com/hanbingtao/note/476663.

[20] IOFFE S，SZEGEDY C. Batch normalization：accelerating deep network training by reducing internal covariate shift：Proceedings of the 32nd International Conference on International Conference on Machine Learning[C]. Lille France，2015. 6-11 July.

[21] JORDAN J. Introduction to autoencoders[EB/OL].(2018-03-19). https://www.jeremyjordan.me/autoencoders/.

[22] KINGMA D P, WELLING M. An Introduction to variational autoencoders [J]. Foundations and Trends in Machine Learning, 2019, 12(4): 4-89.

[23] BENGIO, YOSHUA, COURVILLE, et al. Representation learning: a review and new perspectives [J]. IEEE Transactions on Pattern Analysis & Machine Intelligence, 2013, 35(8): 1798-1828.

[24] CRESWELL A, BHARATH A A. Denoising adversarial autoencoders [J]. IEEE Transactions on Neural Networks and Learning Systems, 2018, 30(4): 68-984.

[25] VINCENT P, LAROCHELLE H, BENGIO Y, et al. Extracting and composing robust features with denoising autoencoders: Proceedings of the 25th international conference on Machine learning[C]. Helsinki, Finland, 2008. 5-9 July.

[26] VINCENT P, LAROCHELLE H, LAJOIE I, et al. Stacked denoising autoencoders: learning useful representations in a deep network with a local denoising criterion[J]. Journal of Machine Learning Research, 2010, 11(12): 3371-3408.

[27] BENGIO Y. Practical recommendations for gradient-based training of deep architectures [M]// MONTAVON G, ORR G, MULLER K. Neural Networks: Tricks of the Trade. Berlin Springer, 2012: 437-478.

[28] VARADY C, VOLPI R, MALAGO L, AY N. Natural Reweighted Wake-Sleep [J]. Neural Networks, 2022, 155: 574-591.

[29] SRIVASTAVA N, HINTON G, KRIZHEVSKY A, et al. Dropout: a simple way to prevent neural networks from overfitting[J]. Journal of Machine Learning Research, 2014, 15(1): 1929-1958.

[30] DENG L. A tutorial survey of architectures, algorithms, and applications for deep learning [J]. APSIPA Transactions on Signal and Information Processing, 2014, 3(1): e5.

[31] VINCENT P, LAROCHELLE H, LAJOIE I, et al. Stacked denoising autoencoders: learning useful representations in a deep network with a local denoising criterion [J]. The Journal of Machine Learning Research, 2010, 11: 3371-3408.

[32] HINTON G E, OSINDERO S, TEH Y W. A fast learning algorithm for deep belief nets[J]. Neural Computation, 2006, 18(7): 1527-1554.

[33] HINTON G. Where do features come from? [J]. Cognitive science, 2014, 38(6): 1078-1101.

[34] CUN Y L, BOSER B, DENKER J S, et al. Handwritten digit recognition with a back-propagation network[J]. Advances in neural information processing systems, 1990, 2(2): 396-404.

[35] 魏秀参. 解析深度学习——卷积神经网络原理与视觉实践[M]. 北京：电子工业出版社，2018.

[36] 韩炳涛. 零基础入门深度学习(4)-卷积神经网络[EB/OL]. (2017-08-28). https://www.zybuluo.com/hanbingtao/note/485480.

[37] 吕国豪，罗四维，黄雅平，等. 基于卷积神经网络的正则化方法[J]. 计算机研究与发展，2014，51(9)：1891-1900.

[38] LECUN Y, BOTTOU L, BENGIO Y, et al. Gradient-based learning applied to document recognition [J]. Proceedings of the IEEE, 1998, 86(11): 2278-2324.

[39] KRIZHEVSKY A, SUTSKEVER I, HINTON G. Imagenet classification with deep convolutional neural networks[J]. Communications of the ACM, 2017, 60(6): 84-90.

[40] SIMONYAN K, ZISSERMAN A. Very deep convolutional networks for large-scale image recognition: International Conference on Learning Representations 2015[C]. San Diego, CA, USA, 2015. 7-9 May.

[41] SZEGEDY C, LIU W, JIA Y, et al. Going deeper with convolutions: 2015 IEEE Conference on Computer Vision and Pattern Recognition (CVPR)[C]. Boston, MA, 2015. 7-12 June.

[42] SZEGEDY C, VANHOUCKE V, IOFFE S, et al. Rethinking the inception architecture for computer vision: 2016 IEEE Conference on Computer Vision and Pattern Recognition (CVPR) [C]. Las Vegas, NV, USA, 2016. IEEE, 27-30 June.

[43] SZEGEDY C, IOFFE S, VANHOUCKE V, et al. Inception-v4, inception-resnet and the impact of residual connections on learning: Proceedings of the Thirty-First AAAI Conference on Artificial Intelligence[C]. San Francisco, California, USA, 2017. 4-9 February.

[44] IANDOLA F N, HAN S, MOSKEWICZ M W, et al. Squeezenet: alexnet-level accuracy with 50x fewer parameters and <0.5 mb model size [EB/OL]. (2016-11-04) [2023-07-23]. https://openreview.net/forum?id=S1xh5sYgx.

[45] HOWARD A G, ZHU M, CHEN B, et al. Mobilenets: efficient convolutional neural networks for mobile vision applications: 2017 IEEE Conference on Computer Vision and Pattern Recognition Workshops[C]. Honolulu, HI, USA, 2017. 21-26 July.

[46] ZHANG X, ZHOU X, LIN M, et al. Shufflenet: an extremely efficient convolutional neural network for mobile devices: 2018 IEEE/CVF Conference on Computer Vision and Pattern Recognition[C]. Salt Lake City, UT, USA, 2018. 18-23 June.

[47] DAI J, QI H, XIONG Y, et al. Deformable convolutional networks: 2017 IEEE International Conference on Computer Vision (ICCV)[C]. Venice, Italy, 2017. 22-29 October.

[48] LONG J, SHELHAMER E, DARRELL T. Fully convolutional networks for semantic segmentation [J]. IEEE Transactions on Pattern Analysis and Machine Intelligence, 2015, 39(4): 640-651.

[49] HE K, ZHANG X, REN S, et al. Deep residual learning for image recognition: 2016 IEEE Conference on Computer Vision and Pattern Recognition (CVPR)[C]. Las Vegas, NV, USA, 2016. IEEE, 27-30 June.

[50] SRIVASTAVA R K, GREFF K, SCHMIDHUBER J U R. Highway networks: The 32nd International Conference on Machine Learning[C]. Lille, France, 2015. 6-11 July.

[51] HUANG G, LIU Z, Van Der MAATEN L, et al. Densely connected convolutional networks: 2017 IEEE Conference on Computer Vision and Pattern Recognition (CVPR)[C]. Honolulu, HI, USA, 2017. 21-26 July.

[52] ZHU Y, NEWSAM S. Densenet for dense flow: 2017 IEEE international conference on image processing (ICIP)[C]. Beijing, China, 2017. IEEE, 17-20 September.

[53] CHEN Y, LI J, XIAO H, et al. Dual path networks: Proceedings of the 31st International Conference on Neural Information Processing Systems[C]. Long Beach California USA, 2017. 4-9 December.

[54] GIRSHICK R, DONAHUE J, DARRELL T, et al. Rich feature hierarchies for accurate object detection and semantic segmentation: 2014 IEEE Conference on Computer Vision and Pattern Recognition (CVPR)[C]. Columbus, OH, USA, 2014. 23-28 June.

[55] HE K, ZHANG X, REN S, et al. Spatial pyramid pooling in deep convolutional networks for visual recognition[J]. IEEE Transactions on Pattern Analysis & Machine Intelligence, 2015, 37(9): 1904-1916.

[56] GIRSHICK R. Fast r-cnn: 2015 IEEE International Conference on Computer Vision (ICCV)[C]. Santiago, Chile, 2015. 7-13 December.

[57] REN S, HE K, GIRSHICK R, et al. Faster r-cnn: towards real-time object detection with region proposal networks[J]. IEEE Transactions on Pattern Analysis & Machine Intelligence, 2017, 39(6): 1137.

[58] JORDAN J. An overview of object detection: one-stage methods[EB/OL]. (2018-07-11)[2018-07-11]. https://www.jeremyjordan.me/object-detection-one-stage/.

[59] REDMON J, DIVVALA S, GIRSHICK R, et al. You only look once: unified, real-time object detection: 2016 IEEE Conference on Computer Vision and Pattern Recognition (CVPR)[C]. Las Vegas, NV, USA, 2016. 27-30 June.

[60] KOTESWARARAO M, KARTHIKEYAN P R. Comparative analysis of yolov3-320 and yolov3-tiny

for the optimised real-time object detection system: 2022 3rd International Conference on Intelligent Engineering and Management [C]. London, United Kingdom, 2022. 27-29 April.

[61] LIU W, ANGUELOV D, ERHAN D, et al. Ssd: single shot multibox detector: 2016 European Conference on Computer Vision[C]. Amsterdam, Netherlands, 2016. 8-16 October.

[62] LIN T Y, GOYAL P, GIRSHICK R, et al. Focal loss for dense object detection [J]. IEEE Transactions on Pattern Analysis & Machine Intelligence, 2020, 42(2): 318-327.

[63] TIAN Z, SHEN C, CHEN H, et al. Fcos: fully convolutional one-stage object detection: 2019 IEEE/CVF International Conference on Computer Vision (ICCV) [C]. Seoul, Korea (South), 2019. 27 October - 02 November.

[64] ZOU Z, SHI Z, GUO Y, et al. Object detection in 20 years: a survey[J]. Proceedings of the IEEE, 2023, 111(3): 257-276.

[65] 斋藤康毅. 深度学习进阶：自然语言处理[M]. 陆宇杰，译. 北京：人民邮电出版社，2020：57-369.

[66] DENG L, LIU Y. Deep learning in natural language processing[M]. Singapore: Springer, 2018.

[67] WILLIAMS R J, ZIPSER D. A learning algorithm for continually running fully recurrent neural networks[J]. Neural Computation, 1989, 1(2): 270-280.

[68] 韩炳涛. 零基础入门深度学习(5)-循环神经网络[EB/OL]. (2017-08-28). https://www.zybuluo.com/hanbingtao/note/541458.

[69] PINEDA F J. Generalization of back-propagation to recurrent neural networks[J]. Physical Review Letters, 1987, 59(19): 2229-2232.

[70] BODEN M. A guide to recurrent neural networks and backpropagation [EB/OL]. (2010-09-07). https://axon.cs.byu.edu/~martinez/classes/678/Papers/RNN_Intro.pdf.

[71] HOCHREITER S, SCHMIDHUBER J. Long short-term memory[J]. Neural Computation, 1997, 9(8): 1735-1780.

[72] GERS F A, SCHMIDHUBER J, CUMMINS F. Learning to forget: continual prediction with lstm [J]. Neural computation, 2000, 12(10): 2451-2471.

[73] GERS F A, SCHRAUDOLPH N N, SCHMIDHUBER J. Learning precise timing with lstm recurrent networks[J]. Journal of Machine Learning Research, 2003, 3(1): 115-143.

[74] 韩炳涛. 零基础入门深度学习(6)-长短时记忆网络(lstm)[EB/OL]. (2017-08-28). https://www.zybuluo.com/hanbingtao/note/581764.

[75] Salem F M. Recurrent neural networks [M]. Cham: Springer, 2022.

[76] CHO K, Van MERRI E NBOER B, GULCEHRE C, et al. Learning phrase representations using rnn encoder-decoder for statistical machine translation: Proceedings of the 2014 Conference on Empirical Methods in Natural Language Processing (EMNLP)[C]. Doha, Qatar, 2014. 26-28 October.

[77] CHUNG J, GULCEHRE C, CHO K, et al. Empirical evaluation of gated recurrent neural networks on sequence modeling: Twenty-Eighth Annual Conference on Neural Information Processing Systems[C]. Montreal Convention Center, Montreal, Canada, 2014, 8-13 December.

[78] VASWANI A, SHAZEER N, PARMAR N, et al. Attention is all you need: Proceedings of the 31st International Conference on Neural Information Processing Systems[C]. Red Hook, NY, USA, 2017. 4-9 December.

[79] KHAN S, NASEER M, HAYAT M, et al. Transformers in vision: a survey[J]. ACM computing surveys (CSUR), 2022, 54(10): 1-41.

[80] ALAMMAR J. The illustrated transformer[EB/OL]. (2018-06-27). https://jalammar.github.io/illustrated-transformer/.

[81] 肖桐，朱靖波. 机器翻译：统计建模与深度学习方法[M]. 北京：电子工业出版社，2021：207-338.

[82] PILEHVAR MT, CAMACHO-COLLADOS J. Embeddings in natural language processing [M].

Cham: Springer, 2020: 25-102.
[83] QIU X, SUN T, XU Y, et al. Pre-trained models for natural language processing: a survey[J]. 中国科学:技术科学英文版, 2020, 63(10): 26.
[84] RADFORD A, NARASIMHAN K, SALIMANS T, et al. Improving language understanding by generative pre-training[EB/OL]. (2018-06-11). https://openai.com/research/language-unsupervised.
[85] RADFORD A, WU J, CHILD R, et al. Language models are unsupervised multitask learners[J]. Open AI Blog, 2019, 1(8): 1-24.
[86] BROWN T, MANN B, RYDER N, et al. Language models are few-shot learners: Proceedings of the 34th International Conference on Neural Information Processing Systems[C]. Red Hook, NY, USA, 2020. 6-12 December.
[87] DEVLIN J, CHANG M, LEE K, et al. Bert: pre-training of deep bidirectional transformers for language understanding: Proceedings of the 2019 Conference of the North American Chapter of the Association for Computational Linguistics: Human Language Technologies[C]. Minneapolis, Minnesota, 2019. 2-7 June.
[88] GOODFELLOW I, POUGET-ABADIE J, MIRZA M, et al. Generative adversarial nets: The Twenty-eighth Conference on Neural Information Processing Systems[C]. Montréal CANADA, 2014. 8-13 December.
[89] 王坤峰, 苟超, 段艳杰, 等. 生成式对抗网络 GAN 的研究进展与展望[J]. 自动化学报, 2017, 43(3): 321-332.
[90] 刘建伟, 谢浩杰, 罗雄麟. 生成对抗网络在各领域应用研究进展[J]. 自动化学报, 2020, 46(12): 2500-2536.
[91] 吴少乾, 李西明. 生成对抗网络的研究进展综述[J]. 计算机科学与探索, 2020, 14(3): 377-388.
[92] 周瑞, 姜聪, 许庆阳, 等. 多条件生成对抗网络的文本到视频合成方法[J]. 计算机辅助设计与图形学学报, 2022, 34(10): 1567-1579.
[93] KINGMA D P, WELLING M. Auto-encoding variational bayes[EB/OL]. (2013-12-24). https://openreview.net/forum?id=33X9fd2-9FyZd.
[94] KINGMA D P, WELLING M, OTHERS. An introduction to variational autoencoders[J]. Foundations and Trends in Machine Learning, 2019, 12(4): 307-392.
[95] OORD A A R V, KALCHBRENNER N, VINYALS O, et al. Conditional image generation with pixelcnn decoders: Proceedings of the 30th International Conference on Neural Information Processing Systems[C]. Red Hook, NY, USA, 2016. 5-10 December.
[96] HARSHVARDHAN GM, GOURISARIA M K, PANDEY M, RAUTARAY S S. A comprehensive survey and analysis of generative models in machine learning[J]. Computer Science Review, 2020, 38: 100285.
[97] FLORINEL-ALIN C, VLAD H, TUDOR R I, MUBARAK S. Diffusion models in vision: a survey[J]. IEEE Transactions on Pattern Analysis and Machine Intelligence, Early Access, 1-20.